浙江省高职院校"十四五"重点立项建设教材

高职高专土建类立体化系列教材　建筑工程技术专业

建筑施工技术

主　编　贾汝达
副主编　刘　晖
参　编　李　静　刘启顺　甘静艳
　　　　吕燕霞　周明荣　宿　敏

机械工业出版社

全书共分为10个模块，主要内容包括绪论、土方工程施工、地基处理与基础工程施工、砌筑工程施工、钢筋混凝土工程施工、预应力混凝土结构工程施工、结构安装工程施工、屋面及防水工程施工、装饰装修工程施工和冬雨期施工技术。

本书采用活页式设计，每个模块分知识学习和活页笔记两个部分，可根据实际情况灵活调整、增减不同专业模块内容，有助于分层次、分专业学习与教学。

本书根据国家现行标准和施工规范，详实地阐述了建筑工程专业领域施工技术的一般规律和施工方法。内容编排以"必需、够用"为原则，每个模块增设了知识体系图、学习目标（知识目标、能力目标、素质目标、思政目标等）、知识链接、情景引入、知识拓展、模块小结、复习思考题、在线测验、活页笔记等。

本书既可作为高等职业教育土建类专业教材和教学参考书，也可作为相关人员的岗位培训教材或供从事土建工程技术人员使用的参考用书。

图书在版编目（CIP）数据

建筑施工技术/贾汝达主编. —北京：机械工业出版社，2023.10
高职高专土建类立体化系列教材. 建筑工程技术专业
ISBN 978-7-111-73870-1

Ⅰ.①建… Ⅱ.①贾… Ⅲ.①建筑工程-工程施工-高等职业教育-教材 Ⅳ.①TU74

中国国家版本馆 CIP 数据核字（2023）第 174547 号

机械工业出版社（北京市百万庄大街 22 号　邮政编码 100037）
策划编辑：张荣荣　　　　　　责任编辑：张荣荣　关正美
责任校对：郑　婕　牟丽英　　封面设计：张　静
责任印制：郜　敏
北京富资园科技发展有限公司印刷
2024 年 4 月第 1 版第 1 次印刷
184mm×260mm・24.25 印张・597 千字
标准书号：ISBN 978-7-111-73870-1
定价：59.00 元

电话服务　　　　　　　　　　网络服务
客服电话：010-88361066　　　机　工　官　网：www.cmpbook.com
　　　　　010-88379833　　　机　工　官　博：weibo.com/cmp1952
　　　　　010-68326294　　　金　书　网：www.golden-book.com
封底无防伪标均为盗版　　　机工教育服务网：www.cmpedu.com

前 言

"建筑施工技术"是土建施工类专业一门专业核心课程，课程主要研究建筑工程专业领域有关施工技术的一般规律和施工方法。建筑施工技术实践性强、综合性大、应用面广、技术革新快。本课程本着必需、够用原则，满足当下施工水平的实际需要，充分利用现代化技术技能，力求拓宽专业面、扩大知识面、反映先进技术水平，综合应用理论知识，解决工程实际问题。

本书采用活页式设计，每个模块分知识学习和活页笔记两个部分，读者可根据实际情况灵活调整、增减不同专业模块内容，有助于分层次、分专业学习与教学。同时以"互联网+教材"的思路，通过扫描二维码实现立体化学习，方便有效地辅助师生开展课前、课中和课后"三段式"的教学过程，并采用在线测验的形式随时了解读者知识掌握情况，实现"助教""助学"的理念，提高教学效果。

本书内容编排上遵循我国现行的标准和施工规范，以高等职业教育教学为目标，以工程建设"工作工程"为主线，以施工工艺和技术要求为主要内容，以理论知识满足"必需、够用"为度，以案例及知识链接、知识拓展等形式拓宽知识面，使思政元素与专业知识自然融合，知识体系更完整、丰富，并增加阅读趣味性，提高学习兴趣。为方便学习，各模块分别增设了知识体系图、学习目标（知识目标、能力目标、素质目标、思政目标等）、知识链接、情景导入、实例分析、模块小结、复习思考题和在线测验等知识模块，真正做到学用结合、知行合一。

本书由浙江工业职业技术学院贾汝达任主编，杭州中联筑境建筑设计有限公司刘晖任副主编。绪论及模块1、3由贾汝达编写，模块2由李静编写，模块4由刘启顺编写，模块5由甘静艳编写，模块6由吕燕霞编写，模块7由周明荣编写，模块8由宿敏编写，模块9由刘晖编写。全书由贾汝达统稿。本书在编写过程中查阅了大量规范、专业文献，参考和引用了国内外有关文献资料及工程案例，文中部分图片及视频源于网络（仅限本书帮助读者学习和理解施工工艺），书中未一一注明出处，在此谨向原作者表示衷心的感谢。

由于编者水平有限，书中难免有不足和疏漏之处，敬请同行、专家、广大读者批评指正。

编　者

目录

前言
课程内容模块 ………………………………… 1
【知识体系图】 ……………………………… 1
模块 0　绪论 ……………………………… 2
【知识体系图】 ……………………………… 2
第一部分　知识学习 ……………………… 2
0.1　课程的性质和任务 ……………… 5
0.2　建筑施工技术发展简介 ………… 6
0.3　课程主要内容 …………………… 8
0.4　课程学习要求 …………………… 8
模块小结 ……………………………… 8
第二部分　活页笔记 ……………………… 9
模块 1　土方工程施工 …………………… 11
【知识体系图】 ……………………………… 11
第一部分　知识学习 ……………………… 12
1.1　概述 ……………………………… 13
1.2　土方工程量计算与调配 ………… 19
1.3　施工准备与辅助工作 …………… 31
1.4　基坑（槽）施工 ………………… 40
1.5　土方机械化施工 ………………… 44
1.6　土方的填筑与压实 ……………… 47
1.7　土方工程质量标准与安全技术
　　　要求 …………………………… 51
模块小结 ……………………………… 53
复习思考题 …………………………… 54
第二部分　活页笔记 ……………………… 55
模块 2　地基处理与基础工程施工 ……… 57
【知识体系图】 ……………………………… 57
第一部分　知识学习 ……………………… 57
2.1　地基处理及加固 ………………… 59

2.2　浅埋式钢筋混凝土基础施工 …… 67
2.3　桩基础工程施工 ………………… 72
模块小结 ……………………………… 85
复习思考题 …………………………… 85
第二部分　活页笔记 ……………………… 86
模块 3　砌筑工程施工 …………………… 88
【知识体系图】 ……………………………… 88
第一部分　知识学习 ……………………… 88
3.1　脚手架及垂直运输设施 ………… 90
3.2　砌筑工程施工的准备工作 ……… 101
3.3　砌筑工程施工 …………………… 105
3.4　砌筑工程施工质量及安全管理 … 120
模块小结 ……………………………… 123
复习思考题 …………………………… 124
第二部分　活页笔记 ……………………… 125
模块 4　钢筋混凝土工程施工 …………… 127
【知识体系图】 ……………………………… 127
第一部分　知识学习 ……………………… 128
4.1　模板工程 ………………………… 129
4.2　钢筋工程 ………………………… 146
4.3　混凝土工程 ……………………… 167
模块小结 ……………………………… 184
复习思考题 …………………………… 185
第二部分　活页笔记 ……………………… 186
模块 5　预应力混凝土结构工程施工 …… 188
【知识体系图】 ……………………………… 188
第一部分　知识学习 ……………………… 188
5.1　预应力混凝土结构基本知识 …… 190
5.2　预应力混凝土结构施工 ………… 202
5.3　预应力混凝土结构施工质量控制与

安全措施 ………………………… 210
　　模块小结 …………………………… 213
　　复习思考题 ………………………… 213
　第二部分　活页笔记 …………………… 214

模块 6　结构安装工程施工　216
　【知识体系图】 …………………………… 216
　第一部分　知识学习 …………………… 216
　　6.1　起重机械设备 …………………… 218
　　6.2　钢筋混凝土排架结构单层工业
　　　　　厂房结构吊装 …………………… 224
　　6.3　多层预制装配式混凝土结构施工 … 244
　　6.4　钢结构单层工业厂房的制作安装 … 257
　　6.5　结构安装工程质量控制及安全
　　　　　措施 ……………………………… 263
　　模块小结 …………………………… 265
　　复习思考题 ………………………… 265
　第二部分　活页笔记 …………………… 267

模块 7　屋面及防水工程施工　269
　【知识体系图】 …………………………… 269
　第一部分　知识学习 …………………… 269
　　7.1　屋面防水工程施工 ……………… 271
　　7.2　结构主体防水工程施工 ………… 285
　　7.3　结构细部构造防水施工 ………… 291
　　7.4　室内其他部位防水工程施工 …… 297
　　模块小结 …………………………… 300
　　复习思考题 ………………………… 301
　第二部分　活页笔记 …………………… 302

模块 8　装饰装修工程施工　304
　【知识体系图】 …………………………… 304
　第一部分　知识学习 …………………… 305
　　8.1　抹灰工程施工 …………………… 307
　　8.2　饰面工程施工 …………………… 314
　　8.3　楼地面工程施工 ………………… 326
　　8.4　吊顶工程施工 …………………… 331
　　8.5　隔墙工程施工 …………………… 335
　　8.6　涂饰工程施工 …………………… 340
　　8.7　门窗工程施工 …………………… 346
　　模块小结 …………………………… 349
　　复习思考题 ………………………… 350
　第二部分　活页笔记 …………………… 351

模块 9　冬雨期施工技术　353
　【知识体系图】 …………………………… 353
　第一部分　知识学习 …………………… 354
　　9.1　概述 ……………………………… 355
　　9.2　土方工程冬期施工 ……………… 358
　　9.3　砌筑工程冬期施工 ……………… 362
　　9.4　混凝土结构工程冬期施工 ……… 364
　　9.5　装饰装修工程和屋面工程的冬期
　　　　　施工 ……………………………… 371
　　9.6　雨期施工 ………………………… 373
　　9.7　冬期与雨期施工安全技术 ……… 375
　　模块小结 …………………………… 376
　　复习思考题 ………………………… 377
　第二部分　活页笔记 …………………… 378

参考文献　380

课程内容模块

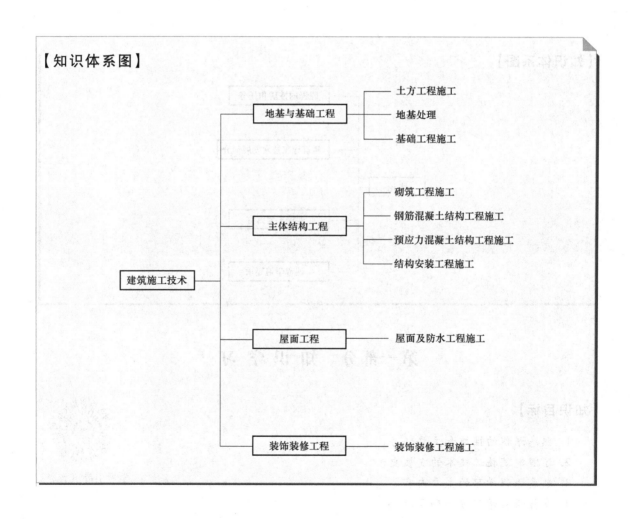

模块 0

绪 论

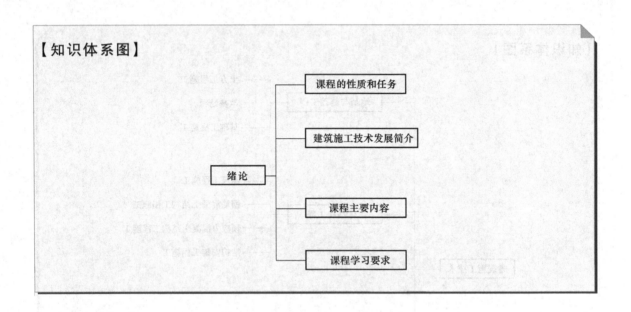

第一部分 知识学习

【知识目标】

1. 熟悉课程的性质和主要任务。
2. 了解建筑施工技术的发展史。
3. 熟悉课程学习的主要内容。
4. 掌握课程学习方法和要求。

【能力目标】

1. 能根据课程的任务和内容制定学习计划,掌握课程学习方法。
2. 能对课程内容进行归纳总结。

学习引导(音频)

3. 提升对现代建筑施工技术革新及应用能力。

【素质目标】

1. 养成良好的学习、生活习惯。
2. 培养工程建设者应具有的职业行为和素养。
3. 培养工作兴趣，视工作为爱好。

【思政目标】

1. 激发学生的学习热情，树立"一技之长行天下，精益求精传匠心"的远大抱负。
2. 建立"强国有我"的远大理想，树立建设家乡、建设祖国的人生目标。

【知识链接】

人类居住演变史

人类文明开始，是因为制作和使用工具，有文明活动迹象的三万多年前，到21世纪的现代，人类逐渐把自己的居住空间，从简陋的洞穴发展为有水、有电、有网络通信的完美居所。

1. 原始居住时代（图0-1）

外形：山顶洞穴、构木为巢。

特点：遮风挡雨、防止野兽入侵。

2. 茅屋时代（图0-2）

外形：多由稻草、树枝、泥巴搭建而成。

特点：不必栖居高山，但是防野兽及防雨等性能较差。

图0-1　远古时期的巢穴

图0-2　第一代住房：原始社会的半穴居（"茅草房"）

3. 砖瓦房时代（图0-3）

外形：青砖红瓦及三角屋架搭建的平房。

特点：冬暖夏凉，多为人字形坡屋面，可称为第二代宜居之所。

4. 多层砖瓦房时代（图0-4）

外形：多层砖瓦房，屋顶高低起伏。

特点：将原先的平房造高、层数增加，形成楼上、楼下多层结构。

图 0-3 第二代住房："砖瓦房"

图 0-4 第二代住房：多层"砖瓦房"

5. 高层时代（图 0-5）

外形：钢筋混凝土结构建筑，艺术感较强。

特点：结构灵活，种类较多，满足不同人群的需求。

6. 智能建筑时代（图 0-6）

外形：多样化，主要体现节能环保。

特点：冬暖夏凉，舒适健康，体现自然与健康、生态与文化并存。

图 0-5 第三代住房："电梯房"

图 0-6 第四代住房："庭院房"

由此可见，从古至今舒适健康的居住环境是人类永恒的追求。（资料来源于网络）

建筑业是国民经济的基础性产业，它与整个国家经济的发展、人民生活的改善有着密切的关系。建筑业通过完成大规模的固定资产投资，为国民经济各行业的持续发展提供物质基础，直接影响着国民经济的增长和全社会劳动就业状况以及城乡居民的生活质量。从投资来看，国家用于建筑安装工程的资金，占基本建设投资总额的 60% 左右。另一方面，建筑产品的生产过程，也是对国民经济其他产业提供的物质资料的消费过程（如钢材、水泥、地方性建筑材料和其他国民经济部门的产品等），可以说，建筑业的发展带动了国民经济其他行业的发展和繁荣，同时建筑业的产品作为中间产品被其他产业使用，为人民生活和其他国民经济部门服务，不仅促进了建筑业生产的可持续发展，还为国民经济各部门的扩大再生产创造了必要的条件。建筑业提供的国民收入也居国民经济各部门的前列。目前，不少国家已将建筑业列为国民经济的支柱产业。因此，建筑业在国民经济发展和现代化建设中起着举足轻重的作用。

0.1 课程的性质和任务

【知识链接】

民用建筑构造的组成

建筑物是由很多构件组成的,一般民用建筑由基础、墙(柱)、楼地面、楼梯、屋顶和门窗六大基本构件组成。这六大基本构件在建筑物中起着不可或缺的作用(图 0-7)。

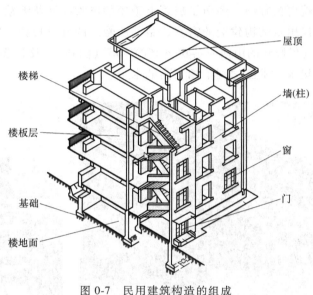

图 0-7 民用建筑构造的组成

城市建筑是构成城市的一个重要部分,建筑不仅仅只是一个供人们住宿休息、娱乐消遣的人工作品,它与人们的经济、文化和生活息息相关。城市建筑以其独特的方式传承着文化,散播着生活的韵味,不断地渗透进入人们的日常生活中,营造出一个和谐和安宁的精神家园。

"建筑施工技术"是城市建筑建设的重要手段,《建筑施工技术》是土建施工类专业核心课程。本课程主要研究建筑工程专业领域施工技术的一般规律。课程内容以建筑工程不同工种的施工工艺原理、施工技术和施工方法为主,以保证工程质量和施工安全的技术措施为辅,另外还包括建筑工程的质量检评标准和检验方法等内容。

建筑物的施工是一个复杂的过程,为了便于组织施工和验收,常将其划分为若干分部工程和分项工程。一般民用建筑按工程的部位和施工的先后次序将一栋建筑的土建工程划分为地基与基础工程、主体结构工程、建筑屋面工程、建筑装饰装修工程四个分部。按施工工种不同分为土石方工程、砌筑工程、钢筋混凝土工程、结构安装工程、屋面防水工程、装饰工程等分项工程。一般一个分部工程由若干不同的分项工程组成。每一个分项工程的施工,都可以采用不同的施工方案、施工技术和机械设备以及不同的劳动组织和施工组织方法来完成。"建筑施工技术"就是以建筑工程施工中不同工种施工为研究对象,运用先进技术,通过对建筑工程主要分项工程施工工艺原理和施工方法、保证工程质量和施工安全技术措施的研究,选择经济、合理的施工方案,并掌握工程质量验收标准及检查方法,保证工程按期完成。

0.2 建筑施工技术发展简介

我国的建筑业发展历史悠久,发展过程中出现了许多能工巧匠,早在两千多年前,就出现了土木工匠祖师鲁班;在施工技艺方面,出现了很多营造技法,如宋代的《营造法式》系统地收集了工匠讲述的各工种操作规程、技术要领及各种建筑物构件的形制、加工方法;在具体工程方面,成就更为辉煌,经历了成百上千年的风吹雨淋及无数次的战火洗礼,至今依然傲立东方的如殷代用木结构建造的宫室、秦朝所修筑的万里长城、唐代的山西五台山佛光寺大殿(图 0-8)、辽代修建的山西应县 66m 高的木塔(图 0-9)及北京故宫建筑(图 0-10),都说明了当时我国的建筑技术已达到了相当高的水平。

图 0-8 五台山佛光寺大殿

图 0-9 应县木塔

图 0-10 北京故宫

随着科技的进步和建筑材料日新月异的发展，建筑施工技术也得到了不断发展和提高。在施工技术方面，不仅掌握了大型工业建筑，多层、高层民用建筑与公共建筑施工的成套技术，而且在地基处理和基础工程施工中推广了钻孔灌注桩、旋喷桩、挖孔桩、振冲法、深层搅拌法、强夯法、地下连续墙、土层锚杆、"逆作法"施工等新技术、新工艺。在现浇钢筋混凝土模板工程中推广应用了爬模、滑模、台模、筒子模、隧道模、组合钢模板、大模板、早拆模板体系。粗钢筋连接应用了电渣压力焊、钢筋气压焊、钢筋冷压连接、钢筋螺纹连接等先进连接技术。混凝土工程采用了泵送混凝土、喷射混凝土、高强混凝土以及混凝土制备和运输的机械化、自动化设备。在预制构件方面，不断完善了挤压成型、热拌热模、立窑和折线形隧道窑养护等技术。在预应力混凝土方面，采用了无粘结工艺和整体预应力结构，推广了高效预应力混凝土技术，使我国预应力混凝土的发展从构件生产阶段进入了预应力结构生产阶段。在钢结构方面，采用了高层钢结构技术、空间钢结构技术、轻钢结构技术、钢-混凝土组合结构技术、高强度螺栓连接与焊接技术和钢结构防护技术。在大型结构吊装方面，随着大跨度结构与高耸结构的发展，创造了一系列具有中国特色的整体吊装和平移技术，如集群千斤顶的同步整体提升技术，能把数百吨甚至数千吨的重物按预定要求平稳地整体提升安装就位；利用一定的运载系统整体移动技术，将已有建筑物与基础进行切割分离，然后将基础以上的建筑物整体部分利用一定的运载系统，移动到指定位置。在墙体改革方面，利用各种工业废料制成了粉煤灰矿渣混凝土大板、膨胀珍珠岩混凝土大板、煤渣混凝土大板、粉煤灰陶粒混凝土大板等各种大型墙板，同时发展了混凝土小型空心砌块建筑体系、框架轻墙建筑体系、外墙保温隔热技术等，使墙体改革有了新的突破。近年来，激光技术在建筑施工导向、对中和测量以及液压滑升模板操作平台自动调平装置上得到应用，使工程施工精度得到提高，同时又保证了工程质量。

在施工管理方面以 BIM（Building Information Modeling）为代表的信息化管理技术正在逐渐取代传统的管理模式，即在建筑设计、施工、运维过程的整个或者某个阶段中，应用多维信息模型，来进行协同设计、协同施工、虚拟仿真、设施运行的技术和管理手段。应用BIM 信息技术可以消除各种可能导致工期拖延的隐患，提高项目实施中的管理效率。

经过改革开放以来大规模的基础建设，我国施工技术逐渐成长发展，一些领域已经达到和领先世界水平，但总体而言我国建筑企业和国外总承包公司还存在着一定差距，特别是专业项目承包领域和国外企业相比缺乏竞争力，因此还需要一代又一代土木人的共同努力把我国施工技术水平推向新的高度。

【知识拓展】 BIM 技术

> BIM 即建筑信息模型，是从建筑的设计、施工、运行直至建筑全生命周期的终结，各种信息始终整合于一个三维模型信息数据库中，设计团队、施工单位、设施运营部门和业主等各方人员可以基于 BIM 进行协同工作，有效提高工作效率、节省资源、降低成本，以实现可持续发展。BIM 具有可视化、协调性、模拟性、优化性、可出图性等特点。
>
> BIM 技术是一种应用于工程设计建造管理的数字化工具，通过参数模型整合各种项目的相关信息，在项目策划、设计、施工以及运行和维护的全生命周期过程中进行共享和传递，使工程技术人员对各种建筑信息做出正确理解和高效应对，为项目各阶段参与单位的建设主体提供协同工作的基础，在提高生产效率、节约成本和缩短工期方面发挥重要作用。

0.3 课程主要内容

《建筑施工技术》是土建施工类专业核心课程，在内容设置上以建筑工程施工技术为基础，以必需和够用为度，力求学以致用，突出实践性。课程内容基本囊括了现行建筑施工技术大部分内容，具体包括土方工程施工、地基处理与基础工程施工、砌筑工程施工、钢筋混凝土结构工程施工、预应力混凝土结构工程施工、结构安装工程施工、屋面及防水工程施工、装饰装修工程施工和冬雨期施工技术九大模块。每个模块中设置了相应的知识拓展、相关法律法规和在线答题等内容，可通过扫描相应二维码，即可在课堂内外进行相应知识点的拓展学习。

0.4 课程学习要求

《建筑施工技术》是一门综合性很强的职业技术课程。它与建筑材料、建筑构造、建筑测量、建筑力学、建筑结构、地基与基础、建筑机械、施工组织设计与管理、建筑工程计量与计价等课程有着密切的关系，它们既相互联系，又相互影响。因此，要学好《建筑施工技术》这门课，必须有前序课程的基础。

由于本学科涉及的知识面广、实践性强，而且技术发展迅速，学习中必须坚持理论联系实际，有条件的可以开展现场教学。书本案例也是理论和实践相结合的途径，可以通过案例学习和了解特殊施工问题的处理方法。此外，还要加强技术管理，贯彻相关施工质量验收规范和国家颁发的建筑工程施工相关的技术标准及规范，这些是建筑界人员共同遵守的准则。

在具体教学过程中要运用多种教学手法灵活进行处理，技术上可充分利用数字化教学手段来进行直观教学，并应重视习题和课程设计、现场教学、生产实习、技能训练等实践性教学环节，让学生应用所学建筑施工技术专业知识来解决一些工程实际问题，达到"教为所学、学以致用"的目的，并为今后可持续发展、提升能力打好基础。

模块小结

经过上千年的历史沉淀，随着科技的进步和建筑材料的发展，建筑施工技术得到了很好的发展和提高。BIM技术的发展革新了施工管理模式，将施工技术水平推向新的高度。

《建筑施工技术》是土建施工类专业核心课程，主要研究建筑工程专业领域施工技术的一般规律，内容包括建筑工程施工项目中主要分项工程施工的工艺原理、施工技术、施工方法、施工技术措施，以及建筑工程质量检评标准和检验方法等。

《建筑施工技术》课程内容分为九大模块，主要以建筑工程施工技术为基础，以必需和够用为度，突出实践性。

《建筑施工技术》课程学习应注重理论联系实际，充分利用现代数字化教学手段和学习方法，重视实践性教学，学会解决工程实际问题，达到"教为所学、学以致用"的目的。

第二部分 活 页 笔 记

学习过程：

重点、难点记录：

学习体会及收获：

其他补充内容：

《建筑施工技术》活页笔记

模块 1 土方工程施工

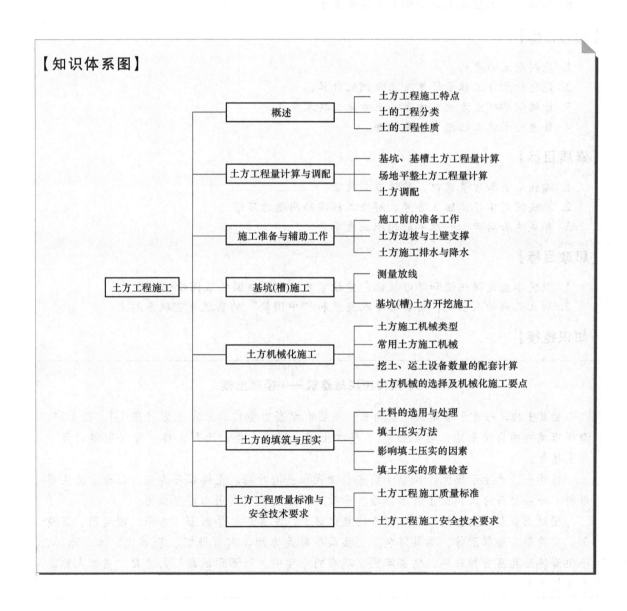

【知识体系图】

土方工程施工
- 概述
  - 土方工程施工特点
  - 土的工程分类
  - 土的工程性质
- 土方工程量计算与调配
  - 基坑、基槽土方工程量计算
  - 场地平整土方工程量计算
  - 土方调配
- 施工准备与辅助工作
  - 施工前的准备工作
  - 土方边坡与土壁支撑
  - 土方施工排水与降水
- 基坑(槽)施工
  - 测量放线
  - 基坑(槽)土方开挖施工
- 土方机械化施工
  - 土方施工机械类型
  - 常用土方施工机械
  - 挖土、运土设备数量的配套计算
  - 土方机械的选择及机械化施工要点
- 土方的填筑与压实
  - 土料的选用与处理
  - 填土压实方法
  - 影响填土压实的因素
  - 填土压实的质量检查
- 土方工程质量标准与安全技术要求
  - 土方工程施工质量标准
  - 土方工程施工安全技术要求

第一部分 知识学习

【知识目标】

1. 了解土的工程分类与工程性质。
2. 熟悉土方工程量计算方法与调配。
3. 掌握土方开挖、回填和压实的施工方法及要求。
4. 了解基坑（槽）的各种支护方法及其使用条件。
5. 了解常用土方机械的性能及使用范围，并能正确合理地选用。
6. 掌握土方工程施工质量标准和检查方法。

学习引导
（音频）

【能力目标】

1. 能判别土的类别。
2. 能进行土方工程量计算及土方调配计算。
3. 能编制单项土方施工方案，土方施工技术交底。
4. 能进行土方工程施工质量检查。

【素质目标】

1. 增强安全和质量意识，精炼专业技能。
2. 养成探究学习、独立思考、解决工程实际问题的习惯。
3. 养成吃苦耐劳、一丝不苟的职业素养。

【思政目标】

1. 激发学生爱国热情和学习技能、建设家乡、建设祖国的家国情怀。
2. 树立正确的人生观，将自己个人发展和"中国梦"的实现紧密联系起来。

【知识链接】

中国传统民居建筑——福建土楼

福建土楼，分布于福建和广东两省，主要有龙岩市境内的永定土楼（图 1-1、图 1-2），漳州市境内的南靖土楼、华安土楼、平和土楼、诏安土楼、云霄土楼、漳浦土楼以及泉州土楼等。

福建土楼产生于宋元，成熟于明末、清代和民国时期。土楼以石为基，以生土为主要原料，分层交错夯筑，配上竹木作墙骨牵拉，丁字交叉处则用木定型锚固。

福建土楼是以土作墙而建造起来的集体建筑，呈圆形、半圆形、方形、四角形、五角形、交椅形、畚箕形等，各具特色。土楼最早时是方形，有宫殿式、府第式，体态不一，不但奇特而且富有神秘感，坚实牢固。现存的土楼中，以圆形的最引人注目，当地人称之为圆楼或圆寨。

图 1-1　永定客家土楼　　　　　　图 1-2　"圆楼之王"——承启楼

福建土楼结构有多种类型，其中一种是内部有上、中、下三堂沿中心轴线纵深排列的三堂制。建筑材料有土、砂石、竹木，甚至红糖及蛋白都有，就地取材，以建造外墙厚达1~2m的土楼，坚固得可以抵御野兽或盗贼攻击，也有防火抗震及冬暖夏凉等功用。

福建土楼的墙壁，下厚上薄，最厚处1.5m。夯筑时，先在墙基挖出又深又大的墙沟，夯实，埋入大石为基，然后用石块和灰浆砌筑起墙基。接着就用夹墙板夯筑墙壁。土墙的原料以当地黏质红土为主，掺入适量的小石子和石灰，经反复捣碎、拌匀，做成俗称的"熟土"。一些关键部位还要掺入适量糯米饭、红糖，以增加其黏性。夯筑时，要往土墙中间埋入杉木枝条或竹片为"墙骨"，以增加其拉力。就这样，经过反复夯筑，便筑起了有如钢筋混凝土般的土墙，再加上外面抹了一层防风雨剥蚀的石灰，因而坚固异常，具有良好的防风抗震能力。

福建土楼现存圆楼、八角楼、纱帽楼等三十多种各式土楼，与北京四合院、陕西窑洞、广西"栏杆式"、云南"一颗印"，并称汉族五大传统样式住宅。福建土楼的结构外高内低，楼内有楼，环内有环，具有通风、采光、抗震、隔声、保温、防卫等功能。

1.1　概述

【知识链接】

土壤的形成

岩石经过风化形成成土母质（在此过程中少量的矿物质被释放）。成土母质因为积累了有机物和养分使得低等的植物在成土母质上着身形成了原始土壤（在此过程中有机物更加丰富，并且形成了腐殖质）。原始土壤的形成使得高等的植物着身形成了成熟土壤也就是我们所说的土壤。成熟的理想土壤剖面如图1-3所示。

风化作用使岩石破碎，理化性质改变，形成结构疏松的风化壳，其上部可称为成土母质。如果风化壳保留在原地，形成残积物，便称为残积母质；如果在重力、流水、风力、冰川等作用下风化物质被迁移形成崩积物、冲积物、海积物、湖积物、冰碛物和风积物等，则称为运积母质。

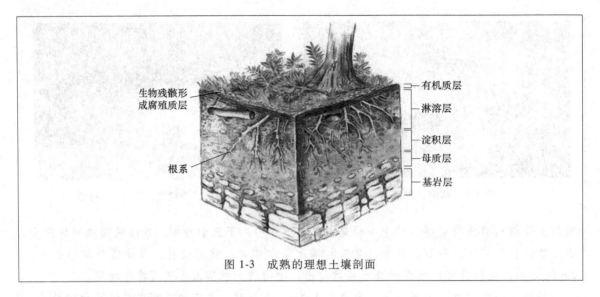

图 1-3 成熟的理想土壤剖面

1.1.1 土方工程施工特点

1. 土方工程施工内容

土方工程施工主要包括平整场地、挖基槽、挖基坑、挖土方、土方填筑等。

（1）平整场地

平整场地是指工程破土开工前对施工现场厚度 300mm 以内地面的挖填和找平。

（2）挖基槽

挖基槽是指挖土宽度在 3m 以内且长度大于宽度 3 倍时设计室外地坪以下的挖土。

（3）挖基坑

挖基坑是指挖土底面积在 20m² 以内且长度小于或等于宽度 3 倍时设计室外地坪以下挖土。

（4）挖土方

凡是不满足上述平整场地、基槽、基坑条件的土方开挖，均为挖土方。

（5）土方填筑

土方填筑可分为夯填和松填。基础土方填筑和室内土方填筑通常都采用夯填。

2. 土方工程施工特点

① 工程量大，施工工期长，劳动强度大。因此，在组织土方工程施工时，应尽可能采用机械化施工的方法。

② 施工条件复杂又多为露天作业。土方施工受当地气候、水文地质条件的影响大，土的种类繁多、成分复杂，工程地质及水文地质变化多，不确定因素较多。因此，在土方施工前，必须根据施工现场的实际情况、工期和质量要求，拟定切实可行的土方工程施工方案。

1.1.2 土的工程分类

土的种类繁多，分类方法各异。在土方工程施工中，根据土的坚硬程度和土的开挖方法将土分为八类，见表 1-1。其中一类土至四类土为土，五类土至八类土为岩石。土的工程性质对土方工程施工方法的选择、劳动量、机械台班的消耗及工程费用都有较大的影响。在选择施工挖掘机械和套用建筑安装工程劳动定额时要依据土的工程类别进行选择。

表 1-1 土的工程分类

土的分类	土的级别	土的名称	普氏系数 f	密度 /(kg·m⁻³)	开挖方法及工具
第一类（松软土）	Ⅰ	砂土、粉土、冲积砂土层；疏松的种植土、淤泥（泥炭）	0.5~0.6	0.6~1.5	用锹、锄头挖掘，少许用脚蹬
第二类（普通土）	Ⅱ	粉质黏土；潮湿的黄土；夹有碎石、卵石的砂；粉土混卵（碎）石；种植土、填土	0.6~0.8	1.1~1.6	用锹、锄头挖掘，少许用镐翻松
第三类（坚土）	Ⅲ	软及中等密实黏土；重粉质黏土、砾质土；干黄土，含有碎石、卵石的黄土、粉质黏土；压实的填土	0.8~1.0	1.75~1.9	主要用镐，少许用锹、锄头挖掘，部分用撬棍
第四类（砾砂坚土）	Ⅳ	坚硬密实的黏性土或黄土；含碎石、卵石的中等密实的黏性土或黄土；粗卵石；天然级配砂石；软泥灰岩	1.0~1.5	1.9	整体先用镐、撬棍，后用锹挖掘，部分用楔子及大锤
第五类（软石）	Ⅴ~Ⅵ	硬质黏土；中密的页岩、泥灰岩、白垩土；胶结不紧的砾岩；软石灰岩及贝壳石灰岩	1.5~4.0	1.1~2.7	用镐或撬棍、大锤挖掘，部分使用爆破方法
第六类（次坚石）	Ⅶ~Ⅸ	泥岩、砂岩、砾岩；坚实的页岩、泥灰岩、密实的石灰岩；风化花岗岩、片麻岩和正长岩	4.0~10.0	2.2~2.9	用爆破方法开挖，部分用风镐
第七类（坚石）	Ⅹ~ⅩⅢ	大理岩、辉绿岩；玢岩；粗、中粒花岗岩；坚实的白云岩、砂岩、砾岩、片麻岩、石灰岩；微风化安山岩、玄武岩	10.0~18.0	2.5~3.1	用爆破方法开挖
第八类（特坚石）	ⅩⅣ~ⅩⅥ	安山岩、玄武岩；花岗片麻岩；坚实的细粒花岗岩、闪长岩、石英岩、辉长岩、辉绿岩、玢岩、角闪岩	18.0~25.0 以上	2.7~3.3	用爆破方法开挖

1.1.3 土的工程性质

1. 土的组成

土一般由土颗粒（固相）、水（液相）和空气（气相）三部分组成，这三部分之间的比例关系随着周围条件的变化而变化，三者相互间比例不同，反映出土的物理状态不同，如稍湿或很湿，密实、稍密或松散。这些指标是最基本的物理性质指标，对评价土的工程性质、进行土的工程分类具有重要意义。

土的三相物质是混合分布的，为阐述方便，一般用三相图（图1-4）表示。在三相图中，把水的固体颗粒、水、空气各自划分开。

2. 土的物理性质

（1）土的天然密度和干密度

土在天然状态下单位体积的质量，称为土的天然密度（简称密度），用 ρ 表示。计算公式为

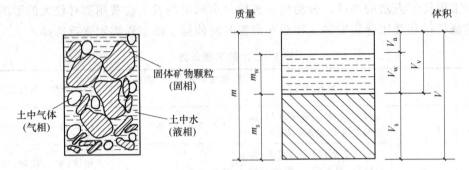

图1-4 土的三相示意图

注：图中符号意义如下：

m—土的总质量（kg）$m=m_s+m_w$；m_s—土中固体颗粒的质量（kg）；m_w—土中水的质量（kg）；V—土的总体积（m³），$V=V_a+V_w+V_s$；V_a—土中空气体积（m³）；V_w—土中水的体积（m³）；V_s—土中固体颗粒的体积（m³）；V_v—土中孔隙体积（m³），$V_v=V_a+V_w$。

$$\rho=\frac{m}{V} \tag{1-1}$$

一般黏土的密度为1800~2000kg/m³，砂土的密度为1600~2000kg/m³。

单位体积中土的固体颗粒的质量，称为土的干密度，用ρ_d表示。计算公式为

$$\rho_d=\frac{m_s}{V} \tag{1-2}$$

式中　ρ、ρ_d——土的天然密度和干密度（kg/m³）；

　　　m、m_s——土的总质量和土中固体颗粒的质量（kg）；

　　　V——土的体积（m³）。

土的干密度越大，表示土越密实。工程上常把土的干密度作为评定土体密实程度的标准，以控制填土工程的压实质量。土的干密度ρ_d与土的天然密度ρ之间的关系可表示为

$$\rho_d=\frac{\rho}{1+\omega} \tag{1-3}$$

式中　ω——土的天然含水量。

【知识拓展】　不同状态下土的密度

饱和密度：土体中孔隙完全被水充满时的土的密度。计算公式为

$$\rho_{sat}=\frac{m_s+V_v\rho_w}{V} \tag{1-4}$$

式中　ρ_{sat}、ρ_w——土的饱和密度和水的密度（kg/m³）；

　　　V_v、V——土中孔隙的体积和土的体积（m³）。

有效密度：在地下水位以下，单位土体积中土粒的质量扣除同体积水的质量后，即为单位土体积中土粒的有效质量。计算公式为

$$\rho' = \frac{m_s - V_s \rho_w}{V} \tag{1-5}$$

式中 ρ'——土的有效密度（kg/m³）；
m_s——土中固体颗粒的质量（kg）；
V_s——土中固体颗粒的体积（m³）；
ρ_w——水的密度（kg/m³）。

各种密度 ρ 之间的关系：$\rho_{sat} > \rho > \rho_d > \rho'$。

(2) 土的天然含水量

在天然状态下，土中水的质量与固体颗粒质量之比的百分率称为土的天然含水量，反映了土的干湿程度，用 ω 表示。即

$$\omega = \frac{m_w}{m_s} \times 100\% \tag{1-6}$$

式中 m_w——土中水的质量（kg）；
m_s——土中固体颗粒的质量（kg）。

(3) 土的孔隙比和孔隙率

孔隙比和孔隙率反映了土的密实程度。孔隙比和孔隙率越小，土越密实。

孔隙比 e 是土中孔隙体积 V_v 与固体体积 V_s 的比值，用下式表示：

$$e = \frac{V_v}{V_s} \tag{1-7}$$

孔隙率 n 是土中孔隙体积 V_v 与总体积 V 的比值，用下式表示：

$$n = \frac{V_v}{V} \times 100\% \tag{1-8}$$

孔隙比和孔隙率之间的关系：

$$n = \frac{e}{1+e} \text{ 或 } e = \frac{n}{1-n}$$

(4) 土的可松性与可松性系数

天然土经开挖后，其体积因松散而增加，虽经振动夯实，仍然不能完全复原，这种现象称为土的可松性。土的可松性用可松性系数表示。即

最初可松性系数：

$$K_S = \frac{V_2}{V_1} \tag{1-9}$$

最后可松性系数：

$$K'_S = \frac{V_3}{V_1} \tag{1-10}$$

式中 K_S、K'_S——土的最初、最后可松性系数；
V_1——土在自然状态下的体积（m³）；
V_2——土挖后松散状态下的体积（m³）；
V_3——土经压（夯）实后的体积（m³）。

可松性系数对土方的调配、计算土方运输都有影响。各类土的可松性系数见表 1-2。

表 1-2　各种土的可松性系数参考数值

土的类别	体积增加百分率/(%)		可松性系数	
	最初	最终	K_S	K'_S
一类(种植土除外)	8~17	1~2.5	1.08~1.17	1.01~1.03
一类(种植土、泥炭)	20~30	3~4	1.20~1.30	1.03~1.04
二类	14~28	1.5~5	1.14~1.25	1.02~1.05
三类	24~30	4~7	1.24~1.30	1.04~1.07
四类(泥灰岩、蛋白石除外)	26~32	6~9	1.26~1.32	1.06~1.09
四类(泥灰岩、蛋白石)	33~37	11~15	1.33~1.37	1.11~1.15
五至七类	30~45	10~20	1.30~1.45	1.10~1.20
八类	45~50	20~30	1.45~1.50	1.20~1.30

注：最初体积增加百分率$=(V_2-V_1)/V_1\times100\%$；最终体积增加百分率$=(V_3-V_1)/V_1\times100\%$。其中，$V_1$为开挖前土的自然体积；$V_2$为开挖后土的松散体积；$V_3$为运至填方处压实后土的体积。

（5）土的渗透性与渗透系数

土的渗透性是指水流通过土中孔隙的难易程度。水在单位时间内穿透土层的能力称为土的渗透系数（K），以 m/d 表示，即水每天穿透土层的深度。地下水在土中的渗流速度一般可按达西定律计算，其计算公式如下：

$$v=K\frac{H_1-H_2}{L}=K\frac{h}{L}=Ki \qquad (1-11)$$

式中　K——土的渗透系数（m/d）；

　　　v——水在土中的渗透速度（m/d）；

　　　i——水力梯度，$i=\dfrac{H_1-H_2}{L}$，即 A、B 两点水头差与其渗透路径长度之比。

根据土的渗透系数不同，可分为透水性土（如砂土）和不透水性土（如黏土）。土的透水性影响施工降水与排水的速度，一般土的渗透系数见表 1-3。

表 1-3　土的渗透系数参考表

土的名称	渗透系数/(m/d)	土的名称	渗透系数/(m/d)
黏土	<0.005	细砂	1.00~5.00
粉质黏土	0.005~0.10	中砂	35~50
粉土	0.10~0.50	均质中砂	20~50
黄土	0.25~0.50	圆砾石	50~100
粉砂	0.50~1.00	卵石	100~500

【知识拓展】　湿陷性黄土、膨胀土

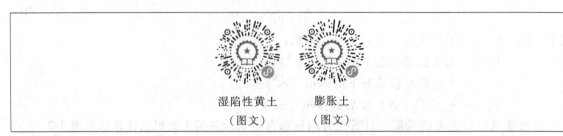

湿陷性黄土　　膨胀土
（图文）　　　（图文）

1.2 土方工程量计算与调配

【情景引入】

由于天然形成的场地是高低不平的,无法达到施工的要求,如图1-5所示的场地,怎样处理才能达到施工要求,并且使施工的费用最低?场地平整过程中挖(填)的土方工程量又如何计算呢?

图1-5 某拟建场地

在土方工程施工前,需要先计算出土方工程量,根据土方工程量的大小,拟定土方工程施工方案,组织土方工程施工。但由于土方工程外形比较复杂,不规则,要准确计算土方工程量有一定的难度。一般情况下,将其划分成一定的几何形状,采用具有一定精度又与实际情况近似的方法进行计算。

1.2.1 基坑、基槽土方工程量计算

1. 基坑土方工程量计算

基坑是指长宽不大于3m的矩形土体。基坑土方工程量可按立体几何中拟柱体(由两个平行的平面作底的一种多面体)体积公式计算,如图1-6所示。即

$$V = \frac{H}{6}(A_1 + 4A_0 + A_2) \tag{1-12}$$

式中 H——基坑深度(m);

A_1、A_2——基坑上、下底的面积(m^2);

A_0——基坑中截面的面积(m^2)。

2. 基槽和路堤管沟土方工程量计算

基槽和路堤管沟的土方工程量计算可沿长度方向分段后,按照上述同样的方法计算,如图1-7所示。即

$$V_1 = \frac{L_1}{6}(A_1 + 4A_0 + A_2) \quad (1-13)$$

式中 V_1——第一段的土方工程量（m^3）；

L_1——第一段的长度（m）。

将各段土方工程量相加，即得总土方工程量 $V_总$

$$V_总 = V_1 + V_2 + V_3 + \cdots + V_n = \sum_{i=1}^{n} V_i \quad (1-14)$$

式中 V_1、V_2、V_3、$\cdots$、V_n——各分段土方工程量，m^3。

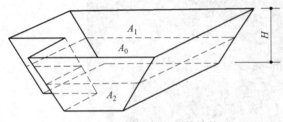
图 1-6 基坑土方工程量计算

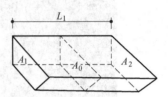
图 1-7 基槽土方工程量计算

1.2.2 场地平整土方工程量计算

1. 场地平整的概念

建筑工程施工前，建筑场地应达到基本建设项目开工的前提条件——"三通一平"，"三通"是指水通、电通、路通；"一平"是指场地平整，即在施工区域内，对原有地形、地物进行拆迁清除、削高填洼，改造成设计要求的场地形状。场地平整工作主要包括确定场地设计标高，计算施工高度、挖填方工程量，选择土方施工机械，拟定施工方案。

场地平整的原则是挖高填低。计算场地挖方工程量和填方工程量，首先要确定场地设计标高，由设计平面的标高和地面的自然标高之差，可以得到场地各点的施工高度（即填、挖高度），由此可计算场地平整挖方和填方的工程量。

2. 场地设计标高的确定

场地设计标高是进行场地平整和土方工程量计算的依据，合理地确定场地设计标高，对减少土石方工程量、加快工程进度具有重要的作用。

场地设计标高要考虑的因素有以下几个：

① 满足规划、生产工艺和运输的要求。

② 充分利用地形，尽量挖填方平衡，以减少土方工程量。

③ 要有一定泄水坡度（≥0.2%），满足排水要求。

④ 考虑最高洪水水位的影响。

如果场地设计标高无其他特殊要求，一般根据填、挖方工程量平衡原则确定。

（1）初步计算场地设计标高 H_0

1）划分方格网

计算场地设计标高时，首先将场地划分成有若干个方格的方格网，每格的大小根据要求的计算精度及场地平坦程度确定，一般边长为 10~40m，如图 1-8a 所示。

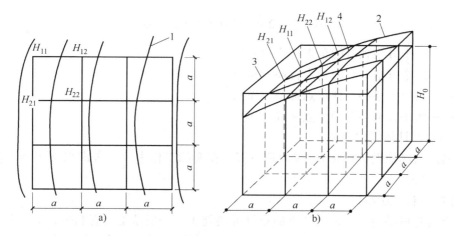

图 1-8 场地设计标高计算简图
a）地形图上划分方格 b）设计标高示意图
1—等高线 2—自然地面 3—场地设计标高平面 4—自然地面与设计标高平面的交线（零线）

2）计算各角点的地面标高

角点的地面标高也称为角点的自然地面标高。当地形平坦时，可根据地形图上相邻两等高线的高程，用插入法求得；也可用一张透明纸，上面画 6 根等距离的平行线，把该透明纸放到标有方格网的地形图上，将 6 根平行线的最外两根分别对准 A、B 两点，这时 6 根等距离的平行线将 A、B 之间的高差分成 5 等份，于是可直接读得 C 点的地面标高（图1-9）。

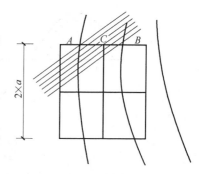

图 1-9 插入法图解

当地形起伏大（用插入法有较大误差）或无地形图时，可在现场地面用木桩或钢钎打好方格网，然后用仪器直接测出方格网角点标高。

3）计算各角点的设计标高

按照挖、填方平衡的原则，场地设计标高可按下式计算：

$$na^2H_0 = \sum_{i=1}^{n}\left(a^2\frac{h_{i1}+h_{i2}+h_{i3}+h_{i4}}{4}\right) \quad (1\text{-}15)$$

即

$$H_0 = \frac{1}{4n}\sum_{i=1}^{n}(h_{i1}+h_{i2}+h_{i3}+h_{i4}) \quad (1\text{-}16)$$

式中　　H_0——所计算场地的初定设计标高（m）；

n——方格数；

$h_{i1}+h_{i2}+h_{i3}+h_{i4}$——第 i 个方格四个角点的天然地面标高（m）。

从图 1-8a 可以看出，H_{11} 是一个方格的角点标高，H_{12} 及 H_{21} 是相邻两个方格的公共角点标高，H_{22} 是相邻四个方格的公共角点标高。如果将所有方格的四个角点全部相加，则类似 H_{11} 的角点标高加 1 次，类似 H_{12} 和 H_{21} 的角点标高需加 2 次，类似 H_{22} 的角点标高要加 4 次。则场地设计标高 H_0 的计算公式可改写为下列形式：

$$H_0 = \frac{1}{4n}(\sum h_1 + \sum h_2 + \sum h_3 + \sum h_4) \tag{1-17}$$

式中 h_1——一个方格独有的角点标高（m）；

h_2——两个方格共有的角点标高（m）；

h_3——三个方格共有的角点标高（m）；

h_4——四个方格共有的角点标高（m）。

（2）场地设计标高的调整

初步确定的场地设计标高 H_0 仅为理论值，在实际工作中还需考虑以下因素对其进行相应的调整：

1）土的可松性影响

由于土具有可松性，按理论计算的设计标高施工，一般填土会有剩余，必要时可相应地提高设计标高。如图 1-10 所示。设 Δh 为土的可松性引起设计标高的增加值，则设计标高调整后的总挖方体积为

$$V'_w = V_w - F_w \Delta h$$

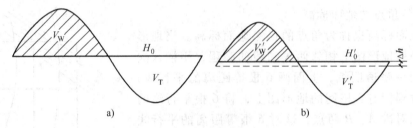

图 1-10 设计标高调整计算示意图
a) 理论设计标高 b) 调整设计标高

总填方体积应为

$$V'_T = V_T + F_T \Delta h$$

而

$$V'_T = V'_w K'_S$$

所以

$$V_T + F_T \Delta h = (V_w - F_w \Delta h) K'_S$$

则

$$\Delta h = \frac{V_w K'_S - V_T}{F_T + F_w K'_S}$$

当 $V_w = V_T$ 时，上式化为

$$\Delta h = \frac{V_w(K'_S - 1)}{F_T + F_w K'_S}$$

故考虑土的可松性后，场地设计标高应调整为

$$H'_0 = H_0 + \Delta h \tag{1-18}$$

式中 V_w、V_T——按场地初步设计标高（H_0）计算的总挖方、总填方体积；

F_w、F_T——按场地初步设计标高（H_0）计算的挖方区、填方区总面积；

K'_S——土的最终可松性系数。

2）场内挖方和填方的影响

由于场内大型基坑挖出的土方、修筑路基填高的土方、场地周围挖填放坡的土方，以及经过经济比较而将部分挖方就近弃于场外或将部分填方就近从场外取土，都会引起场地挖方或填方的变化，因此必要时也需重新调整设计标高。

为了简化计算，场地设计标高调整可以按下面近似公式确定，即

$$H_0'' = H_0' \pm \frac{Q}{na^2} \tag{1-19}$$

式中　Q——假定按原设计标高平整后，多余或不足的土方量；

　　　n——方格网数；

　　　a——方格网边长。

3）场地泄水坡度的影响

按上述计算和调整后的设计标高进行场地平整时，则整个场地将处于同一个水平面。但实际上由于排水的要求，场地表面均需有一定的泄水坡度。因此，应根据场地泄水坡度的要求（单向泄水或双向泄水），计算出场地内各方格角点实际施工时所采用的设计标高。

① 单向泄水时，场地各方格角点的设计标高。当场地单向泄水时（图1-11a），应以计算出的设计标高 H_0（或调整后的设计标高 H_0'）作为场地中心线（与排水方向垂直的中心线）的标高，场地内任一点的设计标高为

$$H_n = H_0 \pm Li \tag{1-20}$$

式中　H_n——场地内任一点的设计标高（m）；

　　　L——该点至场地中心线的距离（m）；

　　　i——场地泄水坡度（≥0.2%）；

注：设计点比经调整的设计标高 H_0 高则取"+"，反之取"-"。

② 双向泄水时各方格角点的设计标高。当场地向两个方向泄水时（图1-11b），以计算

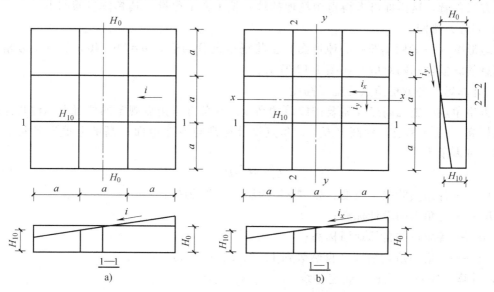

图1-11　场地泄水坡度示意图

a）单向泄水　b）双向泄水

出的设计标高 H_0（或调整后的标高 H_0'）作为场地中心点的标高，场地内任意一点设计标高为

$$H_n = H_0 \pm L_x i_x \pm L_y i_y \tag{1-21}$$

式中　L_x、L_y——该点距场地中心线 $x\text{-}x$、$y\text{-}y$ 的距离；
　　　i_x、i_y——$x\text{-}x$、$y\text{-}y$ 方向的泄水坡度。

【注意事项】　如果不考虑土的可松性影响和余亏土的影响，则计算场地内任意一点的设计标高时，应将调整的设计标高替换为初定场地设计标高。

3. 场地平整土方工程量计算

建筑场地挖、填方厚度在 30mm 以内的人工平整不涉及土方工程量的计算问题。这里计算的是挖、填厚度超过 30mm 时的场地挖、填土方工程量，应按建筑总平面图中的设计标高进行计算。

场地平整土方工程量计算（方格网法）（视频）

场地平整土方工程量的计算方法，通常有方格网法和断面法两种。当场地地形较为平坦、面积较大时宜采用方格网法；当场地地形起伏变化较大或地形狭长的地带，断面不规则时，宜采用断面法，断面法计算精度较低。

（1）方格网法

所谓方格网法，是将需平整的场地划分为边长相等的方格，分别计算各方格的土方工程量并加以汇总，得出总的土方工程量的方法。计算步骤一般为：确定场地的设计标高；计算方格角点的挖填深度；计算方格土方工程量；计算边坡土方工程量；汇总土方工程量并进行平衡等。当经计算的填方和挖方不平衡时，则根据需要进行设计标高的调整，并重复以上计算步骤，重新计算土方工程量。

方格边长一般取 10m、20m、30m、40m 等。根据每个方格角点的自然地面标高和设计标高，计算出相应的角点挖填高度，然后计算出每一个方格的土方工程量，并计算出场地边坡的土方工程量，这样即可求得整个场地的填、挖土方工程量。其具体步骤如下：

1）划分方格网

在地形图（一般用 1/500 的地形图）上将场地划分为边长 $a = 10 \sim 40\text{m}$ 的若干方格，尽量与测量的纵横坐标网对应，如图 1-12 所示。

2）计算场地各方格角点的施工高度

各方格角点的施工高度即需要挖或填的高度。在各方格角点规定的位置上标注角点的自然地面标高（H_0）和设计标高（H_n），角点设计标高与自然地面标高的差值即各角点的施工高度，可表示为

$$h_n = H_n - H \tag{1-22}$$

式中　h_n——各角点的施工高度，以"+"为填，"−"为挖；
　　　H_n——各角点的设计标高；
　　　H——各角点的自然地面标高；
　　　n——方格的角点编号（自然数列 1，2，3，…，n）。

3）计算"零点"位置，确定零线

找到一端施工高程为"+"，若另一端为"−"的方格网边线，则沿其边线必然有一不挖不填的点，即为"零点"，如图 1-13 所示。将方格网中各相邻的零点连接起来，即为零

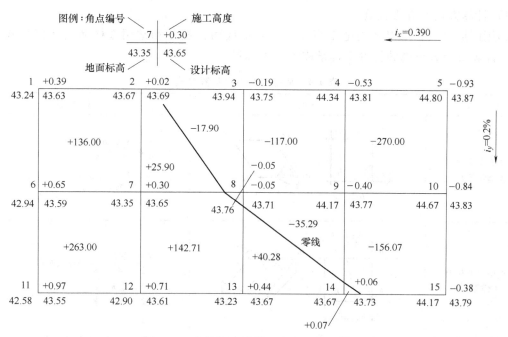

图 1-12 方格网法计算土方工程量示意图

线。零线将场地划分为挖方和填方两个部分。

零点的位置按下式计算：

$$x_1 = \frac{ah_1}{h_1+h_2}, \quad x_2 = \frac{ah_2}{h_1+h_2} \tag{1-23}$$

式中 x_1、x_2——角点至零点的距离（m）；

h_1、h_2——相邻两角点的施工高度，均用绝对值表示（m）；

a——方格网的边长（m）。

在实际工作中，为省略计算，确定零点的办法也可以用图解法，如图 1-14 所示。其具体方法是用尺在各角点上标出挖、填施工高度相应比例，用尺相连，与方格相交点即为零点位置。此法甚为方便，同时可避免计算或查表出错。将相邻的零点连接起来，即为零线。它是确定方格中挖方与填方的分界线。

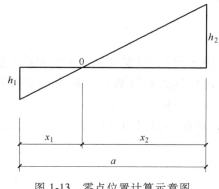

图 1-13 零点位置计算示意图

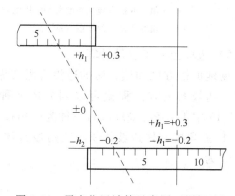

图 1-14 零点位置计算示意图（图解法）

4) 计算方格土方工程量

即用图形底面积乘以平均施工高度。按方格底面积图形和常用方格网点计算公式（表1-4），计算每个方格内的挖方工程量或填方工程量。

表 1-4 常用方格网点计算公式

项 目	图示	计算公式
一点填方或挖方（三角形）		$V = \frac{1}{2}bc\frac{\sum h}{3} = \frac{bch_3}{6}$ 当 $b = c = a$ 时，$V = \frac{a^2 h_3}{6}$
两点填方或挖方（梯形）		$V_+ = \frac{b+c}{2}a\frac{\sum h}{4} = \frac{a}{8}(b+c)(h_1+h_3)$ $V_- = \frac{d+e}{2}a\frac{\sum h}{4} = \frac{a}{8}(d+e)(h_2+h_4)$
三点填方或挖方（五角形）		$V = \left(a^2 - \frac{bc}{2}\right)\frac{\sum h}{5} = \left(a^2 - \frac{bc}{2}\right)\frac{h_1+h_2+h_4}{5}$
四点填方或挖方（正方形）		$V = \frac{a^2}{4}\sum h = \frac{a^2}{4}(h_1+h_2+h_3+h_4)$

注： a——方格的边长（m）；
b、c——零点到一角的边长（m）；
h_1、h_2、h_3、h_4——方格网四角点的施工高度，用绝对值代入（m）；
$\sum h$——填方或挖方施工高度总和，用绝对值代入（m）；
V——填方或挖方的体积（m³）。

5) 边坡土方工程量计算

场地的挖方区和填方区的边沿都需要做成边坡（图1-15），以保证挖方土壁和填方区的稳定。边坡的土方工程量可以划分成两种近似的几何形体进行计算：一种为三角棱锥体（图1-15中①、②、③），另一种为三角棱柱体（图1-15中④）。

① 三角棱锥体边坡体积。三角棱锥体边坡体积，如图1-15中①～③、⑤～⑦所示，计算公式为

$$V_1 = \frac{1}{3}A_1 l_1 \tag{1-24}$$

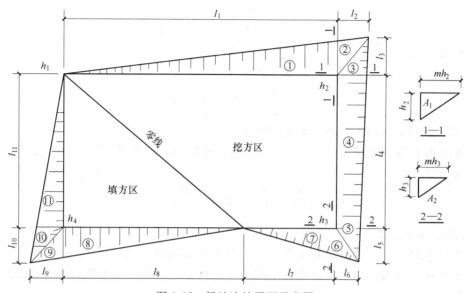

图 1-15 场地边坡平面示意图

式中 l_1——三角棱锥体边坡的长度（m）；

A_1——三角棱锥体边坡的端面面积（m²），计算公式为

$$A_1 = \frac{1}{2}mh_2h_2 = \frac{1}{2}mh_2^2 \tag{1-25}$$

式中 h_2——角点的挖土高度；

m——边坡的坡度系数，$m=$ 宽/高。

② 三角棱柱体边坡体积。三角棱柱体边坡体积，如图 1-15 中④所示，计算公式为

$$V_4 = \frac{A_3 + A_5}{2}l_4 \tag{1-26}$$

当两端横断面面积相差很大时，边坡体积为

$$V_4 = \frac{l_4}{6}(A_3 + 4A_0 + A_5) \tag{1-27}$$

式中 l_4——边坡④的长度；

A_3、A_5、A_0——边坡④两端及中部横断面面积。

6）计算土方总工程量

将挖方区（或填方区）的所有方格计算土方工程量和边坡土方工程量汇总，即得该场地挖方和填方的总土方工程量。

（2）断面法

根据地形图竖向布置，沿场地的纵向或相应方向划分为若干个相互平行的断面（可利用地形图定出或实地测量定出），将所划分的每个断面（包括边坡）分成若干个三角形和梯形，如图 1-16 所示。

对于某一断面，其中三角形和梯形的面积为

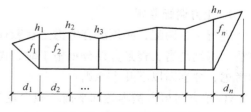

图 1-16 断面法计算示意图

$$f_1 = \frac{h_1}{2}d_1, f_2 = \frac{h_2}{2}d_2, \cdots, f_n = \frac{h_n}{2}d_n \tag{1-28}$$

该断面面积为
$$F_i = f_1 + f_2 + \cdots f_n$$

若
$$d_1 = d_2 = \cdots = d_n = d$$

则
$$F_i = \frac{d}{2}(h_1 + h_2 + \cdots + h_n) \tag{1-29}$$

各个断面面积求出后，即可计算土方体积。

设各断面面积分别为 F_1，F_2，…，F_n，相邻两断面之间的距离依次为 l_1，l_2，…，l_n，则所求土方体积为

$$V = \frac{F_1 + F_2}{2}l_1 + \frac{F_2 + F_3}{2}l_2 + \cdots + \frac{F_{n-1} + F_n}{2}l_n \tag{1-30}$$

4. 场地平整土方施工

场地平整就是将自然地面改造成为设计所要求的场地平面的过程，是根据建筑施工总平面图规定的标高，通过测量，计算出挖、填土方工程量，设计土方调配方案，组织人力或机械进行平整工作。

场地平整的施工工艺流程：现场勘察→清除地面障碍物→标定整平范围→设置水准基点→设置方格网、测量标高→计算土方挖、填工程量→编制土方调配方案→挖、填土方→场地碾压→验收。

场地平整前，施工人员应到工程施工现场进行勘察，了解地形、地貌和周围环境，根据建筑总平面图了解、确定场地平整的大致范围；拆除施工场地上的旧有房屋和坟墓，拆迁或改建通信、电力设备、上下水道以及地下建筑物，迁移树木，去除耕植土及河塘淤泥等。然后根据建筑总平面图要求的标高，从基准水准点引进基准标高作为场地平整的基点。

> 【注意事项】 此项工作由业主委托有资质的拆卸拆除公司或建筑施工公司完成，发生费用由业主承担。

1.2.3 土方调配

土方调配是土方工程施工组织设计（土方规划）中的重要内容，在场地土方工程量计算完成后，即可着手土方的调配工作。所谓土方调配，就是对挖土、堆弃和填土三者之间的关系进行综合协调处理与统筹安排。其目的是在土方运输量最小或土方运输费最小的条件下，确定挖填方区土方的调配方向、数量及平均运距，从而缩短工期、降低成本。好的土方调配方案，不但能使土方的运输量或费用最少，而且施工方便。

土方调配工作主要包括划分调配区、计算土方调配区之间的平均运距、选择最优的调配方案及绘制土方调配图表等内容。

1. 土方调配原则

进行土方调配，必须综合考虑工程和现场的情况、有关技术资料、进度要求和土方施工方法。特别是当工程是分期分批施工时，先期工程和后期工程的土方堆放和调用问题应当全面考虑，并遵循以下几个原则：

① 挖方与填方基本达到平衡，减少重复挖运。

② 挖（填）方量与运距的乘积之和尽可能为最小，即总土方运输量或运输费用最小。

③ 符合回填的优质土用在回填密实度要求较高的地区，以避免出现质量问题。
④ 取土或弃土应尽量不占农田或少占农田，弃土尽可能有规划地造田。
⑤ 分区调配应与全场调配相协调，避免只顾局部平衡，任意挖填而破坏全局平衡。
⑥ 调配应与地下构筑物的施工相结合，地下设施的填土，应予预留。
⑦ 选择适当的调配方向、运输路线、施工顺序，使土方机械和运输车辆的功效得到充分发挥。

总之，进行土方调配时，必须依据现场具体情况、有关技术资料、工期要求、土方施工方法与运输方法等，综合考虑上述原则，并经计算比较，选择经济合理的调配方案。

2. 土方调配的方法和步骤

（1）划分调配区

在场地平面图上先画出挖（填）区的分界线（零线），然后在挖方区和填方区适当地分别画出若干个调配区，如图1-17所示。

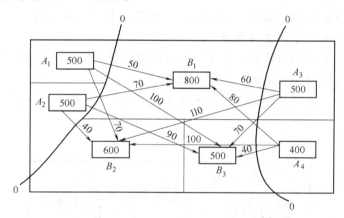

图1-17 某矩形广场土方调配图

【注意事项】 在划分调配区时应注意以下几点：
① 调配区的划分应该与房屋或构筑物的位置相协调，满足工程施工顺序、分期分批施工的要求，做到先期施工与后期利用相结合。
② 调配区的大小应该满足土方施工用主导机械（铲运机、挖掘机等）的技术要求，使土方机械和运输车辆的功效得到充分发挥。
③ 调配区的范围应该和土方工程量计算用的方格网协调，通常可由若干个方格组成一个调配区。
④ 当土方运距较大或场区范围内土方不平衡时，可考虑就近借土或就近弃土，每一个借土区或弃土区都可以作为一个独立的调配区。

（2）计算各调配区的土方工程量

按照前述计算方法，求得各调配区的挖方与填方工程量，并标注于图上。

（3）计算每对调配区之间的平均运距

平均运距即挖方区土方重心至填方区土方重心的距离。

当用铲运机或推土机在场地中运作平整时，挖方调配区和填方调配区土方重心之间的距离就是该填、挖方调配区之间的平均运距。

当填、挖方调配区之间的距离较远，采用汽车、自行式铲运机或其他运土工具沿工地道路或规定路线运土时，其运距应按实际情况进行计算。

对于第一种情况，要确定平均运距，先要确定土方重心。为便于计算，一般假定调配区平面的几何中心即为其体积的重心。可取场地或方格网中的纵横两边为坐标轴，按下式计算：

$$X_g = \frac{\sum V_x}{\sum V}, \quad Y_g = \frac{\sum V_y}{\sum V} \tag{1-31}$$

式中 X_g、Y_g——挖或填方调配区的重心坐标；

V——每个方格的土方工程量；

x、y——每个方格的重心坐标。

重心求出后，平均运距可通过计算或作图，用比例尺量出每对调配区之间的平均运距，并标于图上。

（4）确定土方最优调配方案

确定最优土方调配方案一般以"线性规划"理论为基础，常采用"表上作业法"求得。

（5）绘制土方调配图、调配平衡表

根据表上作业法求得的最优调配方案，在场地地形图上绘出土方调配图，图上应标出土方调配方向、土方数量及平均运距，如图1-18所示。

除土方调配图外，还应列出土方量调配平衡表。表1-5是按图1-18所示调配方案编制的土方量调配平衡表。

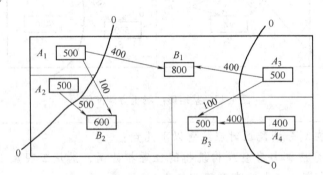

图1-18 某矩形广场最优土方调配图

注：箭头上面数量表示土方调配量（m^3）；A为挖方区；B为填方区。

表1-5 土方量调配平衡表

挖方区编号	挖方数量/m^3	各填方区填方数量/m^3						合计
		B_1		B_2		B_3		
		800		600		500		1900
A_1	500	400	50	100	70			
A_2	500			500	40			
A_3	500	400	60			100	70	

（续）

挖方区编号	挖方数量/m³	各填方区填方数量/m³			
		B_1	B_2	B_3	合计
		800	600	500	1900
A_4	400			400 / 40	
合计	1900				

注：表中土方数量栏右上角小方格内的数字是平均运距，也可为土方的单方运价。

1.3 施工准备与辅助工作

【情景引入】

> 施工准备工作是为了保证工程顺利开工和施工活动正常进行所必需事先做好的各项准备工作。它是生产经营管理的重要组成部分，是施工程序中的重要一环，并贯穿于整个工程建设的始终。认真细致地做好施工准备工作，对充分发挥各方面的积极因素，合理利用资源，加快施工速度，提高工程质量，确保施工安全，降低工程成本及获得较好经济效益都起着重要作用。那施工准备工作具体有哪些？该如何组织安排呢？

1.3.1 施工前的准备工作

土方开挖前需要做好以下主要准备工作：

1. 清理场地

清理场地包括拆除施工区域内的房屋、古墓，拆除或改建通信和电力设备，上、下水道及其他建筑物，迁移树木及含有大量有机物的草皮、耕植土、河塘淤泥等。

2. 排除地面水

为了不影响施工，应及时排除地面水及雨水，使场地保持干燥，适宜土方施工。

排除地面水一般采用排水沟、截水沟、挡水土坝等。临时性排水设施应尽量与永久性排水设施相结合。排水沟的设置应利用自然地形特征，使水直接排至场外或流向低洼处再用水泵抽走。主排水沟最好设置在施工区域的边缘或道路的两旁，其横断面和纵向坡度应根据最大流量确定。排水沟的横断面尺寸一般不应小于 0.5m×0.5m，纵坡一般不应小于 0.3%。

在低洼地区施工时除开挖排水沟外，必要时应修筑挡水土坝，以阻挡雨水的流入。在山区施工的场地平整时，应在较高一面的土坡上开挖截水沟。

3. 修筑临时设施

根据土方和基础工程规模、工期长短、施工力量等安排修建简易的临时性生产和生活设施（如工具库、材料库、机具库、修理间等），同时敷设现场供水、供电等管道线路，并进行试水、试电。

修筑施工场地内机械运行的道路，主要临时运输道路宜结合永久性道路的布置修筑。道路通过沟渠应设涵洞，道路与铁路、电信线路、电缆线路以及各种管线相交处，应按有关安全技术规定设置平交道和标志。

1.3.2 土方边坡与土壁支撑

为了防止塌方，保证施工安全，在基槽、基坑开挖深度（或填方高度）超过一定限度时应设置边坡，或者加设临时支撑以保持土壁的稳定。

1. 土方边坡

土方边坡的坡度是以土方挖土深度 H 与放坡宽度 B 之比表示，即

$$土方边坡坡度 = \frac{H}{B} = \frac{1}{B/H} = 1:m$$

式中　　m——$m=B/H$，称为坡度系数。

在满足土体边坡稳定的条件下，可以做成直线形、折线形及阶梯形边坡（图1-19）。边坡的坡度主要与土质、开挖深度、开挖方法、边坡留置时间的长短、边坡附近地面堆载及排水等情况有关。

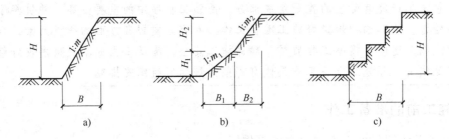

图 1-19　边坡形式
a）直线形边坡　b）折线形边坡　c）阶梯形边坡

当地质条件良好，土质均匀且地下水位低于基坑（槽）或管沟底面标高时，当敞露时间不长时，挖土边坡可以作直立壁（不放坡）不加支撑，但挖土深度不宜超过下列规定：

① 密实、中密的砂土和碎石类土（充填物为砂土）为 1.0m。
② 硬塑、可塑的粉土及粉质黏土为 1.25m。
③ 硬塑、可塑的黏土和碎石类土（充填物为黏性土）为 1.5m。
④ 坚硬的黏性土为 2m。

挖方深度超过上述规定时，应考虑放坡或做成直立壁加支撑。

当地质条件良好，土质均匀且地下水位低于基坑（槽）或管沟底面标高时，挖方深度在 5m 以内不加支撑的边坡的最陡坡度应符合表1-6规定。

表 1-6　挖方深度在 5m 以内的基坑（槽）、管沟边坡的最陡坡度（不加支撑）

土的类别	边坡坡度（高：宽）		
	坡顶无荷载	坡顶有静荷载	坡顶有动荷载
中密的砂土	1:1.00	1:1.25	1:1.50
中密的碎石类土（充填物为砂土）	1:0.75	1:1.00	1:1.25

(续)

土的类别	边坡坡度（高∶宽）		
	坡顶无荷载	坡顶有静荷载	坡顶有动荷载
硬塑的粉土	1∶0.67	1∶0.75	1∶1.00
中密的碎石类土（充填物为黏性土）	1∶0.50	1∶0.67	1∶0.75
硬塑的粉质黏土、黏土	1∶0.33	1∶0.50	1∶0.67
老黄土	1∶0.10	1∶0.25	1∶0.33
软土（经井点降水后）	1∶1.00	—	—

注：1. 静荷载是指堆土或材料等，动荷载是指机械挖土或汽车运输作业等。静荷载或动荷载距挖方边缘的距离应保证边坡和直立壁的稳定，堆土或材料应距挖方边缘 0.8m 以外；高度不超过 1.5m。
  2. 当有成熟施工经验时，可不受本表限制。

永久性挖方边坡坡度应按设计要求放坡。对使用时间较长的临时性挖方边坡坡度，在保证山坡整体稳定情况下，如地质条件良好、土质较均匀、高度在 10m 以内的边坡应符合表 1-7 的规定。

表 1-7 地质条件良好、土质较均匀、高度在 10m 以内的临时性挖方边坡坡度值

土的类别		边坡坡度（高∶宽）
砂土（不包括细砂、粉砂）		1∶1.50～1∶1.25
一般黏性土	坚硬	1∶10～1∶0.75
	硬塑	1∶1.25～1∶1
	软	1∶1.50 或更缓
碎石类土	充填坚硬、硬塑黏性土	1∶1.00～1∶0.5
	充填砂土	1∶1.50～1∶1.00

注：1. 使用时间较长的临时性挖方是指使用时间超过一年的临时道路、临时工程的挖方。
  2. 挖方经过不同类别的土（岩）层或深度超过 10m 时，其边坡可做成折线形或台阶形。
  3. 有成熟施工经验时，可不受本表限制。

2. 土壁支撑

在基坑（槽）开挖时，如地质和周围条件允许，可放坡开挖，但遇到施工场地条件的限制不能放坡开挖时，为缩小工作面、减少土方量，可采用设置土壁支撑的方法施工。支撑结构的种类较多，如用于较窄沟槽的横撑；用于基坑的板桩、灌注桩、深层搅拌桩、地下连续墙、母子桩等。

当开挖较窄的沟槽或基坑时，多用横撑式支撑。横撑式支撑根据挡土板的不同，分为断续式水平挡土板支撑（图 1-20a）、连续式水平挡土板支撑和连续式垂直挡土板支撑（图 1-20b）。

对湿度小的黏性土，当挖土深度小于 3m 时，可用断续式水平挡土板支撑；对松散、湿度大的土可用连续式水平挡土板支撑，挖土深度可达 5m；对松散和湿度很大的土，可用垂直挡土板支撑，挖土深度不限。

当采用横撑式支撑时，应随挖随撑，支撑要牢固。施工中应经常检查，如有松动、变形等现象时，应及时加固或更换。支撑的拆除应按回填顺序依次进行，多层支撑应自下而上逐层拆除，随拆随填。

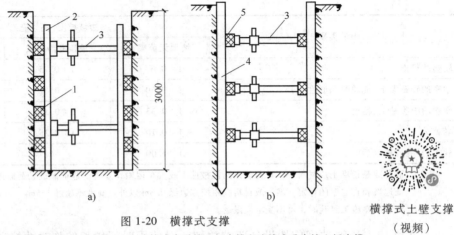

图 1-20 横撑式支撑

a) 断续式水平挡土板支撑 b) 连续式水平挡土板支撑和连续式垂直挡土板支撑
1—水平挡土板 2—竖楞木 3—工具式横撑 4—竖直挡土板 5—横楞木

横撑式土壁支撑
（视频）

1.3.3 土方施工排水与降水

在开挖基坑或沟槽时，土的含水层常被切断，地下水会不断地渗入基坑。雨期施工时，地面水也会流入坑内，如果坑内的水不及时排走，会造成边坡塌方和地基承载力下降。因此，为了保证施工的正常进行，在基坑开挖前和开挖时，必须做好基坑降水工作。基坑降水方法可分为明排水法和人工降低地下水位法两种。

1. 明排水法

施工现场常采用截流、疏导、抽取的方法进行排水。截流是将流入基坑的水流截住；疏导是将积水疏干；抽取是在基坑或沟槽开挖时，在坑底设置集水井，并沿坑底的周围或中央开挖排水沟，使水由排水沟流入集水井内，然后用水泵抽出坑外，如图 1-21 和图 1-22 所示。如果基坑较深，可采用分层明沟排水法（图 1-23），一层一层地加深排水沟和集水井，逐步达到设计要求的基坑断面和坑底标高。

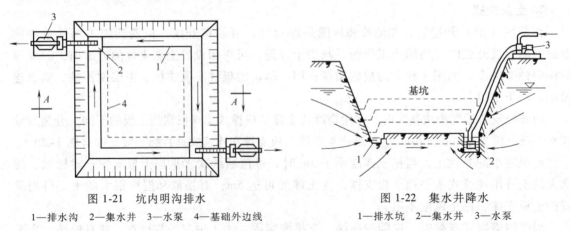

图 1-21 坑内明沟排水
1—排水沟 2—集水井 3—水泵 4—基础外边线

图 1-22 集水井降水
1—排水坑 2—集水井 3—水泵

基坑四周的排水沟及集水井一般应设置在基础范围以外，地下水水流的上游。基坑面积较大时，可在基坑范围内设置盲沟排水。

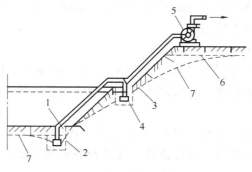

图 1-23　分层明沟排水

1—底层排水沟　2—底层集水井　3—二层排水沟
4—二层集水井　5—水泵　6—原水位线　7—水位降低线

明排水法施工
（视频）

根据地下水量、基坑平面形状及水泵的抽水能力，每隔 20~40m 设置一个集水井。集水井的直径或宽度一般为 0.6~0.8m，其深度随着挖土的加深而加深，并始终保持低于挖土面 0.8~1.0m。井壁可用竹、木等做简易加固。

当基坑挖至设计标高后，井底应低于坑底 1~2m，并铺设 0.3m 碎石滤水层，以免由于抽水时间较长而将泥沙抽出，并防止井底的土被搅动。

2. 流沙的形成及其防治措施

用明排水法降水开挖土方，当开挖深度大、地下水位较高而土质不好时，在挖至地下水水位以下时，有时坑底下面的土会形成流动状态，随地下水一起涌入基坑内，这种现象称为流沙现象。

发生流沙时，土完全丧失承载能力，使施工条件恶化，难以达到开挖设计深度。严重时会造成边坡塌方及附近建筑物下沉、倾斜、倒塌等。总之，流沙现象对土方施工和附近建筑物有很大危害。

【知识拓展】　流沙的形成

流沙的形成
（图文）

流沙的防治措施

颗粒细小、均匀、松散、饱和的非黏性土容易发生流沙现象，但是否出现流沙现象的重要条件是动水压力的大小和方向。在一定的条件下土转化为流沙，而在另一些条件下（如改变动水压力的大小和方向），又可将流沙转变为稳定土。因此，在基坑施工中，防治流沙的原则是"治流沙必治水"，主要途径有消除、减少或平衡动水压力。其具体措施有：

1）水下挖土法

采用不排水施工，使坑内水压与地下水压平衡，消除动水压力，从而防止流沙产生。此法在沉井挖土下沉过程中经常采用。

2）打板桩法（图1-24）

将板桩（常用钢板桩）沿基坑外围打入坑底下面一定深度，增加地下水从坑外流入坑内的渗流长度，以减小水力坡度，从而减小动水压力，防止流沙产生。

3）抢挖法

抢挖法是组织分段抢挖，使挖土速度超过冒沙速度，挖到设计标高后立即铺竹筏、芦席，并抛大石块以平衡动水压力，压住流沙。此法用以解决局部或轻微的流沙现象。

4）人工降低地下水位

一般采用井点降水方法，使地下水的渗流向下，水不致渗流入坑内，又增大了土料间的压力，因而可以有效地防止流沙形成，达到局部区域降低地下水位的效果。此法应用较广且较可靠。

5）地下连续墙法（图1-25）

地下连续墙法是在基坑周围先浇灌一道混凝土或钢筋混凝土的连续墙，以支承土壁、截水并防止流沙发生。

6）冻结法

在含有大量地下水的土层或沼泽地区施工时，采用冻结土壤的方法防止流沙发生。

此外，对位于流沙地区的基础工程，应尽可能采用桩基或沉井施工，以节约防治流沙所增加的费用。

地下连续墙施工（视频）

图1-24 打板桩法

图1-25 地下连续墙法

3. 人工降低地下水位法

人工降低地下水位，就是在基坑开挖前，预先在基坑四周埋设一定数量的滤水管（井），利用抽水设备从中抽水，使地下水位降至坑底标高以下，直至施工结束为止。采用人工降低地下水位，不仅是一种施工措施，也是一种地基加固方法。因为降低地下水位，改善了施工条件，同时使动水压力方向向下，从根本上防止流沙发生，并增加土中有效应力，提高了土的强度或密实度。采用人工降低地下水位，可适当减小放坡，改陡边坡以减少挖土数量，但在降水过程中，基坑附近的地基土会有一定的沉降，施工时应加以注意。

人工降低地下水位的方法有轻型井点、喷射井点、电渗井点、管井井点及深井井点等。降水方法的选用，应根据土的渗透系数、降低水位的深度、工程特点、设备及经济技术比较等具体条件来选用，见表1-8。下面重点介绍轻型井点和深井井点降低地下水位的方法。

表1-8 各类井点的适用范围

项次	井点类型	土层渗透系数/(m/d)	降低水位深度/m
1	单层轻型井点	0.1~50	3~6
2	多层轻型井点	0.1~50	6~12（由井点层数而定）
3	喷射井点	0.1~2	8~20
4	电渗井点	<0.1	根据选用的井点确定
5	管井井点	20~200	3~5
6	深井井点	10~250	>15

（1）轻型井点降低地下水位

1）轻型井点设备

轻型井点设备由管路系统和抽水设备组成，如图1-26所示。

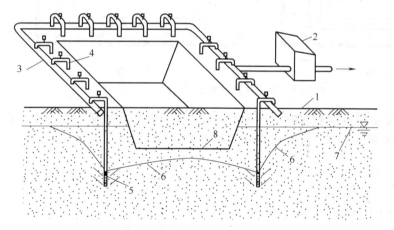

图1-26 轻型井点设备

1—地面 2—水泵 3—总管 4—井点管 5—滤管
6—降低后的水位 7—原地下水位 8—基坑底

轻型井点降低地下水位（图文）

管路系统由滤管、井点管、弯联管及总管等组成。

抽水设备由真空泵、离心泵和水气分离器（又称为集水箱）等组成。

2）轻型井点的布置

轻型井点的布置，应根据基坑大小与深度、土质、地下水位高低与流向、降水深度要求等而定。

① 平面布置。轻型井点平面布置如图1-27所示。

② 高程布置。轻型井点的降水深度，从理论上讲可达10.3m，但由于管路系统的水头损失，其实际降水深度一般不超过6m。井点管的埋设深度H（不包括滤管）按下式计算：

$$H \geqslant H_1 + h + IL \tag{1-32}$$

式中 H_1——井点管埋设面至坑底的距离（m）；

h——基坑中心处基坑底面（单排井点时，为远离井点一侧坑底边缘）至降低后地下水位的距离，一般为 0.5~1.0m；

I——水力坡度，根据实测：单排井点为 1/5~1/4，双排井点为 1/7，环状井点为 1/12~1/10；

L——井点管至基坑中心的水平距离（m）；当井点管为单排布置时，L 为井点管至基坑另一侧的水平距离，如图 1-28 所示。

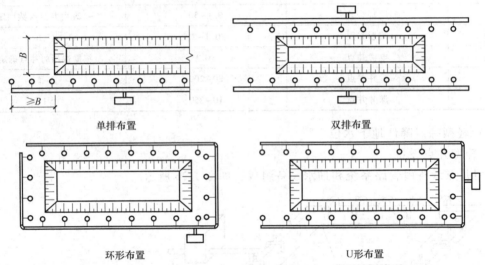

图 1-27 轻型井点平面布置

当一级井点达不到降水深度的要求时，可采用二级井点，即可挖去第一级井点所疏干的土，然后再在挖出的坑底面装设第二级井点系统，如图 1-29 所示。

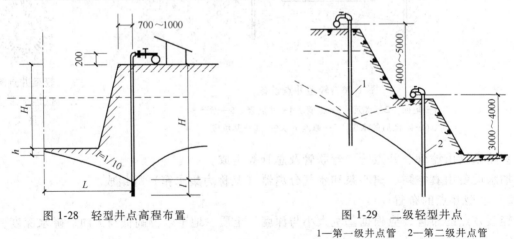

图 1-28 轻型井点高程布置　　图 1-29 二级轻型井点

1—第一级井点管　2—第二级井点管

3）轻型井点的安装与使用

① 轻型井点的安装。轻型井点的安装程序是先排放总管，再埋设井点管，然后用弯联管将井点管接通，最后安装抽水设备。轻型井点安装的关键工作是井点管的埋设。

井点管的埋设一般用水冲法，分为冲孔与埋管两个过程，如图 1-30 所示。

模块1　土方工程施工

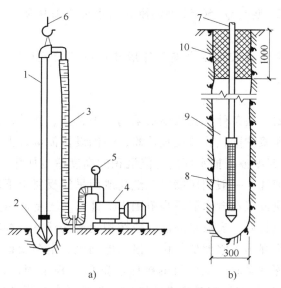

图1-30　井点管的埋设
a）冲孔　b）埋管
1—冲管　2—冲头喷嘴　3—胶皮管　4—高压水泵　5—压力表
6—起重机吊钩　7—井管　8—滤管　9—砂滤层　10—黏土封口

井点系统全部安装完毕后，应接通总管与抽水设备进行试抽，检查有无漏气、漏水，出水是否正常，有无淤塞等现象，如有异常情况，应检修好后方可使用。

② 轻型井点的使用。轻型井点使用时，应该连续抽水，以免引起滤孔堵塞和边坡塌方事故。抽吸排水要保持均匀，达到细水长流，正常的出水规律是"先大后小，先浊后清"。使用中如发现异常情况应及时检修完好后再使用。

（2）深井井点降低地下水位

深井井点降水是将抽水设备放置在深井中进行抽水来达到降低地下水位的目的。适用于抽水量大、降水较深的砂类土层，降水深可达50m以内。

1）深井井点系统的组成及设备

深井井点系统主要由井管和水泵组成，如图1-31所示。

① 井管用钢管、塑料管或混凝土管制成，管径一般为300mm，井管内径一般应大于水泵

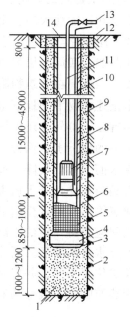

图1-31　深井构造
1—中粗砂　2—φ600井孔　3—开孔底板（下铺滤网）
4—导向段　5—滤网　6—过滤段（内填碎石）
7—潜水泵　8—φ300井管　9—中、粗砂或小砾石
10—电缆　11—φ50出水管　12—井口
13—φ50出水总管　14—井盖 $\delta=20$

外径50mm。井管下部过滤部分带孔，外面包裹10孔/cm² 镀锌钢丝网两层，41孔/cm² 镀锌钢丝网两层或尼龙网。

② 水泵：可用 QY-25 型或 QJ-50-52 型油浸式潜水泵或深井泵。

2）深井布置

深井井点系统总涌水量可按无压完整井环形井点系统公式计算。一般沿基坑四周每隔 15~30m 设一个深井井点。

3）深井井点的埋设

深井成孔方法可根据土质条件和孔深要求采用冲击钻孔、回转钻孔、潜水钻钻孔或水冲法成孔，用泥浆或自造泥浆护壁，孔口设置护筒，一侧设排泥沟、泥浆坑。孔径应较井管直径大 300mm 以上，钻孔深度根据抽水期内可能沉积的高度适当加深。

深井井管沉放前应清孔，一般用压缩空气洗孔或用吊筒反复上下取出洗孔。井管安放力求垂直。井管过滤部分应设置在含水层适当范围内。井管与土壁间填充砂滤料，粒径应大于滤网的孔径，周围填砂滤料后，安放水泵前，应按规定清洗滤井，冲除沉渣后即可。深井内安设潜水泵，潜水泵可用绳吊入水滤层部位，潜水电动机、电缆及接头应有可靠绝缘，并配置保护开关控制。设置深井泵时，电动机的机座应安放平稳牢固，转向严禁逆转（应有阻逆装置），防止转动轴解体。安设完毕应进行试抽，满足要求方可进行正常工作。

深井井点施工程序为井位放样→做井口→安护筒→钻机就位→钻孔→回填井底砂垫层→吊放井管→回填管壁与孔壁间的过滤层→安装抽水控制电路→试抽→降水井正常工作。

4）降水对周围建筑的影响及防止措施

在弱透水层和压缩性大的黏土层中降水时，由于地下水流失造成地下水位下降、地基自重应力增加和土层压缩等原因，会产生较大的地面沉降；又由于土层的不均匀性和降水后地下水位呈漏斗曲线，四周土层的自重应力变化不一而导致不均匀沉降，使周围建筑物基础下沉或房屋开裂。因此，在建筑物附近进行井点降水时，为防止降水影响或损害区域内的建筑物，就必须阻止建筑物下的地下水流失。为此，除可在降水区域和原有建筑物之间的土层中设置一道固体抗渗屏幕外，还可用回灌井点补充地下水的办法来保持地下水位，使降水井点和原有建筑物下的地下水位保持不变或降低较少，从而阻止建筑物下地下水的流失。这样，也就不会因降水而使地面沉降，或减少沉降值。

回灌井点是防止井点降水损害周围建筑物的一种经济、简便、有效的办法，它能将井点降水对周围建筑物的影响减少到最小程度。为确保基坑施工的安全和回灌的效果，回灌井点与降水井点之间应保持一定的距离，一般不宜小于 6m。

为了观测降水及回灌后四周建筑物、管线的沉降情况及地下水位的变化情况，必须设置沉降观测点及水位观测井，并定时测量记录，以便及时调节灌、抽量，使灌、抽基本达到平衡，确保周围建筑物或管线等的安全。

1.4 基坑（槽）施工

【情景引入】

土方开挖应遵循"开槽支撑、先撑后挖、分层开挖、严禁超挖"的原则。

由于基坑土质的不同、周围环境的差异及开挖深度等因素的影响，基坑土方开挖应采取相应的措施和不同的开挖方法,如图1-32所示,基坑土方开挖施工具体有哪些工作和要求呢?

图1-32 土方开挖施工

基坑(槽)施工,首先进行建筑物定位和标高引测,然后根据基础的尺寸、埋置深度、土质情况、地下水位及季节性变化等综合因素,考虑施工相关要求,确定工程施工具体方案(如是否留设工作面、放坡、增加排水设施和设置支撑等),从而定出挖土边线并撒灰线。

1.4.1 测量放线

1. 基槽放线

根据建筑物主轴线控制点,首先将外墙轴线的交点用木桩测设在地面上,并在桩顶钉上铁钉作为标志。房屋外墙轴线测定以后,再根据建筑物平面图,将内部开间所有轴线都一一测出。最后根据边坡系数计算的开挖宽度在中心轴线两侧用石灰在地面上撒出基槽开挖边线。同时在建筑物四周设置龙门板,如图1-33所示;或者在轴线延长线上设置轴线控制桩(又称引桩),如图1-34所示,以便于基础施工时复核轴线位置。附近若有已建的建筑物,也可用经纬仪将轴线投测在永久性建筑物上。恢复轴线时,只要将经纬仪安置在某轴线一端的控制桩上,瞄准另一端的控制桩,该轴线即可恢复。

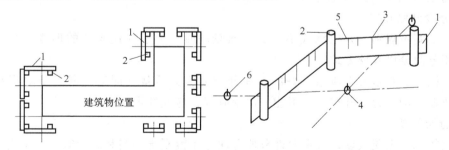

图1-33 龙门板的设置
1—龙门板 2—龙门桩 3—轴线钉 4—角桩 5—灰线钉 6—轴线控制桩(引桩)

为了控制基槽开挖深度,当快挖到槽底设计标高时,可用水准仪根据地面±0.000m水准点,在基槽壁上每隔2~4m及拐角处打一水平桩,如图1-35所示。

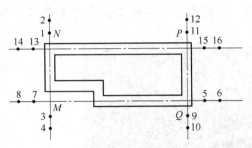

图 1-34 轴线控制桩（引桩）平面布置图

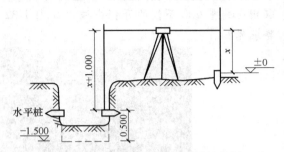

图 1-35 基槽底抄平水准测量示意图

2. 柱基放线

在基坑开挖前，从设计图上查对基础的纵横轴线编号和基础施工详图，根据柱子的纵横轴线，用经纬仪在矩形控制网上测定基础中心线的端点，同时在每个柱基中心线上，测定基础定位桩，每个基础的中心线上设置四个定位木桩，其桩位离基础开挖线的距离为 0.5～1.0m。若基础之间的距离不大，可每隔 1～2 个或几个基础打一定位桩，但两定位桩的间距以不超过 20m 为宜，以便拉线恢复中间柱基的中线。桩顶上钉一钉子，标明中心线的位置。然后按施工图上柱基的尺寸和已经确定的挖土边线的尺寸，放出基坑上口挖土灰线，标出挖土范围。

当基坑挖到一定深度时，应在坑壁四周离坑底设计标高 0.3～0.5m 处测设几个水平桩，如图 1-36 所示，作为基坑修坡和检查坑深的依据。

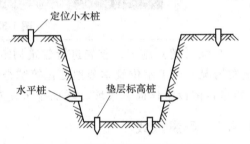

图 1-36 基坑定位高程测设示意图

大基坑开挖，根据房屋的控制点用经纬仪放出基坑四周的挖土边线。

1.4.2 基坑（槽）土方开挖施工

1. 开挖方式

基坑（槽）开挖前应根据工程结构形式、基础埋置深度、地质条件、施工方法及工期等因素，确定基坑（槽）开挖方式。

（1）分段分块开挖

当基坑平面不规则、开挖深浅不一、土质较差时，为了加快支撑的形成，减少时效影响，可采用分段分块开挖方式。

分块开挖时，对基坑土质条件好的，在开挖完土方后就立即进行混凝土垫层和基础施工；对土质较差的，分块开挖时，不能一次挖到底，应先撑再挖。

（2）分层开挖

当基坑较深、土质较软，又不允许分段分块施工混凝土垫层和基础时，可采用分层开挖方式。

进行两层或多层开挖时，可使挖掘机和运土汽车同时下到坑内施工，这需要在基坑中留设坡道，也可采用阶梯式分层开挖的方式，每个阶梯台阶上都有挖掘机作业，运土汽车停于地面，每一层挖出的土都被抛到上一台阶，最后由地面上的挖掘机将土装入运土汽车。

(3) 盆式挖土

盆式开挖是先挖去基坑中心的土，而周边一定范围内的土暂不开挖，以平衡支护结构外面产生的侧压力，待中心部位挖土结束，浇筑好混凝土垫层或施工完地下结构后，在支护结构与盆式部位之间设置临时性斜撑或对撑，然后再进行支护结构内四周土方的开挖和结构施工。

(4) "中心岛"式开挖

"中心岛"式的开挖顺序刚好和盆式的相反，它是先开挖基坑四周或两侧的土，并进行周边支撑，浇筑混凝土垫层或地下结构施工，然后进行中间余留土的开挖和结构施工。

这两种开挖方式适用于土质较好的黏性土和砂土。对于特别大型的基坑，其内支撑体系设置有困难时，采用这种方式，可以节省投资，加快施工进度。

2. 基坑（槽）土方开挖的工艺流程

测量放线→切线分层开挖→排降水→修边和清底。

3. 基坑（槽）土方开挖施工要点

基坑（槽）土方开挖施工要点如下：

基坑开挖施工
（视频）

① 开挖前，应根据工程结构形式、基坑深度、地质条件、周围环境、施工方法、施工工期和地面荷载等资料，确定基坑开挖方案和地下水控制施工方案。

② 挖土应遵循"开槽支撑、先撑后挖、分层开挖、严禁超挖"和"分层、分段、对称、限时"的原则，自上而下水平分段分层进行，每层 0.3m 左右，边挖边检查坑底宽度及坡度，不够时及时修整，每 3m 左右修一次坡，至设计标高，再统一进行一次修坡清底，检查坑底宽和标高，要求坑底凹凸不超过 20mm。

③ 基坑开挖应尽量防止对地基土的扰动。当用人工挖土，基坑挖好后不能立即进行下道工序时，应预留 150~300mm 厚覆盖土层不挖，待下道工序开始再挖至设计标高。采用机械开挖基坑时，为避免破坏基底土，应在基底标高以上预留一层由人工挖掘修整。使用铲运机、推土机时，保留土层厚度为 150~200mm，使用正铲、反铲或拉铲挖掘机挖土时为 200~300mm。

④ 基坑开挖过程中，应对平面控制桩、水准点、基坑平面位置、水平标高、边坡坡度等随时复测检查。

⑤ 开挖基坑（槽）的土方，在场地有条件堆放时，一定留足回填需用的好土；多余的土方应一次运走，避免二次搬运。

⑥ 在地下水位以下挖土，应在基坑（槽）四周或两侧挖好临时排水沟和集水井，或采用井点降水，将水位降低至坑、槽底以下 500mm，以利挖方进行。降水工作应持续到基础（包括地下水位以下回填土）施工完成。

⑦ 雨期施工时，基坑（槽）应分段开挖，挖好一段浇筑一段垫层，并在基槽两侧围以土堤或挖排水沟，以防地面雨水流入基坑（槽），同时应经常检查边坡和支撑情况，以防止坑壁受水浸泡造成塌方。

⑧ 修帮和清底。在距槽底设计标高 500mm 槽帮处，抄出水平线，钉上小木橛，然后用人工将保留土层挖走。同时由两端轴线（中心线）引桩拉通线，检查距槽边尺寸，确定槽宽标准，以此修整槽边，最后清除槽底土方。

⑨ 基坑开挖完成后，应及时清底、验槽，减少暴露时间，防止暴晒和雨水浸刷破坏地基土的原状结构。

> 【特别提示】 在基坑边缘堆置土方和建筑材料，或沿挖方边缘移动运输工具和机械，一般应距基坑上部边缘不少于2m，堆置高度不应超过1.5m。在垂直的坑壁边，此安全距离还应适当加大。软土地区不宜在基坑边堆置弃土。

⑩ 基坑开挖完毕应由施工单位、设计单位、监理单位或建设单位、质量监督部门等有关人员共同到现场进行检查、鉴定验槽。

【知识拓展】 验槽

> 基槽开挖后，应核对地质资料，检查地基土与工程地质勘察报告、设计图要求是否相符，有无破坏原状土结构或发生较大的扰动现象。一般用表面检查验槽法，必要时采用钎探检查或洛阳铲探检查，经检查合格，填写基坑（槽）验收、隐蔽工程记录，及时办理交接手续。

1.5 土方机械化施工

【情景引入】

> 施工机械化是指在建筑施工中将手工操作转变为机器操作的过程。它是建筑业生产技术进步的一个重要标志，是建筑工业化的重要内容之一。
>
> 施工机械化彻底改变了以往的施工现状，利用先进的机械化施工，有利于提高劳动生产率，节约劳动量；加快工程进度，缩短建设工期；保证和提高工程质量，降低工程成本；减少施工中的安全事故。
>
> 在土方工程施工中（图1-37），都会用到哪些机械化设备？它们是具体如何工作的呢？
>
>
>
> 图1-37 土方工程施工

土方工程具有施工条件复杂、面大、量大、劳动繁重、工期长等特点。因此，土方工程应尽可能采用机械化施工，以减轻繁重的体力劳动，提高劳动生产效率，加速施工进度。

1.5.1 土方施工机械类型

挖掘机械：正铲、反铲、拉铲、抓铲。
挖运机械：推土机、装载机、铲运机、挖掘机等。
运输机械：自卸汽车、翻斗车等。
密实机械：压路机、蛙式夯、振动夯等。

1.5.2 常用土方施工机械

常用土方施工机械主要有推土机、铲运机、挖掘机、装载机械、压实机械等，具体的工作特点、适用范围及作业方法详见以下链接。

常用土方施工机械介绍（图文）

1.5.3 挖土、运土设备数量的配套计算

原则：保证挖掘机连续工作。

1. 挖土设备数量的计算

$$N = \frac{Q}{P_d} \cdot \frac{1}{TCK} \tag{1-33}$$

式中　Q——土方工程量（m³）；
　　　P_d——挖掘机台班产量（m³/台班）；
　　　T——工期（工作日）(d)；
　　　C——每天工作班数；
　　　K——工作时间利用系数，取 0.8~0.9。

2. 运土设备数量的计算

为了使挖掘机充分发挥生产能力，运土设备的大小和数量应根据挖掘机数量配套选用。为了保证挖掘机与运土设备都能正常工作，运土车辆数量按下式计算：

$$N' = \frac{T'}{t'} \quad \text{或} \quad N' = \frac{P_{d1}}{P_{d2}} \tag{1-34}$$

式中　T'——运输车辆每一工作循环所需时间（s）；
　　　t'——运输车辆每次装车时间（s）；
　　　P_{d1}——挖掘机台班产量（m³/台班）；
　　　P_{d2}——运输车辆台班产量（m³/台班）。

1.5.4 土方机械的选择及机械化施工要点

选择土方机械时，应根据现场的地形、水文地质、土质、工程量、工期、机械供应等条件进行技术经济比较合理地选用。

1. 土方机械的选择依据

（1）土方工程的类型及规模

不同类型的土方工程，如场地平整、基坑（槽）开挖、大型地下室土方开挖、构筑物填土等施工各有其特点，应依据开挖或填筑的断面（深度及宽度）、工程范围的大小、工程量多少来选择土方机械。

（2）地质、水文及气候条件

如土的类型、土的含水量、地下水等条件。

（3）机械设备条件

指现有土方机械的种类、数量及性能。

（4）工期要求

如果有多种机械可供选择时，应当进行技术经济比较，选择效率高、费用低的机械进行施工，一般可选用土方施工单价最小的机械进行施工，但在大型建设项目中，土方工程量很大，而现有土方机械的类型及数量常受限制，此时必须将现有机械进行最优分配，使施工总费用最少。可应用线性规划的方法来确定土方机械的最优分配方案。

2. 土方机械的选择

土方机械的选择，通常先根据工程特点和技术条件提出几种可行方案，然后进行技术经济比较，选择效率高、费用低的机械进行施工，一般可选用土方单价最小的机械。

选择土方施工机械的要点如下：

① 当场地不大、平均运距在100m内时，可采用推土机进行平整。

② 当地形起伏不大、坡度在20°以内的场地平整，挖填平整土方的面积较大，土的含水量适当（≤27%）、平均运距短（一般在1km以内）时，采用铲运机较为合适。如果土质坚硬或冬季冻土层厚度超过100~150mm时，必须用其他机械辅助翻松再用铲运机施工；当一般土的含水量大于25%，或坚硬的黏土含水量超过30%时，必须将土疏干后再施工，否则铲运机会陷车。

③ 对于地形较大的丘陵地带，一般挖土高度在3m以上，运输距离超过1km，工程量较大且又集中时，可采用以下3种方式进行挖土和运土：

a. 正铲挖掘机配合自卸汽车进行施工，并在弃土区配备推土机平整土堆。

b. 用推土机将土推入漏斗，并用自卸汽车在漏斗下装土并运走。

c. 用推土机预先把土推成一堆，用装载机把土装到汽车上运走，效率也很高。

④ 开挖基坑时根据下述原则选择机械：

a. 土的含水量较小，可结合运距长短、挖掘深度，分别选用推土机、铲运机或正铲（反铲）挖掘机配自卸汽车进行施工。当基坑深度在1~2m、基坑不太长时，可采用推土机；长度较大、深度在2m以内的线状基坑，可用铲运机开挖；当基坑较大、工程量集中时，可选用正铲挖掘机挖土，自卸汽车配合运土。

b. 如地下水位较高，又不采用降水措施，或土质松软，可能造成机械陷车时，则采用反铲、拉铲或抓铲挖掘机配自卸汽车施工较为合适。

⑤ 移挖作填，以及基坑和管沟的回填，运距在60~100m以内可用推土机。

上述各种机械的适用范围都是相对的，选用机械时还应根据具体情况具体考虑。

3. 土方工程机械化施工要点

① 应根据地下水位、机械条件、进度要求等合理选用施工机械,以充分发挥机械效率,节省机械费用,加快工程进度。

② 土方开挖应绘制土方开挖专项施工方案图,确定开挖路线、顺序、范围、基底标高、边坡坡度、排水沟、集水井位置以及挖出的土方堆放地点等。

③ 基底标高不一时,可采取先整片挖至一平均标高,然后再挖个别较深部位。当一次开挖深度超过挖掘机最大挖掘高度时,宜分层开挖,并修筑10%~15%坡道,以便挖掘机及运输车辆进出。

④ 基坑边角部位,机械开挖不到之处,应用少量人工配合清坡,将松土清至机械作业半径范围内,再用机械掏取运走。大基坑宜另配一台推土机清土、送土、运土。

⑤ 挖掘机、运土汽车进出基坑的运输道路,应尽量利用基础一侧或地下车库坡道部位作为运输通道,以减少挖土量。

⑥ 软土地基或在雨期施工时,大型机械在坑下作业,需铺垫钢板或铺路基箱垫道。

⑦ 对面积不大、深度较深的基坑,应尽量不开或少开坡道,采用机械接力挖运土方法,并使人工与机械合理地配合挖土,最后用搭枕木垛的方法,使挖掘机开出基坑。

⑧ 机械开挖应由深而浅,基底及边坡应预留一层200~300mm厚土层用人工清底、修坡、找平,以保证基底标高和边坡坡度正确,避免超挖和土层遭受扰动。

⑨ 基坑挖好后,应紧接着进行下一工序,尽量减少暴露时间。否则,基坑底部应保留100~200mm厚的土暂时不挖,作为保护,待下一工序开始前再挖至设计标高。

1.6 土方的填筑与压实

【情景引入】

在建筑工程中,场地的平整,基坑(槽)、管沟、室内外地坪的回填,枯井、古墓、暗塘的处理,以及填土地基等都需要进行填土(图1-38),而这些填土多是有压实要求的。压实的目的就在于迅速保证填土的强度和稳定性。那土方填筑对填土的要求、施工方法、压实质量等方面都有哪些要求与规定呢?

图1-38 填土地基土方施工

土方回填是将已挖出的土填充到需要填方的部位。为了保证填方工程在强度和稳定性方面的要求，必须正确选择土料及填筑压实的方法。

1.6.1 土料的选用与处理

含有大量有机物的土、石膏或水溶性硫酸盐含量大于5%的土，冻结或液化状态的泥炭、黏土或粉砂质黏土等，一般不能做填土用。但在场地平整过程中，除房屋和构筑物的地基填土外，其余各部分填方所用的土，则不受此限。填方土料应符合设计要求，设计无规定时应符合表1-9的规定。

表1-9 填方土料的选择

填方土料种类	适宜回填部位
碎石类土、砂土和爆破石渣（粒径不大于每层铺厚的2/3）	表层以下的填料
含水量符合压实要求的黏性土	可用作各层填料
碎块草皮和有机质含量大于5%的土	仅用于无压实要求的填方
淤泥和淤泥质土	一般不能用作填料，但在软土或沼泽地区，经过处理其含水量符合压实要求后，可用于填方中的次要部位
含盐量符合规定的盐渍土	一般可以使用，但填料中不得含有盐晶、盐块或含盐植物的根茎
冻土、膨胀性土	不得使用

各种土都有最佳含水量，一般以手握成团、落地松散为宜。含水量过大的土料，可采取晒干、风干后回填的方法；含水量偏低时，可预先洒水湿润后回填。填土应分层进行，并尽量采用同类土填筑。如采用不同类土填筑时，应将透水性较大的土层置于透水性较小的土层之下，不能将各种土混杂在一起使用，以免填方内形成水囊。

对墙基、室内地坪或基槽的回填，必须将土夯实。当填方位于倾斜的地面时，应先将斜坡改成阶梯状，然后分层填土以防止填土滑动。

在填土施工时，土经压实后的实际干密度大于或等于控制干密度，填土才符合质量要求。土的控制干密度以设计规定为检查标准，土的实际干密度可用"环刀法"测定。采用环刀取样时，基坑回填每20~50m^3取样一组；基槽或管沟回填每层按长度20~50m取样一组；室内填土每层按100~500m^2取样一组；场地平整填方每层按400~900m^2取样一组。取样部位应在每层压实后的下半部。然后，由土样计算出土的实际干密度。

1.6.2 填土压实方法

填土压实方法一般有碾压、振动和夯实压实等数种，如图1-39所示。对于大面积填土工程，多采用碾压和利用运土工具压实；对于小面积的填土工程，宜采用夯实机具压实。

1. 碾压法

碾压法是利用机械滚轮的压力压实土壤，使之达到所需的密实度。此法多用于大面积填土工程。碾压机械有光轮压路机（平碾）、轮胎压路机（气胎碾）和羊足碾等。平碾适用于

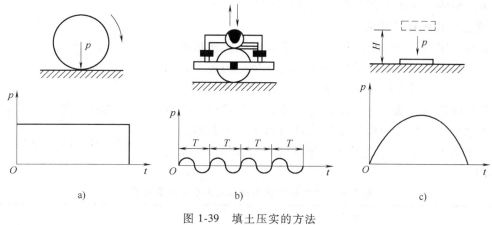

图 1-39 填土压实的方法
a) 碾压 b) 振动 c) 夯实

大面积填土工程，如平整场地、大型车间的室内填土等；羊足碾虽然与土接触面积小，但对单位面积的压力比较大，土壤压实效果好，适用于黏性土；气胎碾对土壤碾压较为均匀，质量较好。还可利用运土机械进行碾压，施工时使运土机械行驶路线能大体均匀地分布在填土面积上，并达到一定重复行驶遍数，使其满足填土压实质量的要求。

2. 振动压实法

振动压实法是将振动压实机放在土层表面，借助振动机械使压实机械振动，土颗粒在振动的作用下发生相对位移而达到紧密状态。此法用于振实非黏性土效果较好。

如使用振动碾进行碾压，可使土受振动和碾压两种作用，碾压效率高，适用于大面积填方工程。

3. 夯实法

夯实法是利用夯锤自由下落的冲击力来夯实土层，主要用于小面积回填。夯实法分人工夯实和机械夯实两种。

夯实机械有夯锤、内燃夯土机和蛙式打夯机；人工夯土用的工具有木夯、石夯、石硪等。夯锤是借助起重机悬挂一重锤进行夯土的夯实机械，适用于夯实砂性土、湿陷性黄土、杂填土以及含有石块的填土。

1.6.3 影响填土压实的因素

填土压实的主要影响因素有压实功、填土的含水量以及每层铺土厚度。

1. 压实功的影响

填土压实后的密度与压实机械在其上所施加的功有一定的关系，如图 1-40 所示。当土的含水量一定，在开始压实时，土的密度急剧增加，等到接近土的最大密度时，压实功虽然增加许多，而土的密度则没有变化。所以，在实际施工中，应根据不同的土以及压实密度要求和不同的压实机械来决定填土压实的遍数。此外，松土不宜用重型碾压机械直接碾压，否则土层会有强烈的起伏现象，效率不高。如果先用轻型碾压机压

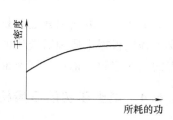

图 1-40 土的密度与压实功的关系示意图

实，再用重型碾压机压实就会取得较好的效果。

2. 填土的含水量的影响

在相同压实功的作用下，填土的含水量对压实质量有直接影响。较为干燥的土，由于颗粒之间的摩擦阻力较大，因而不易压实。当土具有适当含水量时，水起了润滑作用，土颗粒之间的摩擦阻力减少，土较容易被压实。各种土只有处在最佳含水量时，使用同样的压实功进行压实，才能得到最大密度，如图1-41所示。各种土的最佳含水量和最大干密度见表1-10。

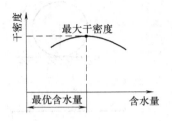

图1-41 土的干密度与含水量关系

表1-10 土的最佳含水量和最大干密度参考表

项次	土的种类	变动范围		项次	土的种类	变动范围	
		最佳含水量（质量比）(%)	最大干密度/(g/cm³)			最佳含水量（质量比）(%)	最大干密度/(g/cm³)
1	砂土	8~12	1.80~1.88	3	粉质黏土	12~15	1.85~1.95
2	黏土	19~23	1.58~1.70	4	粉土	16~22	1.61~1.80

注：1. 表中土的最大干密度应以现场实际达到的数字为准。
2. 一般性的回填可不做此项测定。

3. 每层铺土厚度的影响

土在压实功的作用下，其应力随深度增加而逐渐减小，如图1-42所示。各种压实机械的压实影响深度与土的性质和含水量有关。铺土厚度应小于压实机械压土时的作用深度，但其还有最优土层厚度问题。铺得过厚，要压很多遍才能达到规定的密实度；铺得过薄，也要增加机械的总压实遍数。最优的铺土厚度应能使土方压实而机械的功耗费最少。施工时，可参照表1-11选用。

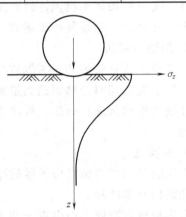

图1-42 压实作用沿深度的变化

表1-11 填方每层的铺土厚度和压实遍数

压实机具	每层铺土厚度/mm	每层压实遍数/遍	压实机具	每层铺土厚度/mm	每层压实遍数/遍
平碾	200~300	6~8	推土机	200~300	6~8
羊足碾	200~350	8~16	拖拉机	200~300	8~16
蛙式打夯机	200~250	3~4	人工打夯	≤200	3~4

注：人工打夯时，土块的粒径不应大于50mm。

上述三个方面因素之间是互相影响的。为了保证压实质量，提高压实机械的生产率，重要工程应根据土质和所选用的压实机械在施工现场进行压实试验，以确定达到规定密实度所需的压实遍数、铺土厚度及最优含水量。

1.6.4 填土压实的质量检查

填土压实后应达到一定的密实度及含水量要求。填土的密实度要求和质量指标通常以压实系数（压实度）λ_c表示，即

$$\lambda_c = \frac{\text{土的控制干密度}\rho_d}{\text{土的最大干密度}\rho_{d\max}} \tag{1-35}$$

式中 ρ_d——一般用"环刀法"测定；

$\rho_{d\max}$——一般由击实试验确定。

桩基、基坑、基槽和管沟基底的土质必须符合设计要求，并严禁扰动基底土层。填方的基底处理也必须符合设计要求或施工规范规定。

填方和桩基、基坑、基槽、管沟的回填，必须按规定分层夯实。取样测定压实后土的干密度，应有90%以上符合设计要求，其余10%的最低值与设计值的差不得大于$0.08g/cm^3$，且应分散，不得集中。

利用填土作为地基时，设计规范规定了各种结构类型、各种填土部位的压实系数值，见表1-12。

表1-12 填土压实的质量控制

结构类型	填土部位	压实系数λ_c	控制含水量(%)
砌体沉重结构和框架结构	在地基主要持力层范围内	≥0.96	$w_{op} \pm 2$
	在地基主要持力层范围以下	0.93~0.96	
简支结构和排架结构	在地基主要持力层范围内	0.94~0.97	
	在地基主要持力层范围以下	0.91~0.93	
一般工程	基础四周或两侧一般回填土	0.9	
	室内地坪、管道、地沟回填土	0.9	
	一般堆放物件场地回填土	0.85	

注：1. 压实系数λ_c为压实填土的控制干密度ρ_d与最大干密度$\rho_{d\max}$的比值，w_{op}为最佳含水量。

2. 地坪垫层以下及基础底面标高以上的压实填土，压实系数不应小于0.94。

1.7 土方工程质量标准与安全技术要求

【情景引入】

2022年1月3日19时许，位于贵州省毕节市金海湖新区某医院分院培训基地项目在建工地发生山体坍塌滑坡（图1-43），造成现场多名施工人员被困。这起事故最终导致14

图1-43 山体坍塌滑坡

人死亡，3人受伤。作为企业及管理者，应牢固树立安全发展理念，明确安全生产责任，严把责任关，做好施工现场的安全工作，防范重大事故的发生。

1.7.1 土方工程施工质量标准

① 桩基、基坑、基槽和管沟基底的土质，必须符合设计要求，并严禁扰动。

② 填方的基底处理，必须符合设计要求和施工规范规定。

③ 填方桩基、基坑、基槽及管沟回填的土料，必须符合设计要求和施工规范要求。

④ 填方和桩基、基坑、基槽及管沟的回填，必须按规定分层夯压密实。取样测定压实后的干密度，90%以上符合设计要求，其余10%的最低价与设计值的差不应大于 0.08g/cm^3，且不应集中。

⑤ 土方工程的允许偏差和质量检验标准，应符合表1-13和表1-14的规定。

表1-13 土方开挖工程质量检验标准

项	序号	项目	允许偏差或允许值/mm					检验方法
			桩基、坑、基槽	挖方场地平整		管沟	地（路）面基层	
				人工	机械			
主控项目	1	标高	-50	±30	±50	-50	-50	用水准仪检查
	2	长度、宽度（由设计中心线向两边量）	200 -50	300 -100	500 -150	100	—	用经纬仪和钢直尺检查
	3	边坡坡度	按设计要求					观察或用坡度尺检查
一般项目	1	表面平整度	20	20	50	20	20	用2m靠尺和楔形塞尺检查
	2	基本土性	按设计要求					观察或土样分析

注：地（路）面基层的偏差只适用于直接在挖、填方上做地（路）面的基层。

表1-14 填土工程质量检验标准

项	序号	检验项目	允许偏差或允许值/mm					检验方法
			桩基、坑、基槽	挖方场地平整		管沟	地（路）面基层	
				人工	机械			
主控项目	1	标高	-50	±30	±50	-50	-50	用水准仪检查
	2	分层压实系数	按设计要求					按规定方法
一般项目	1	表面平整度	20	20	30	20	20	用2m靠尺和楔形塞尺检查
	2	回填土料	按设计要求					取样检查或直观鉴别
	3	分层厚度及含水量	按设计要求					用水准仪及抽样检查

1.7.2 土方工程施工安全技术要求

① 基坑开挖时，两人操作间距大于2.5m，多台机械开挖，挖掘机间距应大于10m。挖土应由上而下，逐层进行，严禁采用先挖底脚的施工方法。

② 基坑开挖应严格按要求放坡。操作时应随时注意土壁变动情况，如发现有裂纹或部

分坍塌现象，应及时进行支撑或放坡，并注意支撑的稳固和土壁的变化。

③ 基坑（槽）挖土深度超过 3m 以上，使用吊装设备吊土时，起吊后，坑内操作人员应立即离开吊点的垂直下方，起吊设备距坑边一般不得小于 1.5m，施工人员应戴安全帽。

④ 用手推车运土，应先平整好道路。卸土回填，不得放手让车自动翻转。用翻斗汽车运土，运输道路的坡度、转弯半径应符合有关安全规定。

⑤ 深基坑上下应先挖好阶梯或设置靠梯，或开斜坡道，采取防滑措施，禁止踩踏支撑上下。坑四周应设安全栏杆或悬挂危险标志。

⑥ 基坑（槽）设置的支撑应经常检查是否有松动变形等不安全迹象，特别是雨后更应加强检查。

⑦ 基坑（槽）、管沟边 1m 以内不得堆土、堆料和停放机具，1m 以外堆土，其高度不宜超过 1.5m。基坑（槽）、管沟与附近建筑物的距离不得小于 1.5m，危险时必须加固。

⑧ 回填管沟时，应采用人工先在管子周围填土夯实，并应从管道两边同时对称进行，高差不超过 0.3m；管顶 0.5m 以上，在不损坏管道的情况下，方可采用机械回填和压实。

【知识拓展】 建筑工程施工技术交底

在建筑施工中，为了能够将设计蓝图中的虚拟建筑通过施工真正表现出来，就需要将一个单位工程分解为若干个分项工程，在分项工程的施工过程中，为了将设计意图、施工方法、质量标准等向一线施工人员进行传输或表达，就需要各个专业技术管理人员向操作层人员进行文字性技术交底。

【知识拓展】 土方工程施工安全技术交底

土方工程因为要涉及挖土、回填和压实等，所以出现事故的概率比较大。在施工前一定要做好调查，制定合理的施工方案，并进行土方工程施工安全技术交底，以免盲目施工造成不必要的人员伤亡及事故。

模 块 小 结

土方工程是工业与民用建筑工程施工的首项工程，其主要内容包括以下几个方面：

前期，土方工程施工准备与辅助工作。主要有土方工程量计算（基坑、基槽、场地平整等）与土方调配、土方边坡与土壁支撑、土方施工排水与降水等，为土方开挖和基础施工提供良好的施工条件，这对加快施工进度、保证土方工程施工质量和安全，具有十分重要的作用。

中期，土方工程施工。主要有基坑（槽）土方开挖施工、土方机械化施工等，采用机械化进行土方工程的挖、运、填、压等施工，对加快施工进度、提高工效及施工质量等都有很大的保障作用。因此，施工时应能够正确选用合适的土方施工机械设备。

后期，土方的填筑与压实。要能正确选择地基填土的填土料及有效的填筑压实方法，能分析影响填土压实的主要因素，掌握填土压实质量的检查方法。

此外，还要学习施工标准及技术要求，掌握土方工程施工质量标准与安全技术要求。

复习思考题

1. 试述土的组成。
2. 试述土的基本工程性质、土的工程分类及其对土方施工的影响。
3. 土方工程量计算的基本方法有哪几种？如何计算基坑及基槽的土方工程量？
4. 试述场地平整土方工程量计算的步骤和方法。
5. 土方调配应遵循哪些原则？调配区如何划分？
6. 何谓流沙？分析流沙形成的原因以及在施工中如何防治流沙？
7. 试述人工降低地下水位的方法及其适用范围。
8. 试述轻型井点系统的布置方案和设计步骤。
9. 常用的土方机械有哪些？试述它们的工作特点和适用范围。
10. 土方填筑时对土料的选用有哪些基本要求？
11. 填土压实方法有哪几种？各有什么特点？
12. 影响填土压实质量的主要因素有哪些？
13. 如何检查填土压实的质量？

【在线测验】

第二部分 活页笔记

学习过程：

重点、难点记录：

学习体会及收获：

其他补充内容：

《建筑施工技术》活页笔记

模块 2

地基处理与基础工程施工

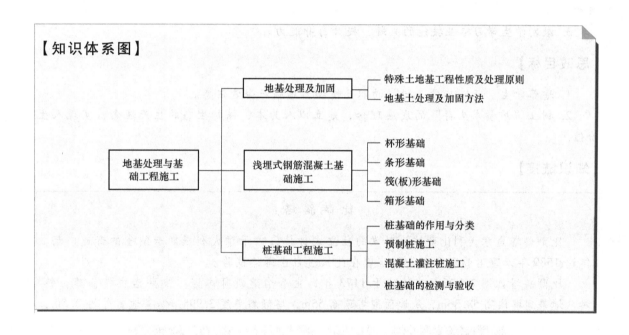

【知识体系图】

第一部分 知识学习

【知识目标】

学习引导
（音频）

1. 掌握地基处理和加固的常用方法。
2. 熟悉浅埋式钢筋混凝土基础的类型、适用范围及施工工艺。
3. 熟悉桩基础类型，了解预制桩的制作、起吊、运输、堆放等施工方法，掌握预制桩打桩方法及施工工艺。
4. 了解灌注桩的成孔方法及使用范围，掌握人工挖孔灌注桩、干作业钻孔灌注桩、泥浆护壁成孔灌注桩、沉管灌注桩等的施工工艺与施工要点。
5. 掌握桩基础检测方法及质量验收标准。

【能力目标】

1. 能选择地基处理和加固的方法，能进行常见质量缺陷的预防处理。
2. 能根据工程地质条件选择基础类型。
3. 能进行预制桩的吊点布置、运输、堆放及组织施工。
4. 能组织混凝土灌注桩施工。
5. 能结合实际正确选择桩基础检测方法。

【素质目标】

1. 培养学生吃苦耐劳的精神。
2. 增强法制意识、规范标准意识，提高生态文明意识，具有安全意识、质量意识、环保意识。
3. 激发学生学习专业技能的兴趣，提升自身能力。

【思政目标】

1. 培养学生"干一行爱一行"的职业情操，增强社会责任感。
2. 树立"质量求生存"的发展理念，建立以人为本、保护生态的生产理念，实现人生价值。

【知识链接】

比 萨 斜 塔

比萨斜塔是意大利比萨城大教堂的独立式钟楼，位于意大利托斯卡纳省的奇迹广场。传说1589年，著名物理学家伽利略曾在此做过自由落体试验。

比萨斜塔如图2-1所示，始建于1173年，由著名建筑师那诺·皮萨诺主持修建。斜塔从地基到塔顶高58.36m，从地面到塔顶高55m，塔倾斜角度3.99°，偏离地基外沿2.5m，

图2-1 比萨斜塔

顶层凸出4.5m。比萨斜塔为什么会倾斜，专家们争论不休。20世纪，随着对比萨斜塔越来越精确的测量和对地基土层的深入勘测及对历史档案的研究，事实逐渐浮出水面。

比萨斜塔开始是设计为垂直的建筑，但在建造初期就开始偏离正确位置。在1178年，当兴建到第4层时发现塔倾斜，工程暂停。1198年比萨斜塔悬挂了一个撞钟。1231年，工程继续，建造者采取各种措施修正倾斜，刻意将钟楼上层搭建成反方向的倾斜，以补偿已经发生的重心偏离。1278年进展到第7层的时候，塔身不再呈直线，而是呈凹形，工程再次暂停。1360年，在停滞近一个世纪后钟楼向完工冲刺，并进行了修正。1372年顶层完工。

比萨斜塔的倾斜是其地基下面土层的特殊性造成的。在对地基土层成分进行观测后得出，比萨斜塔下有多层不同材质的土层，由各种软质粉土的沉淀物和非常软的黏土相间形成，而在深约1m的地方则是地下水层。根据最新的挖掘表明，钟楼建造在了古代的海岸边缘，土质在建造时便已经沙化和下沉。1838年，建筑师亚历桑德罗·德拉·吉拉迪斯卡（Alessandro della Gherardesca）在原本密封的斜塔地基周围进行了挖掘，以探究地基的形态，这一行为使得斜塔失去了原有的平衡，地基开裂，最严重的是发生了地下水涌入，加速了斜塔的倾斜。斜塔的加速倾斜又持续了几年，然后趋于平稳，减少到每年倾斜约0.1cm，塔身偏离已有5m多。

1990年1月，意大利政府暂停对游人开放斜塔，直到1999年10月，用斜向钻孔方式开始拯救斜塔，即从斜塔北侧地基下缓慢向外抽取土壤，使北侧地基高度下降，斜塔重心在重力作用下逐渐向北移动。2001年斜塔倾斜角度回到安全范围，斜塔重新开放。

2.1 地基处理及加固

【情景引入】

建筑是建筑物与构筑物的总称，是人们为了满足社会生活需要，利用所掌握的物质技术手段，并运用一定的科学规律和美学法则等创造的人工环境。建筑上部结构荷载由基础传递给地基。由于我国幅员辽阔，各地区的土质不尽相同，如图2-2所示。观察图片并思考，不同的土质其性质是否相同？土质对建筑基础有无影响？不同土质的地区是否适合采用同一形式的基础？是否所有的天然土壤都可以直接在其上面建造建筑基础？

a)

b)

c)

图2-2 我国土壤类型示意图
a）淤泥质土　b）粉质黏土　c）砂砾土

2.1.1 特殊土地基工程性质及处理原则

地基是指建筑物荷载作用下基础下方的地层，基础是指建筑物将荷载传递给地基的下部结构。

作为支承建筑物荷载的地基，必须能防止强度破坏和失稳。在满足这两个条件的情况下，尽量采用埋深不大、施工简单的基础类型，即天然地基上的浅基础。若地基不能满足要求，则应进行地基加固处理，采用在处理后的地基上建造的基础，称为人工地基上的浅基础。当上述浅基础均不能满足要求时，则应考虑埋深较大的基础即深基础，比如通常采用的桩基础，把荷载传递到更深处的坚实土层中。

地基处理是按照上部结构对地基的要求，对地基进行必要的加固或改良，提高地基土的承载力，降低地基的压缩性，改善地基的透水特性，提高地基的抗震性能及改善特殊土的不良地基特性，保证地基稳定，减少房屋的沉降和开裂。地基处理的对象是软弱地基和特殊土地基。《建筑地基基础设计规范》（GB 50007—2011）明确规定："当地基压缩层主要由淤泥、淤泥质土、冲填土、杂填土或其他高压缩性土层构成时应按软弱地基进行设计"。特殊土地基带有地区性的特点，包括软土、湿陷性黄土、膨胀土、红黏土和冻土等地基。

1. 淤泥质土

工程上将淤泥和淤泥质土称为软土。淤泥质土是指天然含水率大于液限、天然孔隙比在1.0~1.5的黏性土，主要分布在我国东南沿海地区和内陆的大江、大河、大湖沿岸及周边。

由于淤泥质土压缩性较高、强度低，作为地基沉降量大，且多为不均匀沉降，极易造成建筑物墙体开裂、建筑物倾覆，在工程建筑中，必须引起人们足够的重视。

2. 杂填土

杂填土由堆积物组成。堆积物一般为含有建筑垃圾、工业废料、生活垃圾、弃土等杂物的填土，其工程性质表现为强度低、压缩性高，往往均匀性也差，这类填土未经处理不宜作为建筑物地基。

解决杂填土地基的不均匀性，可用强夯法、振冲碎石桩、振动成孔灌注桩、复合地基等方法处理，不宜用静力预压、砂垫层等方法处理。

3. 湿陷性黄土

湿陷性黄土是一种特殊的黏性土，浸水便会结构破坏，强度下降，产生湿陷，使地基出现大面积局部下沉，造成房屋损坏。湿陷性黄土又分为自重湿陷性黄土和非自重湿陷性黄土。广泛分布于我国东北、西北、华中和华东部分地区的黄土多具有湿陷性。

在湿陷性黄土场地上进行建设，应根据建筑物的重要性、地基受水浸湿可能性的大小和在使用期间对不均匀沉降限制的严格程度，采取以地基处理为主的综合措施，防止地基湿陷对建筑产生危害。可用灰土垫层法、夯实法、挤密法、桩基础法、预浸水法等处理。

4. 膨胀土

膨胀土主要是一种由亲水性矿物黏粒组成，具有较大胀缩性的高塑性黏土，主要黏粒矿物为具有较强吸附能力的蒙脱石，它的强度较高，压缩性很差，具有吸水膨胀、失水收缩和反复胀缩变形的特点，性质极不稳定。膨胀土在我国的分布范围很广，如广西、云南、河南、湖北、四川、陕西、河北、安徽、江苏等地均有不同范围的分布。

地基土为膨胀土时，常使建筑物产生不均匀的竖向或水平的胀缩变形，造成位移、开裂、倾斜甚至破坏，且往往成群出现，对低层尤其轻型建筑物危害严重。在地基处理时可采用换土、砂石垫层、土性改良等方法。当膨胀土较厚时，可以采用桩基础处理，将桩端支撑在稳定土层上。

2.1.2 地基土处理及加固方法

常见地基土处理的方法有换填法、强夯法、灰土挤密桩法、堆载预压法、振冲地基法和水泥土深层搅拌法等。

地基处理方法（视频）

1. 换填法

当软弱土地基的承载力和变形满足不了建筑物的功能要求，而软弱土层的厚度又不是很大时，将基础底面下一定范围内的软弱土层部分或全部挖除，然后分层换填强度较大的砂、砂石、素土、灰土、炉渣、粉煤灰或其他性能稳定且无侵蚀性的材料，并压实至要求的密实度为止，这种地基处理方法称为换填法或者换填垫层法。

换填法适用于淤泥、淤泥质土、湿陷性黄土、素填土、杂填土地基及暗沟、暗塘等的浅层处理，处理深度通常宜控制在 3m 以内，并不小于 0.5m。

垫层的作用主要有：提高持力层的承载力；减少沉降量；加速软弱土层的排水固结；防止冻胀；消除膨胀土的胀缩作用。

垫层按其换填材料的不同，可分为砂垫层、砂卵石垫层、砂石垫层、碎石垫层、素土垫层、灰土垫层、粉煤灰垫层、矿渣垫层和水泥土垫层等。常用垫层分类及其适用范围见表 2-1。

换填法施工工艺（视频）

表 2-1 常用垫层分类及其适用范围

垫层分类	适用范围
砂（砂石、碎石）垫层	多用于中小型建筑工程的浜、塘、沟等的局部处理。适用于一般饱和、非饱和的软弱土和水下黄土地基处理，不宜用于湿陷性黄土地基，也不宜用于大面积堆载和动力基础的软土地基处理，砂垫层不宜用于有地下水流速快的地基处理
素土垫层	适用于中小型工程及大面积杂填土、湿陷性黄土地基的处理
灰土垫层	适用于中小型工程，尤其适用于湿陷性黄土地基的处理
粉煤灰垫层	适用于厂房、机场、港区陆域和堆场等大、中、小型工程的大面积填筑
矿渣垫层	适用于中小型建筑工程，尤其适用于地坪、堆场等工程大面积的地基处理和场地平整。但对于受酸性或碱性废水影响的地基不得采用矿渣垫层

（1）灰土垫层

灰土垫层是采用石灰和黏性土拌和均匀后，分层夯实而成。石灰与黏性土的配合比一般采用体积比，比例为 2∶8 或 3∶7，适用于地下水水位较低、基槽经常处于较干状态下的一般黏性土地基的加固。灰土垫层施工法施工简便、取材容易、费用低。

灰土垫层施工要点如下：

① 施工前应先验槽，清除松土，发现局部有软弱土层或孔洞，应及时挖除后，用灰土分层回填夯实。

② 施工时，应将灰土拌和均匀，颜色一致。灰土料的施工含水量应控制在最优含水量 ±2% 的范围内，最优含水量可以通过击实试验确定，也可按当地经验取用（即将灰土紧握成团，两指轻捏能碎为宜）。

③ 铺灰应分段分层夯筑，每一层铺筑完毕，应进行质量检验并认真填写分层检测记录。

④ 灰土分段施工时，不得在墙角、柱基及承重窗间墙下接缝，上、下两层的接缝距离不得小于500mm，接缝处应夯压密实。

⑤ 已熟化的石灰应在次日用完，以充分利用石灰熟化时的热量。灰土应当日拌和、当日铺填夯压，夯实30d内不得受水浸泡。雨期施工时，应采取适当的防雨、排水措施，以保证灰土在基坑、基槽无积水的状态下进行夯实。

⑥ 冬期施工时，不得使用冻土及夹有冻块的土料，并应采取有效的防冻措施。

⑦ 灰土地基夯实后，应及时进行基础的施工和地坪面层的施工，否则应作临时性覆盖，防止日晒雨淋。

（2）砂垫层与砂石垫层

当地基土较松软，常将基础下面一定厚度软弱土层挖除，用砂或砂石垫层代替，来提高地基承载力、减少沉降、加速软土层排水固结。一般用于具有一定透水性的黏土地基加固，不宜用于湿陷性黄土地基和不透水的黏性土地基的加固。设计示意图如图2-3所示。

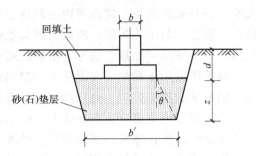

图2-3 砂（石）垫层设计示意图

注：b为墙体宽度或柱脚宽度；b'为基础垫层底面宽度；d为基础埋置深度；z为砂（石）垫层厚度；θ为刚性角。

砂（石）垫层施工要点如下：

① 施工前应验槽，去除浮土，基槽、基坑的边坡必须稳定，槽底和两侧如有孔洞、沟、井等，应在做垫层前加以处理。

② 采用砂石垫层时，为防止基坑底面的表层软土发生局部破坏，应在基坑底部及四周先铺一层砂，然后再铺层碎石垫层。人工级配的砂石材料，应按级配拌制均匀，再铺设振实。冬期施工时，不得使用夹有冰块的砂石做垫层，并应采取措施防止砂石内水分冻结。

③ 砂垫层或砂石垫层的底面宜铺设在同一标高上，如深度不同时，施工应按照先深后浅的顺序进行。基底面应形成台阶或斜坡搭接，搭接处应注意振捣密实。

④ 垫层应分层铺设，分层夯（压）实。振捣砂垫层应注意不要扰动基坑底部和四周的土。每铺好一层，密实度检验合格后再进行上一层施工。

⑤ 换填法施工包括开挖换土和铺填垫层两部分。开挖换土应注意避免坑底土层扰动，采用干挖土法。铺填垫层应根据不同的换填材料选用不同的施工机械。砂石垫层宜采用振动碾碾压；粉煤灰垫层宜采用平碾、振动碾、平板振动器、蛙式夯等碾压方法密实；灰土垫层宜采用平碾、振动碾等方法密实。按密实方法分类，施工机械有机械碾压法和平板振动法。常用压实机械对应垫层的每层铺填厚度及压实遍数见表2-2。

表2-2 垫层的每层铺填厚度及压实遍数

施工设备	每层铺填厚度/mm	每层压实遍数
平碾（8~12t）	200~300	6~8
羊足碾（5~16t）	200~350	8~16
蛙式夯（200kg）	200~250	3~4

(续)

施工设备	每层铺填厚度/mm	每层压实遍数
振动碾（8~15t）	600~1300	6~8
振动压实机（2t，振动力98kN）	1200~1500	10
插入式振动器	200~500	—
平板式振动器	130~250	—

（3）碎砖三合土垫层

碎砖三合土垫层是用石灰、砂和碎砖（石）拌和均匀，分层铺设夯实而成，配合比应按设计规定，一般体积比用1∶2∶4或1∶3∶6（消石灰∶砂或黏性土∶碎砖）。碎砖粒径为20~60mm，不得含有杂质；砂或黏性土中不得含有草根、贝壳等有机物。石灰用未粉化的生石灰块，使用时临时用水熟化。施工时，按体积配合比材料，拌和均匀，铺摊入槽，同时应注意下列事项：基槽在铺设三合土前，先进行验槽、排除积水和铲除泥浆。应分层铺设，可采用人力夯或机械夯实，夯打应密实，表面平整。如发现三合土含水量过低，应补浇灰浆，并随浇随打夯。铺至设计标高后，最后一遍进行夯打时，宜淋洒浓灰浆，待表面略干后，再铺摊薄层砂子或煤屑，整平夯实。

2. 强夯法

强夯法是用重锤（10~40t）从高处（10~40m）落下，反复多次夯击地面，对地基进行强力夯实的一种地基加固方法，从加固机理和作用来看，强夯法可分为动力夯实、动力固结和动力置换三种情况。强夯法可以提高地基承载力，降低土的压缩性，改善砂土的抗液化条件，消除湿陷性黄土的湿陷性。

强夯法适用于处理碎石土、砂土和低饱和度的黏性土、粉土以及湿陷性黄土、素填土、杂填土等地基的深层加固。地基经强夯加固后，承载能力可提高2~5倍，压缩性可降低200%~500%。强夯法具有施工简单、速度快、节省材料、效果好等特点，因而被广泛使用，但强夯所产生的振动和噪声很大，在城市中心和居民区不宜采用。强夯法施工步骤如下：

① 清理并平整施工场地。

② 铺设垫层，使在地表形成硬层，用以支承起重设备，确保机械通行和施工。同时可加大地下水和表面层的距离，防止夯击的效率降低。

③ 标出第一遍夯击点的位置，并测量场地高程。

④ 起重机就位，使夯锤对准夯点位置。

⑤ 测量夯前锤顶标高。

⑥ 将夯锤起吊到预定高度，待夯锤脱钩自由下落后放下吊钩，测量锤顶高程，若发现因坑底倾斜而造成夯锤歪斜时，应及时将坑底整平。

⑦ 重复步骤⑥，按设计规定的夯击次数及控制标准，完成一个夯点的夯击。

⑧ 换夯点，重复步骤④~⑦，完成第一遍全部夯点的夯击。

⑨ 用推土机将夯坑填平，并测量场地高程。

⑩ 在规定的间隔时间，按上述步骤逐次完成全部夯击遍数，最后用低能量满夯，将场地表层土夯实，并测量夯后场地高程。

【注意事项】 强夯法施工，应做好施工过程中的监测和记录工作，包括检查夯锤重和落距，对夯点放线进行复核，检查夯坑位置，按要求检查每个夯点的夯击次数、每夯的夯沉量等，对各项施工参数、施工过程实施情况做好详细记录，作为质量控制的依据。强夯检验应在场地施工完成经时效后才能检验。对粗粒土地基，应充分使孔压消散，一般间隔时间可取7~14d；对饱和细粒粉土、黏性土则需孔压消散、土触变恢复后才能检验，一般需14~28d。

3. 灰土挤密桩法

灰土挤密桩法是以振动或冲击的方法成孔，然后在孔中填充2∶8或3∶7灰土并夯实的地基处理方法。适用于处理松软砂类土、素填土、杂填土、湿陷性黄土等，将土挤密或消除湿陷性，效果显著，处理深度宜为5~15m。处理后地基承载力可以提高一倍以上，同时具有节省土方、施工简便、造价低等优点。其施工要点如下：

① 施工前应在现场进行成孔、夯填工艺和挤密效果试验，以确定分层填料厚度、夯击次数和夯实后干密度等要求。

② 灰土填料的含水量超出或低于最优含水量3%时，宜进行晾干或洒水润湿。

③ 在成孔或拔管过程中，对桩孔或桩顶上部土层有一定的松动作用，因此施工前应根据选用的成孔设备和施工方法在场地预留一定厚度的松动土层，待成孔和桩孔回填夯实结束后将其挖除或按设计规定进行处理。

④ 桩的施工顺序应先外排后里排，同排内应间隔一两个孔，以免因振动挤压造成相邻孔缩孔或坍孔。成孔达到要求深度后，应立即夯填灰土，填孔前应先清底夯实、夯平，夯击次数不少于8次。

⑤ 桩孔内灰土应分层回填夯实，每层厚度为350~400mm，桩顶应高出设计标高约150mm，挖土时将高出部分铲除。

⑥ 如孔底出现饱和软弱土层时，可加大成孔间距，以防由于振动而造成已成桩孔内挤塞，当孔底有地下水流入，可采用井点抽水后，再回填灰土或可向桩孔内填入一定数量的干砖渣和石灰，经夯实后再分层填入灰土。

4. 堆载预压法

堆载预压法是在含饱和水的软土或杂填土地基中打入一群排水砂桩（井），桩顶铺设砂垫层，先在砂垫层上分期加荷预压，使土中孔隙水不断通过砂井上升至砂垫层排出地表，在建筑物施工之前，地基土大部分已排水固结，减少了建筑物沉降，提高了地基的稳定性。堆载预压法具有固结速度快、施工工艺简单、效果好等特点，应用广泛。适用于处理深厚软土和冲填土地基，对于泥炭等有机质沉积地基则不适用。其施工要点如下：

① 砂井施工机具、方法等同于打砂桩。当采用袋装砂井时，砂袋应选用透水性好、韧性强的麻布、聚丙烯编织布制作。当桩管沉到预定深度后插入袋子，把袋子的上口固定到装砂用的漏斗上，通过振动将砂子填入袋中并振密实。待装满砂后，卸下砂袋扎紧袋口，拧紧套管上盖并提出套管，此时袋口应高出孔口500mm，以便埋入地基中。

② 砂井预压加荷物一般采用土、砂、石或水。加荷方式有两种：一是在建筑物建造前，在建筑物范围内堆载预压，待沉降基本完成后把堆载卸走，再进行施工；二是超载预压，对机场跑道、高速公路或铁路等工程的地基等，在预压的过程中，施加超过使用时的荷载，待沉降达到要求后卸去超载，进行施工。

③ 地基预压前，应设置垂直沉降观测点、水平位移观测桩、倾斜仪及孔隙水压计。

④ 预压加载应分期、分级进行。加荷时应严格控制加荷速度，控制方法是每天测定边桩的水平位移、垂直升降和空隙水压力等。地面沉降速率不宜超过 10mm/d。边桩水平位移宜控制在 3~5mm/d，边桩垂直上升不宜超过 2mm/d。若超过上述规定数值，应停止加荷或减荷，待稳定后再加载。

⑤ 加荷预压时间由设计规定，一般为 6 个月，但不宜少于 3 个月。同时，待地基平均沉降速率减小到不大于 2mm/d，方可开始分期、分级卸荷，同时要继续观测地基沉降和回弹情况。

5. 振冲地基法

振冲地基法是利用振冲器在土中形成振冲孔，并在振动冲水过程中填以砂、碎石等材料，借振冲器的水平及垂直振动，振密填料，形成密实的砂石桩体与原地基构成复合地基，提高地基的承载力和改善土体的排水降压通道，并对可能发生液化的砂土产生预振效应，防止液化。

振冲桩加固地基节省钢材、水泥和木材，施工简单，加固期短，还可因地制宜，就地取材，用碎石、卵石和砂、矿渣等填料，费用低廉，经济节省，是一种快速、经济有效的地基加固方法。按其所用加固材料和机理的不同，可分为振冲置换法（又称振冲置换碎石桩法）和振冲密实法（又称振冲挤密砂桩法）两种。振冲置换法施工要点如下：

① 施工前应先进行振冲试验，以确定其成孔施工合适的水压、水量、成孔速度及填料方法，达到土体密实度时的密实电流值和留振时间等。

② 振冲置换法施工工艺如图 2-4 所示。先按桩位图测放桩位且经复核验收合格后，方可进行下一步施工，然后振冲器对准孔点以 1~2m/min 的速度沉入土中，每沉入 0.5~1.0m，在该段高度悬留振冲 5~10s 进行扩孔，待孔内泥浆溢出时再继续沉入，使之形成 0.8~1.2m 的孔洞。可将振冲器以 1~2m/min 的均速，沉至设计深度以上 300~500mm，然后以 3~5m/min 的均速提出孔口，再用同法沉至孔底，如此反复一两次达到扩孔的目的。当下沉达到设计深度时，留振并减小射水压力（一般保持 $0.1N/mm^2$），以排除泥浆进行清孔。

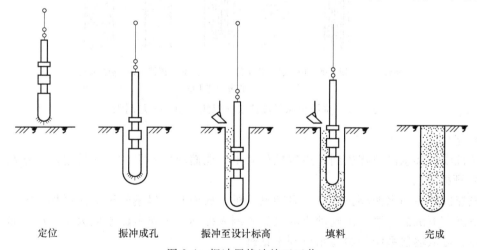

定位　　振冲成孔　　振冲至设计标高　　填料　　完成

图 2-4　振冲置换法施工工艺

③ 成孔后应立即往孔内加料，每次加料的高度为 0.5~0.8m。把振冲器沉入孔内的填料中进行振密，至密实电流值达到规定值为止。如此提出振冲器，加料，沉入振冲器振密，反

复进行直至桩顶，在砂性土中制桩时，也可采用边振边加料的方法。

④ 在振密过程中宜小水量喷水补给，以降低孔内泥浆密度，有利于填料下沉，便于振捣密实。

6. 水泥土深层搅拌法

高压旋喷桩施工（视频）

水泥土深层搅拌法是利用水泥、石灰做固化剂，采用深层搅拌机在地基深部就地将软土和固化剂充分拌和，利用固化剂和软土发生一系列物理-化学反应，使其凝结成具有整体性、水稳性和较高强度的桩体，与天然地基形成复合地基。根据施工工艺不同，搅拌桩分为块状、壁状、柱状三种形式。水泥土深层搅拌法是化学加固法的一种。

水泥土深层搅拌法工艺合理，技术可靠，施工中无振动、无噪声，对环境无污染，对土壤无侧向挤压，对邻近建筑影响很小，同时工期较短，造价较低，效益显著。适用于加固饱和软黏土，包括淤泥、淤泥质土、黏土和粉质黏土等。水泥土深层搅拌法有湿法（水泥浆液）和干法（干水泥粉）两种，水泥土深层搅拌法（湿法）施工工艺流程如图2-5所示。施工过程：深层搅拌机定位→预搅下沉→提升喷浆搅拌→重复上、下搅拌→清洗→移至下一根桩位。重复以上工序直至施工完成。

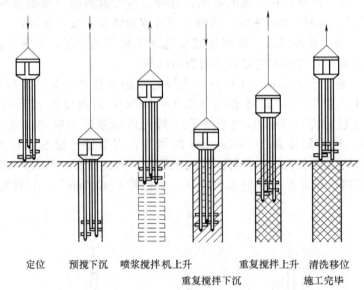

定位　预搅下沉　喷浆搅拌机上升　重复搅拌上升　清洗移位
　　　　　　　重复搅拌下沉　　　　　　　　施工完毕

图2-5　水泥土深层搅拌法（湿法）施工工艺流程

（1）定位

起重机或塔架悬吊搅拌机到达指定桩位对中。地面起伏不平时，保持起吊设备水平。

（2）预搅下沉

待搅拌机的冷却水循环正常后，启动电动机，放松起重机钢丝绳，使搅拌机沿导向架搅拌切土下沉，下沉的速度可由电动机的电流监测表控制。工作电流不应大于70A。如果下沉速度太慢，可从输浆系统补给清水以利于钻进。

（3）喷浆搅拌机上升

待搅拌机下沉到一定深度时，即开始按设计确定的配合比拌制水泥浆，压浆前将水泥浆倒入集料中，当水泥浆液到达出浆口后，应喷浆搅拌30s，在水泥浆与桩端土充分搅拌后，再开始提升搅拌头。

(4) 重复搅拌下沉、上升

搅拌机提升至设计加固深度的顶面标高时，集料斗中的水泥浆应正好排空。为使软土和水泥浆搅拌均匀，可再次将搅拌机边旋转边沉入土中，至设计加固深度后再将搅拌机提出地面。搅拌桩顶部与基础或承台接触部分受力较大，通常还可对桩顶 1.0~1.5m 范围内增加一次输浆，以提高其强度。

(5) 清洗

向集料斗中注入适量清水，开启灰浆泵，清洗全部管路中残存的水泥浆，并将粘附在搅拌头上的软土清洗干净。

(6) 移位

重复以上步骤，再进行下一根桩的施工。

控制施工质量的主要指标有水泥用量、提升速度、喷浆的均匀性和连续性以及施工机械的性能。

2.2 浅埋式钢筋混凝土基础施工

【情景引入】

我国在建筑物的基础建造方面有悠久的历史。从陕西半坡村新石器时代的遗址中发掘出的木柱下已有掺陶片的夯土基础；陕县庙底沟的屋柱下也有用扁平的砾石做的基础；洛阳王湾墙基的沟槽内则填红烧土碎块或铺一层平整的大块砾石。到战国时期，已有块石基础。到北宋元丰年间，基础类型已发展到木桩基础、木筏基础及复杂地基上的桥梁基础、堤坝基础，基础形式日臻完善。宋代李诫编纂的《营造法式》如图 2-6 所示，对地基设计和基础构造作了初步规定，如对一般基础埋深，就做出了"凡开基址，须相视地脉虚实。其深不过一丈，浅止于五尺或四尺……"的规定。

图 2-6 《营造法式》

基础的埋置深度与建筑物的上部结构形式、荷载大小、地基的承载能力、地基土的地质与水文情况、基础选用的材料性能等因素有关。一般埋置深度小于 5m 的称为浅基础，埋置深度大于或等于 5m 的称为深基础。目前，就最常用的钢筋混凝土基础来说，浅基础主要有独立基础、条形基础、筏（板）形基础和箱形基础等几种类型。

2.2.1 杯形基础

杯形基础又称为杯口基础，是独立基础的一种。当建筑物上部结构采用框架结构或单层排架及门架结构承重时，其基础常采用方形或矩形的单独基础，这种基础称为独立基础或柱式基础。独立基础是柱下基础的基本形式,当柱采用预制构件时,则基础做成杯口形,然后将柱子插入并以细石混凝土嵌固在杯口内,所以称为杯形基础,如图2-7所示。

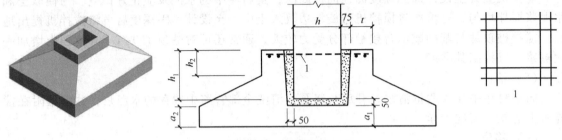

图2-7 杯形基础

注:$a_2 \geqslant a_1$;1为焊接网。其中,h为预制柱宽度;h_1为预制柱安装深度;h_2为杯基上部高度;t为杯基上部壁厚;a_1为杯基底部厚度;a_2为杯基底部立方体高度。

1. 杯形基础的施工工艺流程

杯形基础施工工艺流程为垫层混凝土→基础钢筋绑扎→支设杯基础侧模、杯芯模板→钢筋隐检、模板预检→混凝土浇筑、振捣、找平→混凝土养护→芯模板、侧模板的拆除。

2. 杯形基础的施工要点

① 将基础十字控制线引到基槽下,做好控制桩,并核实其准确性。

② 垫层混凝土振捣密实,表面抹平。

③ 垫层达到一定强度后,利用控制桩放施工控制线、基础边线到垫层表面,复查地基垫层标高及中心线位置,无误后,绑扎基础钢筋。

④ 自下往上支设杯形基础第一层、第二层外侧模板并加固,外侧模板一般用钢模板现场拼制。

⑤ 支设杯芯模板,杯芯模板一般用木模板拼制,并在外侧刷隔离剂或用0.5mm厚薄钢板满包,四角做成小圆角。杯芯模打直径20mm、间距500mm小孔,以排除浇筑时产生的气泡。

⑥ 模板矫正,并整体加固;办理钢筋隐检、模板预检手续。

⑦ 施工时应先浇筑杯底混凝土,注意在杯底一般预留50mm厚的细石混凝土找平层,应仔细留出,不得超高。

⑧ 分层浇筑混凝土。浇筑混凝土时,须防止杯芯模板上浮或向四周偏移,注意控制坍落度及浇筑下料速度,坍落度在70~90mm为宜,混凝土浇筑到高于上层侧模50mm时,稍作停顿,混凝土初凝前,接着在杯芯四周对称均匀下料振捣。混凝土须分层浇筑,在混凝土分层时须把握好初凝时间,保证基础的整体性。

⑨ 杯芯模板拆除,要视气温情况而定。在混凝土初凝后终凝前,将模板分体拆除或用撬棍撬动杯芯模板,用手拉葫芦拔出,须注意拆模时间,并及时进行混凝土养护。

2.2.2 条形基础

条形基础是指基础长度远大于宽度和高度的基础形式,分为墙下钢筋混凝土条形基础和柱下钢筋混凝土条形基础。柱下条形基础又可分为单向条形基础和十字交叉柱下条形基础,截面多为锥形,如图2-8所示。

条形基础必须有足够的刚度将柱子的荷载较均匀地分布到扩展的条形基础底面积上,并

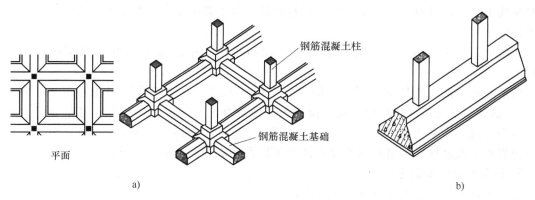

图 2-8 十字交叉柱下条形基础和单向条形基础
a) 十字交叉柱下条形基础　b) 单向条形基础

且调整可能产生的不均匀沉降。当单向条形基础底面积仍不足以承受上部结构荷载时，可以在纵、横两个方向将柱基础连成十字交叉条形基础，以增加房屋的整体性，减小基础的不均匀沉降。

1. 构造要求

① 截面为锥形的条形基础边缘高度不宜小于 200mm。截面为阶梯形的条形基础的每阶高度为 300~500mm。

② 垫层厚度一般为 100mm，混凝土强度等级为 C10。基础混凝土强度等级不宜低于 C15。

③ 底部受力钢筋的直径不小于 8mm，间距不大于 200mm。当有垫层时，钢筋保护层的厚度不宜小于 35mm。当无垫层时，混凝土保护层厚度不宜小于 70mm。

④ 插筋的数目和直径应与柱内纵向受力钢筋相同，插筋的锚固及柱的纵向受力钢筋的搭接长度，按《混凝土结构设计规范》（GB 50010—2010）（2015 年版）的规定执行。

2. 施工要点

① 混凝土浇筑前应进行验槽，轴线、基槽尺寸和土质等均应符合要求。

② 基槽内浮土、积水、淤泥、杂物等均应清除干净。

③ 基槽验收合格后，应立即浇筑垫层混凝土，表面用振动器振捣，以免地基土被扰动。

④ 垫层达到一定强度后，在其上弹线、支模。铺放钢筋网片时底部用与混凝土保护层同厚度的水泥砂浆垫块或专用支架，保证位置正确。

上下部垂直钢筋绑扎牢，将钢筋弯钩朝上，底板钢筋网片四周两行钢筋交叉点应每点扎牢，中间部分交叉点可相隔交错扎牢，但必须保证受力钢筋不位移。双向主筋的钢筋网，则须将全部钢筋相交点扎牢。底部钢筋网片应用与混凝土保护层同厚度的水泥砂浆或塑料垫块，以保证上下双层钢筋位置正确。柱插筋除满足搭接要求外，还应满足锚固长度的要求。

当基础高度在 900mm 以内时，插筋伸至基础底部的钢筋网上，并在端部做成直弯钩；当基础高度较大时，位于柱子四角的插筋应伸到基础底部钢筋网上，其余的钢筋只需伸至锚固长度即可。

⑤ 钢筋经验收合格后，应立即浇筑混凝土。在浇筑开始时，先满铺一层 5~10cm 厚的混凝土并捣实，使柱子插筋下段和钢筋网片的位置基本固定，然后对称浇筑。

对于锥形基础，应注意保持锥体斜面坡度的正确，斜面部分的模板应随混凝土浇捣分段支设并顶压紧固,以防模板上浮变形;边角处的混凝土必须捣实。严禁斜面部分不支模,用铁锹拍实。

基础上部柱子后施工时,可在上部水平面留设施工缝。施工缝的处理应按有关规定执行。

条形基础根据高度分段分层连续浇筑,不留施工缝,各段各层间应相互衔接,每段长2~3m,做到逐段逐层呈阶梯形推进。浇筑时先使混凝土充满模板内边角,然后浇筑中间部分,以保证混凝土密实。分层下料,每层厚度为振动棒的有效振动长度。防止由于下料过厚,振捣不实或漏振、吊帮的根部砂浆涌出等原因造成蜂窝、麻面或孔洞。

3. 条形基础施工工艺

条形基础施工工艺流程如图2-9所示。

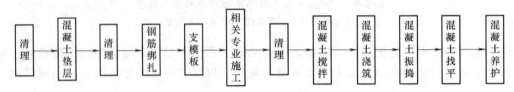

图2-9 条形基础施工工艺流程

2.2.3 筏（板）形基础

1. 构造及特点

筏（板）形基础是把柱下独立基础或者条形基础全部用连系梁联系起来,下面再整体浇筑底板的基础,如图2-10所示,又称为筏板基础、满堂基础、片筏基础。

筏（板）形基础一般用于高层框架、框剪、剪力墙结构。当建筑物荷载较大,采用条形基础不能满足地基承载力要求时,或当建筑物要求基础有足够刚度以调节不均匀沉降时,常采用混凝土底板筏板,承受建筑物荷载,形成筏（板）形基础。筏（板）形基础整体性好,能很好地抵抗地基不均匀沉降。

筏（板）形基础分为平板式筏形基础和梁板式筏形基础。平板式筏形基础支持局部加厚筏板类型；梁板式筏形基础支持肋梁上平及下平两种形式。平板式筏板基础施工简单,广泛应用在高层建筑中。

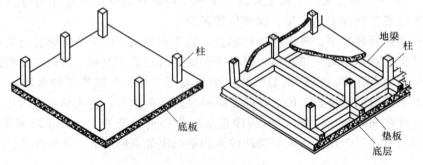

图2-10 筏（板）形基础示意图

2. 筏（板）形基础的施工工艺流程

筏（板）形基础的施工工艺流程如图2-11所示。

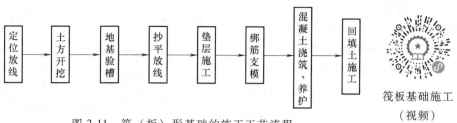

图 2-11 筏（板）形基础的施工工艺流程

3. 施工要点

① 地基开挖，如有地下水，应采用人工降低地下水位至基坑底 50cm 以下部位，保持在无水的情况下进行土方开挖和基础结构施工。

② 基坑土方开挖应注意保持基坑底土的原状结构，如采用机械开挖时，基坑底面以上 20~40cm 厚的土层，应采用人工清除，避免超挖或破坏基土。如局部有软弱土层或超挖，应进行换填，采用与地基土压缩性相近的材料进行分层回填。基坑开挖应连续进行，如基坑开挖好后不能立即进行下一道工序，应在基底以上留置 150~200mm 不挖，待下道工序施工时再挖至设计基坑底标高，以免基土被扰动。

③ 筏板基础施工，可根据结构情况和施工具体条件及要求采用以下两种方法之一：

a. 先在垫层上绑扎板梁的钢筋和上部柱钢筋，浇筑底板混凝土，待达到 25% 以上强度后，再在底板上支梁侧模板，浇筑梁部分混凝土。

b. 底板和梁钢筋、模板一次同时支好，梁侧模板用混凝土支墩或钢支脚支承，并固定牢固，混凝土一次连续浇筑完成。

上述第一种方法可降低施工强度，支梁模方便，但处理施工缝较复杂；第二种方法一次完成，施工质量易于保证，可缩短工期。但两种方法都应注意保证梁位置和插筋位置正确，混凝土应一次连续浇筑完成。

④ 当梁板式筏形基础的梁在底板下部时，通常采取梁板同时浇筑混凝土，梁的侧模板是无法拆除的，一般梁侧模板采取在垫层上两侧砌半砖代替钢（或木）侧模板与垫层形成一个砖壳子模板。

⑤ 梁板式筏形基础当梁在底板上部时，模板的支设，多用组合钢模板，支承在钢支承架上，用钢管脚手架固定，采用梁板同时浇筑混凝土，以保证整体性。

⑥ 当筏板基础长度达到 40m 以上时，应考虑在中部适当部位留设贯通后浇缝带，以避免出现温度收缩裂缝和便于进行施工分段流水作业；对超厚的筏形基础应采取降低水泥水化热和降低浇筑入模温度的措施，以避免出现过大温度收缩应力，导致基础底板开裂。

⑦ 基础浇筑完毕，表面覆盖和洒水养护不少于 7d，底板混凝土为抗渗混凝土时，养护周期不少于 14d。必要时采取保温养护措施，并防止浸泡基础。

⑧ 在基础底板上埋设好沉降观测点，定期进行观测、分析，做好记录。

2.2.4 箱形基础

1. 构造及特点

箱形基础形如箱子，由钢筋混凝土底板、顶板和纵、横向的内外墙所组成，如图 2-12 所示。箱形基础具有比筏板基础大得多的抗弯刚度，因此对抵抗地基的不均匀沉降有利。当地基承载力比较低而上部结构荷载又很大时，可采用箱形基础。箱形基础形成的中空空间，可以作为建筑物的地下室，适用于高层建筑和软弱地基上的多层建筑。

2. 箱形基础的施工要点

① 箱形基础基坑开挖，应验算边坡稳定性，并注意对基坑邻近建筑物的影响；基坑开挖如有地下水，应采用明沟排水或井点降水等方法，保持作业现场的干燥；基坑检验后应立即进行基础施工。

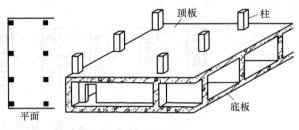

图 2-12　箱形基础示意图

② 基础施工时，基础底板、顶板及内外墙的支模、钢筋绑扎和混凝土浇筑可采用分块进行连续施工。箱形基础若底板厚度较大，为防止出现温度裂缝，一般应设置后浇带，带宽不小于 800mm，后浇带的施工须待顶板浇捣后至少两周以上。应使用比后浇带两侧混凝土设计强度等级提高一级的混凝土，并加强养护。

③ 箱形基础施工完毕，应立即回填土，同时做好排水工作以保证基坑内干燥状态，然后分层回填并夯实。

> 【注意事项】　冬期施工时，对原材料的加热、搅拌、运输、浇筑和养护等，应根据冬期施工方案施工；要检查外加剂掺量，水及骨料的加热温度，混凝土的搅拌时间、出机温度、入模温度；初期养护温度不得低于防冻剂的规定温度，低于规定温度时其强度不得小于 4MPa。

2.3　桩基础工程施工

【情景引入】

> 当天然地基是软弱土层，更深层次是坚硬的土层时，除了在处理和加固的人工地基上采用浅基础的方案外，是不是还有其他解决方案呢？如果采用深基础，使基础直接穿过软弱土层，采用如图 2-13 所示的桩基础，由深层的坚硬土层来作为持力层是否也可以呢？
>
>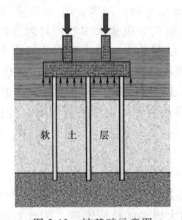
>
> 图 2-13　桩基础示意图

2.3.1 桩基础的作用与分类

1. 桩基础的作用

桩基础是常用的一种深基础形式。桩基础由若干个沉入土中的桩和连接桩顶的承台或承台梁组成。桩的作用是将上部建筑物的荷载传递到深处承载力较高的土层上，或将软弱土层挤密实以提高地基土的承载能力和密实度。

2. 桩基础的分类

（1）按桩的承载性状分类

桩在竖向荷载作用下，桩顶部的荷载由桩端的端阻力和桩与桩侧岩土间的侧阻力共同承担。由于桩侧、桩端岩土的物理力学性质以及桩的尺寸和施工工艺不同，桩侧和桩端阻力的大小以及它们分担荷载的比例有很大差别，据此将桩分为摩擦型桩和端承型桩，如图 2-14 所示。

1）摩擦型桩

摩擦型桩又可分为摩擦桩和端承摩擦桩。摩擦桩是指在竖向极限荷载作用下，桩顶荷载的绝大部分由桩侧阻力承受，桩端阻力小到可以忽略不计的桩；端承摩擦桩是指

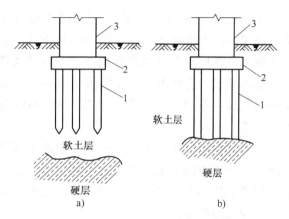

图 2-14 端承型桩和摩擦型桩示意图
a）摩擦型桩 b）端承型桩
1—桩 2—承台 3—上部结构

桩顶荷载由桩侧阻力和桩端阻力共同承担，但大部分由桩侧阻力承受的桩。

2）端承型桩

端承型桩又分为端承桩和摩擦端承桩。端承桩是指在竖向极限荷载作用下，桩顶荷载的绝大部分由桩端阻力承受，桩侧阻力小到可以忽略不计的桩；摩擦端承桩是指桩顶荷载由桩侧阻力和桩端阻力共同承担，但主要由桩端阻力承受的桩。

（2）按桩的使用功能分类

① 竖向抗压桩：主要承受竖向荷载的桩。

② 竖向抗拔桩：主要承受竖向上拔荷载的桩。

③ 水平受荷桩：主要承受水平方向上荷载的桩。

④ 复合受荷桩：承受竖向、水平向荷载均较大的桩。

（3）按成桩方法分类

① 挤土桩：如实心的预制桩、底端封闭的管桩、木桩和沉管灌注桩等。

② 部分挤土桩：如底端开口的管桩、H 型钢桩、预钻孔打入式预制桩和冲击成孔灌注桩等。

③ 非挤土桩：如现场灌注的钻、挖孔灌注桩等。

（4）按桩身材料分类

根据桩身材料的不同，分为木桩、钢桩、钢筋混凝土桩、组合材料桩等。

（5）按桩制作工艺分类

按制作工艺的不同，分为预制桩和现场灌注桩。

（6）按桩径大小分类

小直径桩（$d \leqslant 250mm$）、中等直径桩（$250mm < d < 800mm$）、大直径桩（$d \geqslant 800mm$）。

2.3.2 预制桩施工

1. 钢筋混凝土预制桩的制作、运输和堆放

预制桩间隔重叠法工艺流程：制作场地压实、整平→场地地坪浇筑→支模→绑扎钢筋→浇筑混凝土→养护至30%强度拆模→支间隔端头模板、刷隔离剂、绑扎钢筋→浇间隔桩混凝土→制作第二层桩→养护至70%强度起吊→达100%强度后运输、堆放。

较长的预制桩在施工现场预制。混凝土强度等级不小于30MPa，主筋连接宜采用对焊。浇筑应由桩顶到桩尖连续进行，严禁中断。制作偏差应符合规范的规定。

预制桩混凝土达设计强度的70%方可起吊，达100%时方可运输，吊点应布置合理，如图2-15所示。运输过程中支点应与吊点位置一致，且随吊随运，避免二次搬运。

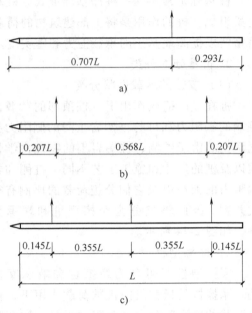

图2-15 预制桩起吊绑扎点位置示意图

预制桩的堆放场地应平整坚实，垫木间距由吊点确定，且上下对齐，堆放层数不宜超过4层。

2. 锤击沉桩法

（1）打桩机械

① 根据现场情况、机具设备条件及工作效率确定桩锤类型。

② 桩架的选择应考虑桩锤类型、桩的长度和施工现场的条件等因素。

桩架的高度 = 桩长 + 桩锤高度 + 滑轮组高 + 起锤移位高度 + 安全工作间隙

③ 动力装置的选择应根据桩锤的类型来确定。

（2）沉桩前的准备工作

① 清除地上、地下障碍物，对场地进行平整并做好排水工作。

② 放出桩的基准线并定出桩位，在不受打桩影响的适当位置设置水准点。

③ 接通现场的水、电管线，准备好施工机具；做好对桩的质量检验。

④ 打桩试验（$\geqslant 2$根），检验设备和工艺是否符合要求。

⑤ 做好施工方案，确定打桩顺序。

（3）打桩顺序

根据桩的密集程度，打桩顺序一般分为逐排打设、自中部向四周打设和由中间向两侧打设三种，如图2-16所示。当桩的中心距≤4倍桩的边长或直径时，应由中间向两侧对称施打,或自中部向四周施打;当桩的中心距>4倍桩的边长或直径时,可采用上述两种打法,或逐排单向打设。对设计标高不一的桩应遵循"先深后浅"的原则;对不同规格的桩,应遵循"先大后小、先长后短"的原则。

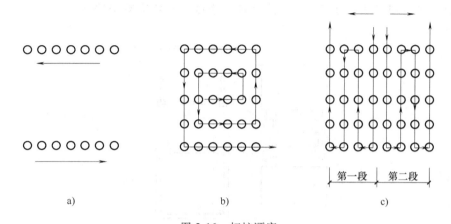

图 2-16 打桩顺序

a)逐排打设 b)自中部向四周打设 c)由中间向两侧打设

(4)打桩的施工工艺

打桩的施工工艺流程:桩机就位→吊桩→打桩→送桩→接桩→拔桩→截桩(送桩)。落锤时应重锤低击,接桩方法有焊接、法兰连接和硫磺胶泥锚接。

(5)打桩过程中常见的问题及质量控制

常见的质量问题有桩顶碎裂、桩身断裂、桩身倾斜、桩打不下或一桩打下邻桩升起、接桩处拉脱开裂等,应按满足贯入度或标高要求进行质量控制。

3. 静力压桩法

静力压桩法是使用静力压桩机利用无噪声、无振动的静压力将桩压入土中的一种施工方法,特点是无振动、无噪声、对周围环境影响小,适合在城市中施工。静力压桩机如图 2-17 所示,利用压桩架的自重和配重,通过卷扬机牵引,由加压钢丝绳、滑轮和压梁,将整个桩机的重力反压在桩顶上,以克服桩身下沉时与土的摩擦力,迫使预制桩下沉。

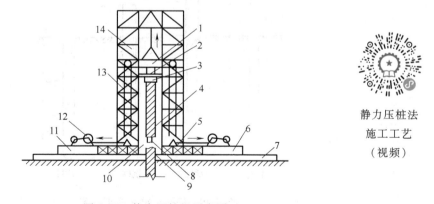

静力压桩法施工工艺(视频)

图 2-17 静力压桩机示意图

1—活动压梁 2—油压表 3—桩帽 4—上段桩 5—加重物仓 6、11—底盘 7—轨道 8—上段接桩锚筋
9—下段接桩锚筋 10—导向架 12—卷扬机 13—加压钢丝绳、滑轮组 14—桩架

压桩施工一般采取分节压入、逐段接长的施工方法。在沉桩施工过程中需连续进行，以防间歇过久，难以沉桩。静力压桩法施工工艺流程：场地清理→测量定位→桩机就位→吊桩→桩尖就位插桩→桩身对中调直→压桩→接桩→再压桩→终止沉桩→截桩（送桩）。

接桩的方法有焊接法（图 2-18）、法兰螺栓连接法和硫磺浆锚法。

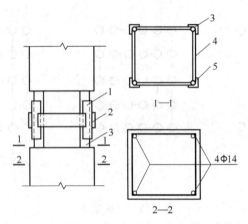

图 2-18　焊接法接头示意图
1—连接角钢　2—拼接板　3—与主筋连接的角钢　4—箍筋　5—纵向主筋

4. 振动沉桩法

振动沉桩法是利用固定在桩顶部的振动器所产生的激振力，使桩表面与土层间的摩擦力减少，从而在自重和振动力共同作用下沉入土中的一种方法。适用于在黏土、松散砂土及黄土和软土中沉桩，更适合于打钢板桩，同时借助起重设备可以拔桩。

5. 钻孔植桩法

钻孔植桩法是在沉桩部位按设计要求的孔径和孔深先用钻机钻孔，在孔内插入预制钢筋混凝土桩，然后采用锤击或振动锤打入法，将桩打入设计持力层标高的一种方法，施工工艺如图 2-19 所示。适用于在软土地区，在城市建筑物密集地区及邻近地下管线交叉繁多的

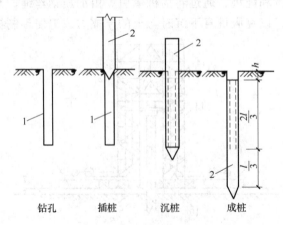

图 2-19　钻孔植桩法施工工艺
1—钻孔　2—混凝土预制桩
注：l 为桩长；h 为桩基深度。

部位，或者在软土地区采用长桩，遇较厚硬土层而采用锤击或振动锤打入法又难于施工时。

植桩顺序为先打长桩，后打短桩；先打外围桩，后打中间桩，以防止土体位移对四周建筑物及各种设施造成的影响。

6. 预制桩头的截桩

承台施工前要按承台底标高对已验收合格的预制桩进行截桩处理，截去高出的桩身混凝土，剔出桩身受力主筋锚入承台内。截桩施工应防止对桩身的过大振动和破坏。

7. 预制桩的沉桩质量控制

① 桩的垂直偏差应控制在1%以内。平面位置的偏差：单排桩不大于100mm，多排桩为（1/2~1）个桩的直径或边长。

② 承受轴向荷载的摩擦桩的入土深度控制，以标高为主，贯入度为参考；按标高控制的桩，桩顶标高的允许误差为±50mm。

③ 端承桩的入土深度以最后贯入度控制为主，标高作为参考。

④ 如遇桩顶位移或上升涌起、桩身倾斜、桩头击碎严重、桩身断裂、沉桩达不到设计标高等严重情况时，应暂停施工，采取相应措施处理后方可继续施打。

2.3.3 混凝土灌注桩施工

与预制桩相比，灌注桩施工具有施工噪声低、振动小、挤土影响小、无须接桩等优点。但成桩工艺复杂，施工速度较慢，质量影响因素较多。根据成孔工艺的不同，分为泥浆护壁钻孔灌注桩、沉管灌注桩、干作业钻孔灌注桩、爆扩成孔灌注桩和人工挖孔灌注桩等。下面重点介绍几种。

1. 泥浆护壁钻孔灌注桩

泥浆护壁钻孔灌注桩是通过桩机在泥浆护壁条件下慢速钻进，将钻渣利用泥浆带出，并保护孔壁不致坍塌，成孔后再使用水下混凝土浇筑的方法将泥浆置换出来而成的桩，是一种国内最为常用和应用范围较广的成桩方法。其特点是：可用于各种地质条件、各种大小孔径（300~2000mm）和深度（40~100m），护壁效果好，成孔质量可靠；施工无噪声、无振动、无挤压；机具设备简单，操作方便，费用较低。但成孔速度慢，效率低，用水量大，泥浆排放量大，污染环境，扩孔率较难控制。适用于地下水位较高的软、硬土层，如淤泥、黏性土、砂土、软质岩等土层应用。

（1）泥浆制备

泥浆具有排渣和护壁作用，根据泥浆循环方式，分为正循环和反循环两种施工方法，如图2-20和图2-21所示。

正循环回转钻机成孔的工艺原理是由空心钻杆内部通入泥浆或高压水，从钻杆底部喷出，携带钻下的土渣沿孔壁向上流动，由孔口将土渣带出流入泥浆池。正循环回转钻机成孔具有设备简单，操作方便，费用较低等优点；适用于直径不大于1000mm的孔，钻孔深度一般以40m为限，但排渣能力较弱。

从反循环回转钻机成孔的工艺原理中可以看出，泥浆带渣流动的方向与正循环回转钻机成孔的情况相反。反循环工艺泥浆上流的速度较高，能携带大量的土渣，反循环回转钻机成

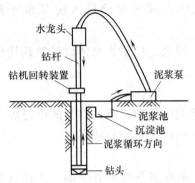
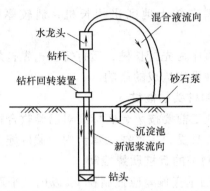

图 2-20 正循环回转钻机成孔工艺原理　　图 2-21 反循环回转钻机成孔工艺原理

孔是目前大直径桩成孔一种有效的施工方法，适用于大直径孔和孔深大于 30m 的端承桩。

（2）施工工艺流程及施工要点

泥浆护壁钻孔灌注桩施工工艺流程：放样定位→埋设护筒→钻机就位→钻孔→第一次清孔→吊放钢筋笼→下导管→第二次清孔→灌注混凝土。

1）埋设护筒

埋设护筒的作用主要是保证钻机沿着垂直方向顺利工作，同时还起着存储泥浆的作用，使其高出地下水位和保护桩顶部土层不致因钻杆反复上下升降、机身振动而导致坍孔。

泥浆护壁钻孔
灌注桩施工
（视频）

护筒一般由钢板卷制而成，钢板厚度视孔径大小采用 4~8mm，护筒内径宜比设计桩径大 200mm。护筒埋置深度一般要大于不稳定地层的深度，在黏性土中不宜小于 lm；砂土中不宜小于 1.5m；上口高出地面 30~40cm 或高出地下水位 1.5m 以上，保持孔内泥浆面高出地下水位 1.0m 以上。护筒中心与桩位中心线偏差不得大于 50mm，筒身竖直，四周用黏性土回填，分层夯实，防止渗漏。

2）钻机就位

钻机就位前，先平整场地，铺好枕木并用水平尺校正，保证钻机平稳、牢固。移机就位后应认真检查磨盘的平整度及主钻杆的垂直度，控制垂直偏差在 0.2% 以内，钻头中心与护筒中心偏差宜控制在 15mm 以内，并在钻进过程中要经常复检、校正。桩径允许偏差为 50mm，垂直度允许偏差小于 1%。

3）钻孔

泥浆制备时要注意泥浆密度。在砂土和较厚的夹砂层中应控制在 1.1~$1.3t/m^3$；在穿过砂夹卵石层或容易坍孔的土层中应控制在 1.3~$1.5t/m^3$；在黏土和粉质黏土中成孔时，可注入清水，以原土造浆护壁，排渣时泥浆密度应控制在 1.1~$1.2t/m^3$。泥浆可就地选择塑性指数 $I_p \geqslant 17$ 的黏土调制，质量指标为粘结度 18~22s，含砂率不大于 4%~8%，胶体率不小于 90%。施工过程中应经常测定泥浆密度，并定期测定黏度、含砂率和胶体率。

钻孔作业应分班连续进行，认真填写钻孔施工记录，交接班时应交底钻进情况及下一班注意事项，应经常对钻孔泥浆进行检测和试验，应经常注意土层变化，在土层变化处均应捞取渣样，将情况记入记录表中并与地质剖面图核对。

开钻时，在护筒下一定范围内应慢速钻进，待导向部位或钻头全部进入土层后，方可加速钻进，钻进速度应根据土质情况、孔径、孔深和供水、供浆量的大小确定，一般控制在

5m/min 左右，在淤泥和淤泥质黏土中不宜大于 1m/min，在较硬的土层中以钻机无跳动、电动机不超载为准。在钻孔、排渣或因故障停钻时，应始终保持孔内具有规定的水位和要求的泥浆相对密度和黏度。

钻头到达持力层时，钻速会突然减慢，这时应对浮渣取样与地质报告进行比较予以判定，原则上应由地勘单位派出有经验的技术人员进行鉴定，判定钻头是否到达设计持力层深度，用测绳或专业测孔仪器测定孔深做进一步判断。经判定满足设计规范要求后，可同意施工收桩提升钻头。

4）清孔

清孔分两次进行：

① 第一次清孔。在钻孔深度达到设计要求时，对孔深、孔径、孔的垂直度等进行检查，符合要求后进行第一次清孔；清孔根据设计要求和施工机械采用换浆、抽浆、掏渣等方法进行。以原土造浆的钻孔，清孔可用射水法，同时钻机只钻不进，待泥浆相对密度降到 1.1kg/m³ 左右即认为清孔合格；如注入制备的泥浆，采用换浆法清孔，置换出的泥浆相对密度小于 1.15~1.20kg/m³ 时方为合格。

② 第二次清孔。钢筋笼、导管安放完毕，混凝土浇筑之前，进行第二次清孔。第二次清孔根据孔径、孔深、设计要求采用正循环、泵吸反循环、气举反循环等方法进行。

第二次清孔后的沉渣厚度和泥浆性能指标应满足设计要求，一般应满足沉渣厚度：摩擦桩≤150mm，端承桩≤50mm。沉渣厚度的测定可直接用沉砂测定仪，但在施工现场多使用测绳。将测绳徐徐下入孔中，一旦感觉锤质量变轻，在这一深度范围，上下试触几次，确定沉渣面位置，继续放入测绳，一旦锤质量发生较大减轻或测绳完全松弛，说明深度已到孔底，这样重复测试3次以上，孔深取其中较小值，孔深与沉渣面之差即为沉渣厚度。泥浆性能指标：在浇筑混凝土前，孔底 500mm 以内的泥浆相对密度控制在 1.15~1.20kg/m³。

不论采用何种清孔方法，在清孔排渣时，必须注意保持孔内水头，防止塌孔。不应采取加深钻孔深度的方法代替清孔。

5）浇筑混凝土

清孔合格后应及时浇筑混凝土，采用导管法进行水下浇筑，对泥浆进行置换。导管直径宜为 200~250mm，壁厚不小于 3mm，分节长度视工艺要求而定，一般为 2.0~2.5m。水下混凝土的砂率宜为 40%~45%；用中粗砂，粗骨料最大粒径<40mm；水泥用量不少于 360kg/m³；坍落度宜为 180~220mm，配合比通过试验确定。水下浇筑法工艺流程见图 2-22。

水下混凝土灌注施工工艺（视频）

【注意事项】 水下灌注混凝土的施工要点：开始浇筑水下混凝土时，管底至孔底的距离宜为 300~500mm，初灌量埋管深度不小于 1m，在以后的浇筑中导管埋深宜为 2~6m。导管应不漏气、不漏水，接头紧密；导管的上部吊装松紧适度，不会使导管在孔内发生较大的平移。拔管频率不要过于频繁，导管振捣时，不要用力过猛。桩顶混凝土宜超灌 500mm 以上，保证在凿除泛浆层后，桩顶达到设计标高。

6）施工记录

钻孔灌注桩施工记录一般包括测量定位（桩位、钢筋笼、护筒安置）记录、钻孔记录、成孔测定记录、泥浆相对密度测定记录、坍落度测定记录、沉渣厚度测定记录、钢筋笼制作

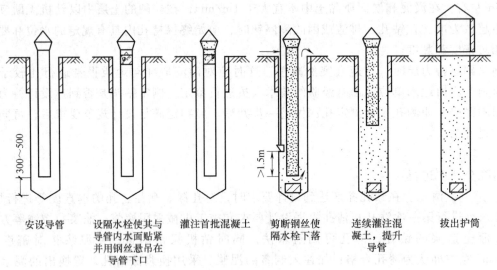

图 2-22 水下浇筑法工艺流程

安装检查表、混凝土浇捣记录、导管长度验算记录等。

2. 沉管灌注桩

沉管灌注桩是利用锤击打桩设备或振动沉桩设备，将带有钢筋混凝土桩尖或带有活瓣式桩靴的钢管沉入土中，钢管直径应与桩的设计尺寸一致，形成桩孔，然后放入钢筋骨架并浇筑混凝土，随之拔出套管，利用拔管时的振动将混凝土捣实，形成所需要的灌注桩。利用锤击沉桩设备沉管、拔管成桩，称为锤击沉管灌注桩；利用振动器振动沉管、拔管成桩，称为振动沉管灌注桩。沉管灌注桩施工过程如图 2-23 所示。

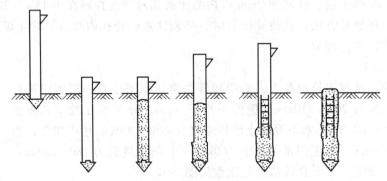

图 2-23 沉管灌注桩施工过程

在沉管灌注桩施工过程中，对土体有挤密作用和振动影响，施工中应结合现场施工条件，考虑成孔的顺序。为了提高桩的质量和承载能力，沉管灌注桩常采用单打法、复打法、反插法等施工工艺。

锤击沉管灌注桩适宜于一般黏性土、淤泥质土和人工填土地基，其施工要点如下：

① 桩尖与桩管接口处应垫麻（或草绳）垫圈，以防地下水渗入管内和缓冲层。沉管时先用低锤锤击，观察无偏移后，才正常施打。

② 拔管前，应先锤击或振动套管，在测得混凝土确已流出套管时方可拔管。

③ 桩管内混凝土尽量填满，拔管时要均匀，保持连续密锤轻击，并控制拔管速度，一

一般以不大于 1m/min 为宜，软弱土层与软硬交界处，应控制在 0.8m/min 以内为宜。

④ 在管底未拔到桩顶设计标高之前，倒打或轻击不得中断，注意使管内的混凝土保持略高于地面，并保持到全管拔出为止。

⑤ 桩的中心距在 5 倍桩管外径以内或小于 2m 时，均应跳打施工；中间空出的桩须待邻桩混凝土达到设计强度的 50% 以后，方可施打。

3. 干作业钻孔灌注桩

干作业钻孔灌注桩施工过程如图 2-24 所示。

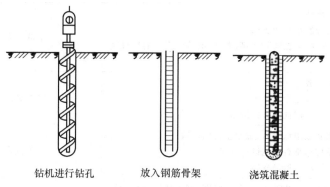

图 2-24 干作业钻孔灌注桩施工过程

干作业成孔一般采用螺旋钻机钻孔。螺旋钻头外径分别为 400mm、500mm、600mm，钻孔深度相应为 12m、10m、8m。适用于成孔深度内没有地下水的一般黏土层、砂土及人工填土地基，不适于有地下水的土层和淤泥质土。钻机就位后，钻杆垂直对准桩位中心，开钻时先慢后快，减少钻杆的摇晃，及时纠正钻孔的偏斜或位移。钻孔至规定要求深度后，进行孔底清土，清孔的目的是将孔内的浮土、虚土取出，减少桩的沉降。方法是钻机在原深处空转清孔，然后停止旋转，提钻卸土。钢筋骨架的主筋、箍筋、直径、根数、间距及主筋保护层均应符合设计规定，绑扎牢固，防止变形。用导向钢筋送入孔内，同时防止泥土杂物掉进孔内。钢筋骨架就位后，应立即灌注混凝土，以防塌孔。浇筑混凝土时，应分层浇筑、分层捣实，每层厚度 500~600mm。

【知识拓展】 人工挖孔灌注桩

人工挖孔灌注桩（图文）

2.3.4 桩基础的检测与验收

1. 桩基础的检测

由于桩基础工程施工的隐蔽性和重要性，加强对桩基础的质量检测，确保桩基础工程的质量和安全，具有非常重要的意义。为了确保基桩检测工作质量，应统一基桩检测方法，为设计和施工验收提供可靠依据。基桩检测方法应根据各种检测方法的特点和适用范围，考虑地质条件、桩型及施工质量可靠性、使用要求等因素进行合理选择搭配。我国《建筑基桩检测技术规范》(JGJ 106—2014) 规定的检测桩基础承载力及桩身完整性的方法有静载试验法、动测法（低应变法、高应变法）、钻芯法和声波透射法，检测目的及方法见表 2-3。

表 2-3 检测目的及方法

检测目的	检测方法
确定单桩竖向抗压极限承载力 判定竖向抗压承载力是否满足设计要求 通过桩身应变、位移测试,测定桩侧、桩端阻力,验证高应变法的单桩竖向抗压承载力检测结果	单桩竖向抗压静载试验
确定单桩竖向抗拔极限承载力 判定竖向抗拔承载力是否满足设计要求 通过桩身应变、位移测试,测定桩的抗拔侧阻力	单桩竖向抗拔静载试验
确定单桩水平临界荷载和极限承载力,推定土抗力参数 判定水平承载力或水平位移是否满足设计要求 通过桩身应变、位移测试,测定桩身弯矩	单桩水平静载试验
检测灌注桩桩长、桩身混凝土强度、桩底沉渣厚度,判定或鉴定桩端持力层岩土性状,判定桩身完整性类别	钻芯法
检测桩身缺陷及其位置,判定桩身完整性类别	低应变法
判定竖向抗压承载力是否满足设计要求 检测桩身缺陷及其位置,判定桩身完整性类别 分析桩侧和桩端土阻力 进行打桩过程监控	高应变法
检测灌注桩桩身缺陷及其位置,判定桩身完整性类别	声波透射法

（1）静载试验法

静载试验法是在桩顶部逐级施加竖向压力、竖向上拔力或水平推力，观测桩顶部随时间产生的沉降、上拔位移或水平位移，以确定相应的单桩竖向抗压承载力、单桩竖向抗拔承载力或单桩水平承载力的试验方法。

（2）动测法

动测法是检测桩基础承载力及桩身质量的一项新技术，作为静载试验的补充，又称为动力无损检测法，包括低应变法和高应变法。动测法相对静载试验法而言，它是对桩土体系进行适当的简化处理，建立起数学-力学模型，借助于现代电子技术与量测设备采集桩-土体系在给定的动荷载作用下所产生的振动参数，结合实际桩土条件进行计算，所得结果与相应的静载试验结果进行对比，在积累一定数量的动静试验对比结果的基础上，找出两者之间的某种相关关系，并以此作为标准来确定桩基础承载力。另外，可用来检验、判定桩身是否存在断裂、夹层、颈缩、空洞等质量缺陷。

动测法具有仪器轻便灵活，检测快速，费用低等特点。据统计，国内用动测法的试桩工程数目，已占工程总数的70%左右，试桩数约占全部试桩数的90%，有效地填补了静力试桩的不足，满足了桩基工程发展的需要。动测法的缺点是需做大量的测试数据，需静载试验资料来充实完善、编制计算机软件，所测的极限承载力有时与静荷载值离散性较大。

低应变法是采用低能量瞬态或稳态方式在桩顶激振，实测桩顶部的速度时程曲线，或在实测桩顶部的速度时程曲线的同时，实测桩顶部的力时程曲线。通过波动理论的时域分析或频域分析，对桩身完整性进行判定的检测方法。

高应变法是用重锤冲击桩顶，实测桩顶附近或桩顶部的速度和力时程曲线，通过波动理论分析，对单桩竖向抗压承载力和桩身完整性进行判定的检测方法。

（3）钻芯法

钻芯法是用钻机钻取芯样，检测桩长、桩身缺陷、桩底沉渣厚度以及桩身混凝土的强度，判定或鉴别桩端岩土性状的方法。

每根受检桩的钻芯孔数和钻孔位置，应符合下列规定：

① 桩径小于 1.2m 的桩的钻孔数量可为 1~2 个孔，桩径为 1.2~1.6m 的桩的钻孔数量宜为 2 个孔，桩径大于 1.6m 的桩的钻孔数量宜为 3 个孔。

② 当钻芯孔为 1 个时，宜在距桩中心 10~15cm 的位置开孔；当钻芯孔为 2 个或 2 个以上时，开孔位置宜在距桩中心 $0.15~0.25D$ 范围内均匀对称布置（D 为受检桩直径）。

③ 对桩端持力层的钻探，每根受检桩不应少于 1 个孔。

④ 当选择钻芯法对桩身质量、桩底沉渣、桩端持力层进行验证检测时，受检桩的钻芯孔数量可为 1 孔。

【知识拓展】 成桩质量判定

> ① 蜂窝麻面、沟槽、空洞等缺陷程度应根据芯样强度试验结果判断。
> ② 芯样连续、完整、胶结好或较好，骨料分布基本均匀，能够根据芯样的抗压强度判定基桩的混凝土质量是否满足设计要求；芯样出现松散、夹泥、分层，或者钻进困难，则判定基桩混凝土质量不满足设计要求，应进行处理。

（4）声波透射法

声波透射法是在预埋声测管之间发射并接收声波，通过实测声波在混凝土介质中传播的声时、频率和波幅衰减等声学参数的相对变化，对桩身完整性进行检测的方法。预先在桩中埋入 3~4 根金属管，然后在其中一根管内放入发射器，在其他管中放入接收器，并记录不同深度处的检测资料。

声波透射法有检测全面、细致，信息量丰富，结果准确可靠，操作简便、迅速等优点。适用于混凝土灌注桩的桩身完整性检测，判定桩身缺陷的位置、范围和程度。对于桩径小于 0.6m 的桩，不宜采用声波透射法进行桩身完整性检测。

当出现下列情况之一时，不得采用此方法对整桩的桩身完整性进行评定：

① 声测管未沿桩身通长配置。

② 声测管堵塞导致检测数据不全。

③ 声测管埋设数量不符合《建筑基桩检测技术规范》（JGJ 106—2014）相关规定。

2. 桩基础验收

（1）桩位偏差检查

桩位偏差检查一般在施工结束后进行。当桩顶设计标高低于施工场地标高，送桩后无法对桩位进行检查时，对打入桩可在每根桩桩顶沉至场地标高时，进行中间验收，待全部桩施工结束，承台或底板开挖到设计标高后，再做最终验收。对灌注桩可对护筒位置做中间验收。

（2）承载力检验

对于地基基础设计等级为甲级或地质条件复杂，成桩质量可靠性低的灌注桩，应采用静载荷试验的方法进行检验，检验桩数不应少于总数的 1%，且不应少于 3 根，当总桩数不少于 50 根时，不应少于 2 根。

（3）桩身质量检验

对设计等级为甲级或地质条件复杂，成桩质量可靠性低的灌注桩，抽检数量不应少于总数的 30%，且不应少于 20 根；其他桩基础工程的抽检数量不应少于总数的 20%，且不应少于 10 根；对混凝土预制桩及地下水位以上且终孔后经过核验的灌注桩，检验数量不应少于总桩数的 10%，且不得少于 10 根。每个柱子承台下不得少于 1 根。

（4）施工过程检查

1）预制桩

① 锤击沉桩。应对桩体垂直度、沉桩情况、桩顶完整状况、接桩质量等进行检查，对电焊接桩，重要工程应做 10% 的焊缝探伤检查。

② 静力压桩。压桩过程中应检查压力、桩垂直度、接桩间歇时间、桩的连接质量及压入深度。重要工程应对电焊接桩的接头做 10% 的探伤检查。对承受反力的结构应加强观测。

2）灌注桩

施工中应对成孔、清渣、放置钢筋笼、灌注混凝土等全过程检查；人工挖孔桩尚应复验孔底持力层土（岩）性；嵌岩桩必须有桩端持力层的岩性报告。

（5）质量验收项目

1）锤击沉桩

① 主控项目。桩体质量检验；桩位偏差；承载力。

② 一般项目。砂、石、水泥、钢材等原材料，混凝土配合比及强度（现场预制时）；成品桩外形；成品桩裂缝（收缩裂缝或起吊、装运、堆放引起的裂缝）；成品桩尺寸（横截面边长、桩顶对角线差、桩尖中心线、桩身弯曲矢高、桩顶平整度）；电焊接桩（焊缝质量、电焊结束后停歇时间、上下节平面偏差、节点弯曲矢高）；桩顶标高；停锤标准。

2）静力压桩

① 主控项目。桩体质量检验；桩位偏差；承载力。

② 一般项目。成品桩质量（外观、外形尺寸、强度）；硫磺胶泥质量（半成品）；接桩（电焊接桩：焊缝质量、电焊结束后停歇时间）；焊条质量；压桩压力；接桩时上下节平面偏差；接桩时节点弯曲矢高；桩顶标高。

3）灌注桩

① 主控项目。桩位、孔深、桩体质量检验；混凝土强度；承载力。

② 一般项目。垂直度；桩径；泥浆比重（黏土或砂性土中）；泥浆面标高（高于地下水位）；沉渣厚度；混凝土坍落度；钢筋笼安装深度；混凝土充盈系数；桩顶标高。

（6）桩基础工程验收时应提交的资料

① 工程地质勘察报告、桩基础施工图、图纸会审纪要、设计变更及材料代用单等。

② 经审定的施工组织设计、施工方案及执行中的变更情况。

③ 桩位测量放线图，包括工程桩位线复核签证单。

④ 成桩质量检查报告。
⑤ 单桩承载力检测报告。
⑥ 基坑挖至设计标高的基桩竣工平面图及桩顶标高图。

模 块 小 结

本模块主要介绍了地基处理与加固、钢筋混凝土浅基础施工、桩基础施工三个部分的内容。

地基处理的主要目的是采用各种地基处理方法以改善地基条件。地基处理的对象是软弱地基和特殊土地基。地基处理及加固的方法主要有换填法、强夯法、灰土挤密桩法、堆载预压法、振冲地基法、水泥土深层搅拌法等。

根据地基承载力和上部结构的特征，基础分为浅基础和桩基础两大类。钢筋混凝土浅基础主要有独立基础、条形基础、筏（板）形基础、箱形基础等，深基础主要介绍了桩基础。

桩基础是应用广泛的一种深基础形式，由基桩和连接桩的承台或承台梁组成，按照施工方式，桩分为预制桩和混凝土灌注桩两类。钢筋混凝土预制桩施工方法主要有锤击沉桩法、静力压桩法、振动沉桩法、钻孔植桩法等；混凝土灌注桩主要有泥浆护壁钻孔灌注桩、干作业钻孔灌注桩、沉管灌注桩、人工挖孔灌注桩等。

加强对桩基础的质量检测，确保桩基础工程的质量和安全，具有非常重要的意义。目前《建筑基桩检测技术规范》(JGJ 106—2014) 规定的检测桩基础承载力及桩身完整性的方法有静载试验、钻芯法、动测法（低应变法、高应变法）和声波透射法等。

复习思考题

1. 常见地基处理方法有哪几种？各有什么特点？
2. 什么是换填垫层法？换填垫层有哪些主要作用？
3. 什么是浅基础？钢筋混凝土浅基础主要有哪几种类型？
4. 什么叫桩基础？试述桩基础的作用和分类。
5. 什么是静力压桩法？静力压桩与打入桩相比有何优点？
6. 灌注桩有什么特点，有哪些成孔方法？
7. 我国《建筑基桩检测技术规范》(JGJ 106—2014) 规定了哪些基桩检测方法？
8. 桩基础验收时应准备哪些资料？

【在线测验】

第二部分 活 页 笔 记

学习过程：

重点、难点记录：

学习体会及收获：

其他补充内容：

模块2　地基处理与基础工程施工

《建筑施工技术》活页笔记

模块 3

砌筑工程施工

【知识体系图】

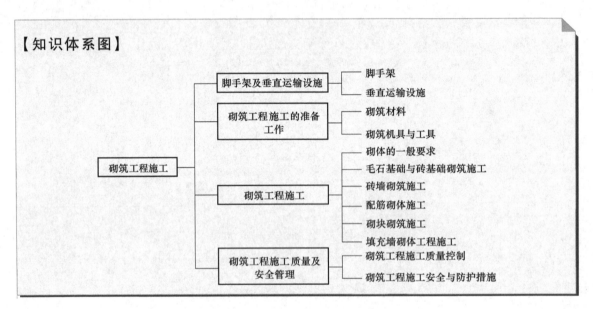

第一部分　知识学习

学习引导
（音频）

【知识目标】

1. 熟悉砌筑工程材料及主要机具、作业条件。
2. 熟悉砌块砌体的构造要求。
3. 掌握砖及砌块砌体的工艺流程及施工要点。
4. 掌握砌筑工程施工质量及安全管理相关要求。
5. 了解脚手架及垂直运输设施的分类、构造组成、搭设及拆除的基本要求。

【能力目标】

1. 能组织和管理砌筑工程施工。

2. 能进行砌筑工程施工质量验收。

3. 能编制脚手架的搭设施工方案及按照安全技术规范要求对脚手架及垂直运输设施进行质量验收。

【素质目标】

1. 养成一丝不苟的工作作风和严肃认真的工作态度。

2. 增强法制意识、规范标准意识，提高生态文明意识，具有安全意识、质量意识、环保意识。

3. 养成良好的团队协作精神，培养严谨负责的职业素养。

【思政目标】

1. 树立安全意识，明确"安全第一、生命至上"的思想。

2. 培养学生敬业爱国、爱岗的职业素养和行为习惯。

【知识链接】

砖的前世今生

砖是以黏土为原材料经过高温烧制而成的。砖作为一种常见的建筑材料，在人类文明演化进程中具有重要意义，是人类进入文明时代的重要标志之一。据科考资料显示：中国烧制砖的历史可以被追溯到距今5000~5300年前。在中国，砖被广泛用作建筑材料始于秦代。公元前214年，秦始皇为防御北方的匈奴贵族南侵，动用大量劳动力，使用砖石建造举世闻名的"万里长城"（图3-1）。秦始皇统一中国后，兴都城、建宫殿、修驰道、筑陵墓，烧制和应用了大量的砖。历史上著名的秦朝都城阿房宫就是使用青砖铺地。东汉时期，佛教的兴隆给砖建筑带来了发展，用砖砌筑的砖塔在中国各地出现。始建于明永乐四年（公元1406年）的北京故宫是一组规模宏大的砖木结构宫殿组群（图3-2），经过了600多年的风雨洗礼依然光彩夺目，屹立于东方大地。这些都无疑体现了劳动人民的智慧和技能。

图3-1　万里长城

图3-2　北京故宫

中国传统的青砖制作工艺是在烧成高温阶段后期将全窑封闭从而使窑内供氧不足，砖坯内的铁离子从呈红色的三价铁还原成青色的低价铁而成青砖。红砖是以黏土、页岩、煤矸石等为原料，经粉碎，混合捏练后以人工或机械压制成型，经干燥后在900℃左右的温度下以氧化焰烧制而成的烧结型建筑砖块。青砖在抗氧化、水化、大气侵蚀等方面性能明显优于红砖。但是因为青砖的烧成工艺复杂，能耗高，产量小，成本高，难以实现自动化和机械化生产，所以在轮窑及挤砖机械等大规模工业化制砖设备问世后，红砖得到了突飞猛进的发展，而青砖除个别仿古建筑仍使用外，已基本退出历史的舞台。

改革开放以来，中国的红砖产量呈几何级数式增长，但众多的小型红砖厂取土烧砖滥挖乱采，造成大量农田被毁，因此从1993年开始，国家已开始限制和取缔毁田烧砖的行为，明文规定禁止生产黏土实心砖，限制生产黏土空心砖。2000年国家建材局、建设部、农业部、国土资源部、墙体材料革新建筑节能办公室联合发布文件，要求在住宅建设中逐步限时禁止使用实心黏土砖，直辖市定于2000年12月31日前，计划单列市和副省级城市定于2001年6月30日前，地级城市定于2002年6月30日前为实现禁止使用实心黏土砖目标的最迟日期。

随着全面禁止使用红砖、黏土砖，出现了一批新型墙体材料，如加气混凝土砌块、粉煤灰砌块、小型混凝土空心砌块、纤维石膏板、新型隔墙板等。这些新型墙体材料以粉煤灰、火山渣、炉渣、煤矸石、陶粒、石粉等废料为主要原料，具有质轻、隔热、隔声、保温等特点。

3.1 脚手架及垂直运输设施

【情景引入】

2014年9月1日7点15分许，伴随着一阵巨响，某处建筑工地的脚手架发生坍塌（图3-3）。已搭建至13层的脚手架，如"剥皮"般向外倒伏在地上，正在涂漆作业的7名工人随脚手架摔下，被困在废墟里。据业内人士分析，脚手架倒塌最主要原因是不按规定计算和搭拆，而是凭习惯和感觉。最直接的原因多数是没有重视甚至没有硬拉结，使脚手架发生倾斜变形，进而坍塌。诸如此类的事故在工程施工过程中时有发生，由此可见，建筑施工技术措施在工程施工过程中是多么的重要，从业人员必须牢记安全是生产的第一要素，提高从业人员的专业水准和职业精神，做好技术交底，是减少此类事件发生的关键因素。

图3-3 工地脚手架坍塌

脚手架及垂直运输设施是建筑施工技术措施中重要的环节之一。在建筑施工中，占有特别重要的地位。脚手架及垂直运输设施选择与使用的合适与否，将直接影响施工作业的顺利和安全进行，同时对工程质量、施工进度和企业经济效益等方面都有不同程度的影响。因此，脚手架及垂直运输设施的选择与使用至关重要。

【知识拓展】 脚手架的发展史

脚手架的发展史
（图文）

3.1.1 脚手架

脚手架是在施工现场为建筑施工而搭设的上料、堆料、工人操作以及解决楼层间少量垂直和水平运输用的临时结构架，是土木工程施工中重要的临时辅助设施。

脚手架的种类很多，按其搭设位置分为外脚手架和里脚手架两大类；按其所用材料分为木、竹脚手架与金属脚手架；按其用途分为操作脚手架、防护用脚手架、承重和支撑用脚手架；按其构造形式分为多立杆式、门式、吊式、悬挑式、升降式以及用于楼层间操作的工具式脚手架等。目前，脚手架的发展趋势是采用高强度金属制作、具有多种功用的组合式脚手架，以满足不同情况作业的要求。

脚手架的基本要求：其宽度应满足工人操作、材料堆置和运输的需要；坚固稳定，安全可靠；搭拆简便，搬移方便；尽量节约材料，能多次周转使用。

脚手架的搭设宽度一般为 1.0～1.5m，砌筑用脚手架的每步架高一般为 1.2～1.4m，装饰用脚手架的每步架高一般为 1.6～1.8m。

1. 外脚手架

外脚手架是沿建筑物外围搭设的一种脚手架，既可用于外墙砌筑，又可用于外墙装饰施工。常用的形式有多立杆式、门式、桥式等。多立杆式脚手架可用木、竹和钢管等搭设，目前多采用钢管脚手架，其特点是一次性投资较大，但可多次周转、摊销费用低、装拆方便、搭设高度大，且能适应建筑物平立面的变化。多立杆式钢管脚手架有扣件式和碗扣式两种。

（1）扣件式钢管脚手架

1）扣件式钢管脚手架的组成和构造

扣件式钢管脚手架由钢管和扣件组成，其主要构件有立杆、纵向水平杆（大横杆）、横向水平杆（小横杆）、斜撑、抛撑、连墙件、脚手板和底座等（图 3-4）。其特点是每步架高可根据施工需要灵活布置、装拆方便等。

扣件式钢管
脚手架的搭设
要求（视频）

扣件式钢管脚手架的构造形式可分为双排式和单排式两种。单排式（图 3-4c）沿墙外侧仅设一排立杆，其小横杆一端与大横杆连接，另一端支承在墙上，仅适用于荷载较小、高度较低（<24m）、墙体有一定强度的多层建筑。双排式（图 3-4b）沿墙外侧设两排立杆，

小横杆两端支承在大横杆后再传给立杆，多、高层房屋均可采用，当房屋高度超过50m时，需专门设计。

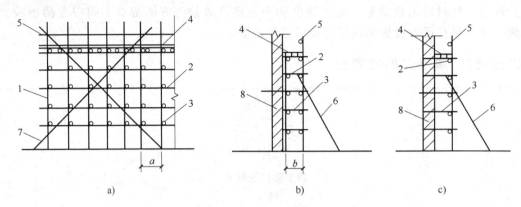

图 3-4　扣件式钢管脚手架
a）立面　b）侧面（双排）　c）侧面（单排）
1—立柱　2—大横杆　3—小横杆　4—脚手板　5—栏杆　6—抛撑　7—斜撑　8—墙体

脚手架钢管一般采用 $\phi 48.3mm \times 3.6mm$（每米质量为 3.85kg）或 $\phi 51mm \times 3mm$ 的焊接钢管。用于横向水平杆的钢管最大长度不应大于 2.2m，立杆不应大于 6.5m，每根钢管的最大质量不应超过 25.8kg，以适合人工搬运。扣件为钢管与钢管之间的连接件，其基本形式可分为直角扣件、旋转扣件和对接扣件三种，如图 3-5 所示，用于钢管之间的直角连接、直角对接接长或成一定角度的连接。

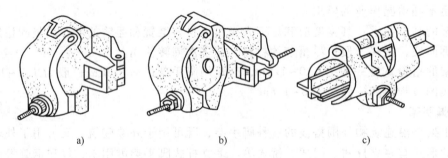

图 3-5　扣件形式
a）直角扣件　b）旋转扣件　c）对接扣件

2）扣件式钢管脚手架搭设工艺流程

扣件式钢管脚手架搭设工艺流程如下：场地平整、夯实→基础承载试验→材料配备→定位设置通长脚手板→钢底座→纵向扫地杆→立杆→横向扫地杆→小横杆→大横杆→抛撑→剪刀撑→连墙杆→铺脚手板→防护栏杆→安全网。

3）扣件式钢管脚手架的架设要点

① 在搭设脚手架前，对底座、钢管、扣件要进行检查，钢管要平直，扣件和螺栓要光洁、灵敏，变形、损坏严重者不得使用。

② 搭设范围内的地基要夯实整平，做好排水处理，如地基土质不好，则底座下垫木板或垫块。立杆要竖直，垂直度允许偏差不得大于 1/200。相邻两根立杆接头应错开 50cm。

③ 大横杆在每一面脚手架范围内的纵向水平高低差，不宜超过 1 皮砖的厚度。同一步内外两根大横杆的接头，应相互错开，不宜在同一跨度内。在垂直方向相邻的两根大横杆的接头也应错开，其水平距离不宜小于 50cm。

④ 小横杆可紧固于大横杆上，靠近立杆的小横杆可紧固于立杆上。双排脚手架小横杆靠墙的一端应离开墙面 5~15cm。

⑤ 各杆件相交伸出的端头，均应大于 10cm，以防滑脱。

⑥ 扣件连接杆件时，螺栓的松紧程度必须适度。如用测力扳手校核操作人员的手劲，以扭力矩控制在 40~50N·m 为宜，最大不得超过 60N·m。

⑦ 为保证架子的整体性，应沿架子纵向每隔 30m 设一组剪刀撑，两根剪刀撑斜杆分别扣在立杆与大横杆上或扣在小横杆的伸出部分上。斜杆两端扣件与立杆接点（即立杆与横杆的交点）的距离不宜大于 20cm，最下面的斜杆与立杆的连接点离地面不宜大于 50cm。

⑧ 为了防止脚手架向外倾倒，每隔三步三跨或两步三跨，应设置连墙杆。

⑨ 拆除钢管扣件式脚手架时，应按照自上而下的顺序，逐根往下传递，不得乱扔。拆下的钢管和扣件应分类整理存放，对损坏的要进行整修。

【注意事项】 连墙件的布置应符合下列规定：
① 应靠近主节点设置，偏离主节点的距离不应大于 300mm。
② 应从底层第一步纵向水平杆处开始设置，当该处设置有困难时，应采用其他可靠措施固定。
③ 应优先采用菱形布置，或采用方形、矩形布置。

（2）碗扣式钢管脚手架

碗扣式钢管脚手架的基本构造和搭设要求与扣件式钢管脚手架类似，不同之处在于其杆件连接点采用"碗扣"连接。碗扣式接头由上、下碗扣及横杆接头、限位销等组成，如图 3-6 所示。上、下碗扣和限位销设置在钢管立杆上。其中，下碗扣和限位销直接焊接在立杆上，上碗扣套在立管上。水平杆两端焊有"插头"，搭设时将上碗扣的缺口对准限位销后，即可将上碗扣向上拉起（沿立杆向上滑动），然后将横杆接头插入下碗扣圆槽内，再将上碗扣沿限位销滑下，并顺时针旋转扣紧，可用小锤轻击几下即可完成接点的连接。立杆连接处外套管与立杆间隙不得大于 2mm，外套管长度不得小于 160mm，外伸长度不得小于 110mm。

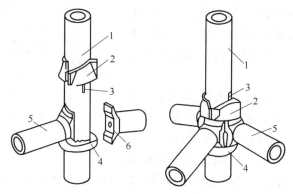

图 3-6 碗扣式脚手架节点

1—立杆 2—上腕扣 3—限位销 4—下碗扣 5—横杆 6—横杆接头

碗扣式钢管脚手架安装工艺（动画）

碗扣式接头可以同时连接4根横杆,横杆可相互垂直或偏转一定的角度,因而可以搭设各种形式,特别是曲线形的脚手架,还可作为模板的支撑。模板支撑架应根据所受的荷载选择立杆的间距和步距,以底层纵、横向水平杆作为扫地杆,距离地面高度不得大于350mm,立杆底部应设置可调底座或固定底座。立杆上端包括可调螺杆伸出顶层水平杆的长度不得大于0.7m。

由于碗扣是固定在钢管上的,并采用中心线连接,大大提高了承载能力,因此连接可靠,组成的脚手架整体性好。从安装操作上讲,较钢管脚手架方便,只需用小锤楔紧上碗扣即可。同时在保管上减少了扣件丢失,降低了应用的成本。由于碗扣式脚手架属于定型产品,其结构尺寸由构件所确定,因此只能以一些标准尺寸作模数进行调整。

> **【注意事项】** 斜杆的设置应在立杆与横杆交叉的节点处,使脚手架杆件形成三角形体系,保证结构不成为机动体系。当节点四个插头都被占据时,斜杆可采用错位连接。但根据荷载试验结果,这种连接方式由于产生横向推力,使立杆承载力有所降低。若碗扣式脚手架要实现挑出需配备短挑梁。

(3) 门式脚手架

门式脚手架是目前应用较为普遍的脚手架之一。其不仅可用于搭设外脚手架,还可用于搭设里脚手架、施工操作平台或模板支架等。

1) 门式脚手架的组成和构造

门式脚手架是以单片式门架作为主要结构构件,其打破了单根杆件组合脚手架的模式。门式脚手架由一副门式框架、两副剪刀撑、一副水平梁架或挂扣式脚手板、四个连接器等基本单元组合而成。若干基本单元通过连接器在竖向叠加,扣上臂扣,组成了一个多层框架。在水平方向,用加固杆和水平梁架使相邻单元连成整体,加上斜梯、栏杆柱和横杆,组成上下不相通的外脚手架,即构成整片脚手架,并采用连墙件与建筑物主体结构相连,是一种标准化钢管脚手架,如图3-7所示。

门式脚手架是一种工厂生产、现场搭设的脚手架,其主要特点是组装方便,装拆速度快,工艺简单,特别适用于使用周期短或频繁周转的脚手架;承载性能好,安全可靠,使用寿命长,经济效益好。

通常门式脚手架搭设高度限制在45m以内,采取一定措施后可达到80m左右。施工荷载一般为均布荷载$1.8kN/m^2$,或作用于脚手架板跨中的集中荷载2kN。

搭设门式脚手架时,基底必须夯实找平,并铺可调底座,以免发生塌陷和不均匀沉降。要严格控制第一步门架垂直度偏差不大于2mm,门架顶部的水平偏差不大于5mm。门架的顶部和底部用纵向水平杆和扫地杆固定。门架之间必须设置剪刀撑和水平梁架(或脚手板),其间连接应可靠,以确保脚手架的整体刚度。

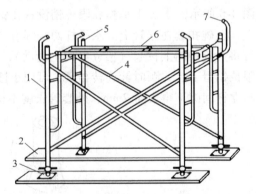

图3-7 门式脚手架基本单元
1—门式框架 2—平板 3—旋转基脚 4—剪刀撑
5—连接棒 6—水平梁架 7—锁臂

2) 门式脚手架搭设的工艺流程

门式脚手架搭设的工艺流程如下：场地平整、夯实→铺放垫木板→拉线、放底座→自一端立门架并随即装剪刀撑→水平梁架（或脚手板）→装梯子→通长的大横杆（一般用 $\phi48mm$ 脚手架钢管）→连墙杆→连接棒→装一步门架→装锁臂→逐层向上安装→装加强整体刚度的长剪刀撑→顶部防护栏杆。

3）门式脚手架的搭设要点

① 交叉支撑、水平架、脚手板、连接棒和锁臂的设置应符合规范要求；不配套的门架配件不得混合使用于同一整片脚手架。

② 门架安装应自一端向另一端延伸，并逐层改变搭设方向，不得相对进行；搭完一步架后，应按规范要求检查并调整其水平度与垂直度。

③ 交叉支撑、水平梁架或脚手板应紧随门架的安装及时设置，连接门架与配件的锁臂、搭钩必须处于锁住状态。

④ 水平梁架或脚手板应在同一步内连续设置，脚手板应满铺。

⑤ 底层钢梯的底部应加设钢管并用扣件扣紧在门架的立杆上，钢梯的两侧均应设置扶手，每段钢梯可跨越两步或三步门架再行转折。

⑥ 栏板（杆）、挡脚板应设置在脚手架操作层外侧、门架立杆的内侧。

⑦ 加固杆、剪刀撑必须与脚手架同步搭设；水平加固杆应设于门架立杆内侧，剪刀撑应设于门架立杆外侧并连接牢固。

⑧ 连墙件的搭设必须随脚手架搭设同步进行，严禁滞后设置或搭设完毕后补做；连墙件应连于上、下两榀门架的接头附近，且垂直于墙面，锚固可靠。

⑨ 当脚手架操作层高出相邻连墙件以上两步时，应采用确保脚手架稳定的临时拉结措施，直到连墙件搭设完毕后方可拆除。

⑩ 脚手架应沿建筑物周围连续、同步搭设升高，在建筑物周围形成封闭结构；如不能封闭，在脚手架两端应按规范要求增设连墙件。

【注意事项】 门式钢管支撑架属于限制使用施工设备，不得用于搭设满堂承重支撑架体系，应用承插型盘扣式钢管支撑架、钢管柱梁式支架、移动模架等施工设备代替。

【知识拓展】盘扣式脚手架安装工艺和搭设标准及要求

盘扣式脚手架搭设标准及要求
（图文）

2. 里脚手架

里脚手架是搭设于建筑物内部的脚手架，主要用于内外墙的砌筑和室内装饰施工等作业。由于建筑内部施工作业量大，工作面较复杂，脚手架装拆频繁，搬移较多，因此里脚手架要求必须轻便灵活，搬移和装拆方便，且稳固可靠。常用里脚手架结构形式有折叠式、支柱式和门架式等多种。

(1) 折叠式里脚手架

折叠式里脚手架根据所用材料不同，分为角钢、钢管和钢筋折叠式里脚手架。主要用于民用建筑的内墙砌筑和粉刷，也可用于围墙、砖平房的外墙砌筑和粉刷。

角钢折叠式里脚手架（图3-8）的架设间距，砌墙时不超过2m，粉刷时不超过2.5m。可以搭设两步脚手架，第一步高约1m，第二步高约1.65m。钢管和钢筋折叠式里脚手架的架设间距，砌墙时不超过1.8m，粉刷时不超过2.2m。

(2) 支柱式里脚手架

支柱式里脚手架由支柱和横杆组成，上铺脚手板。适用于砌墙和内粉刷。其搭设间距：砌墙时不超过2m，粉刷时不超过2.5m。支柱式里脚手架的支柱有套管式和承插式两种形式。

① 套管式支柱。搭设时将插管插入立杆中，以销孔间距调节高度，插管顶端的凹形支托搁置方木横杆，横杆上铺设脚手板，如图3-9所示。其架设高度为1.5~2.1m，每个支柱的质量约为14kg。

② 承插式支柱。承插式支柱的架设高度为1.2m、1.6m、1.9m，搭设第三步时要加销钉以确保安全，如图3-10所示。每个支柱质量约为13.7kg，横杆质量约为5.6kg。

里脚手架除采用上述金属工具式脚手架外，还可以就地取材，用竹、木等制作"马凳"，作为脚手板的支架。

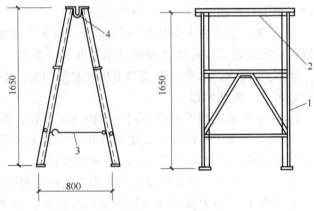

图3-8 角钢折叠式里脚手架
1—立柱　2—横楞　3—挂钩　4—铰链

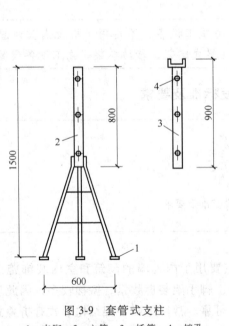

图3-9 套管式支柱
1—支脚　2—立管　3—插管　4—销孔

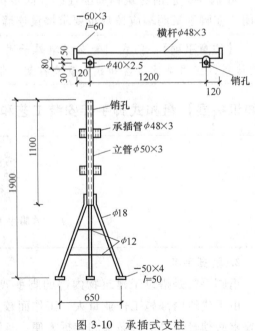

图3-10 承插式支柱

（3）门架式里脚手架

门架式里脚手架由两片 A 形支架与门架组成（图 3-11），适用于砌墙和粉刷。支架间距：砌墙时不超过 2.2m，粉刷时不超过 2.5m。按照支架与门架的不同结合方式，分为套管式和承插式两种。

A 形支架有立管和套管两部分，立管常用 φ50mm×3mm 钢管，支脚可用钢管、钢筋或角钢焊成。套管式的支架立管较长，由立管与门架上的销孔调节架子高度。承插式的支架立管较短，采用双承插管，在改变架设高度时，支架可不再挪动。门架用钢管或角钢与钢管焊成，承插式门架在架设第二步时，销孔要插上销钉，防止 A 形支架被撞后转动。

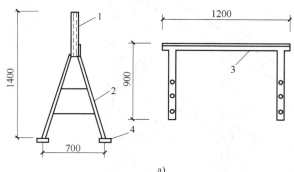
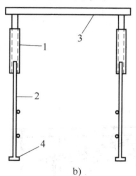

图 3-11　门架式里脚手架
a）A 形支架与门架　b）安装示意图
1—立管　2—支脚　3—门架　4—垫板

3. 其他种类脚手架简介

（1）悬挑式脚手架

悬挑式脚手架是搭设在建筑物外边缘向外伸出的悬挑结构上，将脚手架荷载全部或部分传递给建筑结构（图 3-12）。悬挑支承结构有用型钢焊接制作的三角桁架下撑式结构以及用钢丝绳斜拉住水平型钢挑梁的斜拉式结构两种主要形式。在悬挑结构上搭设的双排外脚手架与落地式脚手架相同，分段悬挑脚手架的高度一般控制在 25m 以内。该形式的脚手架适用于高层建筑的施工。由于脚手架沿建筑物高度分段搭设，故在一定条件下，当上层还在施工时，其下层即可提前交付使用；而对于有裙房的高层建筑，则可使裙房与主楼不受外脚手架的影响，同时开展施工。

（2）吊式脚手架

吊式脚手架在主体结构施工阶段为外挂脚手架，随主体结构逐层向上施工，用塔式起重机吊升，悬挂在结构上（图 3-13）。在装饰施工阶段，该脚手架改为从屋顶吊挂，逐层下降。吊式脚手架的吊升单元（吊篮架子）宽度宜控制在 5~6m，每一吊升单元的自重宜在 1t 以内。吊式脚手架适用于高层框架和剪力墙结构施工。

（3）升降式脚手架

升降式脚手架由升降装置和升降动力设备两大部件组成，并分别依附固定在建筑结构上（图 3-14）。在主体结构施工阶段，升降

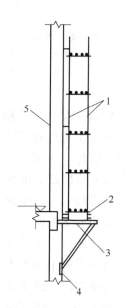

图 3-12　悬挑式脚手架
1—钢管脚手架　2—型钢横梁
3—三角支承架　4—预埋件
5—钢筋混凝土柱

式脚手架利用自身带有的升降装置和升降动力设备,使两个部件相互协作,交替爬升,其爬升原理同爬升模板。在装饰施工阶段,交替下降。升降式脚手架的搭设高度为3~4个楼层,不占用塔式起重机,相对落地式外脚手架省材料、省人工,适用于高层框架、剪力墙和筒体结构的快速施工。

互升降式脚手架（动画）

自升式脚手架（动画）

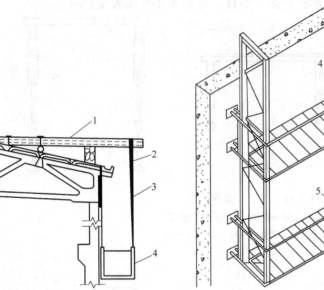

图3-13 吊式脚手架
1—挑梁 2—吊环
3—吊索 4—吊篮

图3-14 升降式脚手架
1—内套架 2—外套架 3—脚手板
4—附墙装置 5—栏杆

4. 脚手架的安全防护措施

在房屋建筑施工过程中因脚手架出现事故的概率相当高,所以在脚手架的设计、架设、使用和拆卸中均须十分重视安全防护问题。

当外墙砌筑高度超过4m或立体交叉作业时,除在作业面正确铺设脚手板、安装防护栏杆和挡脚板外,还必须在脚手架外侧设置安全网,以防止材料下落伤人或高空操作人员坠落。架设安全网时,其伸出墙面的宽度应不小于2m,外口要高于内口500mm,搭接应牢固,每隔一定距离应用拉绳将斜杆与地面锚桩拉牢,如图3-15所示。

当用里脚手架施工外墙或多层、高层建筑用外脚手架时,均需沿墙外设置安全网。安全网应随楼层施工进度逐步上升,多层、高层建筑除一道逐步上升的安全网外,还应在第二层和每隔3~4层加设固定的安全网。施工过程中要经常对安全网进行检查和维修,每块支好的安全网应能承受不小于1.6kN的冲击荷载。

钢脚手架（包括钢井架、钢龙门架、钢独脚拔杆提升架等）应避免搭设在距离35kV以上的高压线路4.5m以内的地区和距离1~10kV高压线路3m以内的地区,否则使用期间应

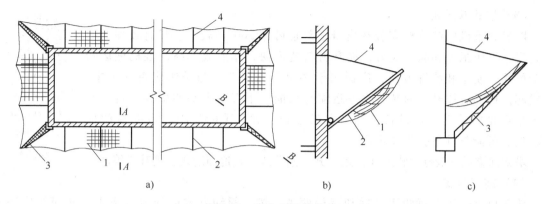

图 3-15 安全网整体构造
a) 安全网平面布置 b) A—A 剖面 c) B—B 剖面
1—安全网 2—支杆 3—抱角架 4—钢丝绳

断电或拆除电源。钢脚手架在架设和使用期间,要严防与带电体接触,需要穿过或靠近 380V 以内的电力线路,距离在 2m 以内时,则应断电或拆除电源,如不能拆除,应采取可靠的绝缘措施。

搭设在旷野或过高的脚手架必须有防雷措施,钢脚手架的防雷措施是用接地装置与脚手架连接,一般每隔 50m 设置一处。最远点到接地装置间脚手架上的过渡电阻不应超过 10Ω。

3.1.2 垂直运输设施

垂直运输设施是指在建筑施工中担负垂直输送材料和人员上下的机械设备和设施。在砌筑工程中,垂直运输设施不仅要运输大量的砖(或砌块)、砂浆,还要运输脚手架、脚手板和各种预制构件;不仅有垂直运输,而且有地面和楼面的水平运输。因此,砌筑工程垂直运输工程量很大,而如何合理安排垂直运输将直接影响砌筑工程的施工速度和工程成本。

1. 垂直运输设施的种类

目前,砌筑工程中常用的垂直运输设施有井架、龙门架、塔式起重机、施工电梯、灰浆泵等。

(1) 井架

井架是砌筑工程施工中比较传统的垂直运输设施,其特点是稳定性好,运输量大,可以搭设较大的高度。除用型钢或钢管加工的定型井字架外,还可以用多种脚手架材料搭设而成,搭设高度可达 50m 以上。为保证井架的稳定性,必须设置缆风绳或附墙拉结。安装好的井架应有避雷和接地装置。

(2) 龙门架

龙门架是由两根立柱及横梁组成的门式架。龙门架上安装滑轮、导轨、吊篮、安全装置、起重锁、缆风绳等部件,进行材料、机具、小型预制构件的垂直运输。龙门架构造简单,制作容易,用材少,装拆方便,适用于中、小型工程。

【注意事项】 龙门架、井架物料提升运输设备,属于限制使用施工设备,不得用于 25m 及以上的建设工程,应用人货两用施工升降机等设备代替。

（3）塔式起重机

塔式起重机的起重臂安装在塔身顶部且可作360°回转。它具有较高的起重高度、工作幅度和起重能力，提升材料速度快、作业效率高，且机械运转安全可靠，使用和装拆方便，广泛用于多层和高层工业与民用建筑施工中。塔式起重机具有提升、回转、水平运输等功能，不仅是重要的吊装设备，而且也是重要的垂直运输设备，尤其在吊运长、大、重的物料时有明显的优势，故在可能条件下宜优先选用。

塔式起重机基本结构和安装原理（动画）

塔式起重机一般分为轨道（行走）式、附着式、轨道固定式、爬升式等。

（4）施工电梯

施工电梯分为人货两用电梯和货梯两种。按其驱动方式可分为齿条驱动和绳轮驱动两种。齿条驱动电梯又有单吊箱（笼）式和双吊箱（笼）式两种，并装有可靠的限速装置，适用于20层以上建筑工程使用；绳轮驱动电梯为单吊箱（笼），无限速装置，轻巧便宜，适用于20层以下建筑工程使用。

（5）灰浆泵

灰浆泵是一种可以在垂直和水平两个方向连续输送灰浆的机械，目前常用的有活塞式和挤压式两种。活塞式灰浆泵按其结构又分为直接作用式和隔膜式两类。

2. 垂直运输设施的设置要求

垂直运输设施的设置一般应根据现场施工条件满足以下几个基本要求：

（1）覆盖面和供应面

塔式起重机的覆盖面是指以塔式起重机的起重幅度为半径的圆形吊运覆盖面积。垂直运输设施的供应面是指借助于水平运输手段（手推车等）所能达到的供应范围。建筑工程的全部作业面应处于垂直运输设施的覆盖面和供应面的范围之内。

（2）供应能力

塔式起重机的供应能力等于吊次乘以吊量（每次吊运材料的体积、重量或件数）；其他垂直运输设施的供应能力等于运次乘以运量，运次应取垂直运输设施和与其配合的水平运输机具中的低值。另外，还需乘以0.5~0.75的折减系数，以考虑由于难以避免的因素对供应能力的影响（如机械设备故障等）。垂直运输设备的供应能力应能满足高峰工作量的需要。

（3）提升高度

设备的提升高度应比实际需要的升运高度高，其高出程度不少于3m，以确保安全。

（4）水平运输方式

在考虑垂直运输设施时，必须同时考虑与其配合的水平运输方式。

（5）装设条件

垂直运输设施装设的位置应具有相适应的装设条件，如具有可靠的基础、与结构拉结和水平运输通道条件等。

（6）设备效能的发挥

必须同时考虑满足施工需要和充分发挥设备效能的问题。当各施工阶段的垂直运输量相差悬殊时，应分阶段设置和调整垂直运输设备，及时拆除已不需要的设备。

（7）设备拥有的条件和今后利用问题

充分利用现有设备，必要时添置或加工新的设备。在添置或加工新的设备时应考虑今后利用的前景。

（8）安全保障

安全保障是使用垂直运输设施中的首要问题，必须引起高度重视。所有垂直运输设备都要严格按有关规定操作使用。

3.2 砌筑工程施工的准备工作

【情景引入】

提到砖砌体结构建筑（图 3-16）相信大家第一个想到的就是雄伟的长城和中国最古老的砖塔——嵩岳寺塔，经过两千多年的漫漫岁月，智慧的劳动人民在地球上留下了叹为观止的人工建筑遗存。它们蕴涵着丰富的思想文化精髓，凝聚着中国古代劳动人民的勤劳、勇敢和慧。在赞叹这伟大古老的中华文明的同时，还应思考并仔细观察一下，看看它们是什么结构类型，它的主体都用了什么材料建造。

长城

嵩岳寺塔

图 3-16 砖砌体结构建筑

砌筑工程一般是指应用砌筑砂浆，采用一定的工艺方法将砖、石及各种砌块砌筑成各种砌体。砌筑工程是一个综合的施工过程，主要包括砂浆制备、材料运输、脚手架搭设及砌体砌筑等。

3.2.1 砌筑材料

砌筑材料主要由块体和砂浆组成，块体和砂浆可以砌筑成墙体、柱、基础等构件。

在砌体工程施工过程中，首先是砌筑材料进场检验，主要检查其出厂合格证明、产品质量检验报告和外观质量，以及抽样复检等，检验合格后方可使用。

1. 砖

砌体工程中砖的使用最为广泛，目前常用的砖主要有烧结普通砖、烧结多孔砖、烧结空心砖、蒸压灰砂砖、蒸压灰砂空心砖等，相关技术参数见表 3-1。

表 3-1　常用砖技术参数

名称	主规格	强度等级
烧结普通砖	240mm×115mm×53mm	MU10、MU15、MU20、MU25、MU30
烧结多孔砖	P 型：240mm×115mm×90mm M 型：190mm×190mm×90mm	MU10、MU15、MU20、MU25、MU30
烧结空心砖	KM1 型：190mm×190mm×90mm KP1 型：240mm×115mm×90mm KP2 型：390mm×190mm×190mm	MU2.0、MU3.0、MU5.0
蒸压灰砂砖	240mm×115mm×53mm	MU10、MU15、MU20、MU25
蒸压灰砂空心砖	NF 型：240mm×115mm×53mm 1.5NF 型：240mm×115mm×90mm 2NF 型：240mm×115mm×115mm 3NF 型：240mm×115mm×175mm	MU7.5、MU10、MU15、MU20、MU25

《砌体结构工程施工质量验收规范》（GB 50203—2011）规定："砌体砌筑时，混凝土多孔砖、混凝土实心砖、蒸压灰砂砖、蒸压粉煤灰砖等块体的产品龄期不应小于28d。"

砖的品种、强度等级必须符合设计要求，并应规格一致。用于清水墙、柱表面的砖，尚应边角整齐、色泽均匀。在砌砖前应提前1~2d将砖浇水湿润，含水率宜为10%~15%，以使砂浆和砖能很好地粘结。严禁砌筑前临时浇水，以免因砖表面存有水膜而影响砌体质量，烧结类块体的相对含水率为60%~70%，吸水率较大的轻骨料混凝土小型空心砌块、蒸压加气混凝土砌块的相对含水率为40%~80%。

检查烧结普通砖含水率的最简易方法是现场断砖，砖截面周围融水深度达15~20mm即视为符合要求。

2. 砌块

砌块是以混凝土或工业废料做原料制成的实心或空心块材。其特点主要有自重轻，机械化和工业化程度高，施工速度快，生产工艺和施工方法简单，并且直接可利用工业废料进行加工等优点，因此用砌块代替烧结普通砖是墙体改革的重要途径。

砌块的种类：按形状可分为实心砌块和空心砌块两种；按制作原料可分为粉煤灰、加气混凝土、混凝土、硅酸盐、石膏砌块等数种；按规格来分有小型砌块、中型砌块和大型砌块。砌块高度为115~380mm的称为小型砌块；高度为380~980mm的称为中型砌块；高度大于980mm的称为大型砌块。

目前，在工程中多采用中、小型砌块，各地区生产的砌块规格不一。其用于砌筑的砌块外观、尺寸和强度应符合设计要求。

3. 石材

砌筑用石材分为毛石和料石。砌筑用石材应质地坚实，无风化剥落和裂纹；用于清水墙、柱表面的石材，尚应色泽均匀。

（1）毛石

毛石呈块状（图3-17），其中部厚度不宜小于150mm。毛石分为乱毛石和平毛石两种。乱毛石是指形状不规则的石块；平毛石是指形状不规则但有两个平面大致平行的石块。

(2) 料石

料石按其加工面的平整程度（图 3-18），分为细料石、粗料石和毛料石三种。料石的宽度、厚度均不宜小于 200mm，长度不宜大于厚度的 4 倍。

图 3-17 毛石

图 3-18 料石

砌筑用石材根据抗压强度分为 MU100、MU80、MU60、MU50、MU40、MU30、MU20 七个强度等级。

【知识拓展】 石砌体材料

> 为了降低工程造价，建筑材料往往是就地取材。在石材丰富的地区，不少建筑墙体、柱等均采用石材。

4. 砂浆

砂浆是砌筑时所用的粘结物质，其作用主要是填充块体之间的空隙，并将其粘结成一整体，使上层块体的荷载能均匀地向下传递。

砂浆是由胶凝材料（水泥、石灰、黏土等）和细骨料（砂）加水拌合而成。砂浆根据组成材料不同，可分为水泥砂浆、水泥混合砂浆和非水泥砂浆等。

(1) 水泥砂浆

用水泥和砂拌合而成的水泥砂浆具有较高的强度和耐久性，但和易性差。其多用于潮湿环境和强度要求较高的砌体中。

(2) 水泥混合砂浆

在水泥砂浆中掺入一定数量的石灰膏或黏土膏的水泥混合砂浆具有一定的强度和耐久性，且和易性和保水性好。其多用于基础以上强度要求较高的砌体中。

(3) 非水泥砂浆

不含有水泥的砂浆，如白灰砂浆、黏土砂浆等。强度低且耐久性差，可用于砌筑干燥环境和强度要求不高的简易或临时建筑的砌体中。

砂浆强度等级是以边长为 70.7mm 的立方体试件，按标准条件在 (20±2)℃温度、相对湿度为 90%以上的条件下养护至 28d 的抗压强度值确定。砌筑砂浆按抗压强度划分为 M30、M25、M20、M15、M10、M7.5、M5 七个强度等级。验收时，同一验收批砂浆试件强度平均值应大于或等于设计强度等级值的 1.10 倍；最小一组平均值应大于或等于设计强度等级值的 85%。砌筑砂浆试件强度验收时其强度应符合表 3-2 的规定。砂浆试件应在搅拌机出料口随机取样制作。每一检验批且不超过 250m² 砌体的各种类型及强度等级的砌筑砂浆，每台搅拌机应至少抽检一次。

表 3-2 砌筑砂浆试件强度验收时的合格标准

强度等级	同验收批砂浆试件 28d 抗压强度/MPa	
	平均值不小于	最小一组平均值不小于
M30	33.00	25.50
M25	27.50	21.25
M20	22.00	17.00
M15	16.50	12.75
M10	11.00	8.5
M7.5	8.25	6.38
M5	5.5	4.25

砂浆种类选择及其强度等级的确定应根据设计要求而定。

【注意事项】 砂浆使用过程中如出现泌水现象，应在砌筑前再次拌和。砂浆应随拌随用。水泥砂浆和水泥混合砂浆必须分别在拌成后 3h 和 4h 内使用完毕；如施工期间最高气温超过 30℃，必须分别在拌成后 2h 和 3h 内使用完毕。在砂浆使用时限内，当砂浆的和易性变差时，可以在灰盆内适当掺拌和恢复其和易性后再使用；超过使用时限的砂浆不允许直接加水拌和使用，以保证砌筑质量。预拌砂浆及蒸压加气混凝土砌块专用砌筑砂浆的使用时间，应按照厂方提供的说明书确定。

3.2.2 砌筑机具与工具

砌筑用手工工具品种较多，用途较广，对不同的砌筑工艺，应选择相应的手工工具，这样才能够提高工效，保证砌筑质量。砌筑施工使用的工具视不同的地区、习惯、施工部位、质量要求及本身特点等有所差异。根据其功能不同，常用工具可分为砌筑工具和检测工具两类。

1. 砌筑工具

常用砌筑工具主要有瓦刀、大铲、灰板、抿子、溜子、刨锛、钢凿、手锤、砖夹、砖笼、筛子、灰斗、灰桶、锹、铲等工具。

常用砌筑工具
（图文）

2. 检测工具

常用检测工具主要有钢卷尺、水平尺、托线板、线坠、靠尺、塞尺、准线、百格网、方尺、皮数杆、龙门板等工具。

3. 其他常用砌筑施工机具

砌筑工程中常用的施工机具有砂浆搅拌机和运输设备等。运输设备又分水平运输设备（手推车、元宝车和翻斗车等）和垂直运输设备（井架、龙门架、卷扬机、附壁式升降机和塔式起重机等）。

常用检测工具
（图文）

常用砌筑施工机具
（图文）

3.3 砌筑工程施工

【情景引入】

砌筑工程是混合结构房屋的主导工种工程,有着悠久的历史,劳动人民凭借自己的智慧和双手,就地取材,建造出富有特色的砖石建筑,并屹立几个世纪依然完好。如图3-19所示为位于河南省开封市北门大街铁塔公园的东半部的铁塔(开封铁塔),始建于公元1049年,素有"天下第一塔"之称。铁塔高55.88m,有13个八角形,故称开宝寺,又称"开宝寺塔"。又因遍体通彻褐色琉璃砖,混似铁铸,从元代起民间称其为"铁塔"。这座始建于北宋佑元元年的建筑,经过900多年的洗礼,历经了37次地震,18次大风,15次水患,仍巍然屹立。它展示了我国古代人民的壮丽技艺。为什么开封铁塔能屹立千年?这与建塔所用的材料有关,其采用了绝缘、不导电的琉璃瓷砖,避免了大雨雷击的可能性。瓷砖的另一个特点是抗压强度高,坚固可靠,使得铁塔历经千年依然巍峨耸立。面对这样的古建筑,人们常常感叹古代智慧的伟大。建造如此坚固而华丽的建筑,古代人民是如何做到的呢?

a)

b)

图 3-19 开封铁塔

3.3.1 砌体的一般要求

砌体可分为砖砌体,主要有墙和柱;砌块砌体,多用于定型设计的民用房屋及工业厂房的墙体;石材砌体,多用于条形基础、挡土墙及某些墙体结构;配筋砌体,即在砌体水平灰缝中配置钢筋网片或在砌体外部的预留槽沟内设置竖向粗钢筋的组合砌体。

砌体的一般要求:除应采用符合质量要求的原材料外,还必须有良好的砌筑质量,以使砌体有良好的整体性、稳定性和良好的受力性能,一般要求灰缝横平竖直,砂浆饱满,厚薄均匀,砌块应上下错缝,内外搭砌,接槎牢固,墙面垂直;要预防不均匀沉降引起开裂;要注意施工中墙、柱的稳定性;冬期施工时还要采取相应的措施。

3.3.2 毛石基础与砖基础砌筑施工

1. 毛石基础

毛石基础是用毛石与水泥砂浆砌成的,其构造如图3-20所示,施工要点如下:

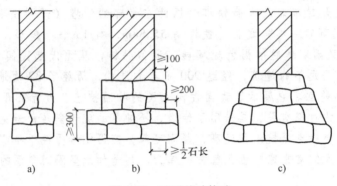

图3-20 毛石基础构造
a) 矩形 b) 阶梯形 c) 锥形

① 基础砌筑前,应先行验槽并将表面的浮土和垃圾清除干净。

② 放出基础轴线及边线,其允许偏差应符合规范规定。

③ 毛石基础砌筑时,第一皮石块应坐浆,并大面向下;料石基础的第一皮石块应丁砌并坐浆。砌体应分皮卧砌,上下错缝,内外搭砌,不得采用先砌外面石块后中间填心的砌筑方法。

④ 石砌体的灰缝厚度:毛石砌体外露面不宜大于40mm,毛料石和粗料石砌体不宜大于20mm,细料石砌体不宜大于5mm。石块间较大的孔隙应先填塞砂浆后用碎石嵌实,不得采用先放碎石块后灌浆或干填碎石块的方法。

⑤ 为增加整体性和稳定性,应按规定设置拉结石。

⑥ 毛石基础的最上一皮及转角处、交接处和洞口处,应选用较大的平毛石砌筑。有高低台的毛石基础,应从低处砌起,并由高台向低台搭接,搭接长度不小于基础高度。

⑦ 阶梯形毛石基础,上阶的石块应至少压砌下阶石块的1/2,相邻阶梯毛石应相互错缝搭接。

⑧ 毛石基础的转角处和交接处应同时砌筑。如不能同时砌筑又必须留槎时,应砌成斜槎。基础每天可砌高度应不超过1.2m。

2. 砖基础

(1) 砖基础构造

砖基础下部通常扩大,称为大放脚。大放脚有等高式和不等高式两种(图3-21)。等高式大放脚是两皮一收,即每砌两皮砖,两边各收进1/4砖长;不等高式大放脚是两皮一收与一皮一收相间隔(二一间隔收),即砌两皮砖,收进1/4砖长,再砌一皮砖,收进1/4砖长,如此往复。

（2）砖基础施工要点

① 砌筑前，应将地基表面的浮土及垃圾清除干净。

② 基础施工前，应在主要轴线部位设置引桩，以控制基础、墙身的轴线位置，并从中引出墙身轴线，而后向两边放出大放脚的底边线。在地基转角、交接及高低踏步处预先立好基础皮数杆。

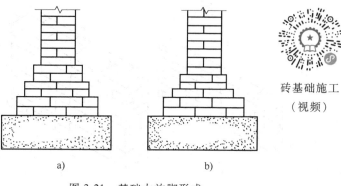

图 3-21　基础大放脚形式
a）等高式　b）不等高式

砖基础施工
（视频）

③ 砌筑时，可依皮数杆先在转角及交接处砌几皮砖，然后在其间拉准线砌中间部分。内外墙砖基础应同时砌起，如不能同时砌筑时应留置斜槎，斜槎长度不应小于斜槎高度。

④ 基础底标高不同时，应从低处砌起，并由高处向低处搭接。如设计无要求，搭接长度不应小于基础底的高差，搭接长度范围内下层基础应扩大砌筑。

⑤ 大放脚部分一般采用一顺一丁砌筑形式。水平灰缝及竖向灰缝的宽度应控制在 10mm 左右，水平灰缝的砂浆饱满度不得小于 80%，竖缝要错开。要注意丁字及十字接头处砖块的搭接，在这些交接处，纵横墙要隔皮砌通。大放脚的最下一皮及每层的最上一皮应以丁砌为主。

⑥ 基础砌完验收合格后，应及时回填。回填土要在基础两侧同时进行，并分层夯实。

3.3.3　砖墙砌筑施工

1. 墙体组砌形式

砖墙的组砌形式主要有全顺、全丁、一顺一丁、两平一侧、三顺一丁、梅花丁六种形式，如图 3-22 所示。

砖墙的组砌形式
（视频）

（1）全顺

全顺砌法是一面墙的每皮砖均为顺砖，上下皮竖缝相错 1/2 砖长，如图 3-22a 所示。此砌法仅适用于半砖墙。

（2）全丁

全丁砌法是一面墙的每皮砖均为丁砖，上下皮竖缝相错 1/4 砖长，如图 3-22c 所示，适于砌筑一砖、一砖半、二砖的圆弧形墙、烟囱筒身和圆井圈等。

（3）一顺一丁

一顺一丁又称满丁满条法，其砌法是：一皮全部顺砖与一皮全部丁砖相互间隔砌成，上下皮间隔的竖缝相互错开 1/4 砖长。该方法操作方便，施工效率高，又能保证搭接错缝，是一种常见的排砖形式，如图 3-22d 所示。"一顺一丁"法根据墙面形式不同又分为"十字缝"和"骑马缝"两种。两者的区别仅在于顺砌时条砖是否对齐。此砌法适合砌一砖及一砖以上墙。

（4）两平一侧

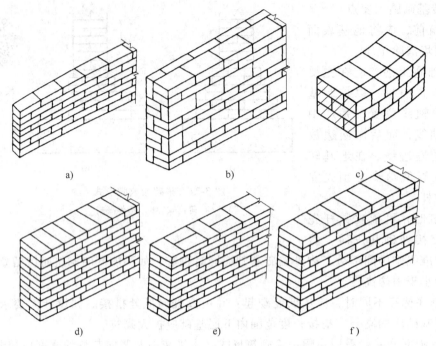

图 3-22 砖墙的组砌形式

a）全顺 b）两平一侧 c）全丁 d）一顺一丁 e）梅花丁 f）三顺一丁

两平一侧是一面墙连续两皮砖平砌与一皮砖侧砌的一种方法。当墙厚为 3/4 砖时，平砌砖均为顺砖，上下皮平砌顺砖的竖缝相互错开 1/2 砖长，上下皮平砌顺砖与侧砌顺砖的竖缝相错 1/2 砖长；当墙厚为 5/4 砖时，只上下皮平砌丁砖与上下皮平砌顺砖或侧砌顺砖的竖缝相错 1/4 砖长，其余与墙厚为 3/4 砖的相同，如图 3-22b 所示。两平一侧砌法主要用于 3/4 砖和 5/4 砖墙。

（5）三顺一丁

三顺一丁砌法是一面墙的连续三皮全部顺砖与一皮全部丁砖相互间隔砌成，上下相邻两皮顺砖间的竖缝相互错开 1/2 砖长，上下皮顺砖与丁砖间竖缝相互错开 1/4 砖长，如图 3-22f 所示。此砌法适合砌一砖及一砖以上厚墙。三顺一丁砌法因砌顺砖较多，所以砌筑速度快，但因丁砖拉结较少，结构的整体性较差，在实际工程中应用较少。

三顺一丁砌筑方法（动画）

（6）梅花丁

梅花丁砌法是一面墙的每一皮均采用丁砖与顺砖相互间隔砌成，每一块丁砖均在上下两块顺砖长度的中心，上下皮竖缝相错 1/4 砖长，如图 3-22e 所示。此砌法适合砌一砖及一砖以上厚墙。梅花丁砌法灰缝整齐，外表美观，结构的整体性好，但砌筑效率较低，适合于砌筑一砖或一砖半的清水墙。当砖的规格偏差较大时，采用梅花丁砌法有利于减少墙面的不整齐性。

为了使砖墙的转角处各皮间竖缝相互错开，必须在外角处砌七分头砖（3/4 砖长）。当采用一顺一丁组砌时，七分头的顺面方向依次砌顺砖，丁面方向依次砌丁砖（图 3-23a）。

砖墙的丁字接头处，应分皮相互砌通，内角相交处竖缝应错开 1/4 砖长并在横墙端头处加砌七分头砖（图 3-23b）。

砖墙的十字接头处，应分皮相互砌通，交角处的竖缝应相互错开 1/4 砖长（图 3-23c）。

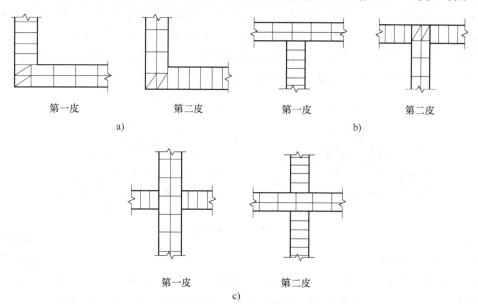

图 3-23　砖墙交接处组砌示意图
a）一砖墙转角（一顺一丁）　b）一砖墙丁字交接处（一顺一丁）
c）一砖墙十字交接处（一顺一丁）

2. 砖砌体砌筑方法

砖砌体的砌筑方法有瓦刀披灰法、坐浆砌砖法、"三一"砌砖法、"二三八一"砌砖法和铺灰挤砌法等，这些作为砌砖的基本操作技能，正确操作可以高效完成砌砖工作。

（1）瓦刀披灰法

瓦刀披灰法又称满刀灰法或带刀灰法，是指在砌砖时，先用瓦刀将砂浆抹在砖粘结面上和砖的灰缝处，然后将砖用力按在墙上的方法，如图 3-24 所示。该法是一种常见的砌筑方法，用瓦刀披灰法砌筑，能做到刮浆均匀、灰缝饱满，有利于初学砖瓦工者的手法锻炼。此法适用于空斗墙、1/4 砖墙、平拱、弧拱、窗台、花墙、炉灶等的砌筑。

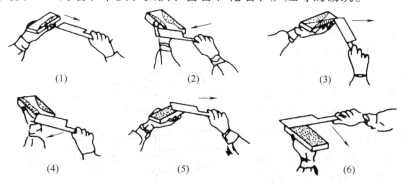

图 3-24　瓦刀披灰法

（2）坐浆砌砖法

坐浆砌砖法是指在砌砖时，先在墙上铺厚50cm左右的砂浆，用摊尺找平，然后在已铺设好的砂浆上砌砖的方法，如图3-25所示。这种方法因摊尺厚度同灰缝一样为10mm，故灰缝厚度能够控制，便于掌握砌体的水平缝平直。又由于铺灰时摊尺靠墙阻挡砂浆流到墙面，所以墙面清洁美观，砂浆耗损少。但由于砖只能摆砌，不能挤砌；同时铺好的砂浆容易失水变稠变硬，因此粘结力较差，此法适用于砌门窗洞较多的砖墙或砖柱。

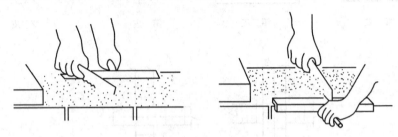

图3-25 坐浆砌砖法

"三一"砌砖法（视频）

（3）"三一"砌砖法

"三一"砌砖法即"一块砖、一铲灰、一揉挤"并随手将挤出的砂浆刮去的砌筑方法。其特点是砂浆饱满、粘结性好、墙面整洁，能保证砌筑质量，但劳动强度大，砌筑效率低。此法适合于砌窗间墙、砖柱、砖垛、烟囱等较短的部位，要求所用砂浆稠度以7~9cm为宜，如图3-26和图3-27所示。

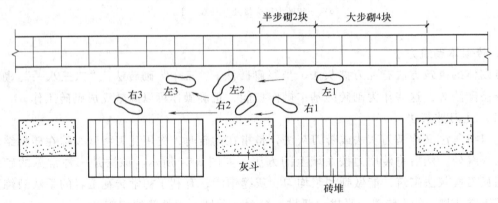

图3-26 "三一"砌砖法的步伐

（4）"二三八一"砌砖法

"二三八一"砌砖法就是把砌筑工砌砖的动作过程归纳为两种步法，即丁字步和并列步；三种弯腰身法，即侧身弯腰、丁字步弯腰和并列步弯腰；八种铺灰手法，即砌顺砖采用甩、扣、泼三种手法，砌丁砖采用扣、溜、泼、一带二四种手法，砌角砖采用溜法；一种挤浆动作，即先挤

图3-27 "三一"砌砖法的揉挤

"二三八一"砌砖法（图文）

浆揉砖，后刮余浆。"二三八一"砌砖法是根据人体工程学的原理，对使用大铲砌砖的一系列动作进行合并，并使动作科学化形成的，按此方法进行砌砖，不仅能提高工效，而且人也不易疲劳。

（5）铺灰挤砌法

铺灰挤砌法是采用一定的铺灰工具，如铺灰器等，先在墙上用铺灰器铺一段砂浆，然后将砖紧压砂浆层，推挤砌于墙上的方法。铺灰挤砌法分为单手挤浆法和双手挤浆法两种，适用于砌筑各种混水实心砖墙，要求所用砂浆稠度大。铺灰挤砌法砂浆饱满，砌筑效率高，但砂浆易失水，粘结力差，砌筑质量有所降低。

铺灰挤砌法
（图文）

3. 砖墙砌筑施工工艺

砖墙砌筑施工工艺流程：抄平→放线→摆砖→立皮数杆→盘角挂线→砌砖→勾缝、清理。

（1）抄平

砌墙前应在基础防潮层或楼面上定出各层标高，并用 M7.5 水泥砂浆或 C10 细石混凝土抄平，使各段砖墙底部标高符合设计要求。抄平时，应使上下两层外墙之间不致出现明显的接缝。

砖墙砌筑
施工工艺
（视频）

（2）放线

放线的作用是确定各段墙体砌筑的位置。根据轴线桩或龙门板上轴线位置及图纸上标注的墙体尺寸，在做好的基础顶面，用墨线弹出墙的轴线和墙的边线，同时弹出门洞口的位置。二层以上墙的轴线可以用经纬仪或垂球将轴线引上，并弹出各墙的轴线、边线、门窗洞口位置线（图3-28）。

（3）摆砖

摆砖是指在放线的基面上按选定的组砌形式用干砖试摆。目的是为了校对所放出的墨线在门窗洞口、附墙垛等处是否符合砖的模数，以尽可能减少砍砖并使砌体灰缝均匀，组砌得当。山墙、檐墙一般采用"山丁檐跑"，即在房屋外纵墙（檐墙）方向摆顺砖，在外横墙（山墙）方向摆丁砖，摆砖由一个大角摆到另一个大角，砖与砖留10mm缝隙。

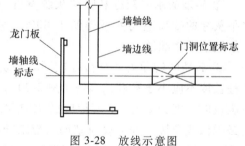

图 3-28　放线示意图

（4）立皮数杆

皮数杆是指在其上画有每皮砖和砖缝厚度以及门窗洞口、过梁、楼板、梁底、预埋件等标高位置的一种木制标杆（图3-29）。它是砌筑时控制砌体竖向尺寸的标志。皮数杆一般立于房屋的四大角、内外墙交接处、楼梯间以及洞口多的地方，在没有转角的通长墙体上每隔 10~15m 立一根。皮数杆上的±0.000m 要与房屋的±0.000m 相吻合。

（5）盘角挂线

墙角是控制墙面横平竖直的主要依据。一般在砌筑时都是先砌墙角，墙角砖层高度必须与皮数杆相符合，做到"三皮一吊，五皮一靠"。墙角必须双向垂直。

墙角砌好后，即可挂准线，作为砌筑中间墙体的依据。为保证砌体垂直平整，砌筑时必须挂线，一般240mm厚墙可单面挂线，370mm厚墙及以上的墙则应双面挂线。

（6）砌砖

砖砌体的砌筑方法有瓦刀披灰法、坐浆砌砖法、"三一"砌砖法、"二三八一"砌砖法和铺灰挤砌法等。其中，"三一"砌砖法和铺灰挤砌法最为常用。

（7）勾缝、清理

勾缝是砌体工程的最后一道工序，具有保护墙面和增加墙面美观的作用。内墙面或混水墙可采用砌筑砂浆随砌随勾缝，称为原浆勾缝。清水墙应采用 1∶2～1∶1.5 水泥砂浆或加色砂浆勾缝，称为加浆勾缝。

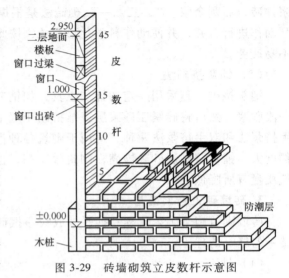

图 3-29 砖墙砌筑立皮数杆示意图

墙面勾缝应横平竖直，深浅一致，搭接平整。为了确保勾缝质量，勾缝前应清除墙面粘结的砂浆和杂物，并洒水润湿，在砌完墙后，应剔出 10mm 的灰槽，灰缝可勾成凹缝、凸缝、斜缝和平缝，宜采用凹缝或平缝，凹缝深度一般为 4～5mm。勾缝完毕后，应进行墙面、柱面和落地灰的清理。

4. 施工要点

① 全部砖墙应平行砌起，砖层必须水平，砖层正确位置用皮数杆控制，基础和每楼层砌完后必须校对一次水平、轴线和标高，在允许偏差范围内，其偏差值应在基础或楼板顶面调整。

② 砖墙的水平灰缝和竖向灰缝宽度一般为 10mm，但不小于 8mm，也不应大于 12mm。水平灰缝的砂浆饱满度不得低于 80%，竖向灰缝宜采用挤浆或加浆方法，使其砂浆饱满，严禁用水冲浆灌缝。

③ 砖墙的转角处和交接处应同时砌筑。对不能同时砌筑而又必须留槎时，应砌成斜槎，斜槎长度不应小于高度的 2/3（图 3-30），斜槎高度不得超过一步脚手架高。非抗震设防及抗震设防烈度为 6 度、7 度地区的临时间断处，当不能留斜槎时，除转角处外，可留直槎，但必须做成凸槎，并加设拉结筋。拉结筋的数量为每 120mm 墙厚放置 1φ6 拉结筋，240mm 厚墙放置 2φ6 拉结筋，间距沿墙高不应超过 500mm，埋入长度从留槎处算起每边均不应小于 500mm，对抗震设防烈度为 6 度、7 度的地区，不应小于 1000mm，末端应有 90°弯钩（图 3-31）。抗震设防地区不得留直槎。

④ 隔墙与承重墙如不同时砌起而又不留成斜槎时，可于承重墙中引出阳槎，并在其灰缝中预埋拉结筋，其构造与上述相同，但每道不少于 2 根。抗震设防地区的隔墙，除应留阳槎外，还应设置拉结筋。

⑤ 砖墙接槎时，必须将接槎处的表面清理干净，浇水润湿，并应填实砂浆，保持灰缝平直。

⑥ 每层承重墙的最上一皮砖、梁或梁垫的下面及挑檐、腰线等处，应是整砖丁砌。

⑦ 砖墙中留置临时施工洞口时，其侧边离交接处的墙面不应小于 500mm，洞口净宽度不应超过 1000mm。

⑧ 砖墙相邻工作段的高度差，不得超过一个楼层的高度，也不宜大于 4m。工作段的分

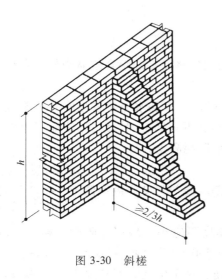

图 3-30 斜槎

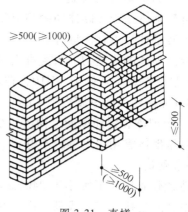

图 3-31 直槎

段位置应设在伸缩缝、沉降缝、防震缝或门窗洞口处。砖墙临时间断处的高度差，不得超过一步脚手架的高度。砖墙每天砌筑高度以不超过 1.8m 为宜。雨期施工时，每天砌筑高度不宜超过 1.2m。

⑨ 在下列墙体或部位中不得留设脚手眼：

a. 120mm 厚墙、料石清水墙和独立柱。

b. 过梁上与过梁成 60%角的三角形范围及过梁净跨度 1/2 的高度范围内。

c. 宽度小于 1m 的窗间墙。

d. 砌体门窗洞口两侧 200mm（石砌体为 300mm）和转角处 450m（石砌体 600mm）范围内。

e. 梁或梁垫下及其左右 500mm 范围内。

f. 设计不允许设置脚手眼的部位。

g. 轻质墙体。

h. 夹心复合墙外叶墙。

3.3.4 配筋砌体施工

配筋砌体是由配置钢筋的砌体作为建筑物主要受力构件的结构。配筋砌体有网状配筋砌体柱、水平配筋砌体墙、砖砌体和钢筋混凝土面层或钢筋砂浆面层组合砌体柱（墙）、砖砌体和钢筋混凝土构造柱组合墙以及配筋砌块砌体剪力墙。

1. 配筋砌体的构造要求

配筋砌体的基本构造与砖砌体相同，不再赘述。下面主要介绍构造的不同点。

（1）砖柱（墙）网状配筋的构造

砖柱（墙）网状配筋，是在砖柱（墙）的水平灰缝中配有钢筋网片。网片钢筋上、下保护层厚度不应小于 2mm。所用砖的强度等级不低于 MU10，砂浆的强度等级不应低于 M7.5；采用钢筋网片时，宜采用焊接网片，钢筋直径宜采用 3~4mm；采用连弯网片时，钢筋直径不应大于 8mm，网片钢筋应互相垂直，沿砌体高度方向交错设置。钢筋网中的钢筋间距不应大于 120mm，并不应小于 30mm；钢筋网片竖向间距，不应大于五皮砖，并不应大于300mm。

（2）组合砖砌体的构造

组合砖砌体是指砖砌体和钢筋混凝土面层或钢筋网砂浆面层的组合砌体构件，有组合砖柱、组合砖壁柱和组合砖墙等。

组合砖砌体的构造为面层混凝土强度等级宜采用C20。面层水泥砂浆强度等级不宜低于M10，砖强度等级不宜低于MU10，砌筑砂浆的强度等级不宜低于M7.5。砂浆面层厚度宜采用30~45mm，当面层厚度大于45mm时，其面层宜采用混凝土。

（3）砖砌体和钢筋混凝土构造柱组合墙

组合墙砌体宜用强度等级不低于MU7.5的普通砌墙砖与强度等级不低于M5的砂浆砌筑。

构造柱截面尺寸不宜小于240mm×240mm，其厚度不应小于墙厚。砖砌体与构造柱的连接处应砌成马牙槎，并应沿墙高每隔500mm设2φ6拉结筋，且每边伸入墙内不宜小于600mm。柱内竖向受力钢筋，对于中柱，不宜少于4φ12；对于边柱不宜少于4φ14，其箍筋一般采用φ6@200mm，楼层上下500mm范围内宜采用φ6@100mm。构造柱竖向受力钢筋应在基础梁和楼层圈梁中锚固。

构造柱马牙槎砌筑施工（视频）

组合砖墙的施工程序应先砌墙后浇筑混凝土构造柱。

（4）配筋砌块砌体构造要求

砌块强度等级不应低于MU10；砌筑砂浆强度等级不应低于Mb7.5；灌孔混凝土强度等级不应低于Cb20。配筋砌块砌体柱边长不宜小于400mm；配筋砌块砌体剪力墙厚度、连梁截面宽度不应小于190mm。

2. 配筋砌体的施工工艺

配筋砌体施工工艺流程：抄平放线→立皮数杆→放置水平拉结筋→选排砌块→摆底→挂线→砌筑镶砖→勒缝→留槎→勾缝、清理，其施工工艺与普通砖砌体要求相同，下面主要介绍其不同点：

（1）砌砖及放置水平钢筋

砌砖宜采用"二三八一"砌筑法或"三一"砌筑法砌筑，水平灰缝厚度和竖直灰缝宽度一般为10mm，但不应小于8mm，也不应大于12mm。砖墙（柱）的砌筑应做到上下错缝、内外搭砌、灰缝饱满、横平竖直。皮数杆上要标明钢筋网片、箍筋或拉结筋的位置，钢筋安装完毕，并经隐蔽工程验收后方可砌上层砖，同时要保证钢筋上下至少各有2mm保护层。

（2）砂浆（混凝土）面层施工

组合砖砌体面层施工前，应清除面层底部的杂物，并浇水湿润砖砌体表面。砂浆面层施工从下而上分层施工，一般应两次涂抹：第一次是刮底，使受力钢筋与砖砌体有一定保护层；第二次是抹面，使面层表面平整。混凝土面层施工应支设模板，每次支设高度一般为500~600mm，并分层浇筑，振捣密实，待混凝土强度达到30%以上才能拆除模板。

（3）构造柱施工

构造柱是设置在墙体中适当部位的钢筋混凝土柔性小柱。构造柱与圈梁形成空间柔性框架，增强房屋的整体刚度和墙体的延性，提高墙体抵抗变形的能力和抗震性能。

通常构造柱的截面尺寸为240mm×240mm或240mm×180mm。竖向受力钢筋采用4Φ12的钢筋，箍筋为Φ6的钢筋，间距不大于250mm，且在柱上、下端加密区为Φ6@100；当房屋超过6层，抗震设防烈度为8度，或超过5层，设防烈度为9度时，纵筋宜采用4Φ14，箍筋间距应不大于200mm。

构造柱的位置一般设置于外墙四角，楼梯四角，内、外墙交接处，错层部位横墙与外墙交接处。砖砌体与构造柱连接处应砌成马牙槎，从每层柱脚开始，先退后进，每一马牙槎沿高度方向的尺寸不宜超过300mm，并沿墙高每隔500mm设2Φ6拉结筋，且每边伸入墙内不宜小于1000mm；构造柱可以不单独设置基础，但应伸入室外地面以下500mm，或锚固在浅于500mm圈梁中，如图3-32所示。

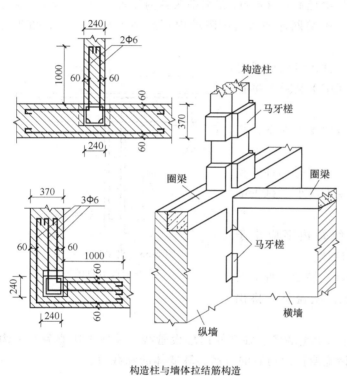
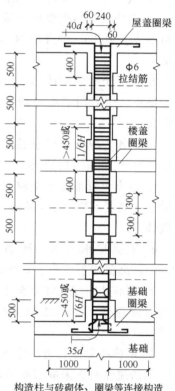

图3-32 构造柱

钢筋混凝土构造柱施工顺序：绑扎钢筋→砌砖墙→支模板→浇筑混凝土。

构造柱的模板与所在砖墙面严密贴紧，以防漏浆；浇筑构造柱混凝土之前，必须将砖墙和模板浇水湿润（若为钢模板，不浇水，刷隔离剂），并将模板内落地灰、砖渣和其他杂物清理干净；浇筑构造柱的混凝土坍落度为50~70mm，浇筑混凝土可分段施工，每段高度不宜大于2m，或每个楼层分两次浇筑，应用插入式振动器，分层捣实。

砖砌体相邻工作段的高度差不得超过一个楼层的高度，也不宜大于4m。工作段的分段位置宜设在伸缩缝、沉降缝、防震缝或门窗洞口处。砌体临时间断处的高度差不得超过一步脚手架的高度。

3.3.5 砌块砌筑施工

1. 砌块砌体构造

砌块砌体的构造与砖砌体有类似的地方也有不同的特点。这里就与施工相关的要求做一些说明。

① 砌块砌体应分皮错缝搭接，上下皮搭砌长度不得小于90mm。

② 当搭接长度不满足上述要求时，应在水平灰缝内设置不少于2Φ4的焊接钢筋网片，横向钢筋的间距不应大于200mm，钢筋网片每端均应超过该垂直缝，其长度不得小于300mm。

③ 填充墙、隔墙应分别采取措施与周边构件连接。

④ 砌块墙与后砌隔墙交接处，应沿墙高每400mm在水平灰缝内设置不少于2Φ4，横筋间距不大于200mm的焊接钢筋网片，钢筋网片伸入后砌隔墙内不应小于600mm，如图3-33所示。

⑤ 混凝土砌块墙体的下列部分，如未设圈梁或混凝土垫块，应采用强度等级不低于Cb20混凝土将孔洞灌实：

a. 搁栅、檩条和钢筋混凝土楼板的支承面下，高度不应小于200mm的砌体。

b. 没有设置混凝土垫块的屋架、大梁等构件的支承面下，高度不应小于600mm，长度不应小于600mm的砌体。

c. 挑梁支承面下，距墙中心线每边不应小于300mm，高度均不应小于600mm的砌体。

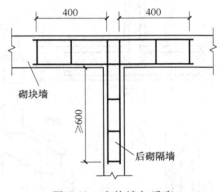

图3-33 砌块墙与后砌隔墙交接节点图

⑥ 山墙处的壁柱宜砌至山墙顶部，屋面构件应与山墙可靠拉结。在风压较大的地区，屋盖不宜挑出山墙。

⑦ 不应在截面长边小于500mm的承重墙体、独立柱内埋设管线。墙体中应避免开凿沟槽，无法避免时应采取必要的加强措施或按削弱后的截面验算墙体的承载力。

2. 砌块砌筑

用砌块代替普通砖做墙体材料，是墙体改革的一个重要途径。近几年来，中小型砌块在我国得到了广泛应用。常用的砌块有粉煤灰硅酸盐砌块、混凝土小型空心砌块、煤矸石砌块等。砌块的规格不统一，中型砌块一般高度为380~980mm，长度为高度的1.5~2.5倍，厚度为180~300mm，每块砌块质量为50~200kg。

（1）砌块排列

由于中小型砌块体积较大、较重，不能随意搬动，多用专门设备进行吊装砌筑，且砌筑时必须使用整块，不像普通砖可随意砍凿。因此，在施工前，需根据工程平面图、立面图及门窗洞口的大小、楼层标高、构造要求等条件，绘制各墙的砌块排列图（图3-34），并将大梁、过梁、楼板、楼梯、孔洞等位置标出，在纵横墙上绘出水平灰缝线，然后以主规格为主、其他型号为辅，按墙体错缝搭砌的原则和竖缝大小进行排列，以指导吊装砌筑施工。

砌块排列应遵守的技术要求：上下皮砌块错缝搭接长度一般为砌块长度的1/2（较短的砌块必须满足这个要求），或不得小于砌块皮高的1/3，以保证砌块牢固搭接；外墙转角处及纵横墙交接处应用砌块相互搭接，如纵横墙不能互相搭接，则应每两皮设置一道钢筋网片。砌块中水平灰缝厚度一般为10~20mm，有配筋的水平灰缝厚度为20~25mm；竖缝的宽度为15~20mm，当竖缝宽度大于30mm时，应用强度等级不低于C20的细石混凝土填实；当竖缝宽度不小于150mm或楼层高不是砌块加灰缝的整数倍时，应用普通砖镶砌。需要镶砖时，尽量对称、分散布置。

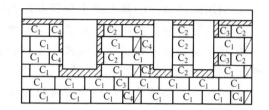

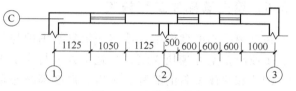

图3-34 砌块排列图

（2）砌块施工工艺

砌块施工工艺流程：铺灰→砌块安装就位→校正→灌缝→镶砖。

1）铺灰

砌块墙体应当采用稠度良好的水泥砂浆，其稠度以50~70mm为宜。水平灰缝采用铺灰法铺设，砌块的一次铺灰长度一般不超过2块主规格块体的长度；竖向灰缝，对于小砌块宜采用加浆的方法，使其砂浆饱满。砌体水平灰缝和竖向灰缝的砂浆饱满度按净面积计算不得低于90%。

2）砌块安装就位

砌块安装时应从转角处或砌块定位处开始，采用摩擦式夹具，按照砌块排列图将所需砌块吊装就位。砌块就位应对准位置徐徐下落，垂直落于砂浆层上，待砌块安放稳妥可松开夹具。小型砌块也可以人工直接安装就位。

砌块的吊装一般按施工段依次进行，其次序为先外后内，先远后近，先下后上，在相邻施工段之间留阶梯形斜槎。

3）校正

砌块吊装就位后，用托线板检查砌块的垂直度，拉准线检查水平度，并用撬棍、楔块调整偏差。

4）灌缝

竖缝可用夹板在墙体内外夹住，然后灌砂浆，用竹片插或铁棒捣，使其密实。当砂浆吸水后用刮缝板把竖缝和水平缝刮齐。超过30mm的竖缝采用强度等级不低于C20的细石混凝土灌缝，灌缝后，一般不应再撬动砌块，以防损坏砂浆粘结力。

5）镶砖

当砌块之间出现较大竖缝或过梁找平时，应镶砖。镶砖砌体的竖直缝和水平缝应控制在15~30mm以内。镶砖工作应在砌块校正后即刻进行，镶砖时应注意使砖的竖缝灌密实。

（3）砌块砌体质量检查

砌块砌体质量应符合下列规定：

① 砌块砌体砌筑的基本要求与砖砌体相同，但搭接长度不应小于150mm。

② 外观检查应达到：墙面清洁，勾缝密实，深浅一致，交接平整。

③ 经试验检查，在每一楼层或250m³砌体中，一组试件（每组三块）同强度等级的砂浆或细石混凝土的强度应符合要求。

④ 预埋件、预留孔洞的位置应符合设计要求。

3.3.6 填充墙砌体工程施工

在框架结构的建筑中，墙体一般只起围护与分隔的作用，常用体轻、保温性能好的烧结空心砖或小型空心砌块砌筑，其施工方法与施工工艺与一般砌体施工有所不同，简述如下。

砌体和块体材料的品种、规格、强度等级必须符合图纸设计要求，规格尺寸应一致，质量等级必须符合标准要求，并应有出厂合格证明、试验报告单；蒸压加气混凝土砌块和轻骨料混凝土小型砌块砌筑时的产品龄期应超过28d。蒸压加气混凝土砌块和轻骨料混凝土小型砌块应符合《建筑材料放射性核素限量》(GB 6566—2010)的规定。

填充墙砌体应在主体结构及相关分部已施工完毕，并经有关部门验收合格后进行。砌筑前，应认真熟悉图纸以及相关构造及材料要求，核实门窗洞口位置和尺寸，计算出窗台及过梁圈梁顶部标高。并根据设计图及工程实际情况，编制专项施工方案和施工技术交底。

填充墙砌体施工工艺流程：基层清理→施工放线→留置墙体拉结筋→绑扎构造柱钢筋→立皮数杆、排砖→填充墙砌筑。

1. 基层清理

在砌筑砌体前应对墙基层进行清理，将基层上的浮浆灰尘清扫干净并浇水湿润。块材的湿润程度应符合规范及施工要求。

2. 施工放线

放出每一楼层的轴线，墙身控制线和门窗洞的位置线。在框架柱上弹出标高控制线以控制门窗上的标高及窗台高度，施工放线完成后，应经过验收合格后，方能进行墙体施工。

3. 留置墙体拉结筋

① 墙体拉结筋有多种留置方式，目前主要采用预埋钢板再焊接拉结筋、用膨胀螺栓固定先焊在钢板上的预留拉结筋以及采用植筋方式埋设拉结筋等方式。

② 采用焊接方式连接拉结筋，单面搭接焊的焊缝长度应≥10d（d为钢筋直径），双面搭接焊的焊缝长度应≥5d（d为钢筋直径）。焊接不应有咬边、气孔等质量缺陷，并进行焊接质量检查验收。

③ 采用植筋方式埋设拉结筋，埋设的拉结筋位置较为准确，操作简单不伤结构，但应通过抗拔试验。

4. 绑扎构造柱钢筋

在填充墙施工前应先将构造柱钢筋绑扎完毕，构造柱竖向钢筋与原结构上预留插孔的搭接绑扎长度应满足设施要求。

5. 立皮数杆、排砖

① 在皮数杆上标出砌块的皮数及灰缝厚度，并标出窗、洞及墙梁等构造标高。

② 根据要砌筑的墙体长度、高度试排砖，摆出门、窗及孔洞的位置。

③ 外墙壁第一皮砖撂底时，横墙应排丁砖，梁及梁垫的下面一皮砖、窗台最上面一皮

应用丁砖砌筑。

6. 填充墙砌筑

(1) 拌制砂浆

① 砂浆配合比应用重量比，计量精度为：水泥±2%，砂及掺合料±5%，砂应计入其含水量对配料的影响。

② 宜用机械搅拌，投料顺序为砂→水泥→掺合料→水，搅拌时间不少于2min。

③ 砂浆应随拌随用，水泥砂浆、水泥混合砂浆应在拌合后3h内用完，气温在30℃以上时，应在2h内用完。

(2) 浇（喷）水湿润

砖或砌块应提前1~2d浇（喷）水湿润；湿润程度达到水浸润砖体15mm为宜，烧结空心砖相对含水率宜为60%~70%，不能在砌筑时临时浇水，严禁干砖上墙，严禁在砌筑后向墙体洒水。蒸压加气混凝土砌块相对含水率宜为40%~50%，应在砌筑前喷水湿润。

(3) 砌筑墙体

① 砌筑蒸压加气混凝土砌块和轻骨料混凝土小型空心砌块填充墙时，墙底部应砌200mm高烧结普通砖、多孔砖或普通混凝土空心砌块或浇筑150mm高混凝土坎台，混凝土强度等级宜为C20。

② 填充墙砌筑必须内外搭接、上下错缝、灰缝平直、砂浆饱满。操作过程中要经常进行自检，如有偏差，应随时纠正，严禁事后采用撞砖纠正。

③ 填充墙砌筑时，除构造柱的部位外，墙体的转角处和交接处应同时砌筑，严禁无可靠措施的内外墙分砌施工。

④ 填充墙砌体的灰缝厚度和宽度应正确。空心砖、轻骨料混凝土小型空心砌块的砌体灰缝应为8~12mm，蒸压加气混凝土砌块砌体的水平灰缝厚度、竖向灰缝宽度分别为15mm和20mm。

⑤ 墙体一般不留槎，如必须留置临时间断处，应砌成斜槎，斜槎长度不应小于高度的2/3；施工不能留成斜槎时，除转角处外，可于墙中引出直凸槎（抗震设防地区不得留直槎）。直槎墙体每间隔高度≤500mm，应在灰缝中加设拉结筋，拉结筋数量按120m墙厚放一根φ6的钢筋，埋入长度从墙的留槎处算起，两边均不应小于500mm，末端应有90°弯钩；拉结筋不得穿过烟道和通气管。

⑥ 砌体接槎时，必须将接槎处的表面清理干净，浇水湿润，并应填实砂浆，保持灰缝平直。

⑦ 填充墙砌至近梁、板底时，应留一定空隙，待填充墙砌筑完并应至少间隔7d后，再将其补砌、挤紧。

⑧ 木砖预埋。木砖经防腐处理，木纹应与钉子垂直，埋设数量按洞口高度确定；洞口高度≤2m，每边放2块，高度在2~3m时，每边放3~4块。预埋木砖的部位一般在洞口上下四皮砖处开始，中间均匀分布或按设计预埋。

⑨ 设计墙体上有预埋、预留的构造，应随砌随留、随复核，确保位置正确、构造合理。不得在已砌筑好的墙体中打洞；墙体砌筑中，不得搁置脚手架。

⑩ 凡穿过砌块的水管，应严格防止渗水、漏水。在墙体内敷设暗管时，只能垂直埋设，不得水平开槽，敷设应在墙体砂浆达到强度后进行。混凝土空心砌块预埋管应提前专门作有

预埋槽的砌块，不得墙上开槽。

⑪ 加气混凝土砌块切锯时应用专用工具，不得用斧子或瓦刀任意砍劈，洞口两侧应选用规则整齐的砌块砌筑。

3.4 砌筑工程施工质量及安全管理

【情景引入】

图 3-35 所示是某施工企业作为样板的一张多孔砖砌体留设构造柱的图片。结合专业知识分析图片中有哪些不足。在具体工程施工中应如何设置构造柱？其作用是什么？

图 3-35　砌体留设构造柱

3.4.1 砌筑工程施工质量控制

根据《建筑工程施工质量验收统一标准》（GB 50300—2013）、《砌体工程施工质量验收规范》（GB 50203—2011）规定，对砌体工程施工质量进行控制，相关质量要求如下。

① 砌体施工质量控制等级。砌体施工质量控制等级分为三级，其标准应符合表 3-3 的要求。

表 3-3　砌体施工质量控制等级

项　目	施工质量控制等级		
	A	B	C
现场质量管理	制度健全，并严格执行；非施工方质量监督人员经常到现场，或现场设有常驻代表；施工方有在岗专业技术管理人员，人员齐全，并持证上岗	制度基本健全，并能执行；非施工方质量监督人员间断地到现场进行质量控制；施工方有在岗专业技术管理人员，并证上岗	有制度；非施工方质量监督人员很少到现场进行质量控制；施工方有在岗专业技术管理人员

(续)

项目	施工质量控制等级		
	A	B	C
砂浆、混凝土强度	试件按规定制作,强度满足验收规定,离散性小	试件按规定制作,强度满足验收规定,离散性较小	试件强度满足验收规定,离散性大
砂浆拌合方式	机械拌合;配合比计量控制严格	机械拌合;配合比计量控制一般	机械或人工拌合;配合比计量控制较差
砌筑工人	中级工以上,其中高级工不少于30%	高、中级工不少于70%	初级工以上

注：1. 砂浆、混凝土强度离散性大小根据强度标准差确定；
    2. 配筋砌体不得为 C 级施工。

② 砌体结构工程检验批验收时，其主控项目应全部符合规范规定；一般项目应有 80% 及以上的抽检处符合规范规定；有允许偏差的项目，最大超差值为允许偏差值的 1.5 倍。

③ 砌体工程所用的材料应有产品的合格证书、产品性能检测报告。水泥进场时应对其品种、等级、包装或散装仓号、出厂日期等进行检查，并对其强度、安定性进行复验，其质量必须符合现行国家标准的有关规定。

④ 同一验收批砂浆试件强度平均值大于或等于设计强度等级值的 1.10 倍；同一验收批砂浆试块抗压强度的最小组平均值大于或等于设计强度等级值的 85%。

⑤ 基础放线尺寸的允许偏差。砌筑基础前，应校核放线尺寸，允许偏差应符合表 3-4 的规定。

表 3-4 放线尺寸的允许偏差

长度 L、宽度 B/m	允许偏差/mm	长度 L、宽度 B/m	允许偏差/mm
L（或 B）≤30	±5	60<L（或 B）≤90	±15
30<L（或 B）≤60	±10	L（或 B）>90	±20

⑥ 砖砌体应横平竖直，砂浆饱满，上下错缝，内外搭砌，接槎牢固。

⑦ 砖、小型砌块砌体的允许偏差、检验方法和抽检数量应符合表 3-5 规定。

表 3-5 砖、小型砌块砌体的允许偏差、检验方法和抽检数量

项次	项目			允许偏差/mm	检验方法	抽检数量
1	轴线位移			10	用经纬仪和尺或其他测量仪器检查	承重墙、柱全数检查
2	基础、墙、柱顶面标高			±15	用水平仪和尺检查	不应少于 5 处
3	墙面垂直度	每层		5	用 2m 托线板检查	不应少于 5 处
		全高	≤10m	10	用经纬仪、吊线和尺或其他测量仪器检查	外墙全部阳角
			>10m	20		
4	表面平整度	清水墙、柱		5	用 2m 靠尺和楔形塞尺检查	不应少于 5 处
		混水墙、柱		8		
5	水平灰缝平直度	清水墙		7	拉 5m 线和尺检查	不应少于 5 处
		混水墙		10		

（续）

项次	项目	允许偏差/mm	检验方法	抽检数量
6	门窗洞口高、宽（后塞口）	±10	用尺检查	检验批的10%，且不应少于5处
7	外墙上下窗口偏移	20	以底层窗口为准，用经纬仪或吊线检查	
8	清水墙游丁走缝（中型砌块）	20	用吊线和尺检查，以每层第一皮砖为准	不应少于5处

⑧ 配筋砌体的构造柱位置及垂直度的允许偏差、检查方法和抽检数量应符合表3-6的规定。

表3-6 配筋砌体的构造柱位置及垂直度的允许偏差、检查方法和抽检数量

项次	项目			允许偏差/mm	检查方法	抽检数量
1	柱中心线位置			10	用经纬仪和尺检查或用其他测量仪器检查	每检验批抽查不应少于5处
2	柱层间错位			8	用经纬仪和尺检查或用其他测量仪器检查	
3	柱垂直度	每层		10	用2m托线板检查	
		全高	≤10m	15	用经纬仪、吊线和尺检查，或用其他测量仪器检查	
			>10m	20		

⑨ 填充墙砌体一般尺寸的允许偏差、检查方法和抽检数量应符合表3-7的规定。

表3-7 填充墙砌体一般尺寸的允许偏差、检查方法和抽检数量

项次	项目		允许偏差/mm	检查方法	抽检数量
1	轴线位移		10	用尺检查	每检验批抽查不应少于5处
2	垂直度（每层）	≤30m	5	用2m托线板或吊线和尺检查	
		>30m	10		
3	表面平整度		8	用2m靠尺和楔形塞尺检查	
4	门窗洞口高、宽（后塞口）		±10	用尺检查	
5	外墙上、下窗口偏移		20	用经纬仪或吊线检查	

⑩ 填充墙砌体的砂浆饱满度、检验方法和抽检数量应符合表3-8的规定。

表3-8 填充墙砌体的砂浆饱满度、检验方法和抽检数量

项次	砌体分类	灰缝	饱满度	检验方法	抽检数量
1	空心砖砌体	水平	≥80%	采用百格网检查块材底面砂浆的粘结痕迹面积	每检验批抽查不应少于5处
		垂直	填满砂浆，不得有透明缝、瞎缝、假缝		
2	蒸压加气混凝土砌块和轻骨料混凝土小砌块砌体	水平	≥80%		
		垂直	≥80%		

3.4.2 砌筑工程施工安全与防护措施

① 砌体工程在砌筑前,必须检查施工现场各项准备工作是否符合安全要求,如道路是否开通,机具是否完好牢固,安全设施和防护用品是否齐全,经检查符合要求后才可施工。

② 施工人员进入现场必须戴好安全帽。砌基础时,应检查和注意基坑土质的变化情况。堆放砖石材料应离开坑边1m以上;砌墙高度超过地坪1.2m以上时,应搭设脚手架;脚手架上堆放材料不得超过规定荷载值,堆砖高度不得超过三皮侧砖,同一块脚手板上的操作人员不应超过两人;按规定搭设安全网。

③ 不准站在墙顶上做画线、刮缝及清扫墙面或检查大角垂直等工作;不准用不稳固的工具或物体在脚手板上垫高操作。

④ 砍砖时应面向墙面,工作完毕应将脚手板和砖墙上的碎砖、灰浆清扫干净,防止掉落伤人。正在砌筑的墙上不准走人,不准站在墙上做画线、刮缝、吊线等工作。山墙砌完后,应立即安装桁条或临时支撑,防止倒塌。

⑤ 雨天或每日下班时,应做好防雨准备,以防雨水冲走砂浆,致使砌体倒塌。冬期施工时,脚手板上如有冰霜、积雪,应先清除后才能上架子进行操作。

⑥ 砌石墙时不准在墙顶或架上修改石材,以免振动墙体影响质量或石片掉下伤人。不准徒手移动墙上的石块,以免压破或擦伤手指。不准勉强在超过胸部的墙上进行砌筑,以免将墙体碰撞倒塌或上石时失手掉下造成安全事故。石块不得往下掷。运石上下时,脚手板要钉装牢固,并钉防滑条及扶手栏杆。

⑦ 对有部分破裂和脱落危险的砌块,严禁起吊;起吊砌块时,严禁将砌块停留在操作人员的上空或在空中整修;砌块吊装时,不得在下一层楼面上进行其他任何工作;卸下砌块时应避免冲击,砌块堆放应尽量靠近楼板两端,不得超过楼板的承重能力;砌块吊装就位时,应待砌块放稳后,方可松开夹具。

⑧ 凡脚手架、龙门架搭设好后,须经专人验收合格交底后方准使用。

模块小结

> 脚手架是砌筑过程中堆放材料和工人进行操作的临时设施,主要分为外脚手架(钢管扣件式脚手架、钢管碗扣式脚手架、门式脚手架)、里脚手架(折叠式里脚手架、支柱式里脚手架、门架式里脚手架)和其他种类脚手架(悬挑式脚手架、吊式脚手架、升降式脚手架等)。
>
> 垂直运输设施主要是运送各种材料到各施工楼层,常用的有井架、龙门架、塔式起重机、施工电梯、灰浆泵等。
>
> 砌筑工程所用的主要材料:各种砖、砌块、石材和砌筑砂浆等。
>
> 砌筑工程还用到各种机具与工具,主要分为砌筑工具、检测工具、常用砌筑施工机具等。
>
> 砌筑工程施工是应用砌筑砂浆,采用一定的工艺方法将砖、石及各种砌块砌筑成各种砌体,主要包括毛石基础与砖基础砌筑施工、砖墙砌筑施工、配筋砌体施工、砌块砌筑施工、填充墙砌体工程施工,以及砌体工程施工质量及安全管理。

复习思考题

1. 简述脚手架的类型及基本要求。
2. 脚手架的支撑体系包括哪些？如何设置？
3. 搭设多立杆式脚手架为什么设置剪刀撑？
4. 脚手架的安全防护措施有哪些？
5. 砌筑工程中的垂直运输机械设备主要有哪些？设置时应满足哪些基本要求？
6. 简述砌筑砂浆的作用及分类。
7. 砌体块材有哪些主要种类？各自的特点是什么？
8. 砖墙砌体的组砌形式主要有哪几种？各有何特点？
9. 简述砖墙砌筑的施工工艺（工序）。
10. 试回答砌筑工程中皮数杆的作用、位置及标注内容。
11. 何谓"三一"砌砖法？其特点是什么？
12. 何谓"二三八一"砌砖法？其特点是什么？
13. 简述砌块的施工工艺。
14. 砌筑工程中的安全防护措施有哪些？

【在线测验】

第二部分 活页笔记

学习过程：

重点、难点记录：

学习体会及收获：

其他补充内容：

《建筑施工技术》活页笔记

模块 4

钢筋混凝土工程施工

【知识体系图】

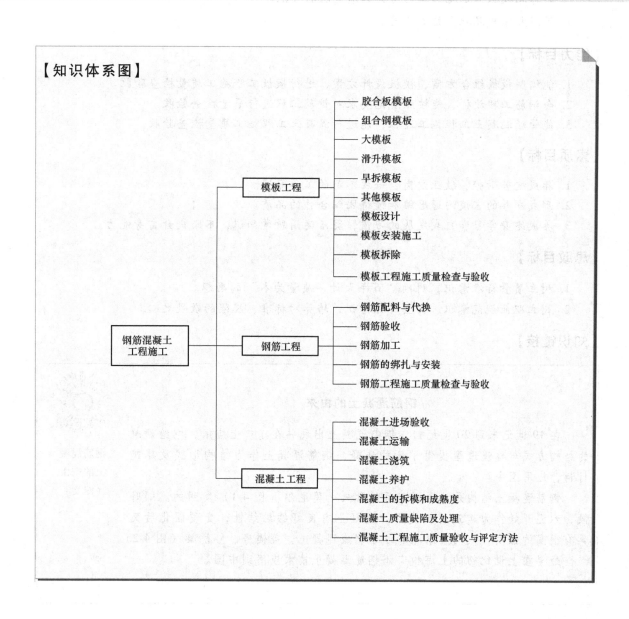

第一部分 知识学习

【知识目标】

1. 熟悉模板体系的组成及其构造,掌握模板的设计流程、安装拆除及施工质量检查验收。
2. 掌握钢筋配料放样与代换知识,熟悉钢筋的绑扎与安装,掌握钢筋工程施工质量验收要点。
3. 熟悉混凝土工程施工工艺与施工质量验收要点。
4. 了解大体积混凝土施工工艺。

学习引导（音频）

【能力目标】

1. 能编制模板组合方案、模板设计方案,进行模板工程施工质量检查验收。
2. 会钢筋工程放样,能按照规范要求对钢筋工程进行质量检查验收。
3. 能管理混凝土工程施工过程;能进行混凝土工程施工质量检查验收。

【素质目标】

1. 养成吃苦耐劳、敬业爱岗、一丝不苟的工作习惯。
2. 形成友善的言谈沟通思维和懂得团结合作的品质。
3. 养成终身学习和自我发展的习惯,灵活运用所学知识,不断提升自身能力。

【思政目标】

1. 树立质量标准意识,明确"百年大计、质量为本"的思想。
2. 树立职业规范意识、安全环保意识,培养对标准、规范的敬畏之心。

【知识链接】

钢筋混凝土的由来

在 19 世纪末到 20 世纪初,钢筋混凝土出现并在建筑上应用,它给建筑的结构方式与建筑造型提供了新的选择,钢筋混凝土作为结构形式及建筑材料,应用至今。

钢筋混凝土结构是法国园艺师约瑟夫·莫尼尔（图 4-1）发明的。那时候,水泥开始作为建筑材料使用,混凝土有良好的黏结性,变硬固化后又具有很高的强度,人们用水泥加沙子制成混凝土,盖楼房、修桥梁（图 4-2）。

最早在上世纪初的上海和广州钢筋混凝土技术应用到中国。

钢筋混凝土的来由（图文）

图 4-1 约瑟夫·莫尼尔

图 4-2 世界第一座钢筋混凝土桥

4.1 模板工程

【情景引入】

某置地广场 2 号楼地下二层②-⑩轴结构外墙（高 4.9m）在混凝土浇筑过程中出现两处墙体竖向模板涨模现象，涨模面积较大，约 $7m^2$，造成严重的质量问题，事故现场如图 4-3 所示。

那么造成此质量事故的原因有哪些？针对事故原因说明规范对模板工程、混凝土工程的要求。通过对本部分知识系统学习后，上述问题就不难解决了。

图 4-3 某置地广场 2 号楼地下二层②-⑩轴结构外墙涨模现象

模板是使现浇混凝土成为结构或构件成型的模具，与混凝土表面接触并形成预定尺寸、形状的构造，并与支持和固定模板的杆件、桁架、连接件、金属附件等构成模板及支承体系。模板工程是钢筋混凝土工程的重要组成部分，也是混凝土施工中的临时设施。

现浇钢筋混凝土结构用模板的造价约占钢筋混凝土工程总造价的 30%，总用工量的 50% 左右，因此采用先进的模板技术，对于提高工程质量、加快施工速度、提高劳动生产率、降低工程成本和实现文明施工都具有十分重要的意义。

模板工程必须满足以下基本要求：

① 安全性。对模板及支承体系，应进行设计。模板及支架应具有足够的承载力、刚度和稳定性，应能可靠地承受施工过程中所产生的各类荷载。

② 安装质量。应保证成型后混凝土结构和构件的形状、尺寸和相互位置的准确，模板的接缝不应漏浆。

③ 经济适用，能多次周转使用。

④ 构造简单，装拆方便。

模板按其材料主要分为胶合板模板、组合钢模板、塑料模板、玻璃钢模板和其他新型模板等。在此主要介绍胶合板模板、组合钢模板，以及建筑工程施工中常用的几种特定模板。

4.1.1 胶合板模板

混凝土模板用的胶合板有木胶合板和竹胶合板。胶合板用作混凝土模板具有以下优点：

① 板幅大，自重轻，板面平整。可减少安装工作量，节省制作人工费用。

② 胶合板经表面处理后，耐磨性好，浇筑后混凝土外观好，可用于清水混凝土模板，能多次重复使用。

③ 材质轻，厚18mm的木胶合板，单位面积质量为50kg，模板的运输、堆放、使用和管理等都较为方便。

④ 加工方便，易加工成各种形状的模板，便于按工程的需要弯曲成型，用作曲面模板。

⑤ 冬期施工保温性能好，能防止温度变化过快，有助于混凝土的保温。

木胶合板模板如图4-4所示。模板用的木胶合板通常由5层、7层、9层、11层等奇数层单板经热压固化而胶合成型。相邻层的纹理方向相互垂直，通常最外层表板的纹理方向和胶合板板面的长向平行，因此整张胶合板的长向为强方向，短向为弱方向，使用时必须加以注意。

图4-4 木胶合板模板

模板用木胶合板的规格尺寸，见表4-1。

表4-1 模板用木胶合板的规格尺寸

厚度/mm	层数	宽度/mm	长度/mm
12	至少5层	915	1830
15	至少7层	1220	1880
18	至少7层	915	2135
18	至少7层	1220	2440

【注意事项】

① 经过板面处理的胶合板。经覆膜罩面处理后的胶合板，增加了板面耐久性，脱模性能良好，外观平整光滑，适用于清水混凝土工程，如混凝土桥墩、立交桥、筒仓、烟囱以及塔等。

② 未经板面处理的胶合板（也称白坯板或素板）。未经板面处理的胶合板作模板时，因混凝土硬化过程中，胶合板与混凝土界面上存在水泥与木材之间的结合力，使板面与混凝土粘结较牢，脱模时易将板面木纤维撕破，影响混凝土表面质量。这种现象随胶合板使用次数的增加而逐渐加重。

在使用前应对板面进行处理，处理的方法为涂刷隔离剂涂料，涂料固化构成保护膜。

③ 施工现场使用中，一般应注意以下几个问题：

a. 脱模后立即清洗板面浮浆，堆放整齐。
b. 模板拆除时，严禁抛扔，以免损伤板面处理层。
c. 胶合板边角应涂有封边胶，故应及时清除水泥浆。为了保护模板边角，最好支模时在模板拼缝处粘贴防水胶带或密封胶条，加以保护且防止漏浆。
d. 胶合板板面尽量不钻孔洞。遇有预留孔洞，可用普通木板拼补。
e. 现场应备有修补材料，以便对损伤的面板及时进行修补。

4.1.2 组合钢模板

组合钢模板由钢模板和配件两大部分组成，如图4-5所示。钢模板经专用设备压轧成型，包括平面模板、阴角模板、阳角模板、连接角模板等，如图4-6所示。配件的连接件包括U形卡、L形插销、钩头螺栓、紧固螺栓、对拉螺栓和扣件等，如图4-7所示。钢模板和配件组合拼装成不同尺寸的板面和整体模架。

图4-5 钢模板和配件

图4-6 钢模板类型

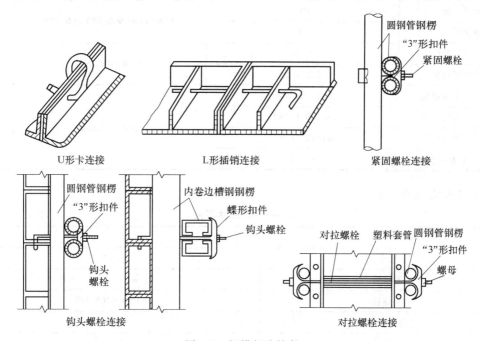

图4-7 钢模板连接件

组合钢模板有以下优点:

① 板块制作精度高,拼缝严密,刚度大,不易变形,成型的混凝土结构尺寸准确,密实光洁。

② 组合刚度大,板块错缝布置,拼成的面板有平面整体刚度;面板组成柱梁模壳,本身就是承重构件,更能提高整体刚度,便于整体吊装,也可使支架结构简单化。

③ 使用寿命长,部件强度高,耐久性好,能快速周转,若及时修理建筑模板,妥善维护,可长久使用,不易损坏。

④ 应用范围广,适用于不同的工程规模、结构形式和施工工艺,就地拼装、整体吊装、滑模、爬模等。

钢模板规格见表4-2。

表4-2 钢模板规格 (单位:mm)

名称		宽度	长度	肋高
平面模板		1200、1050、900、750、600、550、500、450、400、350、300、250、200、150、100	2100、1800、1500、1200、900、750、600、450	55
阴角模板		150×150、100×150	1800、1500、1200、900、750、600、450	
阳角模板		100×100、50×50		
连接角模板		50×50	1500、1200、900、750、600、450	
倒棱模板	角棱模	17×45	1800、1500、1200、900、750、600、450	
	圆棱模	R20、R35		
梁腋模板		50×150、50×100	1800、1500、1200、900、750、600、450	
柔性模板		100	1500、1200、900、750、600、450	
搭接模板		75		
双曲可调模板		300、200	1500、900、600	
变角可调模板		200、160		
嵌补模板	平面嵌板	200、150、100	300、200、150	
	阴角模板	150×150、100×150		
	阳角模板	100×100、50×50		
	连接角模板	50×50		

连接件规格见表4-3。

表4-3 连接件规格 (单位:mm)

名 称	规 格
U形卡	$\phi 12$
L形插销	$\phi 12, L=345$
钩头螺栓	$\phi 12, L=205、180$
边肋连接销	$\phi 12$
紧固螺栓	$\phi 12, L=55$

（续）

名　　称		规　　格
对拉螺栓		M12、M14、M16 T12、T14、T16、T18、T20
扣件	"3"形扣件	26型、12型
	蝶形扣件	26型、18型

4.1.3　大模板

大模板是一种大尺寸的工具式定型模板。大模板主要由板面系统、支撑系统、操作平台和附件组成，如图4-8所示。

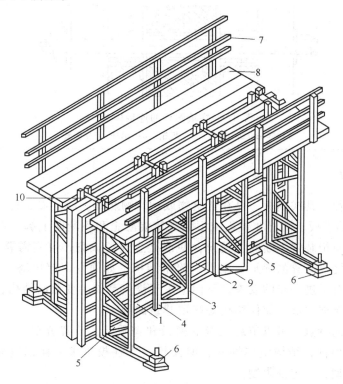

图4-8　大模板构造组成示意图
1—板面　2—水平加劲肋　3—支撑桁架　4—竖楞　5—调整水平度的螺旋千斤顶
6—调整垂直度的螺旋千斤顶　7—栏杆　8—脚手板　9—穿墙螺栓　10—固定卡具

大模板施工，要求面板平整、刚度好。板面系统包括面板、小肋板、横肋和竖楞。板面直接与混凝土接触，要求表面平整，拼接严密，具有足够的刚度、强度和稳定性，所浇筑的混凝土墙面外观好，不需再抹灰，可以直接粉面。钢面板厚度根据加劲肋的布置确定，一般为4~6mm。用12~18mm厚多层板做的面板，用树脂处理后可重复使用50次，重量轻，制作安装更换容易、规格灵活，对于非标准尺寸的大模板工程更为适用。

加劲肋的作用是固定面板，阻止其变形并把混凝土传来的侧压力传递到竖楞上。加劲肋可用6号或8号槽钢，间距一般为300~500mm。

竖楞是与加劲肋相连接的竖直部件。它的作用是加强模板刚度，保证模板的几何形状，并作为穿墙螺栓的固定支点，承受由模板传来的水平力和垂直力。竖楞多采用6号或8号槽钢制成，间距一般为1.0~1.2m。

支撑机构主要承受风荷载和偶然的水平力，防止模板倾覆。用螺栓或竖楞连接在一起，以加强模板的刚度。每块大模板采用2~4榀桁架作为支撑机构，兼做搭设操作平台的支座，承受施工活荷载，也可用大型型钢代替桁架结构。

大模板的附件有操作平台、穿墙螺栓和其他附属连接件。

【注意事项】 穿墙螺栓一般用φ30的45号钢制作，长度视墙厚而定，一般设置在大模板的上、中、下三个部位。上穿墙螺栓距模板顶部250mm左右，下穿墙螺栓距模板底部200mm左右，穿墙螺栓的连接构造如图4-9所示。

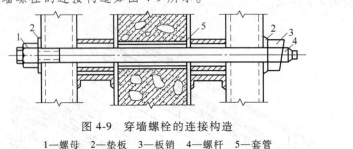

图4-9 穿墙螺栓的连接构造
1—螺母 2—垫板 3—板销 4—螺杆 5—套管

4.1.4 滑升模板

滑升模板是一种工具式模板，是在建筑物或构筑物底部，沿其墙、柱、梁等构件的周边组装高1.2m左右的模板，随着在模板内不断浇筑混凝土和不断向上绑扎钢筋的同时，利用一套提升设备，将模板装置不断向上提升，使混凝土连续成型，直到需要浇筑的高度为止。滑升模板适于现场浇筑高耸的圆形、矩形、筒壁结构，如筒仓、储煤塔、竖井等。近年来，滑升模板施工技术有了进一步的发展，不但适用于浇筑高耸的变截面结构，如烟囱、双曲线冷却塔，而且应用于剪力墙、筒体结构等高层建筑的施工。

滑升模板施工的特点，可以节约大量的模板和脚手架，节省劳动力，施工速度快，工程费用低，结构整体性好；但模板一次性投资多，耗钢量大，对建筑的立面和造型有一定的限制。

滑升模板由模板系统、操作平台系统和提升机具系统三部分组成。模板系统包括模板、围圈和提升架及其附属配件等，它的作用主要是成型混凝土。操作平台系统包括操作平台、外吊脚手架和辅助平台等，是施工操作的场所。提升机具系统包括支承杆、千斤顶和提升操纵装置等，是滑升的动力。这三部分通过提升架连成整体，构成整套滑升模板装置，如图4-10所示。

滑升模板施工（动画）

滑升模板装置的全部荷载是通过提升架传递给千斤顶，再由千斤顶传递给支承杆承受的。千斤顶是使滑升模板装置沿支承杆向上滑升的主要设备，形式很多，目前常用的是HQ-30型液压千斤顶，主要由活塞、缸筒、底座、上卡头、下卡头和排油弹簧等部件组成。它是一种穿心式单作用液压千斤

滑升模板运行过程（动画）

顶,支承杆从千斤顶的中心通过,千斤顶只能沿支承杆向上爬升,不能下降。起重量为30kN,工作行程为30mm。

液压提升
系统
(动画)

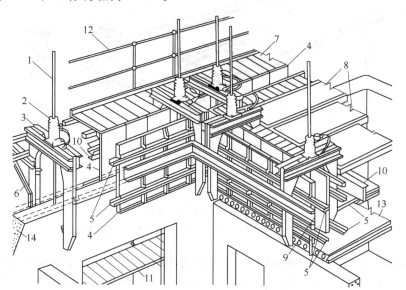

图 4-10 滑升模板装置示意图

1—支承杆 2—液压千斤顶 3—提升架 4—模板 5—围圈 6—外吊三脚架 7—外挑操作平台 8—活动操作平台
9—内围梁 10—外围梁 11—吊脚手架 12—栏杆 13—楼板 14—混凝土墙

【知识拓展】 爬升模板

爬升模板构造	外墙爬模	内爬升式
及施工工艺	施工	模板施工
(图文)	(动画)	(动画)

4.1.5 早拆模板

早拆模板体系是通过合理的支设模板,将较大跨度的楼盖,通过增加支撑点(支柱),缩小楼盖的跨度(≤2m),从而达到"早拆模板,后拆支柱"的目的,如图4-11所示。这样,可使龙骨和模板的周转加快。模板一次配置量可减少 1/3~1/2。

早拆模板由模板和支撑系统两部分组成。早拆模板就是在楼板模板支撑系统中设置早拆装置,当楼板混凝土达到早拆强度时,早拆装置升降托架降下,拆除楼板模板;支撑系统实施两次拆除,第一次拆除部分支撑,形成间距不大于 2m 的楼板支撑布局,所保留的支撑待混凝土构件达到拆模条件时,再进行第二次拆除。早拆模板支撑可采用插卡式、碗扣式、独立钢支撑、门式脚手架等多种形式,但必须配置早拆装置。早拆装置承受竖向荷载不应小于

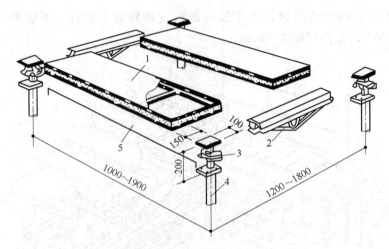

图 4-11 早拆模板体系
1—模板块 2—托梁 3—升降头 4—可调支柱 5—跨度定位杆

25kN，支撑顶板平面不小于 100mm×100mm，厚度不应小于 8mm；早拆模板支撑采用的调节丝杠直径应不小于 36mm；丝杠插入钢管的长度不应小于丝杠长度的 1/3，丝杠与钢管插接配合偏差应保证支撑顶板的水平位移不大于 5mm。

4.1.6 其他模板

在高层建筑中，为满足抗震要求或方便施工，楼板往往要求采用现浇楼板。楼盖模板常用的形式有台模、永久性模板，以及可以同时施工墙体和楼板的隧道模板等。

1. 台模

台模是一种大型的工具式模板，因外形如桌，又称为桌模，它可以整体安装、脱模和转运，并利用起重机从已浇的楼板下吊出转移至上层重复使用，所以又称为飞模。台模主要由平台板、支撑体系（包括梁、支架、支撑、支腿等）和其他配件（如升降和行走机构等）组成，适用于大开间、大柱网、大进深的现浇钢筋混凝土楼盖施工，尤其适用于现浇无柱帽的板柱楼盖。台模按支承方式不同，可分为立柱式台模、桁架式台模和悬架式台模三类。下面以立柱式台模为例进行介绍。

立柱式台模是由传统的满堂支模形式演变而来的，由面板、次梁、主梁和立柱等组成。根据立柱的形式又分为双肢柱管架式（图 4-12a）、钢管脚手架式（图 4-12b）和门形组合式（图 4-12c）三种。

台模拼装完毕后，利用塔式起重机的 4 个点起吊至楼层，待台模吊至楼层一定高度时，安装台架的 4 根可调支撑，然后按设计要求调整台模的水平与垂直位置，梁侧模可在台模就位后挂在台模边缘上，梁底模直接用可调支撑支承。

台模的降落与推出可采用台模转运车，转运车由装有万向导轮的平面转运和垂直升降部件组成。当脱模时将台模转运车推入被拆台模的底部，转动转运车丝杠，使转运车上方的支撑槽钢托住台模后，把台模 4 个支承腿收缩至规定的高度固定。为使台模转移时保持重心低，继续将台模降落至适当高度，然后由转运车把台模转移到活动金属平台上，用塔式起重机吊至上一楼层。

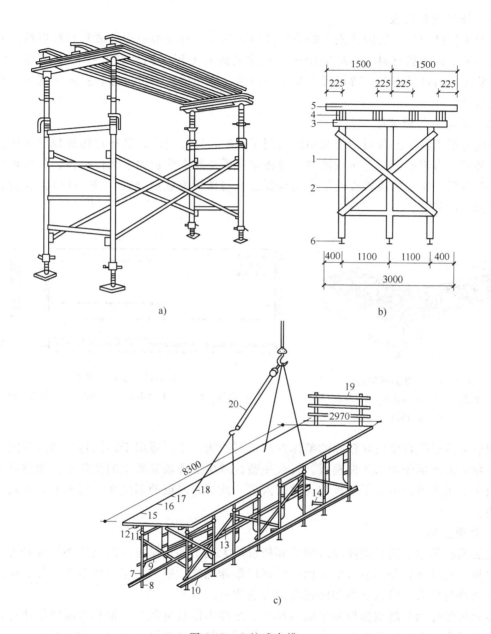

图 4-12 立柱式台模
a) 双肢柱管架式 b) 钢管脚手架式 c) 门形组合式
1—支柱 2—支撑 3—主梁 4—次梁 5—面板 6—内缩式伸缩腿 7—门形组合式脚手架 8—可调节的底托
9—拉杆 10—长角钢 11—顶托 12—大龙骨 13—人字撑 14—水平拉杆 15—小龙骨 16—木板
17—薄钢板 18—吊环 19—栏杆 20—电动环链

2. 永久性模板

永久性模板也称一次性模板，其在结构构件混凝土浇筑后不拆除，并构成构件受力或非受力的组成部分，一般广泛应用于房屋建筑的现浇钢筋混凝土楼板工程。目前，我国常用的永久性模板的材料一般有压型钢板模板和预应力钢筋混凝土薄板模板两种。

（1）压型钢板模板

压型钢板模板是采用镀锌或经防腐处理的薄钢板，经成型机冷轧成具有梯形截面的槽型钢板的一种工程模板材料，一般应用于现浇密肋楼板工程（图4-13）中。当压型钢板安装后，在肋底内面铺设钢筋，待楼板混凝土浇筑后，压型钢板不再拆除，并成为密肋楼板结构的组成部分。

（2）预应力薄板模板

预应力钢筋混凝土薄板一般在构件预制工厂的台座上生产，是通过施加顶应力配筋制作成的一种预应力钢筋混凝土薄板构件。薄板本身既是现浇楼板的永久性模板，与楼板的现浇混凝土叠合后，又是构成楼板的受力结构部分，与楼板组成组合板（图4-14），或构成楼板的非受力结构部分。

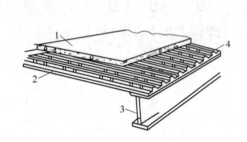

图 4-13 压型钢板楼板
1—混凝土 2—压型钢板 3—钢梁
4—剪力钢筋

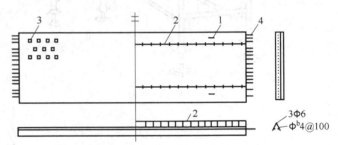

图 4-14 预应力薄板
1—吊环 2—预留结合钢筋 3—凹槽 4—预应力钢丝

预应力薄板叠合楼板有较好的整体性和抗震性能，特别适用于高层建筑和大开间房屋的楼板；预应力薄板作为永久性模板，板底平整，减少了现场混凝土的浇筑量，顶棚可不做抹灰。由于不用支模，节省了模板和支模的人工。预应力薄板的钢丝保护层较厚，有较好的防火性能。

3. 隧道模板

隧道模板是用于同时整体浇筑墙体和楼板的大型工具式模板，因它的外形像隧道，故称隧道模板。其能将各开间沿水平方向逐间逐段整体浇筑，施工的建筑物整体性好、抗震性能好，一次性投资大，模板起吊和转运需较大起重机。

隧道模板分为全隧道模板和半隧道模板。全隧道模板自重大，推移时需铺设轨道；半隧道模板由两个半隧道模板对拼而成，两个半隧道模板的宽度可以不同，中间增加一块不同尺寸的插板，即可满足不同开间所需要的宽度。

【知识拓展】铝合金模板发展背景

铝合金模板发展背景（图文）

4.1.7 模板设计

模板设计的内容主要包括选型及构造设计、荷载及其效应计算、承载力及刚度验算、抗倾覆验算和绘制模板及支架施工图等。各项设计的内容和详尽程度,可根据工程的具体情况和施工条件确定。

模板设计（图文）

模板设计要求包括以下几方面内容：

① 模板及其支架应根据工程结构形式、荷载大小、地基土类别、施工设备、材料供应等条件进行设计，模板及其支撑系统必须具有足够的强度、刚度和稳定性，其支撑系统的支撑部分必须有足够的支撑面积，能可靠地承受浇筑混凝土的重量侧压力以及施工荷载。

② 模板工程应依据设计图编制施工方案，进行模板设计，并根据施工条件确定的荷载对模板及支撑体系进行验算，必要时应进行有关试验。在浇筑混凝土之前，应对模板工程进行验收。

③ 模板安装和浇筑混凝土时，应对模板及其支架进行观察和维护。发生异常情况时，应按施工技术方案及时进行处理。

④ 对模板工程所用的材料必须认真检查、选取，不得使用不符合质量要求的材料。模板工程施工应具备制作简单、操作方便、牢固耐用、运输及整修容易等特点。

4.1.8 模板安装施工

1. 基础模板

基础模板的特点是高度不大而体积较大，基础模板一般利用地基或基槽（坑）进行支撑，一般情况下采用木模板或胶合板模板。安装时，要保证上下模板不发生相对位移，阶梯形基础模板如图 4-15 所示。

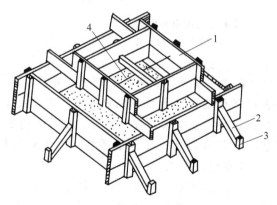

图 4-15 阶梯形基础模板
1—拼板 2—斜撑 3—木桩 4—钢丝

【注意事项】
① 安装模板前，应先复查地基垫层标高及中心线位置，弹出基础边线。
② 模板内侧要刨光、平整。

③ 杯芯模板应直拼，如设底板，应使侧板包底板，在底板上钻孔以便排气。四角做成小圆角。
④ 模板接触混凝土的表面要涂隔离剂。
⑤ 用钢管等材料作为短桩固定模板，防止浇筑混凝土时模板变形。
⑥ 脚手板不应与基础模板接触。

2. 柱模板

柱模板可以用木模板、胶合板模板，也可以用定型钢模板安装，以胶合板模板应用为主流。为承受混凝土侧压力，模板外设柱箍，柱箍的间距与混凝土侧压力大小及模板类型、厚度等有关，侧压力越向下越大，因此柱箍是上疏下密。两方向加支撑和拉杆。浇筑楼板时预埋钢筋环或钢筋头做支点和固定点。

柱模板底部开有清理孔，沿高度每隔约 2m 开有浇筑孔。柱底一般钉一木框在底部混凝土上，用以固定柱模板的位置。模板顶部根据需要可开有与梁模板连接的缺口。用木模板做的柱模板构造如图 4-16 所示。

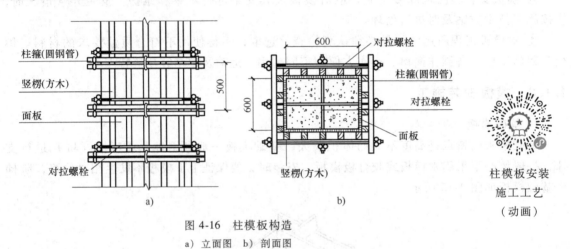

图 4-16 柱模板构造
a) 立面图 b) 剖面图

【注意事项】 柱模板可以用木模板，也可以用钢模板安装。
① 柱模板安装前在基础（楼地面）上用墨线弹出柱的中线及边线，柱脚抄平。
② 对通排柱模板，应先装两端柱模板，校正固定，拉通线校正中间各柱模板。
③ 依据边线安装模板。安装后的模板要保证垂直，并由地面起每隔 2m 留一道施工口，以便混凝土浇捣。柱底部留设清理孔。
④ 柱模板应加柱箍，相互搭接钉牢，或用工具式柱箍，柱箍间距按设计计算确定。
⑤ 模板四周搭设钢管架子，结合斜撑，将模板固定牢固，以防在混凝土侧压力的作用下发生移位。
⑥ 柱模板与梁模板连接时，梁模板宜缩短 2~3mm 并锯成小斜面。

3. 梁模板

梁模板的特点：
① 梁模板跨度大而宽度不大，梁底一般是架空的。

② 梁模板由底模板、侧模板、夹木和支架系统组成，如图 4-17 所示。

③ 为方便梁侧模板拆除，侧模板包在底模板外面。梁的模板不应伸到柱模板的开口里，如图 4-18 所示。

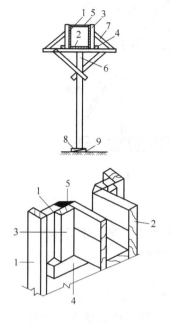

图 4-17　单梁模板
1—侧模板　2—底模板　3—侧模板带　4—夹木
5—水平拉条　6—顶撑（琵琶撑）
7—斜撑　8—木楔　9—木垫板

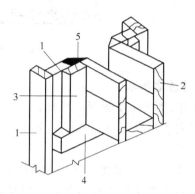

图 4-18　梁模板连接
1—柱侧板　2—梁侧板
3、4—衬口档　5—斜口小木条

【注意事项】

① 梁跨度大于或等于 4m 时，底板应起拱，起拱高度由设计确定，如设计无规定时取全跨度的 1/1000～3/1000。

② 顶撑之间应设拉杆，离地面 500mm 一道，以上每隔 2m 左右设一道。顶撑下垫设楔子和通长垫板，垫板下回填土应拍平夯实，楔子待支撑校正标高后钉牢。

③ 当梁底离地面过高时（一般 6m 以上），宜搭设排架支模。

④ 梁较高时，可先装一侧模板，待钢筋绑扎安装结束后，再封另一侧模板。

⑤ 上下层模板的支柱，一般应安装在一条竖向的中心线上。

4. 楼板模板

楼板的特点：面积大而厚度比较薄，侧向压力小。以木材为主要材料，搭设立柱、格栅的楼板模板多用定型模板，它支承在格栅上，格栅支承在梁侧模板外的横档上，如图 4-19 所示。

框架结构的模板工程，一般情况下按照模板设计方案整体搭设，多采用钢管体系或工具式支模体系，构成柱梁支撑结构体系；先搭设支撑体系的立杆、横杆、斜撑，然后铺设梁底模板、梁侧模板、板底模板，安装柱模板；模板整体搭设时，柱模板上口定位，保证垂直度的上部支撑可以利用梁口模板固定，具有整体性好、定位准的特点。

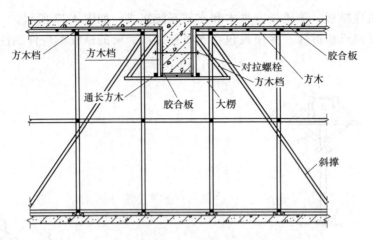

图 4-19 梁及楼板整浇支模示意图

> **【注意事项】**
> ① 楼板用木模板铺板时,一般只要求在两端及接头处钉牢。中间尽量少钉以便拆模。采用定型钢模板时,须按其规格、距离铺设格栅。不够铺一块定型钢模板的空隙,可以用木板补满。
> ② 采用桁架支模时,应根据载重量确定桁架间距。桁架上弦放置小方木,用钢丝扎紧。两端支承处要设木楔,在调整标高后钉牢。桁架之间应设拉结条,保持桁架垂直。
> ③ 当板跨度大于或等于 4m 时,模板应起拱,当无具体要求时,起拱高度宜为全跨长度的 1/1000~3/1000。
> ④ 挑檐模板必须撑牢拉紧,防止外倒,确保安全。

4.1.9 模板拆除

1. 拆除要求

混凝土成型后,经过一段时间养护,当强度达到一定要求时,即可拆除模板。现浇结构的模板及支架的拆除,如设计无要求时,应符合下列规定:

① 侧模板应在混凝土强度能保证其表面及棱角不因拆模板而受损坏时,方可拆除。
② 底模板应在与结构同条件养护的试件达到表 4-4 的规定强度时,方可拆除。
③ 多层建筑的梁和楼板模板,一般 5~7d 完成结构混凝土浇筑,梁底模板及支柱拆除应进行混凝土梁板承载力核算,确保能够承担本层自重及上一层楼板施工荷载,否则要隔层拆除。

表 4-4 现浇结构拆模时所需混凝土强度

结构类型	结构跨度/m	按设计混凝土强度标准值的百分率计(%)
板	≤2	≥50
	>2,≤8	≥75
	>8	≥100
梁、拱、壳	≤8	≥75
	>8	≥100
悬臂构件	≤2	≥75
	>2	≥100

2. 拆模顺序

一般应遵循先支后拆、后支先拆，先非承重部位、后承重部位以及自上而下的原则。重大复杂模板的拆除，事前应制订拆除方案，按拆除方案拆除模板。

（1）柱模板

单块组拼的应先拆除钢楞、柱箍和对拉螺栓等连接、支撑件，再由上而下逐步拆除；预组拼的则应先拆除两个对角的卡件，并作临时支撑后，再拆除另两个对角的卡件，待吊钩挂好，拆除临时支撑，方能脱模起吊。

（2）墙模板

单块组拼的在拆除对拉螺栓、大小钢楞和连接件后，从上而下逐步水平拆除；预组拼的应在挂好吊钩，检查所有连接件是否拆除后，方能拆除临时支撑，脱模起吊。

对拉螺栓拆除时，可将对拉螺栓齐平混凝土表面切断，也可在混凝土内加埋套管，将对拉螺栓从套管中抽出重复使用。

（3）梁、楼板模板

应先拆梁侧模板，再拆楼板底模板，最后拆除梁底模板。拆除跨度较大的梁下支柱时，应先从跨中开始分别拆向两端。多层楼板模板支柱的拆除，上层楼板正在浇筑混凝土时，下一层楼板的模板支柱不得拆除；跨度 4m 及 4m 以下的梁下均应保留支柱，其间距不得大于 3m。

【注意事项】

① 拆模时，操作人员应站在安全处，以免发生安全事故。

② 拆模时应尽量不要用力过猛、过急，严禁用大锤和撬棍硬掰硬撬，以避免混凝土表面或模板受到损坏。

③ 拆下的模板及配件，严禁抛扔，要有人接应传递，按指定地点堆放；并做到及时清理、维修和涂刷好隔离剂，以备待用。

在拆除模板过程中，如发现混凝土有影响结构安全的质量问题时，应暂停拆除，经过处理后，方可继续拆除。对已拆除模板及支撑的结构，应在混凝土强度达到设计混凝土强度等级的要求后，才允许承受全部使用荷载。

4.1.10 模板工程施工质量检查与验收

在浇筑混凝土之前，应对模板工程进行验收。模板安装和浇筑混凝土时，应对模板及其支架进行观察和维护。发生异常情况时，应按施工技术方案及时进行处理。

模板工程的施工质量检验应按主控项目和一般项目规定的检验方法进行。检验批合格质量应符合下列规定：主控项目的质量经抽样检验合格；一般项目的质量经抽样检验合格，一般项目的合格率应达到 80% 及以上，且不得有严重缺陷；具有完整的施工操作依据和质量验收记录。

1. 主控项目

① 安装现浇结构的上层模板及其支架时，下层楼板应具有承受上层荷载的承载能力或加设支架；上、下层支架的立柱应对准，并铺设垫板。

检查数量：全数检查。

检验方法：对照模板设计文件和施工技术方案观察。

② 在涂刷模板隔离剂时，不得沾污钢筋和混凝土接楂处。

检查数量：全数检查。

检验方法：观察。

③ 底模板及其支架拆除时的混凝土强度应符合规范要求。

检查数量：全数检查。

检验方法：检查同条件养护试件强度试验报告。

④ 后浇带模板的拆除和支撑应按施工技术方案执行。

检查数量：全数检查。

检验方法：观察。

2. 一般项目

① 模板安装应满足如下要求：

a. 模板的接缝不应漏浆；在浇筑混凝土前，木模板应浇水湿润，但模板内不应有积水。

b. 模板与混凝土的接触面上应清理干净并涂刷隔离剂，但不得采用影响结构性能或妨碍装饰工程施工的隔离剂。

c. 浇筑混凝土前，模板内的杂物应清理干净。

d. 对清水混凝土工程及装饰混凝土工程，应使用能达到设计效果的模板。

检查数量：全数检查。

检验方法：观察。

② 用作模板的地坪、胎膜等应平整光洁，不得产生影响构件质量的下沉、裂缝、起砂或起鼓。

检查数量：全数检查。

检验方法：观察。

③ 对跨度不小于4m的现浇钢筋混凝土梁、板，其模板应按设计要求起拱；当设计无具体要求时，起拱高度宜为跨度的1/1000～3/1000。

检查数量：在同一检验批内，梁应抽查构件数量的10%，且不少于3件；板应按有代表性的自然间抽查10%，且不少于3间；大空间结构，板可按纵、横轴线划分检查面，抽查10%，且不少于3面。

检验方法：水准仪或拉线、钢直尺检查。

④ 固定在模板上的预埋件、预留孔和预留洞均不得遗漏，且应安装牢固，其偏差应符合表4-5的规定。现浇结构模板安装的允许偏差及检验方法应符合表4-6的规定。

检查数量：在同一检验批内，对梁、柱和独立基础，应抽查构件数量的10%，且不少于3件；对墙和板，应按有代表性的自然间抽查10%，且不少于3间；对大空间结构，墙可按相邻轴线间高度5m左右划分检查面，板可按纵、横轴线划分检查面，抽查10%，且均不少于3面。

检验方法：钢直尺检查。

表4-5 预埋件、预留孔和预留洞的允许偏差

项　　目	允许偏差/mm
预埋钢板中心线位置	3

(续)

项　　目		允许偏差/mm
预埋管、预留孔中心线位置		3
插筋	中心线位置	5
	外露长度	10,0
预埋螺栓	中心线位置	2
	外露长度	10,0
预留孔	中心线位置	10
	尺寸	10,0

【注意事项】 检查中心线位置时，应沿纵、横两个方向测量，并取其中的较大值。

表 4-6　现浇结构模板安装的允许偏差及检验方法

项　　目		允许偏差/mm	检验方法
轴线位置		5	钢直尺检查
底模板上表面标高		±5	水准仪或拉线、钢直尺检查
截面内部尺寸	基础	±10	钢直尺检查
	柱、墙、梁	4、-5	钢直尺检查
	楼梯相邻踏步高差	5	钢直尺检查
柱、墙垂直度	层高≤5m	8	经纬仪或吊线、钢直尺检查
	层高<5m	10	
相邻两板表面高低差		2	钢直尺检查
表面平整度		5	2m靠尺和塞尺检查

【注意事项】 检查轴线位置时，应沿纵、横两个方向测量，并取其中的较大值。

⑤ 预制构件模板安装的允许偏差及检验方法见表 4-7。

表 4-7　预制构件模板安装的允许偏差及检验方法

项　　目		允许偏差/mm	检验方法
长度	板、梁	±4	钢直尺量两角边，取其中较大值
	薄腹梁、桁架	±8	
	柱	0,-10	
	墙板	0,-5	
宽度	板、墙板	0,-5	钢直尺量一端及中部，取其中较大值
	梁、薄腹梁、桁架、柱	2,-5	
高(厚)度	板	2,-3	钢直尺量一端及中部，取其中较大值
	墙板	0,-5	
	梁、薄腹梁、桁架、柱	2,-5	
侧向弯曲	梁、板、柱	$L/1000$ 且 ≤15	拉线、钢直尺量最大弯矩处
	墙板、薄腹梁、桁架	$L/1500$ 且 ≤15	
板的表面平整度		3	2m靠尺和塞尺检查

(续)

项　目		允许偏差/mm	检验方法
相邻两板表面高低差		1	钢直尺检查
对角线差	板	7	钢直尺量两个对角线
	墙板	5	
翘曲	板、墙板	$L/1500$	调平尺在两端量测
设计起拱	梁、薄腹梁、桁架、柱	±3	拉线、钢直尺量跨中

检查数量：首次使用及大修后的模板应全数检查；使用中的模板应定期检查，并根据使用情况不定期抽查。

⑥ 侧模板拆除时的混凝土强度应能保证其表面及棱角不受损伤。模板拆除时，不应对楼层形成冲击荷载。拆除的模板和支架宜分散堆放并及时清运。

检查数量：全数检查。

检验方法：观察。

4.2 钢筋工程

【情景引入】

钢筋工程是结构工程中的重要组成部分，钢筋工程质量的好与坏直接影响结构工程质量，在钢筋工程施工（图4-20）中，不规范的操作、不合格的原材料等原因造成的缺陷

图 4-20 钢筋工程施工
a) 钢筋配料　b) 钢筋加工　c) 钢筋绑扎安装　d) 钢筋工程检查验收

都会危害结构,造成质量隐患。建筑工程施工过程中,作为专业人员应具备哪些专业知识和技能,该如何控制和管理钢筋工程施工,以确保结构工程的质量呢?

钢筋工程的施工工艺如下:

审查图纸→钢筋进场检验→钢筋配料、代换→钢筋加工→钢筋安装→隐蔽工程检查与验收。

4.2.1 钢筋配料与代换

钢筋配料是钢筋加工前的一项非常重要的工作,是施工现场钢筋工程施工前,根据图纸和国家相关规范及标准将结构图纸钢筋的样式、规格、尺寸计算出来,并绘制简图,编制钢筋下料表,这个过程一般称为钢筋翻样或放样。钢筋下料结果作为作业班组进行钢筋加工制作安装的依据,同时是钢筋材料计划的依据,也是与甲方及分包单位结算的重要依据。合理的钢筋配料可以提高工程质量,减少钢筋损耗,为企业创造价值和可观的利润。

1. 钢筋配料程序

看懂构件配筋图→绘出构件单根钢筋简图→编号→计算下料长度和根数→填写配料表、料牌→加工、安装。

2. 钢筋下料长度的确定

钢筋混凝土构件施工图中注明的钢筋尺寸,是指成型钢筋的外轮廓尺寸,也称钢筋的外包尺寸。钢筋加工、检查就是按外包尺寸进行验收。

钢筋加工时,钢筋都按直线长度下料。但实际构件中的钢筋形状多种多样,因弯曲或弯钩,都会使钢筋长度发生变化。因此在钢筋配料计算中,不能直接按图中的尺寸下料,而应考虑混凝土保护层厚度、钢筋弯曲长度变化、钢筋锚固的规定等,再根据图中钢筋尺寸计算其下料长度。各类钢筋下料长度如下:

直钢筋下料长度=构件长度-保护层厚度+弯钩增加长度

弯起钢筋下料长度=直段长度+斜段长度-弯曲调整值+弯钩增加长度

箍筋下料长度=直段长度-弯曲调整值+弯钩增加长度

或:箍筋下料长度=箍筋周长+箍筋调整值

曲线钢筋(环形钢筋、螺旋箍筋、抛物线箍筋等)下料长度=钢筋长度计算值+弯钩增加长度

(1)钢筋弯曲调整值计算

钢筋弯曲后轴线长度不变,所以钢筋的下料长度应按轴线计算。但设计图中钢筋的尺寸是按直线或折线的外包尺寸标注的。在钢筋弯曲处外包尺寸和中心线长度之间存在一个差值。

因为钢筋转角处实际上是一个圆弧,其外包线之和大于中心弧长,如果按外包尺寸总和来下料,成型后的钢筋的长度和高度就会大于设计尺寸。转角处外包线的长度与圆弧段钢筋中心弧长的差值,是由于尺寸标注方法引起的误差,称为量度差值(图4-21)。计算下料长度时,必须扣除该差值,其大小与转角大小、钢筋直径及弯弧直径有关。

钢筋的量度差值计算:

第一种情况,当 $\alpha \leqslant 90°$ 时,如图4-22所示。

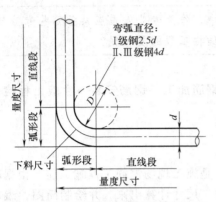

图 4-21 钢筋弯曲时的量度尺寸

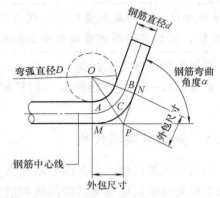

图 4-22 钢筋弯曲角度 α≤90°

中心线弧长 $\overset{\frown}{ACB}=α(圆心角)×r(半径)×π/180(角度制)$

即 中心线弧长 $\overset{\frown}{ACB}=α(D/2+d/2)π/180=α(D+d)π/360$

外包长 $MP+PN=2MP=2(D/2+d)\tan(α/2)=(D+2d)\tan(α/2)$

则钢筋的量度差值 = 外包长 − 中心线长

$$=(D+2d)\tan(α/2)-α(D+d)π/360 \qquad (4-1)$$

式（4-1）即为当钢筋弯曲的角度 α≤90°，钢筋弯弧直径为 D，钢筋直径为 d 时，其量度差值计算的通用公式。根据式（4-1）可计算常用钢筋弯曲角度的量度差值，见表 4-8。

表 4-8 常用钢筋弯曲角度的量度差值

钢筋弯弧直径 D	5d	5d	5d	5d
钢筋弯曲角度 α	30°	45°	60°	90°
量度差值	0.33d	0.53d	0.94d	2.29d
现工程取值	0.3d	0.5d	1d	2d

当钢筋弯曲角度为 β，且 β>90° 时，即 =90°+α(α≤90)，如图 4-23 所示。

钢筋弯曲角度为 β 的量度差值 = 钢筋弯曲角度为 90° 的量度差值 + 钢筋弯曲角度为 α 的量度差值，由式（4-1）可推出钢筋弯曲角度为 β 的量度差值，即

钢筋弯曲角度为 β 的量度差值

$=[(D+2d)\tan(90/2)-90×(D+d)π/360]+$
$[(D+2d)\tan(α/2)-α(D+d)π/360]$
$=(0.215D+1.215d)+[(D+2d)\tan(α/2)-α(D+d)π/360]$ （4-2）

式（4-2）即为当钢筋弯曲的角度为 β，且 β>90°，钢筋弯弧直径为 D，钢筋的直径为 d 时，其量度差值计算的通用公式。

式（4-1）和式（4-2）就是计算钢筋弯曲量度差值的通用公式。

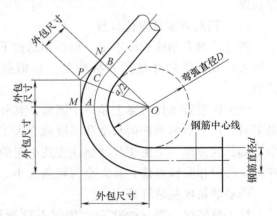

图 4-23 钢筋弯曲角度 β>90°

【工程实例】

> 例 某工程的一根斜梁,由于建筑构造和钢筋加工设备的原因,要求钢筋的弯曲角度为120°,钢筋的弯弧直径为8d,钢筋的直径d=25mm。施工人员查遍所有资料,依然无法对钢筋准确下料和加工。钢筋成型过长,梁端模板无法安装;钢筋成型过短,又不能满足建筑构造要求。
> 如果采用式(4-2),就能准确、方便地对钢筋下料和加工,并计算出该钢筋的量度差值。
> 根据图纸要求,钢筋的弯曲角度β=120°,钢筋的弯弧直径为D=8d,钢筋的直径d=25mm,根据式(4-2),α=120°-90°=30°。
> 钢筋弯曲角度为120°的量度差值=$(0.215D+1.215d)+[(D+2d)\tan\alpha/2-\alpha\pi/360(D+d)]$
> =$\{(0.215\times8\times25+1.215\times25)+[(8\times25+2\times25)\tan15°-30\times3.14/360(8\times25+25)]\}$mm
> =82.4mm

通用公式适用于任何角度及弯弧直径的计算钢筋弯曲量度差值。

方便了施工人员对钢筋下料长度的计算。一般情况下,不同弯曲角度的钢筋弯曲调整值可以按表4-9数值采用。

表4-9 不同弯曲角度的钢筋弯曲调整值

钢筋弯曲角度	30°	45°	60°	90°	135°
钢筋弯曲调整值	0.35d	0.50d	0.85d	2.00d	2.50d

(2)钢筋弯钩增加长度计算

钢筋弯钩计算简图如图4-24所示。

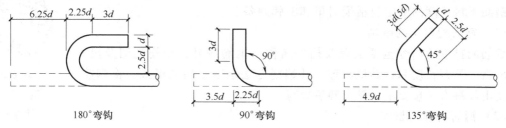

图4-24 钢筋弯钩计算简图

纵向钢筋弯钩增加长度见表4-10。

表4-10 纵向钢筋弯钩增加长度(钢筋直径d)

钢筋类别	弯钩增加长度		
	180°	135°	90°
HPB300	6.25d	4.9d(6.9d)	3.5d
HRB335	无	a+2.9d	a+0.93d

注:a为平直段长度,按设计要求取定。

(3)弯起钢筋的斜段长度计算

纵向弯起钢筋的斜段长度可根据钢筋不同的弯起角度(图4-25)查表4-11得出弯起钢筋的斜边系数;计算该斜段长度时,乘以该斜边系数即可。

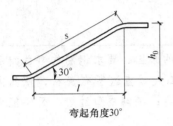
弯起角度30°

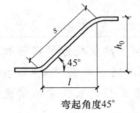
弯起角度45°

弯起角度60°

图 4-25 弯起钢筋斜段长度计算简图

表 4-11 弯起钢筋斜段长度计算系数表

弯起角度	30°	45°	60°
斜边长度 S	$2h_0$	$1.41h_0$	$1.15h_0$
底边长度 L	$1.732h_0$	h_0	$0.575h_0$
增加长度 S-L	$0.268h_0$	$0.41h_0$	$0.58h_0$

注：h_0 为弯起钢筋的弯起外包高度。

（4）箍筋调整值计算

箍筋调整值是指钢筋弯曲增加长度与钢筋弯曲调整值两项合并而成，并根据箍筋量度的外包尺度或内包尺寸来确定。箍筋调整值见表 4-12。

表 4-12 箍筋调整值

方法	箍筋直径/mm			
	4~5	6	8	10~12
量外包尺寸	40	50	60	70
量内包尺寸	80	100	200	150~170

3. 钢筋配料单和料牌制备

钢筋下料长度的确定包括配料单和料牌制备。

（1）钢筋配料单的编制

钢筋配料单的内容包括工程及构件名称、钢筋编号、钢筋简图及尺寸、钢筋规格、下料长度和钢筋根数等。其编制方法是以表格的形式，将钢筋下料长度由配料人员按要求计算正确后填写。

工程实例（钢筋下料计算）（图文）

（2）钢筋料牌的制作

采用防水布或纤维材料制成料牌，将每一类编号钢筋的工程及构件名称、钢筋编号、数量、规格、钢筋简图及下料长度等内容分别注写于料牌的两面，以便随着工艺流程的传送，最后系在加工好的钢筋上，作为钢筋安装工作中区别各工程项目、各类构件和各种不同钢筋的标志，钢筋料牌如图 4-26 所示。

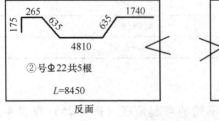
反面

正面

图 4-26 钢筋料牌

【注意事项】

① 在设计图中，钢筋配置的细节未注明时，一般可按标准图集构造要求处理。

② 钢筋配料计算，除钢筋的形状和尺寸满足图纸要求外，还应考虑有利于钢筋的加工运输和安装。

③ 在满足构造要求前提下，尽可能利用长短料、短料套裁等，以节约钢材。在使用搭接焊和绑扎接头时，下料长度计算应考虑搭接长度，接头位置也要满足规范要求。

④ 配料时，除图纸注明钢筋类型外，还要考虑施工技术措施中需要附加钢筋，如基础底板的双层钢筋网中，为保证上层钢筋网位置用的钢筋撑脚，墙板双层钢筋网中固定钢筋间距用的撑铁，梁中双排纵向受力钢筋为保持其间距用的垫铁等。

4. 钢筋代换

当施工中遇有钢筋品种或规格与设计要求不符时，可进行钢筋代换，并应办理设计变更文件。

代换原则如下：

（1）等强度代换

当构件按强度控制配筋时，钢筋可按强度相等原则进行代换。

（2）等面积代换

当构件按最小配筋率配筋时，钢筋可按面积相等原则进行代换。

（3）代换计算

当构件受裂缝宽度或挠度控制时，代换后应进行裂缝宽度或挠度验算。

等强代换方法：
$$n_2 \geq n_1 d_1^2 f_{y1} / d_2^2 f_{y2} \tag{4-3}$$

式中 n_2、d_2、f_{y2}——代换钢筋根数、直径、设计强度；

n_1、d_1、f_{y1}——原设计钢筋根数、直径、设计强度。

上式有两种特例：

① 设计强度相同、直径不同的钢筋代换：
$$n_2 \geq n_1 d_1^2 / d_2^2 \tag{4-4}$$

② 直径相同、强度设计值不同的钢筋代换：
$$n_2 \geq n_1 f_{y1} / f_{y2} \tag{4-5}$$

【注意事项】

钢筋代换时，必须充分了解设计意图和代换材料性能，并严格遵守现行混凝土结构设计规范的各项规定；钢筋代换，应征得设计单位同意。

① 对某些重要构件，如吊车梁、薄腹梁、桁架下弦等，不宜用 HPB235 级光圆钢筋代替 HRB335 和 HRB400 带肋钢筋。

② 钢筋代换后，应满足配筋构造规定，如钢筋的最小直径、间距、根数、锚固长度等。

③ 同一截面内，可同时配有不同种类和直径的代换钢筋，但每根钢筋的拉力差不应过大（如同品种钢筋的直径差值一般不大于 5mm），以免构件受力不匀。

④ 梁的纵向受力钢筋与弯起钢筋应分别代换，以保证正截面与斜截面强度。

⑤ 偏心受压构件（如框架柱、有吊车厂房柱、桁架上弦等）或偏心受拉构件作钢筋代换时，不取整个截面配筋量计算，应按受力面（受压或受拉）分别代换。

⑥ 当构件受裂缝宽度控制时，如以小直径钢筋代换大直径钢筋，强度等级低的钢筋代替强度等级高的钢筋，则可不作裂缝宽度验算。

4.2.2 钢筋验收

进场钢筋验收，包括标牌验收和外观检验，并按有关规定取样进行力学性能检验。

1. 标牌验收

钢筋出厂，每捆（盘）应挂有两个标牌，如图 4-27 所示。

工地按品种、批号及直径分批验收，每批数量不超过 60t。

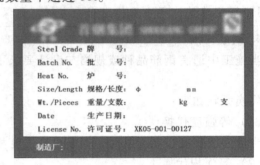

图 4-27　钢筋的出厂标牌

2. 外观检验

热轧钢筋表面不得有裂缝、结疤和折叠，外形尺寸应符合规定。

冷轧扭钢筋要求表面光滑、无裂缝、折叠夹层，也无深度超过 0.2mm 的压痕或凹坑。

3. 取样检验

每批抽取 5 个试件，先进行重量偏差检验，再取其中 2 个试件进行力学性能检验。

如有一项试验结果不符合规定，则应从同一批钢筋另取双倍数量的试件重做各项试验，如仍有一个试件不合格，则该批钢筋为不合格品，应不予验收或降级使用。

【注意事项】　当发现钢筋脆断、焊接性能不良或力学性能显著不正常时，应进行化学成分检验或其他专项检验。

4. 钢筋的贮存、堆放

不得损坏标志，应根据品种、规格按批分别挂牌堆放，并标明数量。钢筋挂牌分类堆放如图 4-28 所示。

图 4-28　钢筋挂牌分类堆放

4.2.3 钢筋加工

钢筋加工过程包括钢筋调直→钢筋除锈→钢筋切断→钢筋连接→钢筋弯曲成型。

1. 钢筋调直

钢筋宜采用无延伸功能的机械设备进行调直，也可采用冷拉方法调直。当采用冷拉方法调直时，HPB235、HPB300 光圆钢筋的冷拉率不宜大于 4%；HRB335、HRB400、HRB500、HRBF335、HRBF400、HRBF500 及 RRB400 带肋钢筋的冷拉率不宜大于 1%。盘圆钢筋冷拉调直如图 4-29 和图 4-30 所示。

图 4-29 卷扬机进行冷拉调直

图 4-30 盘圆钢筋冷拉调直

钢筋调直切断机调直如图 4-31 所示。

图 4-31 钢筋调直切断机调直钢筋

钢筋调直后应进行力学性能和重量偏差的检验，其强度应符合有关标准的规定。盘卷钢筋和直条钢筋调直后的断后伸长率、重量偏差应符合表 4-13 的规定。

【注意事项】 采用无拉伸功能的机械设备调直的钢筋，可不进行以下规定的检验。

检验数量：同一厂家、同一牌号、同一规格调直钢筋，重量不大于 30t 为一批；每批见证取 3 个试件。

检验方法：3 个试件先进行重量偏差检验，再取其中 2 个试件经时效处理后进行力学性能检验。检验重量偏差时，试件切口应平滑且与长度方向垂直，且长度不应小于 500mm；长度和重量的量测精度分别不应低于 1mm 和 1g。

表 4-13　盘卷钢筋和直条钢筋调直后的断后伸长率、重量偏差要求

钢筋牌号	断后伸长率 $A(\%)$	重量偏差(%)	
		直径 6~12mm	直径 14~16mm
HPB300	≥21	≤-10	—
HRB335、HBRF335	≥16	≤-8	≤-6
HRB400、HBRF400	≥15		
RRB400	≥13		
HRB500、HBRF500	≥14		

注：1. 断后伸长率 A 的量测标距为 5 倍钢筋直径。
　　2. 重量偏差（%）按公式 $(W_d-W_0)/W_0 \times 100$ 计算，其中 W_0 为钢筋理论重量（kg/m），取每米理论重量（kg/m）与 3 个调直钢筋试件长度之和（m）的乘积，W_d 为 3 个调直钢筋试件的实际重量之和（kg）。

2. 钢筋除锈

为保证钢筋与混凝土之间的握裹力，严重锈蚀的钢筋应除锈。除锈方法有调直或冷拉过程中除锈、电动除锈机除锈、手工除锈或喷砂、酸洗除锈。

3. 钢筋切断

钢筋下料时须按下料长度切断。钢筋切断可用手动切断器（直径小于 12mm）（图 4-32）、钢筋切断机（直径 40mm 以下）（图 4-33）、乙炔或电弧割切或锯断（直径大于 40mm）。

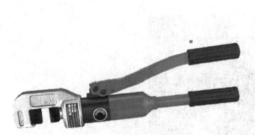

图 4-32　手动切断器

图 4-33　钢筋切断机

4. 钢筋连接

工程中钢筋往往因长度不足或因施工工艺要求等必须进行连接。钢筋连接常用焊接连接和机械连接两种。

（1）焊接连接

钢筋连接采用焊接连接，可节约钢材、改善结构受力性能、提高工效、降低成本。常用的焊接方法可分为压焊（闪光对焊、电阻点焊、气压焊）和熔焊（电弧焊、电渣压力焊）。下面仅对几种常用焊接方法进行介绍。

1）闪光对焊

闪光对焊广泛用于钢筋纵向连接及预应力钢筋与螺纹端杆的连接，钢筋闪光对焊原理（图 4-34）是利用对焊机两端钢筋接触，通过低电压的强电流，待钢筋被加热到一定温度变软后，进行轴向加压顶锻，形成对焊接头（图 4-35）。

闪光对接焊
（视频）

对焊是钢筋接触对焊的简称，具有成本低、质量好、工效高的优点。对焊工艺又分为连续闪光焊、预热闪光焊、闪光-预热-闪光焊三种。

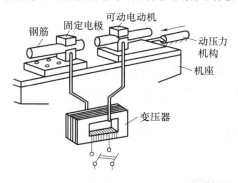

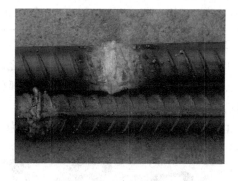

图 4-34 闪光对焊原理示意图　　　　图 4-35 闪光对焊接头

① 连续闪光焊的工艺过程包括闪光和顶锻。施焊时，使钢筋两端面轻微接触，形成连续闪光，闪光到预定长度（即钢筋端头加热到熔点时），以一定的压力迅速顶锻，焊接接头即告完成。适用于直径 25mm 以内的 HPB235、HRB335、HRB400 钢筋。

② 预热闪光焊是在连续闪光焊前增加一次预热过程，适用于大直径钢筋。

③ 闪光-预热-闪光焊是在预热闪光焊前再增加一次闪光过程，使预热均匀。适用于直径大且端面不平的钢筋。

闪光对焊机及闪光对焊加工现场见图 4-36。

a)　　　　　　　　　　　　　　　b)

图 4-36 闪光对焊机及闪光对焊加工现场
a) 闪光对焊机　b) 闪光对焊加工现场

【注意事项】 闪光对焊接头外观质量检查结果，应符合下列规定：
① 对焊接头表面应呈圆滑、带毛刺状，不得有肉眼可见的裂纹。
② 与电极接触处的钢筋表面不得有明显烧伤。
③ 接头处的弯折角不得大于 2°。
④ 接头处的轴线偏移不得大于钢筋直径的 1/10，且不得大于 1mm。
⑤ 对于箍筋，对焊接头所在直线边的顺直度检查结果凹凸不得大于 5mm。
⑥ 对焊箍筋外皮尺寸应符合设计图的规定，允许偏差应为 ±5mm。

⑦ 人工操作钢筋闪光对焊工艺,属于限制使用工艺,在非固定的专业预制厂(场)或钢筋加工厂(场)内,对直径大于或等于22mm的钢筋进行连接作业时,不得使用钢筋闪光对焊工艺,应采用机械连接工艺代替。

2)电弧焊

电弧焊是利用弧焊机使焊条与焊件之间产生高温电弧,使焊条和电弧燃烧范围内的焊件熔化,待其凝固便形成焊缝或接头。电弧焊在现浇结构中的钢筋接长、装配式结构中的钢筋接头、钢筋与钢板的焊接中应用广泛。

电焊机有直流与交流之分,常用的为交流电焊机。常见电焊机如图4-37所示。

图4-37 常见电焊机

a) ZX7系列直流弧焊机 b) DN2-5交流弧焊机 c) BX1-315交流弧焊机

【注意事项】 焊接时应符合下列规定:

① 应根据钢筋牌号、直径、接头形式和焊接位置,选择焊接材料,确定焊接工艺和焊接参数。

② 焊接时,引弧应在垫板、帮条或形成焊缝部位进行,不得烧伤主筋。

③ 焊接地线与钢筋应接触良好。

④ 焊接过程中及时清渣,焊缝表面光滑,焊缝余高应平缓过渡,引弧应填满。

钢筋电弧焊的接头形式如图4-38所示,主要有搭接焊接头(单面焊缝或双面焊缝)、帮条焊接头(单面焊缝或双面焊缝)、坡口焊接头(平焊或立焊)、熔槽帮条焊接头(用于安装焊接$d \geqslant 25mm$的钢筋)和窄间隙焊接头(置于U形铜模内)。

【注意事项】 焊接焊缝验收要求:

① 焊缝表面应平整,不得有凹陷或焊瘤。

② 焊接接头区域不得有肉眼可见的裂纹。

③ 焊缝余高应为2~4mm。

④ 咬边深度、气孔、夹渣等缺陷允许值及接头尺寸的允许偏差应符合规定。

3)电渣压力焊

电渣压力焊在建筑施工中多用于现场钢筋混凝土结构构件内竖向或斜向钢筋的焊接接头。

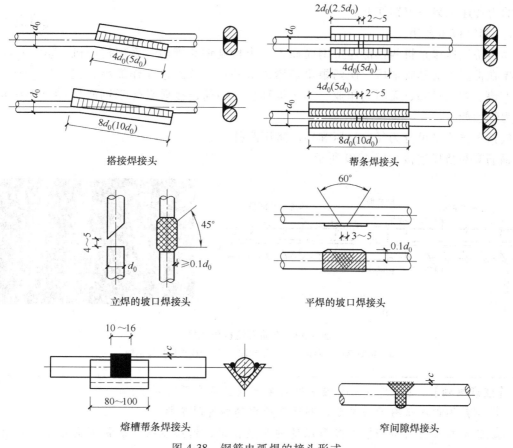

图 4-38 钢筋电弧焊的接头形式

注：d_0 为钢筋直径；c 为焊缝余高。

电渣压力焊的工作原理是电弧熔化焊剂形成空穴，继而形成渣池，上部钢筋潜入渣池中，电弧熄灭，电渣形成的电阻热使钢筋全断面熔化，断电同时向下挤压，排除熔渣与熔化金属，形成结点。

焊接程序为钢筋端部 120mm 范围内除锈→下夹头夹牢下钢筋→扶直上钢筋并夹牢于活动电极中→上下钢筋对齐在同一轴线上→安装引弧导电铁丝圈→安放焊剂盒→通电、引弧→稳弧、电渣、熔化→断电并持续顶压几秒钟。

电渣压力焊（视频）

【注意事项】 电渣压力焊接头外观质量检查结果，应符合下列规定：

① 四周焊包凸出钢筋表面的高度，当钢筋直径为 25mm 及以下时，不得小于 4mm，当钢筋直径为 28mm 及以上时不得小于 6mm。

② 钢筋与电极接触处，应无烧伤缺陷。

③ 接头处的弯折角不得大于 2°。

④ 接头处的轴线偏移不得大于 1mm。

（2）机械连接

钢筋机械连接接头的类型很多，主要有套筒挤压接头、锥形螺纹连接接头和直螺纹连接接头等。这些机械连接接头多是通过连接件的机械咬合作用或钢筋端面的承压作用，将一根钢筋的力传递至另一根钢筋上。

1) 套筒挤压连接

套筒挤压连接是将两根待连接钢筋插入一个特制钢套管内，采用挤压机和压模在常温下对套管加压，使两根钢筋紧固成一体。该工艺操作简单、连接速度快、安全可靠、无明火作业、不污染环境，钢筋连接质量优于钢筋母材的力学性能。

套筒挤压连接
（视频）

按挤压方式又可分为径向挤压和轴向挤压两种。

钢筋套筒挤压连接如图4-39所示。

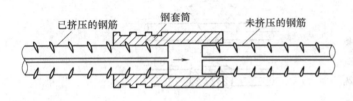

图4-39 钢筋套筒挤压连接

a）钢筋套筒径向挤压连接原理图　b）套筒挤压连接钢筋

【注意事项】 套筒挤压钢筋接头的安装质量应符合下列要求：

① 钢筋端部不得有局部弯曲，不得有严重锈蚀和附着物。

② 钢筋端部应有检查插入套筒深度的明显标记，钢筋端头离套筒纵向中心点不宜超过10mm。

③ 挤压应从套筒中央开始，依次向两端挤压，压痕直径的波动范围应控制在供应商认定的允许波动范围内，并提供专用量规进行检查。

④ 挤压后的套筒不得有肉眼可见裂纹。

2) 锥形螺纹连接

锥形螺纹连接是将两根待接钢筋的端部和套管预先加工成锥形螺纹，然后用手和力矩扳手将两根钢筋端部旋入套筒形成机械式钢筋接头。

钢筋锥形螺纹套筒连接如图4-40所示。

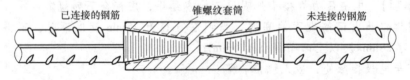

图4-40 钢筋锥形螺纹套筒连接

【注意事项】 锥形螺纹钢筋接头的安装质量应符合下列要求：

① 接头安装时应严格保证钢筋与连接套筒的规格相一致。

② 接头安装时应用扭力扳手拧紧，拧紧扭矩值应符合表4-14的规定。

表 4-14　锥形螺纹接头安装时的最小拧紧扭矩值

钢筋直径/mm	≤16	18~20	22~25	28~32	36~40
拧紧扭矩/(N·m)	100	180	240	300	360

③ 校核用扭力扳手与安装用扭力扳手应区分使用，校核用扭力扳手应每年校核 1 次，准确度级别应选用 5 级。

3）直螺纹连接

直螺纹连接分为镦粗直螺纹连接、直接滚压直螺纹连接和剥肋滚压直螺纹连接三种方法，其中剥肋滚压直螺纹连接是目前直螺纹套筒连接的主流技术，在工程中得到广泛应用。

剥肋滚压直螺纹连接是先将钢筋接头纵、横肋剥切处理，使钢筋滚丝前的柱体直径达到同一尺寸，然后滚压成型。它集剥肋、滚压于一体，成型螺纹精度高，滚丝轮寿命长。

直螺纹套筒由专业厂家提供，螺纹套筒采用优质碳素钢制作，套筒的受拉承载力不小于钢筋抗拉强度的 1.1 倍，直螺纹套筒如图 4-41 所示。

钢筋连接端的螺纹采用钢筋剥肋滚丝机在现场加工。整个施工工艺流程为钢筋断料→剥肋滚压螺纹→丝头检验→套丝保护→连接套筒检验→现场连接→接头检验。剥肋滚压螺纹如图 4-42 所示，现场连接如图 4-43 所示。

图 4-41　直螺纹套筒

a)　　　　　　　　b)

图 4-42　剥肋滚压螺纹

a）钢筋螺纹剥肋滚压中　b）滚压成型的钢筋接头

图 4-43　直螺纹现场连接

【注意事项】　直螺纹钢筋接头的安装质量应符合下列要求：

① 安装接头时可用管钳扳手拧紧，应使钢筋丝头在套筒中央位置相互顶紧。标准型接头安装后的外露螺纹不宜超过 2p。

② 安装后应用扭力扳手校核拧紧扭矩，拧紧扭矩值应符合表 4-15 的规定。

表 4-15　直螺纹接头安装时的最小拧紧扭矩值

钢筋直径/mm	≤16	18~20	22~25	28~32	36~40
拧紧扭矩/(N·m)	100	200	260	320	360

③ 校核用扭力扳手的准确度级别可选用 10 级。

5. 钢筋弯曲成型

钢筋弯曲分为人工弯曲和机械弯曲两种。钢筋弯曲成型宜用钢筋弯曲机或弯箍机进行。在缺乏机具设备的条件下，也可采用手摇扳手弯制钢筋，用卡盘与扳手弯制粗钢筋。弯曲形状复杂的钢筋应画线、放样后进行。

钢筋弯曲机、弯箍机如图4-44所示，弯曲钢筋现场如图4-45所示。

a)

b)

图4-44 钢筋弯曲机、弯箍机
a) JW40钢筋弯曲机 b) GF-20B型钢筋箍筋弯曲机

a)

b)

图4-45 弯曲钢筋现场
a) 钢筋工弯曲钢筋实景 b) 弯起钢筋加工

【注意事项】 钢筋加工验收要求：

钢筋加工的形状、尺寸应符合设计要求，其偏差应符合表4-16的规定。检查数量：按每工作班同一类型钢筋、同一加工设备抽查不应少于3件。检验方法：钢直尺检查。

表4-16 钢筋加工的允许偏差

项　　目	允许偏差/mm
受力钢筋长度方向全长的净尺寸	±10
弯起钢筋的弯折位置	±20
箍筋内净尺寸	±5

4.2.4 钢筋的绑扎与安装

钢筋的绑扎与安装是钢筋施工的最后工序,一般采用预先将钢筋在加工车间弯曲成型,再到模内组合绑扎的方法。如果现场的起重安装能力较强,也可以采用预先焊接或绑扎的方法将单根钢筋组合成钢筋网片或钢筋骨架,然后到现场吊装。在一些复杂结构的钢筋施工中,还需要采用先弯曲成型后模内组合绑扎的方法。

1. 钢筋绑扎与安装的施工准备

在混凝土工程中,模板安装、钢筋绑扎与混凝土浇筑是立体交叉作业的,为了保证质量、提高效率、缩短工期,必须在钢筋绑扎安装前认真做好以下准备工作:

(1) 图纸、资料的准备

首先,熟悉施工图。施工图是钢筋绑扎安装的依据,熟悉钢筋形状、标高、细部尺寸,安装部位,钢筋的相互关系,确定各类结构钢筋正确合理的绑扎顺序。

其次,核对配料单及料牌。依据施工图,结合规范对接头位置、数量、间距的要求,核对配料单及料牌是否正确,校核已加工好的钢筋的品种、规格、形状、尺寸及数量是否符合配料单的规定,有无错配、漏配。

最后,确定施工方法。根据钢筋位置,研究确定相应的施工方法。例如,哪些部位的钢筋可以预先绑扎好,工地模内组装;哪些钢筋在工地模内绑扎安装;钢筋成品和半成品的进场时间、进场方法、劳动力组织等。

(2) 工具、材料的准备

常用准备工具包括扳手、钢丝、小撬棍、马架、钢筋钩、画线尺、水泥(混凝土)垫块、撑铁(骨架)等。

了解现场施工条件:垂直吊运能力是否满足要求,运输路线是否畅通,材料堆放地点是否安排合理等。

检查钢筋的锈蚀情况,确定是否除锈,以及采用何种除锈方法等。

(3) 现场施工的准备

准备钢筋安装结构部位施工图和标准规范。

若梁、板、柱类型较多时,为避免混乱和差错,还应在模板上标示各种型号构件的钢筋规格、形状和数量。为使钢筋绑扎正确,一般先在结构模板上用粉笔按施工图标明的间距画线,作为摆料的依据。通常平板或墙板钢筋在模板上画线;柱箍筋安装在两根对角线主筋上画点;梁箍筋在架立钢筋上画点;基础的钢筋则在固定架上画线或在两向各取一根钢筋上画点。钢筋接头按规范对于位置、数量的要求,在模板上画出。

钢筋绑扎
常用工具
(图文)

在钢筋绑扎安装前,应会同施工员、木工、水电安装工等有关工种,共同检查模板尺寸、标高,确定管线、水电设备等的预埋和预留工作。

2. 钢筋绑扎操作工艺

(1) 常用绑扎工具

钢筋绑扎常用工具有钢筋钩、小撬棍、起拱板和绑扎架等。

(2) 绑扎的操作方法

绑扎钢筋是借助钢筋钩用钢丝把各种单根钢筋绑扎成整体网片或骨架。

1) 一面顺扣操作法

一面顺扣操作法是最常用的方法,具体操作如图4-46所示。这种方法操作简便,绑点牢靠,适用于钢筋网或骨架各个部位的绑扎。

钢筋绑扎的
操作方法
(图文)

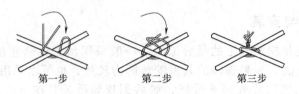

图 4-46　钢筋一面顺扣操作法

2）其他操作法

其他操作法有十字花扣、反十字花扣、兜扣、缠扣、兜扣加缠、套扣等，这些方法主要根据绑扎部位的实际需要进行选择。

3. 钢筋绑扎操作要点

① 画线时应画出主筋的间距及数量，并标明箍筋的加密位置。

② 板类钢筋应先排主筋后排副筋；梁类钢筋一般先摆纵筋。摆筋时应注意按规定将受力钢筋的接头错开。

③ 受力钢筋接头在同一截面（$35d$ 区段内，且不小于 500mm），有接头的受力钢筋截面面积占受力钢筋总截面面积的百分率应符合相关规定。

④ 箍筋的转角与其他钢筋的交点均应绑扎，但箍筋的平直部分与钢筋的相交点可呈梅花式交错绑扎。箍筋的弯钩叠合处应错开绑扎，应交错绑扎在不同的架立钢筋上。

⑤ 绑扎钢筋网片采用一面顺扣操作法，在相邻两个绑点应呈八字形（图 4-47），不要互相平行以防骨架歪斜变形。

⑥ 预制钢筋骨架绑扎时要注意保持外形尺寸正确，避免入模安装困难。

⑦ 在保证质量、提高工效、加快进度、减轻劳动强度的原则下，研究预制方案。方案应分清预制部分和模内绑扎部分，以及两者相互的衔接，避免后续工序施工困难甚至造成返工现象。

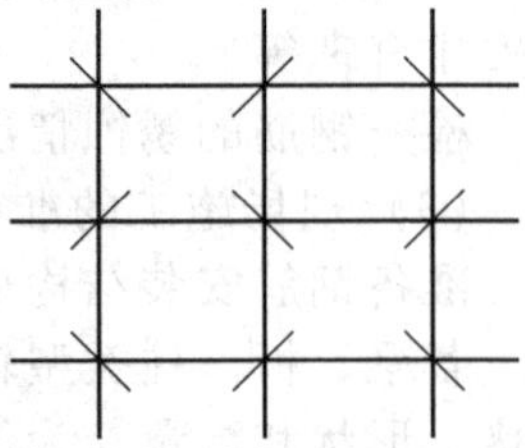

4. 钢筋绑扎相关规定

① 钢筋的接头宜设置在受力较小处。同一纵向受力钢筋不宜设置两个或两个以上的接头。接头末端至钢筋弯起点的距离不应小于钢筋公称直径的 10 倍。

图 4-47　绑扎钢筋网片

② 同一连接区段内，纵向受拉钢筋绑扎搭接接头面积百分率应符合下列规定：

a. 梁、板类构件不宜超过 25%，基础筏板不宜超过 50%。

b. 柱类构件，不宜超过 50%。

c. 当工程中确有必要增大接头面积百分率时，对梁类构件，不应大于 50%；对其他构件，可根据实际情况适当放宽。

③ 钢筋接头搭接处，应在中心和两端用钢丝扎牢；绑扎接头的搭接长度应符合设计要求且不得小于规范规定的最小搭接长度（受拉钢筋 300mm，受压钢筋 200mm）。

④ 钢筋在混凝土中的保护层厚度，可用水泥砂浆垫块、塑料卡垫在钢筋与模板之间进行控制，目前限制和淘汰水泥砂浆垫块，推荐使用塑料卡垫（图 4-48），垫块应布置成梅花形，其相互间距不大于 1m，上下双层钢筋之间的尺寸可用绑扎短钢筋来控制。柱钢筋的混凝土保护层厚度控制及楼板钢筋的混凝土保护层厚度控制的施工实景如图 4-49 所示。

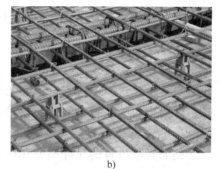

图 4-48 控制钢筋混凝土保护层用的塑料卡垫

图 4-49 塑料垫块控制混凝土保护层厚度实景
a) 塑料环圈控制柱钢筋的混凝土保护层厚度
b) 塑料垫块控制楼板钢筋的混凝土保护层厚度

⑤ 应特别注意板上部的负筋，一要保证其绑扎位置准确，二要防止施工人员的踩踏，尤其是雨篷、挑檐、阳台等悬臂板，防止其拆模后断裂垮塌。悬挑板角部的放射钢筋如图 4-50 所示。

⑥ 板、次梁与主梁交叉处，板的钢筋在上，次梁钢筋居中，主梁钢筋在下，如图 4-51 所示；当有圈梁、垫梁时，主梁钢筋在上。

⑦ 梁板钢筋绑扎时，应防止水电管线将钢筋抬起或压下，楼板中水电管线的预留预埋如图 4-52 所示。

图 4-50 悬挑板角部的放射钢筋

图 4-51 板、次梁与主梁交叉处钢筋位置关系

图 4-52 楼板中水电管线的预留预埋

⑧ 钢筋绑扎的细部构造应符合下列规定：

a. 钢筋的绑扎搭接接头应在接头中心和两端用钢丝扎牢。

b. 墙、柱、梁钢筋骨架中各垂直面钢筋网交叉点应全部扎牢；板上部钢筋网的交叉点应全部扎牢，底部钢筋网除边缘 3 排钢筋外可间隔交错扎牢。

c. 梁、柱的箍筋弯钩及焊接封闭箍筋的对焊点应沿纵向受力钢筋方向错开设置。构件同一表面，焊接封闭箍筋的对焊接头面积百分率不宜超过 50%。

d. 填充墙构造柱纵向钢筋宜与框架梁钢筋共同绑扎。

e. 梁及柱中箍筋、墙中水平分布钢筋及暗柱箍筋、板中钢筋距构件边缘的距离宜为 50mm。

4.2.5 钢筋工程施工质量检查与验收

1. 验收内容

钢筋工程在浇筑混凝土之前,应进行钢筋隐蔽工程验收,其内容包括纵向受力钢筋的品种、规格、数量、位置等;钢筋的连接方式、接头位置、接头数量、接头面积百分率等;箍筋、横向钢筋的品种、规格、数量、间距等;预埋件的规格、数量、位置等。

2. 钢筋安装位置的偏差

钢筋安装位置的允许偏差和检验方法应符合表4-17的规定。

检查数量:在同一检验批内,对梁、柱和独立基础,应抽查构件数量的10%,且不少于3件;对墙和板,应按有代表性的自然间抽查10%,且不少于3间;对大空间结构,墙可按相邻轴线间高度5m左右划分检查面,板可按纵、横轴线划分检查面,抽查10%,且均不少于3面。

表 4-17 钢筋安装位置的允许偏差和检验方法

项目		允许偏差/mm	检验方法
绑扎钢筋网	长、宽	±10	钢直尺检查
	网眼尺寸	±20	钢直尺量连续三档,取最大值
绑扎钢筋骨架	长	±10	钢直尺检查
	宽、高	±5	钢直尺检查
受力钢筋	间距	±10	钢直尺量两端中间,各一点取最大值
	排距	±5	
	保护层厚度 基础	±10	钢直尺检查
	保护层厚度 柱、梁	±5	钢直尺检查
	保护层厚度 板、墙、壳	±3	钢直尺检查
绑扎箍筋、横向钢筋间距		±20	钢直尺量连续三档,取最大值
钢筋弯起点位置		20	钢直尺检查
预埋件	中心线位置	5	钢直尺检查
	水平高差	3,0	钢直尺和塞尺检查

注:1. 检查预埋件中心线位置时,应沿纵、横两个方向量测,并取其中的较大值。
2. 表中梁类、板类构件上部纵向受力钢筋保护层厚度的合格点率应达到90%及以上,且不得有超过表中数值1.5倍的尺寸偏差。

3. 重点检查验收内容

(1) 墙柱钢筋

起步筋要求:

① 柱第一根箍筋距两端≤50mm。

② 剪力墙第一根水平墙筋距离混凝土板面≤50mm。

③ 剪力墙暗柱第一根箍筋距离混凝土板面≤30mm。(暗柱箍筋与墙水平筋错开20mm以上,不得并在一起。)

④ 暗柱边第一根墙筋距柱边的距离≤1/2竖向分布钢筋间距。

⑤ 连系梁距暗柱边箍筋起步≤50mm。

墙柱竖筋搭接要求：长度满足设计及规范要求，搭接处保证有三根水平筋。绑扎范围不少于三个扣。墙柱立筋50%错开，其错开距离不小于相邻接头1.3倍搭接长度。搭接区应加密。

【实例分析】 如图4-53所示，首层钢筋过高，为130mm>50mm；如图4-54所示，搭接区未加密。

图4-53 首层钢筋过高

图4-54 搭接区未加密

箍筋的接头应沿柱子立筋交错布置绑扎，箍筋与立筋要垂直，绑扣丝头应向里。绑扣相互间应成八字形，如图4-55所示。

图4-55 八字形绑扣

有抗震要求的结构柱箍筋弯钩应满足135°，弯钩平直长度不少于10d，且不少于75mm。

【实例分析】 如图4-56a所示弯钩为135°，平直部分长度满足要求，图4-56b中弯钩接近90°，不满足规范要求。

a)

b)

图4-56 箍筋弯钩

a) 135°弯钩 b) 90°弯钩

保护层厚度应满足要求，柱筋垫块设置在主筋上，如图4-57a所示；墙筋垫块设置在墙水平筋上，如图4-57b所示。

 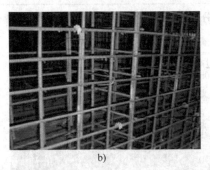

图4-57　墙柱保护层厚度设置
a) 柱筋垫块　b) 墙筋垫块

（2）梁钢筋

① 梁主筋必须设在箍筋四角，梁各层纵筋净间距≥25mm且≥d，如图4-58a所示；梁上部纵筋净距≥30mm且≥1.5d，如图4-58b所示。

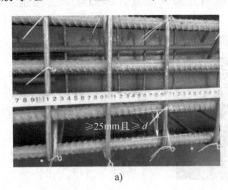 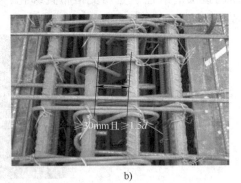

图4-58　梁钢筋间距
a) 梁各层纵筋净间距　b) 梁上部纵筋净距

② 梁箍筋与主筋要垂直，不得歪斜。

【实例分析】　如图4-59a所示，钢筋规整；如图4-59b所示，钢筋歪斜。

 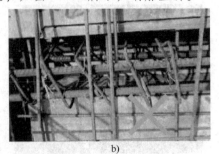

图4-59　梁钢筋绑扎
a) 钢筋规整　b) 钢筋歪斜

③ 梁距墙柱边箍筋起步≤50mm，如图4-60所示。

④ 梁柱接头处箍筋应加密，如图4-61所示为正在检查加密区箍筋间距。

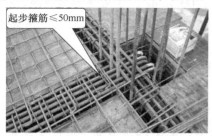

图4-60 梁距墙柱边箍筋起步距离

图4-61 加密区箍筋间距检查

4.3 混凝土工程

【情景引入】

举世瞩目的三峡大坝（图4-62），位于湖北省宜昌市夷陵区三斗坪镇境内，是当今世界最大的水利水电工程——三峡水电站的主体工程、三峡大坝旅游区的核心景观、三峡水库的东端。工程总投资为人民币954.6亿元，于1994年12月14日正式动工修建，2006年5月20日全线修建成功。三峡大坝荣获世界纪录协会世界最大的水利枢纽工程世界纪录。

图4-62 三峡大坝

三峡大坝工程包括主体建筑物工程及导流工程两部分。大坝为混凝土重力坝，全长约3335m，坝顶总长3035m，坝顶高程185m，正常蓄水位175m，总库容393亿m^3，其中防洪库容量221.5亿m^3，能够抵御百年一遇的特大洪水。三峡大坝左右岸安装32台单机容量为70万kW水轮发电机组，安装2台5万kW电源电站，其2250万kW的总装机容量为世界第一。

三峡水利枢纽主体（含导流）建筑物施工总工程量包括建筑物基础土石方开挖10283万 m^3，混凝土基础2794万 m^3，坝体总混凝土量为1700万 m^3，土石方填筑3198万 m^3，金属结构安装25.65万t，水电站机电设备安装34台套、2250万kW。除土石方填筑量外，其他项指标均属世界第一。

三峡大坝混凝土体积巨大，坝体结构复杂，混凝土工程规模宏大。日浇筑量最大为15000m^3，月最大混凝土浇筑量为50万 m^3，年最大浇筑量为400万 m^3。

对如此宏大的工程，混凝土使用量如此巨大，再加上坝体施工环境的影响（夏季高温时间长、秋冬季常刮冷风），该如何进行原材料选择、配比，施工中如何防止混凝土的开裂，又是怎么来保证混凝土的耐久性等众多质量问题的呢？

目前，工程项目混凝土施工均采用预拌混凝土，混凝土工程包括混凝土进场验收、运输、浇筑捣实和养护等施工过程，各个施工过程相互联系和影响，任一施工过程处理不当都会影响混凝土工程的最终质量。

4.3.1 混凝土进场验收

① 预拌混凝土质量检验分为出厂检验和交货检验。出厂检验的取样与试验由预拌混凝土生产企业负责，交货检验应由施工单位、生产企业在施工现场进行。

② 预拌混凝土进入施工现场时，混凝土生产企业应当按开盘次数向使用方提供如下质量控制资料：原材料出厂合格证和进场复验报告；混凝土配合比试验报告；经监理批复混凝土生产配合比报告；混凝土初凝时间报告；混凝土开盘鉴定；混凝土发货单（发货单应做到一车一单，随混凝土送料车一起送到工地，作为混凝土交货验收的依据）。

③ 交货检验项目包括现场三方见证取样检测的混凝土坍落度（图4-63）。标准养护试件和同条件养护试件，必须在施工现场见证取样制作（图4-64）和养护（图4-65）。不得以企业制作的出厂检验混凝土试件或其他混凝土试件代替施工现场制作的混凝土标准养护试件和同条件养护试件，见证记录归入施工技术档案。

图4-63 混凝土坍落度检验

图4-64 混凝土试件制作

④ 混凝土强度的确定，以见证取样送检的标准条件养护试件强度为依据，各试件上应标编号（图4-66），并做好记录，避免试件混淆。试件应按规定送至具有相应建设工程质量检测资质的检测机构检验；其他质量指标的判定由供需双方根据国家有关标准在合同中约定。在签订预拌混凝土供货合同时，应约定配合比和生产地点。

图 4-65 混凝土试件养护
a）在养护箱中养护 b）在养护室中养护

图 4-66 混凝土试件编号
a）混凝土试件中植入芯片 b）混凝土试件普通编号

4.3.2 混凝土运输

对混凝土拌合物运输的基本要求是不产生离析现象、保证浇筑时规定的坍落度和在混凝土初凝之前能有充分时间进行浇筑和捣实。

此外，运输混凝土的工具要不吸水、不漏浆，且运输时间有一定限制。普通混凝土从搅拌机中卸出到浇筑完毕的延续时间不宜超过表 4-18 的规定。

混凝土运输（图文）

表 4-18 混凝土从搅拌机中卸出到浇筑完毕的延续时间　　（单位：min）

混凝土强度等级	气温	
	≤25℃	>25℃
≤C30	120	90
>C30	90	60

混凝土运输分为地面水平运输、垂直运输和高空水平运输三种情况。

① 混凝土地面水平运输，如采用预拌（商品）混凝土且运输距离较远时，多用混凝土搅拌运输车；如来自工地现场搅拌站，则多用小型翻斗车，有时还用皮带输送机和窄轨翻斗车，近距离也可用双轮手推车。

② 混凝土垂直运输多采用塔式起重机、混凝土泵、快速提升斗和井架。

③ 混凝土高空水平运输采用塔式起重机，一般可将料斗中混凝土直接卸在浇筑点；如采用混凝土输送泵则与布料机配套布料；如用井架等，则以双轮手推车为主。

【知识拓展】 超高压混凝土泵送设备

三一重工超高压混凝土拖泵成功将混凝土泵送至中国第一高楼——上海中心大厦 620m 高度,创造超高层混凝土泵送新的世界纪录。

超高压混凝土泵送设备(图文)

4.3.3 混凝土浇筑

混凝土的浇筑成型工作包括布料摊平、捣实和抹面修正等工序,它对混凝土的密实度和耐久性、结构的整体性和外形正确性等都有重要影响。

1. 混凝土浇筑的一般规定

① 混凝土浇筑过程应分层进行,分层浇筑应符合表 4-19 规定的分层振捣厚度要求,上层混凝土应在下层混凝土初凝之前浇筑完毕。

表 4-19 混凝土分层振捣的最大厚度

振捣方法	混凝土分层振捣最大厚度
振动棒	振动棒作用部分长度的 1.25 倍
表面振动器	200mm
附着振动器	根据设置方式,通过试验确定

② 混凝土运输、输送入模的过程宜连续进行,从运输到输送入模的延续时间不宜超过表 4-20 的规定,且不应超过表 4-21 的限值规定。掺早强型减水外加剂、早强剂的混凝土以及有特殊要求的混凝土,应根据设计及施工要求,通过试验确定允许时间。

表 4-20 运输到输送入模的延续时间 (单位:min)

条件	气温	
	≤25℃	>25℃
不掺外加剂	90	60
掺外加剂	150	120

表 4-21 运输、输送入模及其间歇总的时间限值 (单位:min)

条件	气温	
	≤25℃	>25℃
不掺外加剂	180	150
掺外加剂	240	210

③ 浇筑混凝土前,应清除模板内或垫层上的杂物。表面干燥的地基、垫层、模板上应洒水湿润;现场环境温度高于 35℃时宜对金属模板进行洒水降温;洒水后不得留有积水。

④ 混凝土浇筑应保证混凝土的均匀性和密实性。混凝土宜一次连续浇筑;当不能一次连续浇筑时,可留设施工缝或后浇带分块浇筑。

⑤ 混凝土浇筑的布料点宜接近浇筑位置,应采取减少混凝土下料冲击的措施。

⑥ 混凝土浇筑后,在混凝土初凝前和终凝前宜分别对混凝土裸露表面进行抹面处理。

【注意事项】

① 柱、墙模板内的混凝土浇筑倾落高度应符合表 4-22 的规定;当不能满足表 4-22 的要求时,应加设串筒、溜管、溜槽等装置。

② 柱、墙混凝土设计强度等级高于梁、板混凝土设计强度等级时，混凝土浇筑应符合下列规定：

表 4-22　柱、墙模板内的混凝土浇筑倾落高度限值　　　　（单位：m）

条　件	浇筑倾落高度限值
粗骨料粒径大于 25mm	≤3
粗骨料粒径小于或等于 25mm	≤6

注：当有可靠措施能保证混凝土不产生离析时，混凝土倾落高度可不受本表限制。

a. 柱、墙混凝土设计强度比梁、板混凝土设计强度高一个等级时，柱、墙位置梁、板高度范围内的混凝土经设计单位同意，可采用与梁、板混凝土设计强度等级相同的混凝土进行浇筑。

b. 柱、墙混凝土设计强度比梁、板混凝土设计强度高两个等级及以上时，应在交界区域采取分隔措施。分隔位置应在低强度等级的构件中，且距高强度等级构件边缘不应小于 500mm。

c. 宜先浇筑高强度等级混凝土，后浇筑低强度等级混凝土。

③ 泵送混凝土浇筑应符合下列规定：

a. 宜根据结构形状及尺寸、混凝土供应、混凝土浇筑设备、场地内外条件等划分每台输送泵浇筑区域及浇筑顺序。

b. 采用输送管浇筑混凝土时，宜由远而近浇筑；采用多根输送管同时浇筑时，其浇筑速度宜保持一致。

c. 润滑输送管的水泥砂浆用于湿润结构施工缝时，水泥砂浆应与混凝土浆液同成分；水泥砂浆厚度不应大于 30mm，多余水泥砂浆应收集后运出。

d. 混凝土泵送浇筑应保持连续；如混凝土供应不及时，应采取间歇泵送方式。

e. 混凝土浇筑后，应按要求完成输送泵和输送管的清理。

④ 施工缝或后浇带处浇筑混凝土应符合下列规定：

a. 结合面应采用粗糙面，结合面应清除浮浆、疏松石子、软弱混凝土层，并应清理干净。

b. 结合面处应采用洒水方法进行充分湿润，并不得有积水。

c. 施工缝处已浇筑混凝土的强度不应小于 1.2MPa。

d. 柱、墙水平施工缝水泥砂浆层厚度不应大于 30mm，水泥砂浆应与混凝土浆液同成分。

e. 后浇带混凝土强度等级及性能应符合设计要求；当设计无要求时，后浇带强度等级宜比两侧混凝土提高一级，并宜采用减少收缩的技术措施进行浇筑。

⑤ 超长结构混凝土浇筑应符合下列规定：

a. 可留设施工缝分仓浇筑，分仓浇筑间隔时间不应少于 7d。

b. 当留设后浇带时，后浇带封闭时间不得少于 14d。

c. 超长整体基础中调节沉降的后浇带，混凝土封闭时间应通过监测确定，沉降应趋于稳定后再封闭后浇带。

d. 后浇带的封闭时间尚应经设计单位认可。

2. 施工缝留置

混凝土结构多要求整体浇筑，如因技术或组织上的原因不能连续浇筑时，且停顿时间有可能超过混凝土的初凝时间，则应事先确定在适当位置留置施工缝。由于混凝土的抗拉强度约为其抗压强度的 1/10，因而施工缝是结构中的薄弱环节，宜留在结构剪力较小的部位，同时要方便施工。

① 柱子宜留在基础顶面、梁或吊车梁牛腿的下面、吊车梁的上面、无梁楼盖柱帽的下面（图 4-67），和板连成整体的大截面梁应留在板底面以下 20~30mm 处，当板下有梁托时，留置在梁托下部。

② 单向板应留在平行于板短边的任何位置。有主次梁的楼盖宜顺着次梁方向浇筑，施工缝应留在次梁跨度的中间 1/3 长度范围内（图 4-68）。

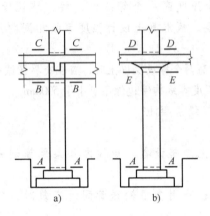

图 4-67 混凝土柱施工缝示意图
a）梁板式结构 b）无梁楼盖结构

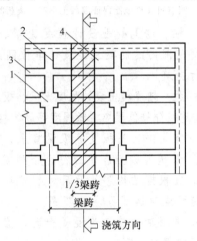

图 4-68 现浇梁楼盖施工缝示意图
1—柱 2—主梁 3—次梁 4—楼板

③ 墙可留在门洞口过梁跨中 1/3 范围内，也可留在纵横墙的交接处。

④ 双向受力的楼板、大体积混凝土结构、拱、薄壳、多层框架等及其他复杂的结构，应按设计要求留置施工缝。

3. 混凝土浇筑布料与捣实

混凝土施工浇筑中布料与捣实是最关键的工序，"浇"就是布料，"筑"就是捣实。混凝土的布料要考虑凝结时间和分层厚度，并满足表 4-18 和表 4-19 的规定。

（1）混凝土布料

混凝土布料时要注意操作工艺，应避免斜向抛送，不要距离过高散落。布料操作工艺如下：

1）人工布料

人工布料是混凝土工艺中最基本的操作。其投放有一定的规律，正铲取料后反铲投料，不会造成混凝土离析，如图 4-69 所示。

2）溜槽或皮带机布料

溜槽或皮带机布料是工地常用的布料方法。由于拌合物是从上而下或由皮带机以相当快的速度送来，其惯性比手工操作更大，其离析也较大。如图 4-70 所示为溜槽卸料，如图 4-71 所示为皮带机卸料。其中不加挡板，则石子集中在前方；或只加单边挡板，则石子反弹集中在后方，应加直筒，其垂直长度不小于 600mm。将有惯性的拌合物纠正为垂直布料，保证混凝土各组分均匀组合。

3）筒布料

对大体积深基础混凝土施工，一般使用溜槽或泵送布料。但小体积深基础施工，则采用

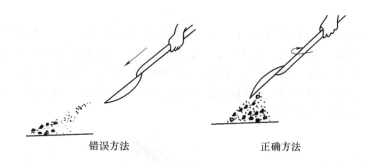

图 4-69 人工布料

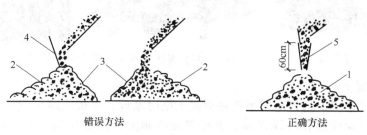

图 4-70 溜槽卸料
1—拌合物组合均匀 2—砂浆较集中 3—石子较集中 4—单边挡板 5—直筒

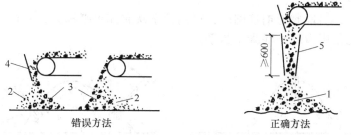

图 4-71 皮带机卸料
1—拌合物组合均匀 2—砂浆较集中 3—石子较集中 4—单边挡板 5—直筒

串筒或软管布料，其优点是可以随意移动，设备较易安排。使用时避免离析的方法是掌握好最后三个料筒或最后 600mm 长度的软管要保持垂直，如图 4-72 所示。

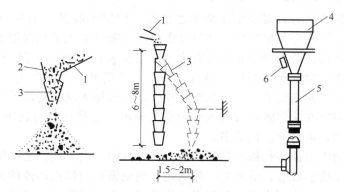

图 4-72 溜槽与串筒下料
1—溜槽 2—挡板 3—串筒 4—漏斗 5—节管 6—振动器

4）泵送布料

泵送布料可采用混凝土泵车（图4-73）、搅拌泵送布料一体机（图4-74）、混凝土布料机（图4-75）（手动式、移动式、内爬式）等进行布料。泵送混凝土的运送，有很大的惯性，如用水平管布料也容易出现离析，而喷射面积较大，很难集中在浇筑点。通常在水平口安装弯管或帆布套或波纹软胶管套，既能避免离析，也可准确浇入施工点。但应注意出料口与受料面的距离，应保持大于600mm。

图4-73 混凝土泵车

图4-74 搅拌泵送布料一体机

图4-75 混凝土布料机

（2）摊铺混凝土

施工中，经常出现由运料车或吊斗将混凝土临时堆放在模板或地坪上备用。施工时，须将之摊平。如将振动棒插在堆顶振动，其结果是堆顶上形成砂浆窝，石子则沉入底部，如图4-76a所示。正确的方法如图4-76b所示，振动棒从底部插入。插入宜慢，其插入速度不应大于混凝土摊平流动的速度。插入次序：向四周轮插→由下向上螺旋式提升，直至混凝土摊平至所需要的厚度。

如用人工摊平，当堆底无钢筋网时，可用铲子从底部水平插入，将混凝土向外分摊。如已有钢筋网，只能使用齿耙将混凝土扒平。

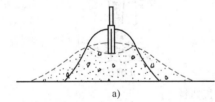
图4-76 摊铺混凝土
a）错误方法 b）正确方法

（3）混凝土振捣

混凝土拌合物浇筑之后，需经密实成型才能赋予混凝土制品或结构一定外形和内部结构。混凝土的强度、抗冻性、耐久性等都与密实有关。振捣工艺是在混凝土初凝阶段使用各种方法和工具进行振捣，并在初凝前捣实完毕，并浇筑成为设计所需要的形状。

当前，混凝土拌合物密实成型的途径有三种：一是借助于机械外力（如机械振动）来克服拌合物的剪应力而使之流动；二是在拌合物中适当多加水以提高流动性，便于成型，成型后用离心法、真空作业法等将多余的水分和空气排出；三是在拌合物中掺入高效减水剂，使其坍落度大大增加，可自流浇筑成型。

混凝土振捣分为人工振捣和机械振捣两种方式。其中，人工振捣使用捣锤或插钎等工具的冲击力来使混凝土密实成型，效率低，效果差；机械振捣是将振动器的振动传给混凝土拌合物使之发生强迫振动而密实成型，效率高、质量好。常见的振动机械类型如图4-77所示。

混凝土分层振捣的最大厚度应符合表4-23的规定。

模块4　钢筋混凝土工程施工

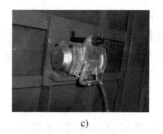

a)　　　　　　　　　　b)　　　　　　　　　c)　　　　　　　　　d)

图 4-77　振动机械

a) 内部振动器（插入式振动器）　b) 混凝土表面振动器　c) 外部振动器　d) 混凝土振动台

表 4-23　混凝土分层振捣的最大厚度

振捣方法	混凝土分层振捣的最大厚度
振动棒	振动棒作用部分长度的 1.25 倍
表面振动器	200mm
附着振动器	根据设置方式，通过试验确定

1) 内部振动器（插入式振动器）振捣

内部振动器又称插入式振动器，其工作部分是一棒状空心圆柱体，内部装有偏心振子，在电动机带动下高速转动而产生高频微幅的振动。多用于振实梁、柱、墙、厚板和大体积混凝土结构等。

其振捣方法有两种：一种是垂直振捣，即振动棒与混凝土表面垂直；一种是斜向振捣，即振动棒与混凝土表面成一定角度，为 40°~45°，如图 4-78 所示。

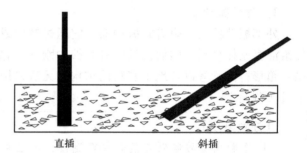

图 4-78　插入式振动器插入方法

【注意事项】

① 应按分层浇筑厚度分别进行振捣，振动棒的前端应插入前一层混凝土中，插入深度不应小于 50mm。

② 振动棒应垂直于混凝土表面并快插慢拔均匀振捣；当混凝土表面无明显塌陷、有水泥浆出现、不再冒气泡时，可结束该部位振捣。

③ 振动棒与模板的距离不应大于振动棒作用半径的 0.5 倍；振捣插点间距不应大于振动棒作用半径的 1.5 倍。应尽量避免碰撞钢筋、模板、预埋件等。插点的分布有行列式和交错式两种，如图 4-79 所示。

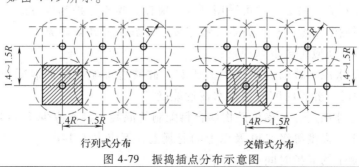

图 4-79　振捣插点分布示意图

2）混凝土表面振动器（平板振动器）振捣

表面振动器又称平板振动器，它由带偏心块的电动机和平板（木板或钢板）等组成。其作用深度较小，多用在混凝土表面进行振捣，适用于楼板、地面、道路、桥面等薄型水平构件。

【注意事项】
① 表面振动器振捣应覆盖振捣平面边角。
② 表面振动器移动间距应覆盖已振实部分混凝土边缘。
③ 倾斜表面振捣时，应由低处向高处进行振捣。
④ 在无筋或单层钢筋结构中，每次振实的厚度不大于250mm；在双层钢筋的结构中，每次振实厚度不大于120mm。表面振动器的移动间距，应保证振动器的平板覆盖已振实部分的边缘，以使该处的混凝土振实出浆为准。也可进行两遍振实，第一遍和第二遍的方向要互相垂直，第一遍主要使混凝土密实，第二遍则使表面平整。

3）外部振动器

外部振动器又称附着式振动器，它通过螺栓或夹钳等固定在模板外部，通过模板将振动传给混凝土拌合物，因而模板应有足够的刚度。它宜于振捣断面小且钢筋密的构件，如薄腹梁、箱形桥面梁等以及地下密封的结构，无法采用插入式振捣器的场合。其有效作用范围可通过实测确定。

【注意事项】
① 附着式振动器应与模板紧密连接，设置间距应通过试验确定。
② 附着式振动器应根据混凝土浇筑高度和浇筑速度，依次从下往上振捣。
③ 模板上同时使用多台附着式振动器时应使各振动器的频率一致，并应交错设置在相对面的模板上。

4）混凝土振动台

混凝土振动台是混凝土构件成型工艺中生产效率较高的一种设备，只产生上下方向的定向振动，对混凝土拌合物非常有利，适用于混凝土预制构件的振捣。

4.3.4 混凝土养护

混凝土养护是创造条件使水泥充分水化，加速混凝土硬化，防止混凝土成型后因暴晒、风吹、干燥、寒冷等环境因素影响而出现不正常的收缩、裂缝等破损现象。所以混凝土浇筑后应及时进行保湿养护，保湿养护可采用洒水、覆盖、喷涂养护剂等方式。选择养护方式应考虑现场条件、环境温湿度、构件特点、技术要求、施工操作等因素。

混凝土的养护时间应符合下列规定：
① 采用硅酸盐水泥、普通硅酸盐水泥或矿渣硅酸盐水泥配制的混凝土，不应少于7d；采用其他品种水泥时，养护时间应根据水泥性能确定。
② 采用缓凝型外加剂、大掺量矿物掺合料配制的混凝土，不应少于14d。
③ 抗渗混凝土、强度等级C60及以上的混凝土，不应少于14d。
④ 后浇带混凝土的养护时间不应少于14d。

⑤ 地下室底层墙、柱和上部结构首层墙、柱宜适当增加养护时间。
⑥ 基础大体积混凝土养护时间应根据施工方案确定。

1. 自然养护

（1）洒水养护

洒水养护宜在混凝土裸露表面覆盖麻袋或草帘后进行，如图4-80所示。也可采用直接洒水、蓄水等养护方式。洒水养护应保证混凝土处于湿润状态。

图4-80 洒水覆盖养护
a）覆盖麻袋 b）覆盖草帘

【注意事项】 当日最低温度低于5℃时，不应采用洒水养护。

（2）覆盖养护

覆盖养护宜在混凝土裸露表面覆盖塑料薄膜、塑料薄膜加麻袋、塑料薄膜加草帘进行，如图4-81所示。

图4-81 混凝土覆盖养护
a）覆盖塑料薄膜 b）塑料薄膜加麻袋 c）塑料薄膜加草帘

【注意事项】
① 塑料薄膜应紧贴混凝土裸露表面，塑料薄膜内应保持有凝结水。
② 覆盖物应严密，覆盖物的层数应按施工方案确定。

2. 喷涂养护剂养护

喷涂养护剂养护是在混凝土裸露表面喷涂覆盖致密的养护剂进行养护，如图4-82所示。养护剂应均匀喷涂在结构构件表面，不得漏喷；养护剂应具有可靠的保湿效果，保湿效果可通过试验检验；养护剂使用方法应符合产品说明书的有关要求。

4.3.5 混凝土的拆模和成熟度

（1）混凝土的拆模

模板拆除日期取决于混凝土的强度、模板的用途、结构的性质及混凝土硬化时的气温。

不承重的侧模板，在混凝土强度能保证其表面棱角不因拆除模板而受损坏时，即可拆除。承重模板，如梁、板等底模板，应待混凝土达到规定强度后，方可拆除。结构的类型跨度不同，其拆模时混凝土强度不同。

图 4-82 喷涂养护剂养护

已拆除承重模板的结构，应在混凝土达到规定的强度等级后，才允许承受全部设计荷载。拆模后应由监理（建设）单位、施工单位对混凝土的外观质量和尺寸偏差进行检查，并做好记录。

（2）混凝土的成熟度

混凝土冬期施工时，由于同条件养护的试件置于与结构相同条件下进行养护，结构构件的表面散热情况，和小试件的散热情况有较大的差异，内部温度状况明显不同，所以同条件养护的试件强度不能够切实反映结构的实际强度，利用结构的实际测温数据作为依据的"成熟度"法估算混凝土强度，由于方法简便，实用性强，易于被接受并逐渐被推广应用。

1）成熟度的概念

成熟度即混凝土在养护期间养护温度和养护时间的乘积。也就是说，混凝土强度的增长和"成熟度"之间有一定的规律。混凝土强度增长快慢和养护温度、养护时间有关，当混凝土在一定温度条件下进行养护时，混凝土的强度增长只取决养护时间长短，即龄期。但是当混凝土在养护温度变化的条件下进行养护时，强度的增长并不完全取决于龄期，而且受温度变化的影响而有波动。由于混凝土在冬期养护期间，养护温度是一个不断降温变化的过程，所以其强度增长不是简单地和龄期有关，而是和养护期间所达到的成熟度有关。

2）"成熟度"法的适用范围

成熟度法适用于不掺外加剂在50℃以下正温养护和掺外加剂在30℃以下养护的混凝土，或掺有防冻剂用负温养护法施工的混凝土，来预估混凝土强度标准值60%以内的强度值。

3）用"成熟度"法计算混凝土强度需具备的条件

用"成熟度"法预估混凝土强度，需用实际工程使用的混凝土原材料和配合比，制作不少于5组混凝土立方体标准试件在标准条件下养护，得出1d、2d、3d、7d、28d的强度值；并需取得现场养护混凝土的温度实测资料（温度、时间）。

4）采用蓄热法或综合蓄热法养护时，混凝土强度的计算公式

用标准养护试件各龄期强度数据，经回归分析拟合成成熟度——强度曲线方程，即

$$f = ae^{-\frac{b}{M}} \tag{4-6}$$

式中　f——混凝土抗压强度（N/mm²）；

　　　a、b——参数；

e——自然对数底,可取 $e=2.72$;

M——混凝土养护的成熟度(℃·h),可按下式计算:

$$M = \Sigma(T+15)t \quad (4-7)$$

式中 T——在时间段 t 内混凝土平均温度(℃);

t——温度为 T 的持续时间(h)。

M 值由现场养护构件的实测温度、时间资料求得。参数 a、b 是由混凝土标准养护试件的各龄期强度数据,经回归分析拟合成的曲线方程求得。因此,要求数据记录应按测温记录规则进行记录,且要准确、连续,不得中断。

M、a、b 算出后,直接代入式(4-6),即可算出混凝土经 t 时段后的强度值,将该强度乘以综合蓄热法调整系数 0.8,即得混凝土经 t 时段后达到的强度。

4.3.6 混凝土质量缺陷及处理

现浇结构的外观质量缺陷性质,应由监理(建设)单位、施工单位等各方根据其对结构性能和使用功能影响的严重程度,按表 4-24 确定。

表 4-24 现浇结构外观质量缺陷

名称	现象	严重缺陷	一般缺陷
露筋	构件内钢筋未被混凝土包裹而外露	纵向受力钢筋有露筋	其他钢筋有少量露筋
蜂窝	混凝土表面缺少水泥浆而形成石子外露	构件主要受力部位有蜂窝	其他部位有少量蜂窝
孔洞	混凝土中孔穴深度和长度均超过保护层厚度	构件主要受力部位有孔洞	其他部位有少量孔洞
夹渣	混凝土中夹有杂物且深度超过保护层厚度	构件主要受力部位有夹渣	其他部位有少量夹渣
疏松	混凝土中局部不密实	构件主要受力部位有疏松	其他部位有少量疏松
裂缝	缝隙从混凝土表面延伸至混凝土内部	构件主要受力部位有影响结构性能或使用功能的裂缝	其他部位有少量不影响结构性能或使用功能的裂缝
连接部位缺陷	构件连接处混凝土缺陷及连接钢筋、连接铁件松动	连接部位有影响结构传力性能的缺陷	连接部位有基本不影响结构传力性能的缺陷
外形缺陷	缺棱掉角、棱角不直、翘曲不平、飞出凸肋等	清水混凝土构件内有影响使用功能或装饰效果的外形缺陷	其他混凝土构件有不影响使用功能的外形缺陷
外表缺陷	构件表面麻面、掉皮、起砂、沾污等	具有重要装饰效果的清水混凝土构件有外表缺陷	其他混凝土构件有不影响使用功能的外表缺陷

如发现缺陷,应进行修补。对面积小、数量不多的蜂窝或露石的混凝土,先用钢丝刷或压力水洗刷基层,然后用 1:2.5~1:2 的水泥砂浆抹平;对较大面积的蜂窝、露石、露筋应按其全部深度凿去薄弱的混凝土层,然后用钢丝刷或压力水冲刷,再用比原混凝土强度等

级高一个级别的细骨料混凝土填塞,并仔细捣实。对影响结构性能的缺陷,应与设计单位研究处理。现浇结构的外观质量缺陷见图 4-83。

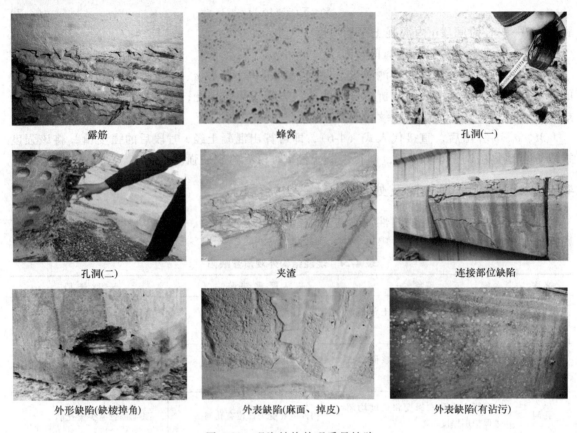

图 4-83 现浇结构外观质量缺陷

4.3.7 混凝土工程施工质量验收与评定方法

混凝土工程的施工质量检验应按主控项目、一般项目按规定的检验方法进行检验。检验批合格质量应符合下列规定:主控项目的质量经抽样检验合格;一般项目的质量经抽样检验合格;当采用计数检验时,除有专门要求外,一般项目的合格点率应达到 80% 及以上,且不得有严重缺陷;具有完整的施工操作依据和质量验收记录。

1. 主控项目

① 水泥进场时应对其品种、级别、包装或散装仓号、出厂日期等进行检查,并应对其强度、安定性及其他必要的性能指标进行复验,其质量必须符合现行国家标准的要求。当在使用中对水泥质量有怀疑或水泥出厂超过三个月(快硬硅酸盐水泥超过一个月)时,应进行复验,并按复验结果使用。

钢筋混凝土结构、预应力混凝土结构中,严禁使用含氯化物的水泥。

检查数量:按同一生产厂家、同一等级、同一品种、同一批号且连续进场的水泥,袋装不超过 200t 为一批,散装不超过 500t 为一批,每批抽样不少于一次。

检验方法:检查产品合格证、出厂检验报告和进场复验报告。

② 混凝土中掺用外加剂的质量及应用技术应符合现行国家标准和有关环境保护的规定。预应力混凝土结构中，严禁使用含氯化物的外加剂。钢筋混凝土结构中，当使用含氯化物的外加剂时，混凝土中氯化物的总含量应符合现行国家标准的规定。

检查数量：按进场的批次和产品的抽样检验方案确定。

检验方法：检查产品合格证、出厂检验报告和进场复验报告。

③ 混凝土强度等级、耐久性和工作性按《普通混凝土配合比设计规程》（JGJ 55—2011）的有关规定进行配合比设计。对有特殊要求的混凝土，其配合比设计尚应符合国家现行有关标准的专门规定。

检验方法：检查配合比设计资料。

④ 结构混凝土的强度等级必须符合设计要求。用于检查结构构件混凝土强度的试件，应在混凝土的浇筑地点随机抽取。取样与试件留置应符合下列规定：每拌制 100 盘且不超过 $100m^3$ 的同配合比的混凝土，取样不得少于一次；每工作班拌制的同一配合比的混凝土不足 100 盘时，取样不得少于一次；当一次连续浇筑超过 $1000m^3$ 时，同一配合比的混凝土每 $200m^3$ 取样不得少于一次；每一楼层、同一配合比的混凝土，取样不得少于一次；每次取样应至少留置一组标准养护试件，同条件养护试件的留置组数应根据实际需要确定。

检验方法：检查施工记录及试件强度试验报告。

⑤ 对有抗渗要求的混凝土结构，其混凝土试件应在浇筑地点随机取样。同一工程、同一配合比的混凝土，取样不应少于一次，留置组数可根据实际需要确定。

检验方法：检查试件抗渗试验报告。

⑥ 混凝土原材料每盘称量的偏差应符合的规定：水泥、掺合料±2%；粗、细骨料±3%；水、外加剂±2%。

检查数量：每工作班抽查不应少于一次。当遇雨天或含水率有显著变化时，应增加含水率检测次数，并及时调整水和骨料的用量。

检验方法：复称。

⑦ 混凝土运输、浇筑及间歇的全部时间不应超过混凝土的初凝时间。同一施工段的混凝土应连续浇筑，并应在底层混凝土初凝之前将上一层混凝土浇筑完毕。

当底层混凝土初凝后浇筑上一层混凝土时，应按施工技术方案中对施工缝的要求进行处理。

检查数量：全数检查。

检验方法：观察，检查施工记录。

⑧ 现浇结构的外观质量不应有严重缺陷。对已经出现的严重缺陷，应由施工单位提出技术处理方案，并经监理（建设）单位认可后进行处理。对经处理的部位，应重新检查验收。

检查数量：全数检查。

检查方法：观察，检查技术处理方案。

⑨ 现浇结构不应有影响结构性能的尺寸偏差。对超过尺寸偏差且影响结构性能和安装、使用功能的部位，应由施工单位提出技术方案，并经监理（建设）单位认可后进行处理。对经处理的部位，应重新检查验收。

检查数量：全数检查。

检验方法：量测，检查技术处理方案。

2. 一般项目

① 混凝土中掺用矿物掺合料，粗、细骨料及拌制混凝土用水的质量应符合现行家标准的规定。

检查数量：按进场的批次和产品的抽样检验方案确定。

检验方法：检查出厂合格证和进场复验报告，粗、细骨料检查进场复验报告，拌制混凝土用水检查水质试验报告。

② 首次使用的混凝土配合比应进行开盘鉴定，其工作性应满足设计配合比的要求。开始生产时应至少留置一组标准养护试件，作为验证配合比的依据。

检验方法：检查开盘鉴定资料和试件强度试验报告。

③ 混凝土拌制前，应测定砂、石含水率并根据测试结果调整材料用量，提出施工配合比。

检查数量：每工作班检查一次。

检验方法：检查含水率测试结果和施工配合比通知单。

④ 施工缝、后浇带的位置应在混凝土浇筑前按设计要求和施工技术方案确定。施工缝处理、后浇带混凝土浇筑应按施工技术方案执行。

检查数量：全数检查。

检验方法：观察，检查施工记录。

⑤ 现浇结构和现浇设备基础拆模后的位置和尺寸允许偏差及检验方法应符合表4-25和表4-26的规定。

现浇结构不应有影响结构性能和使用功能的尺寸偏差。对超过尺寸允许偏差且影响结构性能和安装、使用功能的部位，应由施工单位提出技术处理方案，并经监理（建设）单位认可后进行处理，对经处理的部位，应重新检查验收。

表4-25 现浇结构位置和尺寸允许偏差及检验方法

项	目	允许偏差/mm	检验方法
轴线位置	基础	15	钢直尺检查
	独立基础	10	
	墙、柱、梁	8	
	剪力墙	5	
垂直度	层高 ≤5m	8	经纬仪或吊线、钢直尺检查
	层高 >5m	10	经纬仪或吊线、钢直尺检查
	全高(H)	$H/1000$且≤30	经纬仪、钢直尺检查
标高	层高	±10	水准仪或拉线、钢直尺检查
	全高	±30	
截面尺寸		8，-5	钢直尺检查
电梯井	井筒长、宽对定位中心线	25,0	钢直尺检查
	井筒全高(H)垂直度	$H/1000$且≤30	经纬仪、钢直尺检查

（续）

项目		允许偏差/mm	检验方法
表面平整度		8	2m 靠尺和塞尺检查
预埋设施中心线位置	预埋件	10	钢直尺检查
	预埋螺栓	5	
	预埋管	5	
预埋洞中心线位置		15	钢直尺检查

注：检查轴线、中心线位置时，应沿纵、横两个方向量测，并取其中的较大值。

表 4-26 现浇设备基础拆模后的位置和尺寸允许偏差及检验方法

项目		允许偏差/mm	检验方法
坐标位置		20	经纬仪及尺量
不同平面的标高		0，-20	水准仪或控线、尺量
平面外形尺寸		±20	尺量
凸台上平面外形尺寸		0，-20	
凹槽尺寸		20，0	
平面水平度	每米	5	水平尺、塞尺量测
	全长	10	水准仪或拉线、尺量
垂直度	每米	5	经纬仪或吊线、尺量
	全高	10	
预埋地脚螺栓	中心位置	2	尺量
	顶标高	±20，0	水准仪或拉线、尺量
	中心距	±2	尺量
	垂直度	5	吊线、尺量
预埋地脚螺栓孔	中心线位置	10	尺量
	截面尺寸	20，0	尺量
	深度	20，0	尺量
	垂直度	$h/100$ 且 ≤10	吊线、尺量
预埋活动地脚螺栓锚板	标高	20，0	水准仪或拉线、尺量
	中心线位置	5	尺量
	带槽锚板平整度	5	直尺、塞尺量测
	带螺纹孔锚板平整度	2	

注：1. 检查坐标、中心线位置时，应沿纵、横两个方向量测，并取其中的较大值。
2. h 为预埋地脚螺栓孔孔深。

检查数量：按楼层、结构缝或施工段划分检验批。在同一检验批内，对梁、柱、独立基础，应抽查构件数量的 10%，且不少于 3 件；对墙和板，应按有代表性的自然间抽查 10%，且不少于 3 间；对大空间结构，墙可按相邻轴线间高度 5m 左右划分检查面，板可按纵、横轴线划分检查面，抽查 10%，且均不少于 3 面，对电梯井，应全数检查；对设备基础，应全数检查。

3. 混凝土强度的评定

评定混凝土强度的试件，必须按《混凝土强度检验评定标准》（GB/T 50107—2010）的规定取样、制作、养护和试验，其强度必须符合下列规定：

用统计方法评定混凝土强度时，其强度应同时符合下列两式的规定：

$$m_{f_{cu}} - \lambda_1 s_{f_{cu}} \geq 0.9 f_{cu,k} \qquad (4-8)$$

$$f_{cu,min} \geq \lambda_2 f_{cu,k} \qquad (4-9)$$

用非统计方法评定混凝土强度时，其强度应同时符合下列两式的规定：

$$m_{f_{cu}} \geq 1.15 f_{cu,k} \qquad (4-10)$$

$$f_{cu,min} \geq 0.95 f_{cu,k} \qquad (4-11)$$

式中 $m_{f_{cu}}$——同一验收批混凝土立方体抗压强度的平均值（N/mm²）；

$s_{f_{cu}}$——同一验收批混凝土强度的标准差（N/mm²）；当 $s_{f_{cu}}$ 的计算值小于 $0.06 f_{cu,k}$ 时，取 $0.06 f_{cu,k}$；

$f_{cu,k}$——设计的混凝土立方体抗压强度标准值（N/mm²）；

$f_{cu,min}$——同一验收批混凝土立方体抗压强度的最小值（N/mm²）；

λ_1、λ_2——合格判定系数，按表4-27取用。

表4-27 合格判定系数

合格判定系数	试件组数		
	10～14	15～24	≥25
λ_1	1.70	1.65	1.60
λ_2	0.90	0.85	0.85

注：混凝土强度按单位工程内强度等级、龄期相同及生产工艺条件、配合比基本相同的混凝土为同一验收批评定。但单位工程中仅有一组试件时，其强度不应低于 $1.15 f_{cu,k}$。

【知识拓展】大体积混凝土施工工艺及要点

大体积混凝土施工
工艺及要点
（图文）

上海中心大
厦底板浇筑
（视频）

模块小结

钢筋混凝土工程是建筑施工技术中最重要的部分，主要包括混凝土工程中的模板工程、钢筋工程和混凝土工程等内容。

模板工程，以胶合板、组合钢模板、大模板等为主展开学习，掌握模板的构造组成、安装施工、模板拆除，以及模板工程施工质量检查与验收等。

钢筋工程,主要包括钢筋配料与代换、钢筋验收、钢筋加工、钢筋的绑扎与安装,以及钢筋工程施工质量检查与验收等。其中,钢筋配料计算技能应熟练掌握。

混凝土工程,包括混凝土进场验收、混凝土运输、混凝土浇筑、混凝土养护、混凝土的拆模和成熟度、混凝土质量缺陷及处理,以及混凝土工程施工质量验收与评定方法等。在施工过程中,还应注重节能、环保,保护好生态环境等。

本模块以钢筋混凝土工程施工工艺及施工质量要求为主,内容均以现行工程规范为基准,涵盖面较广泛,基本上囊括了施工用具、材料、工艺等方面。建议学生在学习之余,最好能细读熟记规范中的相关条文,为今后学习与工作做铺垫。

复习思考题

1. 试回答模板及支撑体系的基本要求。
2. 模板的类型有哪些?各有什么特点?适用范围怎样?
3. 试述组合钢模板的组成及其特点。
4. 试述基础、柱、梁、楼板结构的模板构造及安装要求。
5. 如何计算钢筋下料长度及编制钢筋配料单?
6. 钢筋代换的原则有哪些?
7. 钢筋加工工序包括哪些?
8. 钢筋连接的方法通常有哪几种?
9. 钢筋工程检查验收的内容包括哪几个方面?
10. 混凝土工程施工包括哪几个施工过程?
11. 混凝土浇筑基本要求有哪些?
12. 何谓施工缝?施工缝留设有哪些要求?继续浇筑混凝土时,施工缝处如何处理?
13. 何谓后浇带?后浇带封闭时的相关要求有哪些?
14. 混凝土的养护时间应符合哪些规定?
15. 混凝土质量检查包括哪些内容?
16. 大体积混凝土早期裂缝的防治方法有哪些?

【在线测验】

第二部分 活页笔记

学习过程：

重点、难点记录：

学习体会及收获：

其他补充内容：

《建筑施工技术》活页笔记

模块 5

预应力混凝土结构工程施工

【知识体系图】

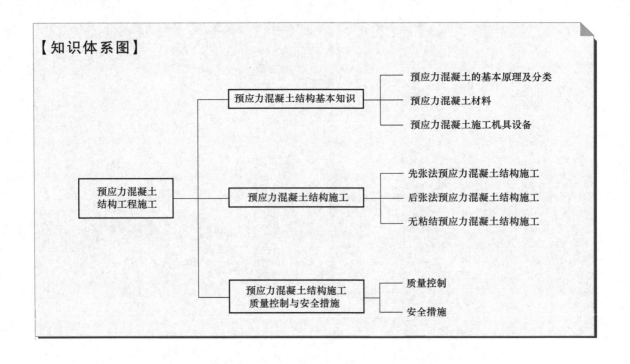

第一部分 知识学习

【知识目标】

1. 了解预应力混凝土的原理。
2. 熟悉预应力混凝土结构的材料、夹具类型及张拉设备。
3. 掌握先张法的施工工艺。
4. 掌握后张法的施工工艺。
5. 掌握无粘结预应力混凝土的施工工艺。

学习引导
（音频）

模块5　预应力混凝土结构工程施工

【能力目标】

1. 能应用预应力原理解决工程开裂、耐久性等问题。
2. 能组织和管理预应力混凝土结构工程施工。
3. 能进行预应力混凝土结构工程施工质量验收。

【素质目标】

1. 具备独立解决问题的能力。
2. 养成良好的职业素养、团队协作和沟通协调的能力。

【思政目标】

1. 能求真务实执行行业标准和法规,树立安全意识、质量意识、环保意识,注重安全和劳动保护。
2. 逐步提高职业品德,恪守职业操守。

【知识链接】

预应力混凝土结构的发展

19世纪末,预应力混凝土开始出现,但由于采用的材料强度低,预应力损失大(尤其是混凝土收缩、徐变引起的损失),早期的预应力混凝土使用范围受限。为此,1908年,美国的斯坦纳建议:在混凝土收缩徐变发生后再张拉预应力。1925年,美国的狄尔首次采用有涂层的预应力筋来避免混凝土与预应力筋之间的粘结。1928年,法国的弗莱西奈特指出预应力混凝土必须采用高强钢材和高强混凝土。1939年奥地利的V.恩佩格提出对普通钢筋混凝土附加少量预应力高强钢丝以改善裂缝和挠度性状的部分预应力新概念。1940年,英国的埃伯利斯进一步提出预应力混凝土结构的预应力与非预应力配筋都可以采用高强钢丝的建议。第二次世界大战后,预应力结构在世界范围内得到了蓬勃发展。直到1970年,第六届国际预应力混凝土会议上肯定了部分预应力混凝土的合理性和经济意义。认识到预应力混凝土与钢筋混凝土并不是截然不同的两种结构材料,而是同属于一个统一的加筋混凝土系列。

我国预应力结构是在20世纪50年代发展起来的。仅70多年的时间里,我国的房屋结构工程应用预应力混凝土取得重大突破,铁路桥预应力混凝土技术已达到世界先进水平。如房屋结构方面:63层的广东国际大厦(图5-1)采用了无粘结预应力混凝土楼盖技术;珠海机场候机楼和首都国际机场新航站楼采用了大面积无粘结预应力混凝土技术;首都国际机场停车楼采用了双向大柱网、大面积超长有粘结预应力混凝土技术。桥梁结构方面:上海杨浦大桥(跨度602m)(图5-2)等七座跨度400m以上的斜拉桥,代表我国斜拉桥技术已进入世界领先水平;连续钢构桥继黄石大桥250m主跨后,虎门大桥达270m主跨,为世界之冠;主跨168m的攀枝花金沙江桥和钱塘江二桥等铁路桥。

图 5-1　广东国际大厦

图 5-2　上海杨浦大桥

5.1　预应力混凝土结构基本知识

【情景引入】

普通钢筋混凝土构件的抗拉极限应变只有 0.0001~0.00015。普通构件混凝土受拉不开裂时，构件中受拉钢筋的应力只有 20~30MPa。即使允许出现裂缝的构件，因受裂缝宽度限制，受拉钢筋的应力也仅达 150~250MPa，钢筋的抗拉强度未能充分发挥。

宁波市某新城商务区建设设计了约 40m 宽的人工河道，河道下底板（车库顶盖）上的框架梁有诸多特殊条件，由于使用荷载为水体静水压力，板面必须严格要求不裂，为一级抗裂等级的结构；河道水深 3m，水道底板的静水压力 30kN/m²，为重载作用下的结构；又因河道下方为地下车库，车库的柱网不大：8.2m×8.2m。若采用普通钢筋混凝土结构，其配筋量甚大，很不经济，且难以确保底板主体结构的防渗、防裂。

如何满足正常使用要求，又能充分发挥混凝土和钢筋两种材料的性能呢？

5.1.1　预应力混凝土的基本原理及分类

1. 预应力混凝土的基本原理

预应力是指为改善使用条件下结构的性能而在结构构件内预先建立的内应力。即在构件承受外荷载前，预先在构件的受拉区对混凝土施加预压应力。当构件在使用阶段的外荷载作用下产生拉应力时，首先要抵消预压应力，这就推迟了混凝土裂缝的出现并限制了裂缝的开展，从而提高了构件的抗裂强度和刚度。

预应力混凝土就是在构件承受外荷载前，预先张拉受拉区中的预应力钢

预应力混凝土原理（视频）

筋，通过预应力钢筋或钢筋与锚具共同将预应力钢筋的弹性收缩力传递到混凝土构件上而产生预压应力，就是将预应力原理应用到混凝土结构的产物，即为改善混凝土抗拉强度低的性质预先施加预压应力。

2. 预应力混凝土的分类

根据制作工艺分为先张法和后张法预应力。后张法预应力根据预应力筋与结构混凝土的粘结特性分为有粘结预应力和无粘结预应力；根据预应力筋的配置位置分为体内预应力和体外预应力；根据施加的预应力水平分为全预应力、限值预应力和部分预应力。在此主要介绍先张法、后张法和无粘结预应力。

先张法是在浇筑混凝土构件之前张拉预应力筋，并临时锚固在台座或钢模上，然后浇筑混凝土构件的施工方法。待混凝土达到一定强度，并与预应力筋有足够粘结力时，放松预应力，预应力筋弹性回缩，借助混凝土与预应力筋间的粘结，对混凝土产生预压应力。其生产示意图如图 5-3 所示。先张法一般大量应用于预制构件，可以生产短向圆孔板、长向圆孔板及 T 梁等构件。先张法预应力一般只能配置直线预应力筋，同时所能建立的预应力水平一般不高。

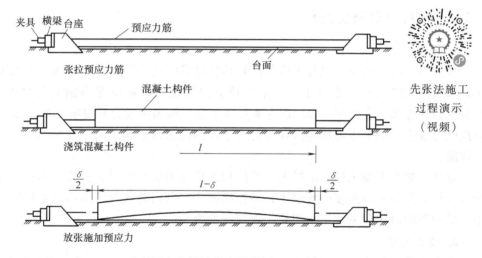

图 5-3 先张法生产示意图

后张法是在混凝土构件制作时，在放置预应力筋的部位预留孔道，待混凝土达到规定强度后穿入预应力筋，并用张拉机具夹持预应力筋将其张拉至设计规定的控制应力，然后借助锚具将高应力下伸长的预应力筋锚固在构件端部，并将回弹力通过锚具传递给结构混凝土，建立预应力，最后进行孔道灌浆（也有不灌浆者）。后张法预应力可应用于预制构件和现浇结构中，一般大量应用于现浇结构中。在现浇结构中后张法可以建立比先张法更多的预应力，因而可以实现更大跨度。其生产示意图如图 5-4 所示。

无粘结预应力混凝土是指预应力筋与其相邻的混凝土没有任何粘结力，预应力筋张拉力完全靠构件两端的锚具传递给构件，即在荷载作用下，预应力筋与相邻的混凝土各自变形。对于现浇平板、密肋板和一些扁梁框架结构，后张法有粘结工艺中孔道的成型和灌浆工序较麻烦且质量难于控制，因而常采用无粘结预应力混凝土结构。其适用于大跨度的单、双向连续多跨曲线配筋梁板结构和屋盖。

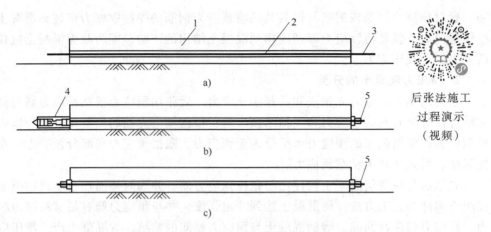

图 5-4 后张法生产示意图
a）制作混凝土构件或结构 b）张拉预应力筋 c）锚固、孔道灌浆
1—混凝土构件或结构 2—预留孔道 3—预应力筋 4—千斤顶 5—锚具

后张法施工
过程演示
（视频）

5.1.2 预应力混凝土材料

1. 混凝土

预应力混凝土结构中混凝土应采用较高强度等级的混凝土，通常预应力混凝土结构构件均要求采用 C30 及以上混凝土，当采用预应力钢绞线、钢丝等高强钢材作为预应力筋时，混凝土强度等级不宜低于 C40。这主要是为了避免施加预应力后混凝土出现过大的徐变，影响预应力效应。如果施加预应力仅仅是为了提高抗裂性，属于构造性的施加预应力，则不受上述限制。

此外，如果混凝土的收缩过大，所施加的预应力会发生过大损失，实际工程中应尽量减少水灰比，采用低坍落度的混凝土，并振捣密实。同时为确保预应力筋在碱性混凝土的环境中，应限制混凝土及灌浆用水泥浆中氯离子的含量。

2. 预应力筋

预应力筋材料主要有高强钢丝和钢绞线（图 5-5 和图 5-6）、预应力螺纹钢筋（图 5-7）等，腐蚀环境中可采用镀锌钢丝、钢绞线或环氧涂层钢绞线。无粘结预应力筋一般只选用普通钢绞线或镀锌钢绞线，涂包材料一般为建筑油脂及高密度聚乙烯套管。常用的预应力筋规格有 $1\times7\phi4$、$1\times7\phi5$ 钢绞线，$\phi4$、$\phi5$ 钢丝，强度级别为 $1570\sim1860N/mm^2$；$\phi25$、$\phi32$ 预应力螺纹钢筋，强度级别为 $980\sim1230N/mm^2$。除了预应力钢材外，尚有非金属预应力材料正

图 5-5 有粘结预应力钢绞线

图 5-6　无粘结预应力钢绞线

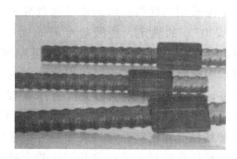

图 5-7　预应力螺纹钢筋

在得到开发应用，非金属预应力筋有碳纤维棒材和板材、芳纶纤维棒材等。

预应力筋松弛会造成预应力损失。如果处于高温环境中，预应力筋的松弛值会显著增加，所以预制构件采用蒸汽养护时应注意控制蒸养温度，一般不宜超过60℃。

3. 孔道成型材料

后张法预应力成孔主要采用金属波纹管和塑料波纹管，通常用金属波纹管，而竖向孔道常采用钢管成孔。成孔材料在施工现场应分类存放在通风干燥处，防止磕碰、锈蚀及污染。塑料波纹管还应采取措施防止阳光暴晒。

塑料波纹管（图 5-8）其刚度比金属波纹管大，孔壁摩擦系数小，不易被混凝土振捣棒振瘪，价格比金属波纹管高。在桥梁的长孔道中应用的比例在增加。

金属波纹管是由镀锌薄钢带（厚 0.3mm）经压波后卷成，具有重量轻、刚度好、弯折方便、连接简单、摩阻系数小、与混凝土粘结好等优点，可用于各种形状的孔道，是现代后张法预应力筋孔道成型的理想材料，如图 5-9 所示。金属波纹管有镀锌和非镀锌之分，波纹有单波和双波之分，如图 5-10 和图 5-11 所示。

图 5-8　塑料波纹管　　　　　　　　　图 5-9　金属波纹管

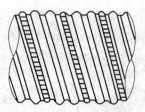
图 5-10 金属波纹管单波

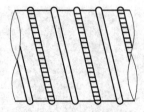
图 5-11 金属波纹管双波

4. 灌浆材料

孔道灌浆材料包括现场搅拌的素水泥浆和成品灌浆材料两种。

配制水泥浆用的硅酸盐水泥或普通硅酸盐水泥性能应符合国家标准《通用硅酸盐水泥》（GB 175—2007）的规定，硅酸盐水泥的强度等级分为 42.5、42.5R、52.5、52.5R、62.5 和 62.5R 六个等级，普通硅酸盐水泥的强度等级分为 42.5、42.5R、52.5 和 52.5R 四个等级，配置水泥浆时应根据工程对水泥浆性能的要求选择适当牌号的水泥。水泥进场时，应根据产品合格证检查其品种、代号等，有序存放，并应对水泥的强度、安定性和凝结时间进行检验。检验结果应符合《通用硅酸盐水泥》（GB 175—2007）的规定。水泥浆中通常掺入外加剂以改善其稠度和密实性等，外加剂种类较多，且均有相应的产品标准，不同种类的外加剂应按其产品标准的规定进行检验，检验合格后方可应用。

采用成品灌浆材料时，其性能应符合国家标准《水泥基灌浆材料应用技术规范》（GB/T 50448—2015）的规定，并按其规定的检验项目分批次进行检验。

预应力筋对应力腐蚀较为敏感，故灌浆材料中均不应含有对预应力筋有害的化学成分。灌浆材料在施工现场应做好防潮、防雨措施，防止受潮、结块；所有材料应在其有效期内使用，超过有效期时应按有关标准的规定使用。

5.1.3 预应力混凝土施工机具设备

预应力混凝土工程施工中，常用的施工机具包括预应力筋制作机具、张拉机具等。预应力混凝土工程施工之前，应根据预应力构件的配筋状况、结构特点、预应力束规格等选择合适的施工机具，在施工现场合理存放，并按使用要求进行定期维护。

1. 台座

台座是先张法施工张拉和临时固定预应力筋的支撑结构，是先张法施工中主要的设备之一。它承受预应力筋的全部张拉力，因此必须有足够的刚度、强度和稳定性，以免因台座的变形、倾覆和滑移引起预应力损失而影响构件质量。其布置图如图 5-12 和图 5-13 所示。

台座的形式繁多，但一般可分为墩式台座和槽式台座两种。

（1）墩式台座

墩式台座是以混凝土墩作为承力结构，由承力台墩、台面和横梁等组成。承力台墩一般埋置在地下，由现浇钢筋混凝土做成。台面一般是在夯实的碎石垫层上浇筑一层厚度为 60~100mm 的混凝土而成。台座长度 50~150m，张拉一次可生产多个构件，从而减少因钢筋滑移引起的应力损失。横梁，一般用型钢制作。墩式台座形式包括重力式、与台面共同作用式、构架式、桩基构架式、螺栓式和双钢轨式等，如图 5-14 所示。

模块5 预应力混凝土结构工程施工

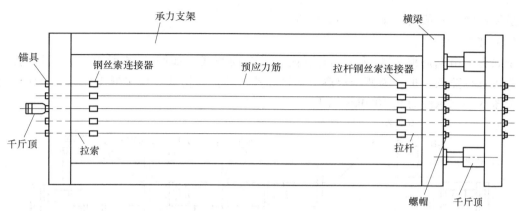

图 5-12 台座布置图（一）

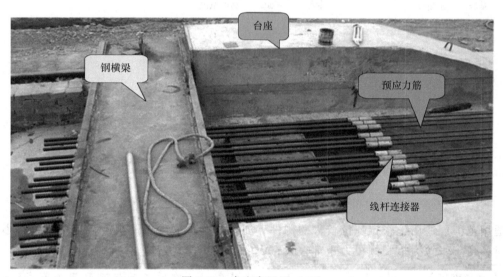

图 5-13 台座布置图（二）

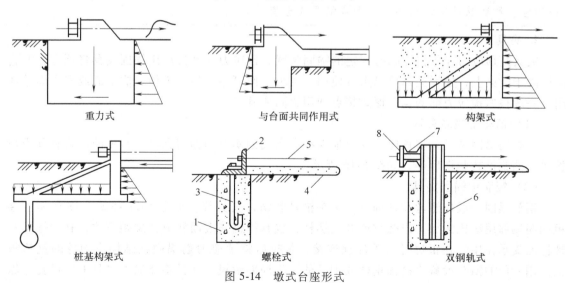

图 5-14 墩式台座形式

1—混凝土锚桩　2—75×75 角钢　3—M16 螺栓　4—混凝土台面　5—预应力筋　6—两根钢轨（或工字钢）　7—槽钢　8—头板

适用范围：一般适用于生产小型构件。

（2）槽式台座

槽式台座由钢筋混凝土压杆、上下横梁及台面组成，如图 5-15 所示，其上加砌砖墙，加盖后可进行蒸汽养护，为便于混凝土运输和蒸汽养护，槽式台座多低于地面。台座长度通常不大于 50m，承载力达 1000kN 以上。

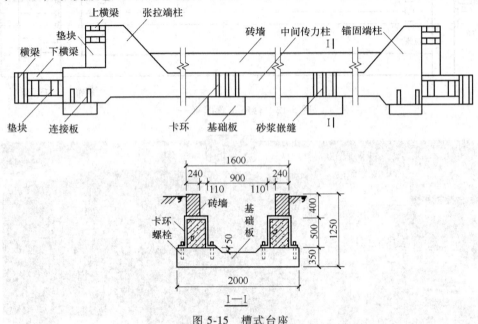

图 5-15 槽式台座

适用范围：适用于张拉吨位较大的构件，如吊车梁、屋架、薄腹梁。当浇筑中、小型吊车梁时，由于张拉力矩和倾覆力矩都很大，因而多采用槽式台座。

【注意事项】 为便于拆移，台座应设计成装配式。在施工现场可利用条石或已预制好的柱、桩和基础梁等构件，装配成简易式台座。

2. 夹具

夹具是预应力筋张拉和临时固定的锚固装置。预应力筋张拉后用锚固夹具将预应力筋直接锚固于横梁上，锚固夹具可以重复使用，要求工作可靠、加工方便、成本低或多次周转使用。一般根据预应力筋的构造形式特点选用锚固夹具。

（1）钢丝用锚固夹具

钢丝用锚固夹具是将预应力钢丝锚固在台座或钢模上的锚固夹具。常见的形式有圆锥齿板式、圆锥槽式和楔形等，如图 5-16 所示。

（2）钢筋用锚固夹具

钢筋锚固一般用螺丝端杆锚具、墩头锚具和销片夹具等，如图 5-17 和图 5-18 所示。在粗钢筋端部用滚压法加工出螺纹或焊上螺杆，也有将钢筋表面轧成大螺距螺纹，利用螺母对螺杆的支承作用，在张拉时与千斤顶连接，张拉后将预应力筋锚固在结构或构件的钢垫板上。用专门的墩头设备将高强钢丝或钢筋的端头局部墩粗，使其不能通过锚具上的锚孔，靠墩粗头支承在锚孔端面形成锚固。

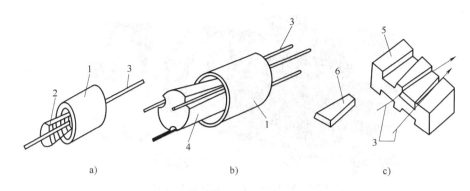

图 5-16 钢丝用锚固夹具
a) 圆锥齿板式 b) 圆锥槽式 c) 楔形
1—套筒 2—齿板 3—钢丝 4—锥塞 5—锚板 6—楔块

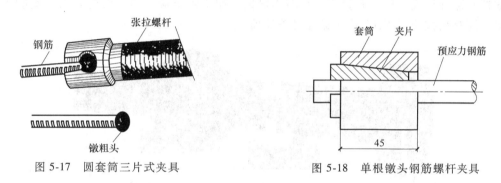

图 5-17 圆套筒三片式夹具   图 5-18 单根镦头钢筋螺杆夹具

总体来说，预应力钢丝的锚固夹具常采用圆锥齿板式锚固夹具，预应力钢筋常采用螺丝端杆锚固钢筋。

施工现场预应力筋锚固如图 5-19 所示。

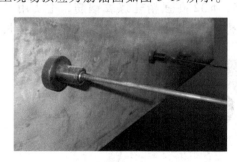

图 5-19 施工现场预应力筋锚固

3. 锚具

（1）夹片式锚具

夹片式锚具分为单孔夹片锚具和多孔夹片锚具，由工作锚板、工作夹片、锚垫板、螺旋筋组成（图 5-20）。可锚固预应力钢绞线。也可锚固 7Φ5、7Φ7 的预应力钢丝束，主要用作张拉端锚具。它具有自动跟进、放张后自动锚固、锚固效率系数高、锚固性能好且安全可靠等特点。

图 5-20 VLM15（13）多孔夹片式锚具

(2) 镦头锚具

镦头锚具可张拉 ΦP5、ΦP7 高强钢丝束，常用镦头锚具分为 A 型和 B 型（图 5-21），A 型由锚杯和螺母组成，用于张拉端；B 型为锚板，用于固定端。预应力筋采用钢丝镦头器镦头成型，配套张拉使用 YDC 系列穿心式千斤顶。

图 5-21 镦头锚具与预应力钢丝束

(3) 精轧螺纹钢锚具、连接器

由螺母和垫板组成（图 5-22），可锚固 Φ25、Φ32 高强精轧螺纹钢筋，主要用于后张法施工的预应力箱梁、纵向预应力及大型预应力屋架。连接器主要用于螺纹钢筋的接长。

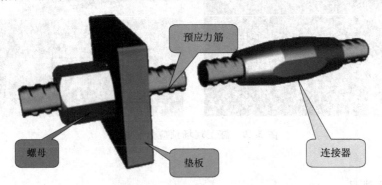

图 5-22 精轧螺纹钢锚具、连接器

(4) 螺丝端杆锚具

螺丝端杆锚具由螺丝端杆、螺母和垫板组成（图 5-23），可锚固冷拉Ⅱ、Ⅲ级钢筋，主要用于后张法施工的预应力板梁及大型屋架，目前已较少使用。

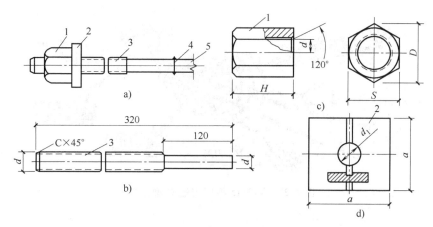

图 5-23 螺丝端杆锚具
a) 螺丝端杆锚具 b) 螺丝端杆 c) 螺母 d) 垫板
1—螺母 2—垫板 3—螺丝端杆 4—对焊接头 5—预应力筋

（5）挤压式锚具（P型）

挤压式锚具（P型）是由挤压头、螺旋筋、P型锚板和约束圈组成（图5-24）的，它是在钢绞线端部安装钢丝衬圈和挤压套，利用挤压机将挤压套挤过模孔，使其产生塑性变形而握紧钢绞线，形成可靠锚固，用于后张预应力构件的固定端对钢绞线的挤压锚固。

图 5-24 VLM 固定端 P 型锚具

（6）压花式锚具（H型）

当需要把后张力传至混凝土时，可采用 H 型固定端锚具，它包括带梨形自锚头的一段钢绞线、支托梨形自锚头用的钢筋支架、螺旋筋和约束圈等（图5-25）。钢绞线梨形自锚头采用专用的压花机挤压成型。

4. 张拉设备

张拉预应力筋的机械，要求工作可靠，控制应力准确，操作简单，能以稳定的速率加大拉力。预应力张拉设备主要有电动张拉设备和液压张拉设备两大类。电动张拉设备仅用于先张法，液压张拉设备可用于先张法与后张法。

（1）先张法的张拉设备

常用的张拉设备有油压千斤顶、卷扬机和电动螺杆张拉机（图5-26和图5-27），具体参数见表5-1。

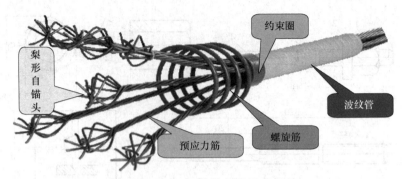

图 5-25　VLM15 型固定端 H 型锚具

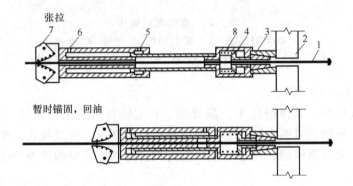

图 5-26　YC-20 穿心式千斤顶张拉过程

1—钢筋　2—台座　3—穿心式夹具　4—弹性顶压头　5、6—油嘴　7—偏心式夹具　8—弹簧

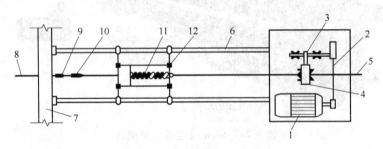

图 5-27　电动螺杆张拉机

1—电动机　2—带传动　3—齿轮　4—齿轮螺母　5—螺杆　6—顶杆　7—台座横梁　8—钢丝　9—锚固夹具　10—张拉夹具　11—弹簧测力器　12—滑动架

表 5-1　张拉设备参数

名称	加载大小	适用钢筋类型
穿心式千斤顶	20t、行程 200mm	直径 12~20mm 单根钢筋、钢绞线、钢丝束
电动螺杆张拉机	30~60t、行程 800mm	钢筋、钢丝

一般来说，张拉较小直径钢筋宜采用卷扬机，张拉较大直径钢筋宜采用千斤顶。

（2）后张法的张拉设备

YC（L）拉杆式千斤顶系列为空心拉杆式千斤顶（图 5-28），选用不同的配件可组成几种不同的张拉形式。可张拉 DM 型螺丝端杆锚、JLM 精轧螺丝钢锚具、LZM 冷铸锚具等。

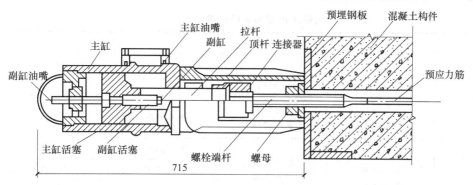

图 5-28 空心拉杆式千斤顶

穿心式千斤顶（YDC 型）（图 5-29）的主要特点是机体中心有一纵向贯通孔道，预应力筋穿过孔道用工具锚固定在千斤顶尾端；适应性强，用于张拉钢丝束、钢绞线，安装拉杆等配件后还可以和拉杆式千斤顶一样，用于张拉带有螺杆式或镦头式锚具的粗钢筋或钢丝束；所需的操作空间较小。目前，由于适应性强和操作空间较小，穿心式千斤顶（YDC 型）是应用最广泛的一类千斤顶。

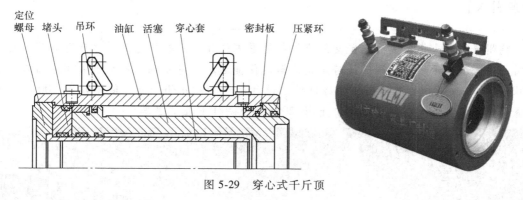

图 5-29 穿心式千斤顶

锥锚式千斤顶是具有张拉、顶锚和退楔功能三作用的千斤顶，是用于张锚带有钢质锥形锚具钢丝束的专用千斤顶。锥锚式千斤顶由张拉油缸、顶压油缸、退楔装置、楔形卡环和退楔翼片等组成（图 5-30）。其工作原理是当张拉油缸进油时，张拉缸被压移，使固定在其上的钢筋被张拉。钢筋张拉后，改由顶压油缸进油，随即由副缸活塞将锚塞顶入锚圈中。张拉缸、顶压缸同时回油，在弹簧力的作用下复位。

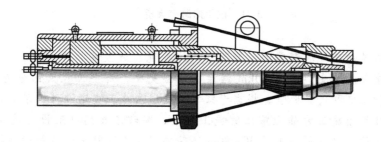

图 5-30 YDZ850 型锥锚式千斤顶

总体来说，不同的锚具形式及预应力筋品种，对应不同的张拉设备，见表5-2。

表 5-2　先张法预应力筋断丝限制

预应力筋品种	锚具形式			张拉机械
	张拉端		固定端	
	安装在结构之处	安装在结构之内		
钢绞线及 钢绞线束	夹片锚具 挤压锚具	压花锚具 挤压锚具	夹片锚具	穿心式
钢丝束	夹片锚具 镦头锚具 挤压锚具	挤压锚具 镦头锚具	夹片锚具	穿心式
			镦头镦具	穿心式
			锥塞锚具	锥锚式
精轧螺纹钢筋	螺母锚具	—	螺母锚具	拉杆式

5.2　预应力混凝土结构施工

【情景引入】

杭州湾跨海大桥，成为继美国的庞恰特雷恩湖桥和青岛胶州湾大桥之后世界第三长的桥梁，是国道主干线——同三线跨越杭州湾的便捷通道，将缩短宁波至上海间的陆路距离120km。大桥按双向六车道高速公路设计，设计时速100km/h，设计使用年限100年，总投资约140亿元。大桥（图5-31）已于2008年5月1日正式通车。

图 5-31　杭州湾跨海大桥

杭州湾跨海大桥所处环境潮差大、流速急、流向乱、波浪高、冲刷深、软弱地层厚，部分区段浅层气富集。其中，南岸10km滩涂区干湿交替，海上工程大部分为远岸作业，施工条件很差。受水文和气象影响，根据专家意见提出由施工决定设计，采取预制化、工厂化、大型化、变海上施工为陆上施工的施工方案，突破了长期以来设计决定施工的理念。除南、北航道桥外其余引桥采用30~80m不等的预应力混凝土连续箱梁结构。预制吊装的最大构件为长 70m、宽 16m、高 4m、重 2180t 的预应力混凝土箱梁,最长的构件为长度 84m、直径 1.6m 的超长钢管桩,这种构件可称得上是举世无双。为解决大型混凝土箱梁早期开裂的工程难题,开创性地提出并实施了"二次张拉技术",彻底解决了这一工程"顽疾"。

5.2.1 先张法预应力混凝土结构施工

预应力混凝土先张法施工工艺如图 5-32 所示,其主要特点是:预应力筋在浇筑混凝土前张拉,预应力的传递依靠预应力筋与混凝土之间的粘结力,为了获得质量良好的构件,在整个生产过程中,除确保混凝土质量以外,还必须确保预应力筋与混凝土之间的良好粘结,使预应力混凝土构件获得符合设计要求的预应力值。其主要施工要点如下:

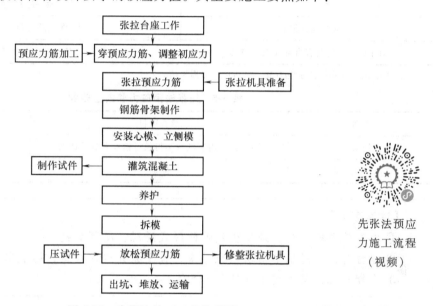

图 5-32 先张法施工工艺流程图

先张法预应力施工流程（视频）

1. 预应力筋张拉

预应力筋张拉应根据设计要求,采用合适的张拉方法、张拉顺序和张拉程序进行,并应有可靠的质量保证措施和安全技术措施。

张拉可分单根张拉和多根整批张拉两种。多根整批张拉时为使多根预应力筋的初应力基本相等,在整体张拉前要进行初调应力,应力一般取张拉应力的 10%~15%。

预应力筋的张拉程序有超张拉法和一次张拉法两种。采用超张拉工艺的目的是为了减少预应力筋的松弛应力等预应力损失。超张拉可比设计要求提高 5%,但最大张拉控制应力不得超过表 5-3 的规定,张拉程序见表 5-4,断丝限制见表 5-5。

【知识拓展】 预应力筋的松弛

所谓"松弛"即钢材在常温、高应力状态下具有不断产生塑性变形的特性。松弛的数值与张拉控制应力和延续时间有关,控制应力高,松弛也大,且随着时间的延续而增加,但在第一分钟内可完成损失总值的 50%,24h 内则可完成 80%。

表 5-3 最大张拉控制应力值

钢 种	张拉方法	
	先张法	后张法
碳素和刻痕钢丝、钢绞线	$0.80f_{ptk}$	$0.80f_{ptk}$
热处理钢筋、冷拔低碳钢丝	$0.75f_{ptk}$	$0.70f_{ptk}$
冷拉钢筋	$0.95f_{pyk}$	$0.90f_{pyk}$

注:f_{ptk} 是指极限抗拉强度标准值;f_{pyk} 是指屈服强度标准值。

表 5-4 先张法预应力筋张拉程序

种 类	张拉程序
非自锚的锚具	$0 \to 1.05\sigma_{con}$(持荷 2min)$\to \sigma_{con}$
对于夹片式等具有自锚性能的锚具	$0 \to 1.03\sigma_{con}$(锚固)

注:表中 σ_{con} 为张拉控制应力值,包括预应力损失值。

表 5-5 先张法预应力筋断丝限制

类别	检查项目	控制数
钢筋	同一构件内断丝数不得超过钢丝总数的比例	1%
钢丝、钢绞线	断筋	不容许

【注意事项】
① 在浇筑混凝土前,若发生钢筋断裂或滑脱,必须更换。
② 张拉时,正对钢筋两端禁止站人,也不允许进入台座,防止断筋回弹伤人。
③ 冬期施工,其温度不宜低于 $-15℃$。

2. 混凝土浇筑与养护

混凝土的浇筑应在预应力筋张拉、钢筋绑扎和支模后立即进行,一次浇筑完成。为减少预应力损失,混凝土应选用收缩变形小的水泥,水灰比不大于 0.5,骨料级配良好,振捣要密实(特别是端部)。

在施工过程中,经常会出现一些混凝土振捣事故,如图 5-33 所示。

图 5-33 混凝土振捣事故

【注意事项】 振动混凝土时,振动器不得碰撞预应力筋。混凝土未达到一定强度前,不允许碰撞和踩踏预应力筋,以保证预应力筋与混凝土有良好的粘结力。

混凝土构件的养护是构件生产过程中周期最长的工艺过程。一般包括自然养护、太阳能养护和蒸汽养护。

【注意事项】 蒸汽养护中,当台座为非钢模台座生产,宜采取"二次升温养护"(开始温差不大于 20℃,达 7.5MPa 或 10MPa 后按正常速度升温)。

在工程中应选用质量好的混凝土,采用适当的养护方法,防止混凝土出现蜂窝、麻面、孔洞等质量问题,从而防止引起钢筋的锈蚀,最终防止出现工程事故。

3. 预应力筋放张

预应力筋放张过程是预应力的传递过程,是先张法构件能否获得良好质量的一个重要环节,应根据放张要求,确定适宜的放张顺序、放张方法及相应的技术措施。

(1)放张要求

放张预应力筋时,混凝土应达到设计要求的强度,当设计无要求时,应不得低于设计的混凝土强度的75%。放张过早由于混凝土强度不足,会产生较大的混凝土弹性回缩而引起较大的预应力损失或钢丝滑动。放张前应拆除构件的侧模使放张过程中预应力构件能自由压缩,避免过大的冲击与偏心,以免模板损坏或造成构件开裂。

(2)放张方法及顺序

当预应力混凝土构件用钢丝配筋时,若钢丝数量不多,钢丝放张可采用剪切、锯割或氧-乙炔焰熔断的方法,并应从靠近生产线中间处剪断,这样比在靠近台座一端处剪断时回弹减小,且有利于脱模。若钢丝数量较多,应同时放张,应从靠近生产线中间处剪断钢丝。轴心受压构件同时放;偏心受压构件先同时放预压应力小的区域,再同时放预压应力大的区域;其他构件,应分阶段、对称、相互交错放张,不允许采用逐根放张的方法,否则最后的几根钢丝将承受过大的应力而突然断裂,导致构件应力传递长度骤增,或使构件端部开裂。放张方法可采用放张横梁来实现。横梁可用千斤顶或预先设置在横梁支点处的放张装置(楔块或砂箱等)来放张,如图 5-34 和图 5-35 所示。

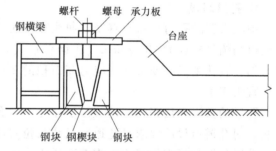

图 5-34 滑楔放松法

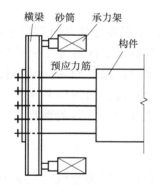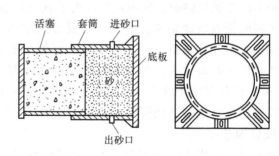

图 5-35 砂箱放松法

粗钢筋预应力筋应缓慢放张。当钢筋数量较少时,可采用逐根加热熔断或借预先设置在钢筋锚固端的楔块或穿心式砂箱等单根放张。当钢筋数量较多时,所有钢筋应同时放张。

采用湿热养护的预应力混凝土构件宜热态放张,不宜降温后放张。

5.2.2 后张法预应力混凝土结构施工

预应力混凝土后张法施工工艺如图 5-36 所示。

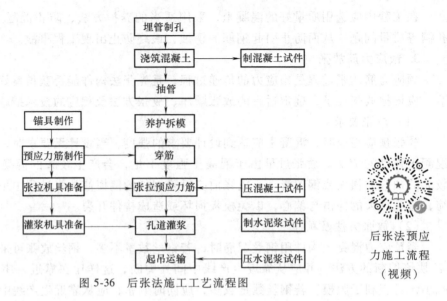

图 5-36 后张法施工工艺流程图

后张法施工主要施工要点如下：

1. 孔道埋设

预应力筋的孔道形状有直线、曲线和折线三种。孔道直径应比预应力筋接头外径或需穿过孔道的锚具外径大 10~15mm（粗钢筋）或 6~10mm（钢丝束或钢绞线束）以利于穿入预应力筋；且孔道面积要大于预应力筋面积的 2 倍，在孔道的端部或中部应设置灌浆孔，其孔距不宜大于 12m。

孔道的留设是后张法中的关键工序之一。孔道留设方法有钢管抽芯法、胶管抽芯法和埋管法。对孔道留设的要求是孔道的尺寸与位置应正确，孔道的线形应平顺，接头应严密不漏浆，孔道的端部预埋钢板应垂直于孔道中心线。

（1）钢管抽芯法

钢管抽芯法是预先将钢管埋设在模板内的孔道位置处，在混凝土浇筑过程中和浇筑后，每间隔一定时间慢慢转动钢管，使其不与混凝土粘结，待混凝土凝固后抽出钢管即形成孔道。此法适用于直线孔道留设。具体要求：钢管应平直、光滑，用前刷油；每根长不大于15m，每端伸出 500mm 左右；两根接长，中间用木塞及套管连接；用钢筋井字架固定，间距不大于 1m；浇筑混凝土后每 10~15min 转动一次；混凝土初凝后、终凝前抽管；抽管先上后下，边转边拔（灌浆孔间距不大于 12m）。

（2）胶管抽芯法

胶管抽芯法是采用 5~7 层帆布夹层的普通橡胶管，在管内充压力空气或压力水，使管内压力保持在 0.5~0.8MPa，此时橡胶管直径增大约 3mm，利用钢筋井字架固定在模板内的孔道位置处，井字架的间距不宜大于 500mm，混凝土浇筑过程中不需要转动胶管，待混凝土浇筑完凝固后，将管内的空气或水放掉，胶管直径变小并与混凝土脱离，即可抽出胶管。适用于一般的折线或曲线孔道。

（3）埋管法

埋管法是指将波纹管预埋在构件中，混凝土浇筑后不再拔出，预埋时用间距不大于800mm 的钢筋井字架固定。要求波纹管在外荷载的作用下，有抵抗变形的能力，在混凝土浇筑过程中，水泥浆不得渗入管内。预埋螺旋管，可先穿筋，接头严密，有一定刚度；井字架间距不大于0.8m；灌浆孔间距不大于30m；波峰设排气泌水管。

总体来说，钢管抽芯法适用于直线孔道留设，胶管抽芯法适用于一般的折线或曲线孔道留设，埋管法可用于各种形状的孔道留设。

> 【注意事项】
> ① 金属波纹管或预应力筋铺设后，其附近不得进行电焊作业，否则应采取防护措施。
> ② 混凝土浇筑时，应防止振动器触碰金属波纹管、预应力筋或端部预埋件，不得踏压或撞碰预应力筋、钢筋支架。

2. 预应力筋张拉

预应力筋张拉前提条件：混凝土达到设计规定且不低于设计混凝土强度75%后方可放张。

（1）张拉控制应力

控制应力应符合设计规定。在施工中预应力筋需要超张拉时，可比设计要求提高5%。但其最大张拉控制应力不得超过表5-3的规定。

（2）张拉程序

张拉程序同先张法。

（3）张拉方法

张拉方法有一端张拉和两端张拉。

对于曲线预应力筋，应在两端进行张拉；对抽芯成孔的直线预应力筋、长度大于24m应采用两端张拉，长度不大于24m可采用一端张拉；对预埋波纹管的直线预应力筋，长度大于30m宜两端张拉，不可一端张拉；当同一截面中有多根一端张拉的预应力筋时，张拉端宜分别设置在结构的两端，以免构件受力不均匀。

（4）张拉顺序

预应力张拉顺序应符合设计要求，当设计无要求时，应采用分批、分阶段对称张拉，防止构件承受过大的偏心压力，同时应尽量减少张拉设备的移动次数。分批张拉时，应计算分批张拉的预应力损失，分别加到先张拉的预应力筋张拉控制应力值内，即先张拉的预应力筋张拉应力应增加。但为了设计和施工操作方便，实际张拉时可采用下列方法解决：

① 采用同一张拉值，而后逐根复拉补足。
② 分两阶段建立预应力，即全部预应力筋先张拉90%以后，第二次拉至100%。

不同构件的具体做法如下：屋架下弦杆和吊车梁的张拉顺序按1、2、3顺序张拉，如图5-37和图5-38所示。

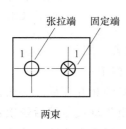
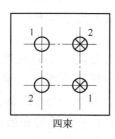

图5-37 屋架下弦杆

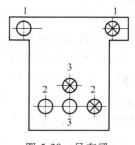

图5-38 吊车梁

叠浇构件：自上而下逐层张拉，为了减少上下层之间因摩擦引起的预应力损失，可采取逐层加大拉应力，但顶底相差不大于5%（钢丝、钢绞线、热处理钢筋），不大于9%（冷拉筋）。

总体来说，预应力筋放张过程中，要控制好其张拉控制应力和超张拉最大应力值，可采用超张拉和一次张拉两种张拉方法，张拉方法根据不同的孔道埋设方法采用一端张拉或者两端张拉的方法，张拉顺序应采用分批、分阶段对称张拉，防止构件承受过大的偏心压力，同时应尽量减少张拉设备的移动次数。

【注意事项】张拉过程中应避免预应力筋断裂或滑脱；当发生断裂或滑脱时，必须符合下列规定：对后张法预应力结构构件，断裂或滑脱的数量严禁超过同一截面预应力筋总根数的3%，且每束钢丝不得超过一根；对多跨双向连续板，其同一截面应按每跨计算。

3. 孔道灌浆

预应力筋张拉后，尤其是钢丝束，张拉后应尽快进行孔道灌浆（图5-39），以防锈蚀与增加结构的抗裂性和耐久性。

灌浆顺序应先下后上。曲线孔道灌浆宜由最低点注入水泥浆，至最高点排气孔排尽空气并溢出浓浆为止。灌浆过程应排气通顺，在出浆口出浓浆并封闭排气孔后，宜再继续加压至0.5~0.7MPa，稳压2min再封闭灌浆孔。此外，灌浆工作应缓慢均匀进行，不得中断。

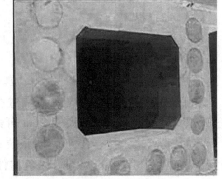

图5-39 封锚

灌浆宜用水泥强度等级不低于32.5MPa的普通硅酸盐水泥调制的水泥浆，对空隙大的孔道，水泥浆中可掺适量的细砂，但水泥浆和水泥砂浆的强度等级不低于M30，且应有较大的流动性和较小的干缩性、泌水性（搅拌后3h的泌水率宜控制在2%）。水灰比一般为0.40~0.45。

【注意事项】为使孔道灌浆密实，可在灰浆中掺入0.005%~0.01%的铝粉或0.25%的木质素磺酸钙。

5.2.3 无粘结预应力混凝土结构施工

无粘结预应力混凝土施工过程是在预应力筋表面刷涂料并包裹塑料布后，如同普通钢筋一样，先铺设在安装好的模板内，浇筑混凝土，待混凝土达到设计要求强度后，进行张拉锚固。其主要施工要点如下：

1. 无粘结预应力筋束的铺设

无粘结预应力混凝土结构施工（视频）

无粘结预应力筋束铺设前应检查外包层完好程度，对有轻微破损者，用塑料布补包好，对严重破损的应以废弃。无粘结预应力筋束在平板结构中一般为双向曲线配置，其铺设顺序很重要，纵横交叉者，先低后高，应避免相互穿插。一般是根据双向钢丝束交点的标高差，绘制铺设顺序图。波峰低的底层钢丝束先铺设，然后依次铺设波峰高的上层钢丝束。铺设前先根据设计图计算出各点标高、位置、反弯点位置、波峰位置，然后将垫铁、马凳就位（马凳间距不宜大于2m），再铺设钢丝束，对波峰高度及水平位置进行调整，检查无误后用铅丝绑牢，如图5-40和图5-41所示。

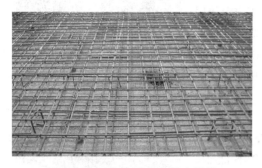

图5-40　无粘结预应力筋束铺设

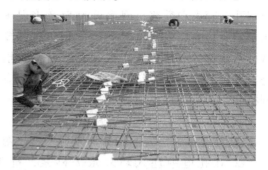

图5-41　工人绑扎钢筋

张拉端固定：张拉端的承压板应用钉子固定在端模板上或用点焊固定在钢筋上。当张拉端采用凹入式做法时，可用塑料穴模或泡沫塑料、木块等形成凹口（图5-42和图5-43）。混凝土浇筑时，严禁踏压撞碰预应力筋、支撑钢筋及端部预埋件，张拉固定端混凝土必须振实，混凝土强度等级不低于C30，梁不低于C40。

图5-42　塑料穴模实体图

图5-43　钢制穴模实体图

2. 无粘结预应力筋束的张拉

张拉前清理承压板面，检查承压板后面的混凝土质量，有缺陷应先修补处理。张拉时应根据预应力筋束的铺设顺序进行：先铺设的先张拉，后铺设的后张拉。先张拉板，后张拉梁。板中无粘结筋，可依次张拉，梁中采用对称张拉，长度大于25m，宜两端张拉，大于50m宜分段张拉。遇摩阻力大，宜先松动一次再张拉。张拉程序为$0 \rightarrow 1.03\sigma_{con} \rightarrow$锚固。

实际工程中，无粘结预应力筋束的张拉过程如图5-44~图5-46所示。

图5-44　安装张拉千斤顶

图5-45　开始张拉

3. 锚头端部处理

无粘结预应力筋束可在工厂预制，并且不需要在构件中留孔、穿束和灌浆，因而可大为简化现场施工工艺，但无粘结预应力筋束对锚具的质量和防腐蚀要求较高，张拉后应对锚固区进行保护，必须有严格密封措施，防止水气进入腐蚀预应力筋。锚固后，外露多余预应力筋用砂轮切割机切割，不得用电弧焊切割。

端部处理有以下两种方法：

① 在孔道中注入油脂并加以封闭，如图5-47a所示。

② 在孔道中注入环氧水泥砂浆，抗压强度不低于35MPa，对凹入式锚固板，经处理后，用微胀混凝土或低收缩防水砂浆封锚。对凸出式锚固板，用外钢筋混凝土圈梁封闭，如图5-47b所示。

图5-46 张拉结束后退出千斤顶

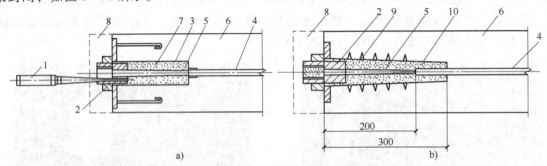

图5-47 锚头端部处理方法

1—油枪 2—锚具 3—端部孔道 4—有涂层的无粘结预应力筋束 5—无涂层的端部钢丝 6—构件
7—注入孔道的油脂 8—混凝土封闭 9—端部加固螺旋钢筋 10—环氧树脂水泥砂浆

5.3 预应力混凝土结构施工质量控制与安全措施

【情景引入】

如图5-48所示为某施工企业施工过程中张拉预应力筋出现事故的图片。结合专业知识分析图片中有哪些问题及其引起的后果有哪些。在具体工程施工中应如何处理问题，才能不影响工程质量？

图5-48 张拉预应力筋出现事故

5.3.1 质量控制

预应力工程施工可划分为混凝土浇筑、预应力筋制作与安装、预应力筋张拉和灌浆与封锚等不同检验批。每个检验批的大小，可按楼层、结构缝或施工段等因素综合考虑，还要符合相应的国家标准《预应力混凝土用钢绞线》（GB/T 5224—2014）、《预应力筋用锚具、夹具和连接器》（GB/T 14370—2015）、《混凝土结构工程施工质量验收规范》（GB 50204—2015）等。

1. 预应力筋制作与安装检验内容（表5-6）

表5-6 预应力筋制作与安装检验

验收项目	满足要求
预应力筋品种、级别、规格、数量	设计
锚固区埋件与加强筋	施工翻样图
预应力筋锚固端锚具制作质量	规范
预应力筋孔道规格、数量、形状、排气泌水管	施工
预应力筋端部预埋锚垫板	应垂直于孔道中心线，与锚具贴紧

2. 预应力筋张拉检验内容（表5-7）

表5-7 预应力筋张拉检验

验收项目	满足要求
预应力筋张拉时混凝土强度	设计
预应力筋的张拉力、顺序、工艺	设计与施工方案
预应力筋的张拉伸长计算值与实际值的相对允许偏差	设计
预应力筋的内缩量	设计或者规范

3. 灌浆与封锚检验内容（表5-8）

表5-8 灌浆与封锚检验

验收项目	满足要求
预应力筋孔道内的水泥浆	饱满密实
无粘结预应力筋端部与锚具夹片之间	完全密封
预应力筋锚固后的外露长度	不宜小于预应力筋直径的1.5倍，且不小于30mm
灌浆用水泥浆	水灰比不应大于0.45
封头混凝土	强度等级不应低于C35
封头混凝土与周围混凝土之间	不应出现裂缝

4. 无粘结筋钢材、涂料层、包裹层质量要求及检验内容（表5-9）

表5-9 无粘结筋钢材、涂料层、包裹层质量要求及检验

名称	项目	质量标准	检验方法
涂料层（建筑油脂）	外观 每米用量	饱满，不漏涂，厚度均匀	目测：每批抽样两组，每组三根1m长，每根称重后，将塑料皮剖开，用机油洗净，分别对钢丝或钢绞线及塑料套管称重，然后计算平均油脂重量，称重用天平

(续)

名称	项目	质量标准	检验方法
包裹层 （高压聚乙烯）	外观 壁厚 每米用量	光滑，破损率不超过3% 均匀，厚 0.8~1.2mm，不低于 0.03kg	目测：每批抽样三组，每组三根1m长，用千分尺测量，测点选最薄和最厚处。每根测点不少于2处，取其平均值，然后用天平称重计算平均重量
钢丝 （钢绞线）	力学性能复试	抗拉强度不小于1570N/mm²，延伸率不小于4%（抗拉强度不小于1470N/mm²，延伸率不小于4%）	检查试验报告

总体来说，特殊工序或关键控制点的质量检验内容见表5-10。

表 5-10 特殊工序或关键控制点的质量检验

序号	特殊工序或关键控制点	主要检验方法
1	预应力筋、护套、水泥等原材料进场检查	原材料出厂合格证和复试报告，张拉机具的标定和配套校验
2	预应力筋用锚具、夹具、连接器进场检查	
3	混凝土配合比检查	混凝土配合比试验报告
4	非预应力筋、预埋件隐蔽检查	张拉前预应力筋下料长度的计算，控制预埋件位置正确，同时控制钢筋镦头的高、宽等参数和钢筋镦头后的外观质量检查，确保预应力筋铺设位置无偏差且符合设计要求
5	预应力筋铺设、镦头检查	
6	预应力筋张拉记录检查	钢筋张拉时应对称张拉且控制张拉力和张拉伸长值，同时张拉力应满足设计要求，实际张拉值与理论伸长值比较应控制在允许范围内
7	混凝土试压强度检查	混凝土试压报告应满足设计要求
8	预应力筋外露长度、锚具内缩量记录检查	混凝土强度达标后，用砂轮切割机对称放张钢筋且钢筋外露长度不小于30mm

5.3.2 安全措施

安全是每个工地现场必须面对的问题，也是每个工作人员必须注意的问题。因而张拉预应力区应有明显标志，非工作人员禁止进入。入场前应对工作人员进行安全教育，操作工人应佩戴安全帽。张拉时应有稳固的操作平台，采用两人一组，一人操作千斤顶（所用张拉设备仪表，应由专人负责使用与管理，操作千斤顶的工作人员应严格遵守操作规程），一人操作油泵并记录，严禁施工人员站在千斤顶的轴线方向，以免发生意外，穿束时工作人员脚踩的架板应稳固。

1. 施工过程危害辨识评价及控制措施（表5-11）

表 5-11 施工过程危害辨识评价及控制措施

序号	主要来源	可能发生的事故或影响	风险级别	控制措施
1	预应力筋下料	盘状供货弹力大，伤人	大	下料前，将盘状钢筋放入钢筋笼内后放松
2	预应力筋张拉	预应力筋断裂或滑脱伤人	大	张拉两端设置警戒线，派专人负责

2. 环境因素辨识评价及控制措施（表 5-12）

表 5-12　环境因素辨识评价及控制措施

主要来源	可能的环境影响	影响程度	控制措施
预应力筋下料	钢筋废料无序堆放,影响环境、妨碍交通	一般	将废钢筋及时清理,堆放到废料堆

模块小结

预应力混凝土就是将预应力原理应用到混凝土结构的产物，即为改善混凝土抗拉强度低的性质预先施加预压应力。

预应力混凝土工程所用的主要材料：较高强度等级的混凝土和钢绞线等。

预应力混凝土工程施工机具设备，主要分为台座、夹具、锚具和张拉设备等。

先张法施工简单，靠粘结力自锚，不必耗费特制锚具，临时锚具可以重复使用（一般称为工具式锚具或夹具），大批量生产时经济、质量稳定。适用于中小型构件工厂化生产。但先张法需要较大的台座或成批的钢模、养护池等固定设备，一次性投资较大；预应力筋布置多数为直线形，曲线布置比较困难。后张法不需要固定的台座设备，不受地点限制，适用于施工现场生产大型预应力混凝土构件。

无粘结预应力混凝土无须留孔与灌浆，施工程序简单，加快了施工速度；张拉摩擦力小，预应力筋受力均匀，可做成多跨曲线形，但构件整体性略差，锚固要求高。

复习思考题

1. 简述预应力混凝土的原理及其分类。
2. 什么叫先张法？什么叫后张法？比较它们的优缺点。
3. 什么是预应力超张拉？采用超张拉工艺的目的是什么？
4. 预应力筋放张的条件是什么？
5. 简述后张法预应力混凝土的施工工艺过程及其注意事项。
6. 后张法孔道留设方法有哪几种？各适用于什么情况？
7. 孔道灌浆的作用是什么？对灌浆料有什么要求？
8. 无粘结预应力混凝土与有粘结预应力混凝土施工工艺有何区别？

【在线测验】

第二部分 活 页 笔 记

学习过程：

重点、难点记录：

学习体会及收获：

其他补充内容：

《建筑施工技术》活页笔记

模块 6

结构安装工程施工

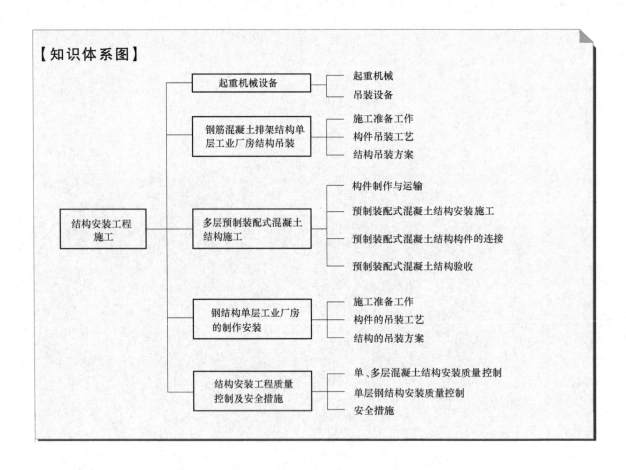

【知识体系图】

结构安装工程施工
- 起重机械设备
  - 起重机械
  - 吊装设备
- 钢筋混凝土排架结构单层工业厂房结构吊装
  - 施工准备工作
  - 构件吊装工艺
  - 结构吊装方案
- 多层预制装配式混凝土结构施工
  - 构件制作与运输
  - 预制装配式混凝土结构安装施工
  - 预制装配式混凝土结构构件的连接
  - 预制装配式混凝土结构验收
- 钢结构单层工业厂房的制作安装
  - 施工准备工作
  - 构件的吊装工艺
  - 结构的吊装方案
- 结构安装工程质量控制及安全措施
  - 单、多层混凝土结构安装质量控制
  - 单层钢结构安装质量控制
  - 安全措施

第一部分 知识学习

学习引导
（音频）

【知识目标】

1. 了解各种起重机械设备的性能及索具的特点。

模块6 结构安装工程施工

2. 掌握单层工业厂房结构安装施工方法、工艺标准及质量检验要求。
3. 掌握钢结构构件制作、安装施工方法、工艺标准及质量检验要求。

【能力目标】

1. 能合理选择起重机械设备。
2. 能编制简单的结构安装工程施工专项方案。
3. 能进行一般结构安装工程施工技术交底。
4. 能进行一般结构安装工程施工质量检查。

【素质目标】

1. 培养学生自主学习能力、动手和创新能力。
2. 形成良好的语言表达能力和团队协作精神。
3. 培养学生敬业爱岗的职业道德和职业责任感。

【思政目标】

1. 增强学生的安全意识和社会责任感。
2. 培养学生精益求精、创新进取的工匠精神。

【知识链接】

吊装"鸟巢"

被称作"第四代体育馆"的"鸟巢"国家体育场是2008年北京奥运会的标志性建筑。"鸟巢"因其主体由一系列辐射式的钢结构旋转而成,外形酷似鸟巢而得名。搭建起"鸟巢"这个巨大建筑物的不是树枝,而是数万吨钢结构构件。

鸟巢在吊装过程中,面临构件运输距离长、组拼安装难度大、高空焊接工作量大、吊装单元吨位重、起重位高、构件造型复杂且节点数量多、超大型吊装机械多等诸多前所未遇的困难。玛姆特重型设备运输安装有限公司承担了城建精工部分的钢结构吊装,吊装总量为2.5万t,平均每两天吊装115t。该公司配备了一台800t德玛格CC4800履带起重机、一台600t德玛格CC2800和一台300t德玛格CC1800起重机进行吊装(图6-1所示为鸟巢现场起重机械),800t起重机主要是用来进行立柱的吊装,特别是立柱上部的吊装对接工作,上下部分对接上之后,工人开始进行焊接。由于施工场地非常狭小,起重机站位受到限制,不能近距离地接近钢结构安装位置,加大了起重机作业半径,这样要将重达800t的立柱整体钢结构精确安装到位也是一大难题。针对工程特点、结构形式、构件重量及场地情况,为降低构件的拼装难度,保证节点焊接质量,施工设计方决定对立柱分段吊装。首先将钢结构在地上像搭积木一样拼起来,在工地进行现场焊接,这样形成的结构称为装配式结构件,接下来将这些焊接完的装配式结构件进行吊装和焊接,如图6-2所示。尽管这样,外形奇特、结构复杂的立柱上部的吊装和与下部的对接工作对起重机和吊装公司也是一个巨大的考验,如何选择吊装时的吊点和支撑点都需要经过精确的吊装计算。

图 6-1　鸟巢现场起重机械

图 6-2　装配式结构件吊装

随着最后一件约 5m 长的灰色钢结构吊装到位，受世人瞩目的 2008 年北京奥运会主会场——国家体育场（"鸟巢"）工程中最关键的项目——钢结构吊装（施工于 2006 年 11 月 30 日）全部完成。钢结构吊装的完成标志着国家体育场主体结构工程施工全部完成。从设备进场到大型钢结构主体吊装结束，只用了不到一年的时间，现代化的吊装技术和吊装设备为吊装工程顺利完成提供了有利的技术保障。

6.1　起重机械设备

【情景引入】

结构安装工程就是利用各种类型的起重机械将预先在工厂或施工现场制作的结构构件，严格按照设计图的要求在施工现场进行组装，以构成一个完整的建筑物或构筑物的整个施工过程。图 6-3 所示是预制楼板的吊装过程，思考一下在结构安装过程中需要什么设备，用到什么机械，结构安装过程中需要注意什么。

图 6-3　预制楼板的吊装

结构构件吊装是建筑施工中用起重机具将各种建筑结构的预制构件单件或经过拼装后的组合件或整体的屋盖、塔类结构等吊起，并安装到设计位置上的作业。

6.1.1 起重机械

起重机械是指在一定范围内垂直提升和水平搬运重物的多动作起重机械,又称吊车,属于物料搬运机械。起重机的工作特点是做间歇性运动,即在一个工作循环中取料、运移、卸载等动作的相应机构是交替工作的,起重机在市场上的发展和使用越来越广泛。

起重机械按起重性质分为桅杆式起重机、自行式起重机和塔式起重机等几类。

1. 桅杆式起重机

桅杆式起重机又称为拔杆或把杆,是最简单的起重设备,一般用木材或钢材制作。这类起重机具有制作简单、装拆方便、起重量大、受施工场地限制小的特点。特别是吊装大型构件而又缺少大型起重机械时,这类起重设备更显示出其优越性。但这类起重机需设置较多的缆风绳,移动困难。另外,其起重半径小,灵活性差。因此,桅杆式起重机一般多用于构件较重、吊装工程比较集中、施工场地狭窄,而又缺乏其他合适的大型起重机械时。

桅杆式起重机可分为独脚拔杆、人字拔杆、悬臂拔杆和牵缆式桅杆拔杆,如图 6-4 所示。

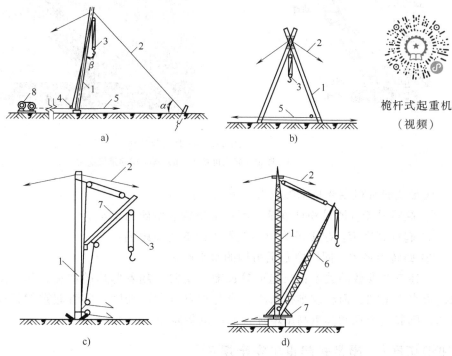

图 6-4 桅杆式起重机
1—拔杆 2—缆风绳 3—起重滑轮组 4—导向装置 5—拉索 6—起重臂 7—回转盘 8—卷扬机
a) 独脚拔杆 b) 人字拔杆 c) 悬臂拔杆 d) 牵缆式桅杆拔杆

2. 自行式起重机

自行式起重机是指自带动力并依靠自身的运行机构沿有轨或无轨通道运移的臂架型起重机。这类起重机的特点是自身有行走装置,移位及转场方便,操作灵活,使用方便,可 360°全回转。但它稳定性差,工作空间小。

自行式起重机可分为履带式起重机、汽车式起重机与轮胎式起重机等。

（1）履带式起重机

履带式起重机是一种具有履带行走装置的全回转式起重机，它利用两条面积较大的履带着地行走，由行走装置、回转机构、机身及起重臂等部分组成，如图6-5所示。它的优点：操作灵活、使用方便，起重臂可分节接长、机身可360°回转，在平坦坚实的道路上可负重行走，换装工作装置后可成为挖掘机或打桩机使用，是一种多功能、移动式吊装机械。其缺点：一是行走速度慢，对路面破坏性大，长距离转移需平板拖车运输；二是稳定性较差，未经验算不得超负荷吊装。

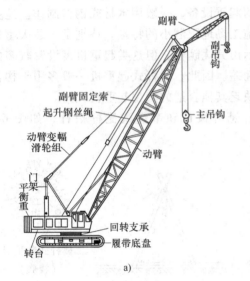

图 6-5 履带式起重机
a）履带式起重机结构　b）履带式起重机实例

履带式起重机主要技术参数有以下三个：

① 起重量 Q。所吊物件重量，不包括吊钩、滑轮组重量。
② 起重高度 H。起重吊钩中心至停机面的垂直距离。
③ 回转半径 R。回转中心至吊钩的水平距离。

上述三个参数的关系：当起重臂长度一定时，随着仰角的增加，起重量和起重高度增加，而起重半径减小；当起重臂仰角不变时，随着起重臂长度增加，则起重半径和起重高度增加，而起重量减小。

履带式起重机（视频）

【知识拓展】　履带式起重机安全规定

履带式起重机安全规定（图文）

（2）汽车式起重机

汽车式起重机是装在普通汽车底盘或特制汽车底盘上的一种起重机，其行驶驾驶室与起重操纵室分开设置。这种起重机的优点是机动性好，转移迅速。缺点是工作时须支腿，不能负荷行驶，也不适合在松软或泥泞的场地上工作。汽车式起重机的底盘性能等同于同样整车总重的载重汽车，符合公路车辆的技术要求，因而可在各类公路上通行无阻。此种起重机一般备有上、下车两个操纵室，作业时必须伸出支腿保持稳定。起重量的范围很大，可8～1000t，底盘的车轴数，可在2～10根变化。汽车式起重机是产量最大、使用最广泛的起重机类型，如图6-6所示。汽车式起重机广泛用于构件装卸和结构吊装，其特点是灵活性好、转移迅速、对道路无损伤。

图6-6 汽车式起重机
a）汽车式起重机结构　b）汽车式起重机实例

【注意事项】 汽车式起重机作业前应伸出全部支腿，并在撑脚板下垫方木；调整支腿必须在无荷载时进行；起吊作业时驾驶室严禁坐人，所吊的重物不得超越驾驶室上空，不得在车的前方起吊；发现起重机倾斜或支腿不稳时，立即将重物降落在安全地方，下降中严禁制动。

（3）轮胎式起重机

轮胎式起重机是利用轮胎式底盘行走的动臂旋转起重机。它是把起重机构安装在加重型轮胎和轮轴组成的特制底盘上的一种全回转式起重机，其上部构造与履带式起重机基本相同，为了保证安装作业时机身的稳定性，起重机设有四个可伸缩的支腿，如图6-7所示。在平坦地面上可不用支腿进行小起重量吊装及吊物低速行驶。它由上车和下车两部分组成。上

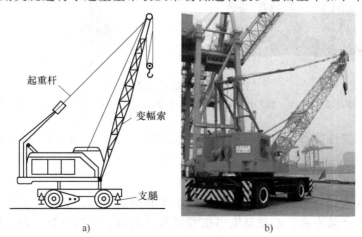

图6-7 轮胎式起重机
a）轮胎式起重机结构　b）轮胎式起重机实例

车为起重作业部分,设有动臂、起升机构、变幅机构、平衡重和转台等;下车为支承和行走部分。上、下车之间用回转支承连接。吊重时一般需放下支腿,增大支承面,并将机身调平,以保证起重机的稳定。轮胎式起重机横向稳定性好,能全回转作业,且在允许载荷下能负载行走。行驶速度慢,不宜长距离行驶,常用于作业地点相对固定而作业量较大的吊装作业。

【注意事项】 轮胎式起重机作业时也要放出伸缩支腿以保护轮胎,必要时支腿下可加设垫块以扩大支承面,除全回转作业和允许载荷下负载行走外,其使用要点同汽车式起重机。

3. 塔式起重机

塔式起重机简称塔机,常用的塔式起重机按构造性能分为轨道式、爬升式、附着式和固定式四种,如图 6-8 所示。

塔式起重机简介（图文）

图 6-8 常用塔式起重机
a) 轨道式塔式起重机　b) 爬升式塔式起重机　c) 附着式塔式起重机　d) 固定式塔式起重机

塔式起重机主要性能参数有起重量 Q、起重高度 H、回转半径（工作幅度）R 和起重力矩 M。

（1）轨道式塔式起重机（图 6-8a）

轨道式塔式起重机能负载行走,同时完成水平和垂直运输,且能在直线和曲线轨道上运行,使用安全,生产效率高,起重高度可按需要增减塔身、互换节架。但其缺点是需铺设轨道,占用施工场地过大,塔架高度和起重量较固定式小。

（2）爬升式塔式起重机（图 6-8b）

爬升式塔式起重机安装在建筑物内部电梯井、框架梁或其他适合开间的结构上，是随建筑物的升高向上爬升的起重机械。它的优点是塔身短，不需轨道和附着装置，不占施工场地。但其缺点是全部荷载由建筑物承受，拆除时需在屋面架设辅助起重设施。爬升式塔式起重机主要用于超高层建筑施工中。

爬升过程：固定下支座→提升套架→固定套架→下支座脱空→提升塔身→固定下支座，如图6-9所示。

爬升式塔式起重机（视频）

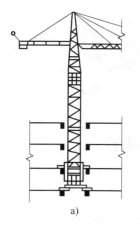
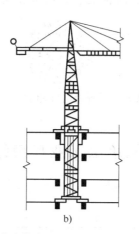
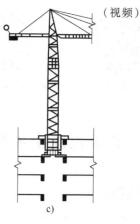

图6-9 爬升式塔式起重机爬升过程示意图
a）准备状态 b）提升套架 c）提升塔身

（3）附着式塔式起重机（图6-8c）

附着式塔式起重机在建筑物外部布置，塔身借助顶升系统向上接高，每隔14～20m采用附着式支架装置，将塔身固定在建筑物上，它适用于与塔身高度适应的高层建筑施工。附着式塔式起重机工作的原理是以液压千斤顶为动力，通过套架和塔身的相互作用而升降。其自升过程如图6-10所示。

附着式塔式起重机（视频）

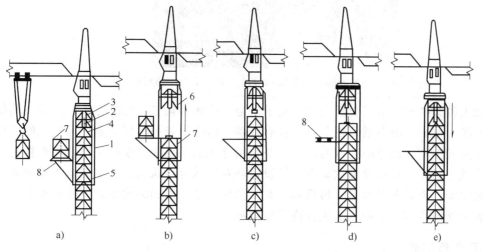

图6-10 附着式塔式起重机自升过程示意图
a）准备状态 b）顶升塔顶 c）推入塔身标准节 d）安装塔身标准节 e）塔顶与塔身连成整体
1—顶升套架 2—液压千斤顶 3—支承座 4—顶升横梁 5—定位销 6—过渡节 7—标准节 8—摆渡小车

（4）固定式塔式起重机（图 6-8d）

固定式塔式起重机是通过连接件将塔身基架固定在地基基础或结构物上，进行起重作业的塔式起重机。

6.1.2 吊装设备

吊装设备主要有索具、吊具、滑轮组、卷扬机和地锚等设备。

索具设备（图文）

吊具设备（图文）

滑轮组（图文）

卷扬机（图文）

地锚（图文）

6.2 钢筋混凝土排架结构单层工业厂房结构吊装

【情景引入】

图 6-11 所示是钢筋混凝土排架结构单层工业厂房构件的吊装过程，思考一下钢筋混凝土排架结构单层工业厂房，其构件吊装工艺有哪些，结构吊装方案又是怎样的。

图 6-11 钢筋混凝土排架结构单层工业厂房构件的吊装

钢筋混凝土排架结构单层工业厂房主要用于冶金、机械、化工、纺织等工业厂房，其结构组成有屋面板、屋架、吊车梁、连系梁、柱和基础。构件吊装是单层工业厂房施工的关键问题。吊装作业开工前须制定吊装方案，关键是选用合适的吊点和起重机具。合理布置施工场地，确定机械运行路线和构件堆放地点，铺设道路及机械运行轨道，测定建筑物轴线和标高，安装吊装机械，准备各种索具、吊具和工具。单层工业厂房的结构吊装方法有很多，合理地选择吊装方法可以节省时间，大大提高劳动效率。

6.2.1 施工准备工作

1. 场地清理与铺设道路

起重机进场之前，按照现场平面布置图，标出起重机的开行路线，清理道路上的杂物，进行平整压实。回填土或松软地基上，要用枕木或厚钢板铺垫。雨期施工，要做好排水工作，准备一定数量的抽水机械，以便及时排水，做好场地的三通（水电路）、一平（地）、一排（水）。

2. 构件的检查与清理

为了保证工程质量，在吊装之前要对构件进行全面的检查。检查构件的型号与数量是否与设计相符。一般规定混凝土强度不得低于设计强度的75%，对一些大型构件如屋架则应达到100%的设计强度方可起吊搬运。总之，预制混凝土构件的质量，应符合相关国家标准，并做好构件以下几方面的检查：

① 构件强度检查。吊装时构件混凝土强度不低于设计强度的75%，大跨度构件应达到100%强度。

② 构件外形尺寸、预埋件的位置及大小检查。

③ 构件的表面检查。

④ 吊环位置及变形检查，吊环及预埋件大样图如图6-12所示。

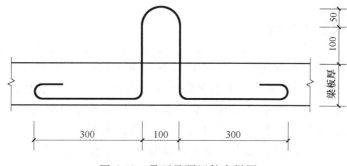

图6-12　吊环及预埋件大样图

3. 构件的弹线与编号

构件质量检查合格后，即可在构件上弹出吊装中心线，作为构件吊装、对位、校正的依据。外形复杂的构件，还要标出它的重心和绑扎点位置。具体要求如下：

（1）柱子

在柱身三面弹出吊装中心线，所弹中心线的位置应与柱基杯口面上的吊装中心线相吻合。此外，在柱顶与牛腿面上还要弹出屋架及吊车梁的安装中心线，如图6-13所示。

（2）屋架

屋架上弦顶面应弹出几何中心线，并从跨度中央向两端分别弹出天窗架、屋面板的安装中心线，端头弹出安装中心线。

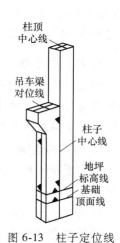

图6-13　柱子定位线

（3）梁

两端及顶面弹出吊装中心线即可。

（4）其他

在对构件弹线的同时，应按图纸将构件进行编号，不易辨别上下左右的构件，应在构件上用记号标明，以免吊装时将方向搞错。

4. 杯形基础的准备

① 各柱杯底按牛腿标高抄平一致后填细石混凝土。

② 检查杯口的尺寸并弹线（杯口顶面十字交叉定位中心线），如图 6-14 所示。

基础的准线

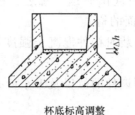
杯底标高调整

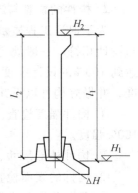

图 6-14 杯形基础弹线与抄平

【知识拓展】 杯底抄平方法

在杯口内抄上平线，一般此线比杯口设计标高低 10cm。如杯口设计标高为 -0.50m，则杯口内侧抄平线标高为 -0.60m。这条平线就是作为杯底抄平的依据，也是吊装柱子时控制柱底部标高的依据。抄平必须准确，认真操作。杯底标高调整值 Δh 确定方法：对杯底抄平时，先要测出杯底原有标高（小柱测中间一点，大柱测四个角点），再量出柱脚底面至牛腿面的实际长度，从而计算出杯底标高调整值，并在杯口内标出。然后用水泥砂浆或细石混凝土将杯底垫平至标志处。例如：测出杯底原有标高为 -1.2m，牛腿面的设计标高为 7.8m，而柱脚至牛腿面的实际长度为 8.95m，则杯底标高的调整值 $\Delta h = [(7.8+1.2)-8.95]m = 0.05m$，即杯底应调整加高 50mm。

5. 料具的准备

进行结构安装之前，要准备好钢丝绳、吊具、吊索和滑车等，还要配备电焊机、焊条。为配合高处作业，便于人员上下，应准备好轻便的竹梯或挂梯。为临时固定柱子和调整构件的标高，准备好各种规格的铁垫片、木楔或钢楔等。

6. 构件的运输

钢筋混凝土构件的运输多采用汽车运输，选用载重量较大的载重汽车，半拖式或全拖式平板拖车。

在构件的运输过程中必须保证构件不变形、不倾倒、不损坏。为此，要求路面平整，且有足够的宽度和转弯半径；构件的强度不能低于设计对吊装的要求；构件的支垫位置要正确，支垫数量要适当，符合设计要求；按路面情况掌握行车速度，尽量保持平稳，避免构件受振动而损坏。具体规定如下：

① 构件运输时的混凝土强度，当设计无具体规定时，不应小于设计的混凝土强度标准值的 75%。

② 构件支承的位置和方法，应根据其受力情况而定，不得引起混凝土的超应力或损伤构件。

③ 构件装运时应绑扎牢固，防止移动或倾倒；对构件边部或与链索接触处的混凝土，应用衬垫加以保护。

④ 在运输细长构件时行车应平稳，并根据需要对构件设置临时水平支撑，如图6-15所示。

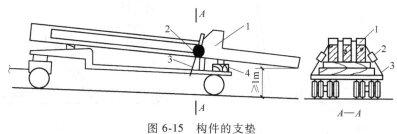

图6-15 构件的支垫
1—柱子 2—手拉葫芦 3—钢丝绳 4—垫木

7. 构件的堆放

构件应按照施工组织设计的平面布置图进行堆放，以免进行二次搬运。堆放构件时，应使构件堆放的状态符合设计的受力状态，并保持稳定。构件应放置在垫木上，各层垫木的位置应在同一条垂直线上，以免构件折断，构件堆垛的高度，按构件混凝土的强度、地面的耐压力、垫木的强度和堆垛的稳定性来确定。

构件的堆放应符合下列规定：

① 堆放构件的场地应平整坚实，并具有排水措施，堆放构件时应使构件与地面之间留有一定空隙。

② 应根据构件的刚度及受力情况，确定构件平放或立放，并应保持其稳定。

③ 重叠堆放的构件，吊环应向上，标志应向外；其锚具堆垛高度应根据构件与垫木的承载能力及堆垛的稳定性确定；各层垫木的位置应在一条垂直线上。

④ 采用靠放架立放的构件，必须对称靠放和吊运，其倾斜角度应保持大于80°，构件上部宜用木块隔开。

8. 构件的临时加固

构件在吊装时所受的荷载，一般均小于设计时的使用荷载，但荷载的位置大多与设计时的荷载位置不同，因此会使构件产生变形与损坏，如桁架吊升时其下弦拉杆会变成受压杆件。因此，如吊点与设计规定不同时，在吊装前须进行吊装应力的验算，并采取适当的临时加固措施。

6.2.2 构件吊装工艺

构件的吊装主要有柱的吊装、吊车梁的吊装、屋架的吊装、天窗架和屋面板的吊装等。构件吊装工艺为绑扎→起吊→就位和临时固定→校正→最后固定。

单层厂房
结构安装
（视频）

1. 柱的吊装

（1）绑扎

柱的吊装有单机一点起吊（中小型柱）、两点起吊或双机抬吊（重型柱或配筋少而细长的柱）等方法，如图6-16和图6-17所示。

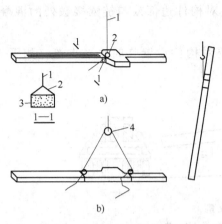

图 6-16 柱斜吊绑扎法
a) 一点绑扎斜吊法 b) 两点绑扎斜吊法
1—吊索 2—活络卡环 3—柱 4—滑车

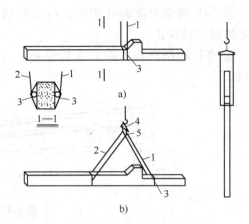

图 6-17 柱直吊绑扎法
a) 一点绑扎直吊法 b) 两点绑扎直吊法
1—第一支吊索 2—第二支吊索 3—活络卡环 4—横吊梁 5—滑车

柱的绑扎位置和点数根据柱的形状、断面、长度、配筋部位和起重机性能确定。

一点绑扎：用于中小型柱（<13t），绑扎点在牛腿根部（实心处），否则加方木垫平。

两点绑扎：用于重型柱或配筋少而细长柱（抗风柱）。

三点绑扎：用于重型柱，双机抬吊。

【注意事项】 两点、三点绑扎须计算确定位置，合力作用点高于柱重心。有牛腿的柱，一点绑扎的位置常选在牛腿以下，上柱较长时也可选在牛腿以上；工字形断面柱的绑扎点应选在矩形断面处，否则应在绑扎位置用方木加固翼缘；双肢柱的绑扎点应选在平腹杆处。

构件绑扎的方法有斜吊绑扎法和直吊绑扎法两种。当柱平卧起吊的抗弯刚度满足要求时，采用斜吊绑扎法，如图 6-16 所示。该方法绑扎时柱无须翻身，起重钩低于柱顶，当柱身较长、起重机臂长不够时较为方便。但因柱身倾斜，起吊后柱身与杯底不垂直，对中就位较困难。

当柱平卧起吊的抗弯刚度不足时，采用直吊绑扎法，如图 6-17 所示。该方法需先将柱翻身后再绑扎起吊。此法吊索从柱两侧引出，上端通过卡环或滑轮挂在铁扁担上，柱身呈垂直状态，便于插入杯口和对中校正，由于铁扁担高于柱顶，起重臂长度稍长。表 6-1 为斜吊绑扎法和直吊绑扎法对比。

表 6-1 斜吊绑扎法和直吊绑扎法对比

绑扎方法	斜吊绑扎法	直吊绑扎法
起重杆长度	要求较小	要求较长
柱的宽面抗弯能力	要求满足	仅要求窄面满足
预制柱翻身	无须翻身（满足吊装要求时）	柱需翻身
吊装施工	起吊后柱身与杯底不垂直（施工不方便）	起吊后柱身与杯底垂直（施工方便）

（2）起吊

对于一般柱，常采用单机吊装，其起吊方法有旋转法和滑行法。对于重型柱，一般采用双机抬吊，起吊方法有双机抬吊旋转法和双机抬吊滑行法。

1）旋转法

起重机边起钩边回转，使柱绕柱脚旋转而吊起柱的方法称为旋转法。采用旋转法吊装柱时，柱的平面布置宜使柱脚靠近基础，柱的绑扎点、柱脚中心与基础中心三点共圆弧，该圆弧的圆心为起重机的停点，半径为停点至绑扎点的距离。吊升时，起重机边收钩边回转，使柱绕着柱脚旋转后呈直立状态，然后吊离地面，略转起重臂，将柱放入基础杯口，如图6-18所示。

单机旋转吊装动画演示（动画）

旋转法的特点是旋转法振动小、效率高，一般中小型柱多采用旋转法吊升，但此法对起重机的回转半径和机动性要求较高，适用于自行杆式（履带式）起重机吊装。

2）滑行法

采用滑行法时，柱吊点布置在靠近杯口处，柱的绑扎点与杯口中心均位于起重半径的圆弧上（即两点共弧），起吊时，起重机只升钩、不回转，使柱脚沿地面滑行，至柱身直立吊离地面插入杯口，如图6-19所示。

单机滑行吊装动画演示（动画）

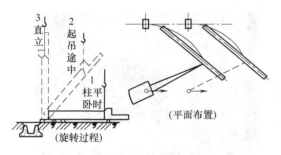

图6-18 旋转法

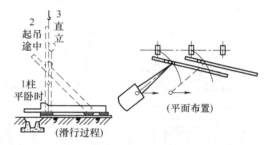

图6-19 滑行法

滑行法的特点是柱的布置灵活、起重半径小、起重杆不转动，操作简单，适用于柱较长、较重，现场狭窄或桅杆式起重机吊装。

3）双机抬吊滑行法

当柱的重量较大，使用一台起重机无法吊装时，可以采用双机抬吊滑行法。柱应斜向布置，起吊绑扎点尽量靠近基础杯口，如图6-20所示。两台起重机停放位置相对而立，其吊钩均应位于基础上方。起吊时，两台起重机以相同的升钩、降钩、旋转速度工作，故宜选择型号相同的起重机。

吊装步骤：柱翻身就位→柱脚下设置托板、滚筒，铺好滑道→两机相对而立，同时起钩将柱吊离地面→同时落钩，将柱插入基础杯口。

4）双机抬吊旋转法（递送法）

双机抬吊旋转法，是用一台起重机抬柱的上吊点，另一台起重机抬柱的下吊点，柱的布置应使两个吊点与基础中心分别处于起

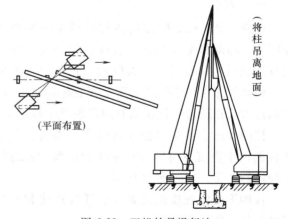

图6-20 双机抬吊滑行法

重半径的圆弧上，起吊绑扎点尽量靠近杯口。主起重机起吊上柱，副起重机起吊柱脚。随着主起重机起吊，副起重机进行跑吊和回转，将柱脚递送至杯口上方，主起重机单独将柱子就位，如图6-21所示。

（3）就位和临时固定

当柱吊升后，需要将柱与杯形基础进行对位，具体对位过程：直吊法时，应将柱悬离杯底30～50mm处对位；斜吊法时则需将柱送至杯底，在吊索的一侧的杯口插入两个楔子，再通过起重机回转使其对位。对位时，在柱四周向杯口内放入8只楔子，用撬棍拨动柱脚，使吊装准线对准杯口上的吊装准线。

临时固定：对位后，应将塞入的8只楔子逐步打紧作临时固定，以防对好线的柱脚移动，如图6-22所示。细长柱的临时固定应增设缆风绳。

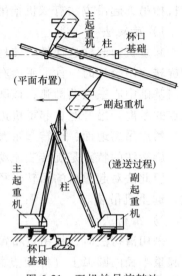

图6-21 双机抬吊旋转法

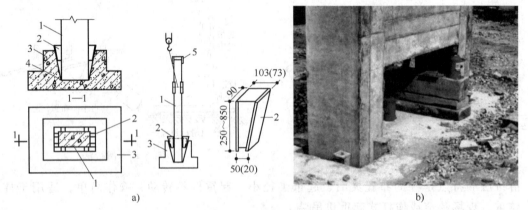

图6-22 柱的临时固定
a）柱的临时固定示意图　b）柱的临时固定实例
1—柱　2—楔子　3—杯形基础　4—石子　5—安装缆风绳或挂操作台的夹箍

（4）校正

柱校正是对已临时固定的柱进行全面检查（平面位置、标高和垂直度等）及校正的一道工序。柱的校正包括标高校正、平面位置校正和垂直度的校正。标高校正在吊装前通过调整杯底标高已经校正；平面位置校正通过对位在临时固定前已经校正。

柱的校正主要是垂直度的校正，用两台经纬仪从柱的两个垂直方向同时观测柱的正面和侧面的中心线进行校正，如图6-23所示。

柱的平面位置校正主要有钢钎校正法和反推法两种方法，如图6-24所示。

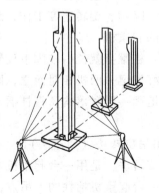

柱子吊装校正（图文）

图6-23 柱的垂直度校正

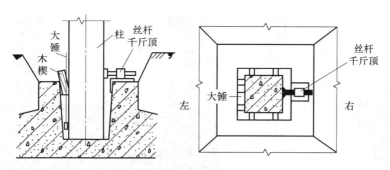

图 6-24 反推法校正柱平面位置

柱的垂直度校正的常用方法有螺旋千斤顶校正法（平顶、斜顶、立顶）、敲打楔块校正法、钢管撑杆校正法和缆风绳校正法等。

（5）最后固定

钢筋混凝土柱是在柱与杯口的空隙内浇筑细石混凝土作最后固定的。浇筑工作应在校正后立即进行。浇筑前，应将杯口空隙内的木屑等垃圾清除干净，并用水湿润柱和杯口壁。对于因柱底不平或柱脚底面倾斜而造成柱脚与杯底间有较大空隙的情况，应先浇筑一层稀水泥砂浆后，再浇筑细石混凝土。

浇筑工作分两次进行：第一次浇筑至楔块底面，待混凝土强度达25%设计强度后，拔出楔块再第二次浇筑混凝土至杯口顶面，如图 6-25 所示。若浇捣细石混凝土时发现碰动了楔子，可能影响柱的垂直，必须及时对柱的垂进度进行复查。第二次浇筑的混凝土强度标准值达到75%后方可安装上部构件。

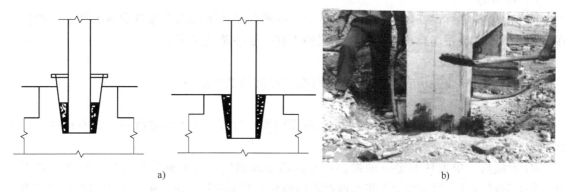

图 6-25 柱的最后固定
a）柱最后固定的二次浇筑　b）柱最后固定实例

2. 吊车梁的吊装

吊车梁的吊装，必须在柱杯口第二次浇筑的混凝土强度标准值达到75%以后进行。其吊装程序为绑扎、吊升、就位、临时固定、校正和最后固定。

（1）绑扎、吊升、就位与临时固定

吊车梁绑扎点应对称设在梁的两端，吊钩应对准梁的重心，如图 6-26 所示，以便起吊后梁身基本保持水平。梁的两端设拉绳控制，避免悬空时碰撞柱。

吊车梁本身的稳定性较好，一般对位时，仅用垫铁垫平即可，无须采取临时固定措施，起

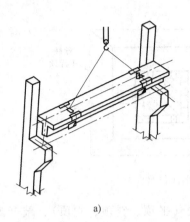 

a)　　　　　　　　　　　　　b)

图 6-26　吊车梁的吊装
a) 吊车梁的吊装示意图　b) 吊车梁的吊装实例

重机即可松钩移走。当梁高与底宽之比大于 4 时，可用 8 号钢丝将梁捆在柱上，以防倾倒。

吊车梁对位时应缓慢降钩，使吊车梁端部与柱牛腿面的横轴线对准。在对位过程中不宜用撬棍顺纵轴方向撬动吊车梁。因为柱顺纵轴线方向的刚度较差，撬动后会使柱顶产生偏移。假如横线未对准，应将吊车梁吊起，再重新对位。

（2）校正和最后固定

吊车梁的校正主要是标高、垂直度和平面位置的校正。校正吊车梁，可在屋盖吊装前校正，也可在屋盖吊装后校正，较重的吊车梁，宜在屋盖吊装前校正。

1）标高的校正

因为吊车梁的标高在做基础抄平时，已对牛腿面至柱脚的距离做过测量和调整，如仍存在误差，可待安装吊车轨道时，在吊车梁面上抹一层砂浆找平即可。

2）垂直度的校正

用垂球检查，偏差应在 5mm 以内，可在支座处加铁片垫平。

3）吊车梁平面位置的校正

吊车梁平面位置的校正包括纵轴线和跨距两项。检查吊车梁纵轴线偏差，有通线法、平移轴线法和边吊边校法几种方法。

① 通线法。根据柱的定位轴线，在车间两端地面定出吊车梁定位轴线的位置，打下木桩，并设置经纬仪。用经纬仪先将车间两端的四根吊车梁位置校正准确，并用钢直尺检查两个吊车梁之间的跨距是否符合要求。然后在四根已校正的吊车梁端设置支架（或垫块），约高 200mm，并根据吊车梁的定位轴线拉钢丝通线。如发现吊车梁的吊装纵轴线与通线不一致，则根据通线来逐根拨正吊车梁的安装中心线。拨动吊车梁可用撬棍或其他工具，如图 6-27 所示。

② 平移轴线法。在柱列边设置经纬仪，如图 6-28 所示，逐根将杯口上柱的吊装准线投影到吊车梁顶面处的柱身上，并做出标志。若柱安装准线到柱定位轴线的距离为 a，则标志距吊车梁定位轴线应为 $\lambda - a$，（λ 为柱定位轴线到吊车梁定位轴线之间的距离，一般 $\lambda = 750$mm）。可据此来逐根拨正吊车梁的安装纵轴线，并检查两个吊车梁之间的跨距是否符合要求。

在检查及拨正吊车梁纵轴线的同时，可用垂球检查吊车梁的垂直度。若发现有偏差，在吊车梁两端的支座面上加斜垫铁纠正。每层垫铁不得超过三块。

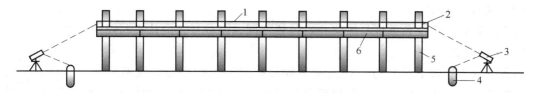

图 6-27　通线法校正吊车梁示意图
1—通线　2—支架　3—经纬仪　4—木桩　5—柱　6—吊车梁

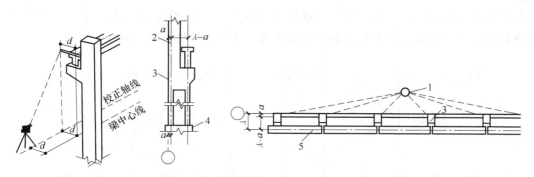

图 6-28　平移轴线法校正吊车梁示意图
1—经纬仪　2—标志　3—柱　4—桩基础　5—吊车梁

③ 边吊边校法。重型吊车梁，由于校正时撬动困难，也可在吊装时，借助于起重机，采取边吊装边校正的方法。

吊车梁的最后固定，是在吊车梁校正完毕后，用连接钢板与柱侧面、吊车梁顶端的预埋件相焊接，并在接头处支模，浇筑细石混凝土。

3. 屋架的吊装

工业厂房的钢筋混凝土屋架，一般在施工现场平卧预制。安装的顺序是绑扎→扶直与就位→吊升、对位与临时固定→校正和最后固定。

（1）绑扎

屋架的绑扎点应选在上弦节点处，左右对称，并高于屋架重心，在屋架两端应加拉绳，以控制屋架转动。绑扎时吊索与水平线的夹角不宜小于45°，以免屋架承受过大的横向压力。必要时，为了减少屋架的起吊高度及所受横向压力，可采用横吊梁。

屋架跨度小于或等于 18m 时绑扎两点；当跨度大于 18m 时绑扎四点；当跨度大于 30m 时，应考虑采用横吊梁，以减少绑扎高度，对三角组合屋架等刚度较差的屋架，下弦不能承受压力，故绑扎时也应采用横吊梁，如图 6-29 所示。

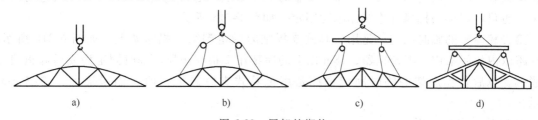

图 6-29　屋架的绑扎
a）屋架跨度小于或等于 18m 时　b）屋架跨度大于 18m 时　c）屋架跨度大于 30m 时　d）三角组合屋架

（2）扶直与就位

扶直屋架时，由于起重机与屋架相对位置不同，可分为正向扶直与反向扶直。

1）正向扶直

起重机位于屋架下弦一边，首先以吊钩对准屋架上弦中心，收紧吊钩，然后略略起臂使屋架脱模，随即起重机升钩升臂使屋架以下弦为轴缓缓转为直立状态，如图6-30a所示。

2）反向扶直

屋架的扶直（图文）

起重机位于屋架上弦一边，吊钩对准屋架上弦中点，收紧吊钩，接着升钩并降低起重臂，使屋架以下弦为轴缓缓转为直立状态，如图6-30b所示。

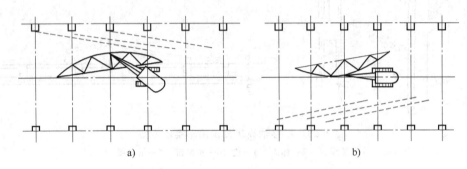

图6-30 屋架的扶直

a）屋架的正向扶直 b）屋架的反向扶直（虚线表示屋架就位的位置）

正向扶直与反向扶直的最大不同点，就是在扶直过程中，前者升起起重臂，后者降低起重臂。而升臂比降臂易于操作且较安全，故应尽可能采用正向扶直。

屋架扶直后，立即进行就位。屋架就位的位置与屋架的安装方法、起重机械性能有关。当屋架就位位置与屋架的预制位置在起重机开行路线同一侧时，称为同侧就位（图6-30a）。当屋架就位位置与屋架预制位置分别在起重机开行路线两侧时，称为异侧就位（图6-30b）。

（3）吊升、对位与临时固定

屋架吊升是先将屋架吊离地面约300mm，然后将屋架转至吊装位置下方，再将屋架提升超过柱顶约300mm，然后将屋架缓缓降至柱顶，进行对位。

屋架对位后，立即进行临时固定。临时固定稳妥后，起重机方可摘钩离去。

第一榀屋架的临时固定必须高度重视。因为它是单片结构，侧向稳定较差，而且还是第二榀屋架临时固定的支撑。第一榀屋架的临时固定方法，通常是用四根缆风绳从两边将屋架拉牢，也可将屋架与抗风柱连接作临时固定，如图6-31a所示。

第二榀屋架的临时固定，是用工具式支撑临时固定到第一榀屋架上，如图6-31b所示。15m跨以内的屋架用1根校正器，18m以上的屋架用2根校正器。临时固定稳妥后起重机方能脱钩，以后各榀屋架的临时固定也都是用工具式支撑撑牢在前一榀屋架上，如图6-32所示。

（4）校正和最后固定

屋架经对位、临时固定后，主要校正垂直度偏差。根据相关规范规定，屋架上弦（在

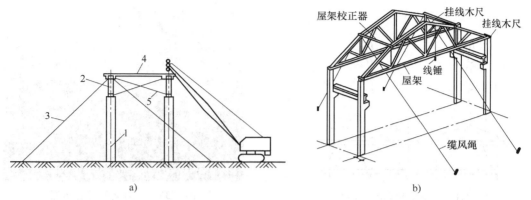

图 6-31 屋架的临时固定
a) 第一榀屋架用缆风绳临时固定 b) 第二榀屋架的临时固定
1—柱 2—屋架 3—缆风绳 4—工具式支撑 5—屋架垂直支撑

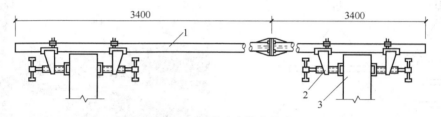

图 6-32 工具式支撑的构造
1—钢管 2—撑脚 3—屋架上弦

跨中)对通过两支座中心垂直面的偏差不得大于 $h/250$(h 为屋架高度)。检查时可用垂球或经纬仪。用经纬仪检查,是将仪器安置在被检查屋架的跨外,距柱的横轴线约 500mm,如图 6-33 所示;然后,观测屋架中间腹杆上的中心线(安装前已弹好),如偏差超出规定数值,可转动工具式支撑上的螺栓加以纠正,并在屋架端部支承面垫入薄钢片。校正无误后,立即用电焊焊牢作为最后固定。

4. 天窗架、屋面板的吊装

天窗架常单独吊装,也可与屋架拼装成整体同时吊装。单独吊装时,应待屋架两侧屋面板吊装后进行,采用两点或四点绑扎,如图 6-34 所示,并用工具式夹具或圆木进行临时加固。图 6-35 所示为天窗架的吊装实例。

屋面板多采用一钩多块叠吊或平吊法,以发挥起重机的效能,如图 6-36 所示。吊装顺序:由两边檐口开始,左右对称逐块向屋脊安装,避免屋架承

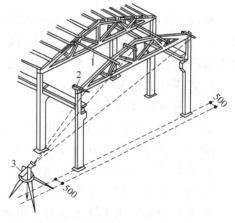

图 6-33 屋架的临时固定与校正
1—工具式支撑 2—卡尺 3—经纬仪

受半跨荷载。屋面板对位后应立即焊接牢固,每块板不少于三个角点焊接。图 6-37 所示为屋面板的吊装实例。

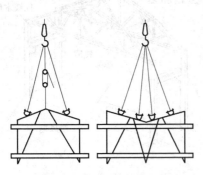

图 6-34 天窗架的绑扎、吊装

图 6-35 天窗架的吊装实例

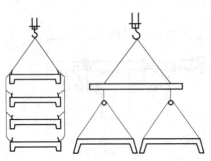

图 6-36 屋面板多块叠吊、多块平吊

图 6-37 屋面板的吊装实例

6.2.3 结构吊装方案

单层工业厂房结构的特点是平面尺寸大、承重结构的跨度与柱距大、构件类型少、重量大，厂房内还有各种设备基础（特别是重型厂房）等。因此，在拟定结构安装方案时，应着重解决起重机的选择、结构安装方法、起重机械开行路线与构件的平面布置等问题。

1. 起重机的选择

（1）起重机类型选择原则

① 对于中小型厂房结构采用自行式起重机安装比较合理。

② 当厂房结构高度和长度较大时，可选用塔式起重机安装屋盖结构。

③ 在缺乏自行式起重机的地方，可采用桅杆式起重机安装。

④ 大跨度的重型工业厂房，应结合设备安装来选择起重机类型。

⑤ 当一台起重机无法吊装时，可选用两台起重机抬吊。

（2）起重机型号的选择

所选起重机应满足三个工作参数：起重量 Q、起重高度 H、起重半径 R。

① 单机吊装起重量按下式选择：

$$Q \geq Q_1 + Q_2 \qquad (6-1)$$

式中　Q——起重机的起重量（kN）；

Q_1——构件的重量（kN）；

Q_2——索具的重量（包括临时加固件重量）（kN）。

② 起重机的起重高度 H（停机面至吊钩的距离）的计算简图如图 6-38 所示，按下式计算：

$$H \geqslant h_1 + h_2 + h_3 + h_4 \qquad (6\text{-}2)$$

式中 h_1——安装支座表面高度（m）；

h_2——安装间隙（m），应不小于 0.3m；

h_3——绑扎点至构件起吊后底面的距离（m）；

h_4——索具高度（m）（绑扎点至吊钩的距离）。

③ 起重半径。

当起重机的停机位不受限制时，对起重半径没有要求。

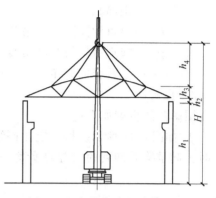

图 6-38 起重高度的计算简图

当起重机的停机位受限制时，需根据起重量和起重高度查阅起重机性能表或曲线来选择起重机的型号，起重半径按下式进行计算，其计算简图如图 6-39 所示：

$$R_{\min} = F + D + 0.5b \qquad (6\text{-}3)$$

式中 F——起重臂枢轴中心距回转中心距离（m）；

b——构件的宽度（m）；

D——起重臂枢轴中心距所吊构件边缘距离（m），可用下式计算；

$$D = g + (h_1 + h_2 + h_3' - E) \cot\alpha \qquad (6\text{-}4)$$

式中 g——构件上口边缘与起重臂之间的水平空隙（m），不小于 0.5m；

E——吊杆枢轴中心距地面高度（m）；

α——起重臂的倾角；

h_1、h_2——含义同前；

h_3'——所吊构件的高度（m）。

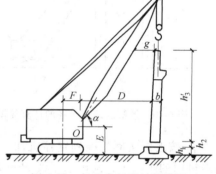

图 6-39 起重半径的计算简图

（3）起重臂长度的确定

同一种型号的起重机可能具有几种不同长度的起重臂，应选择一种既能满足三个吊装工作参数的要求而又最短的起重臂。但有时由于各种构件吊装工作参数相差大，也可选择几种不同长度的起重臂。例如，吊装柱可选用较短的起重臂，吊装屋面结构则选用较长的起重臂。

当起重机的起重臂需跨过已安装的结构去吊装构件时，为避免起重臂与已安装结构相碰，则应采用数解法或图解法求出起重机的最小臂长及起重半径。

1）数解法（计算简图见图 6-40）

$$L_{\min} \geqslant L_1 + L_2 = \frac{h}{\sin\alpha} + \frac{f+g}{\cos\alpha} \qquad (6\text{-}5)$$

$$\alpha = \arctan\sqrt[3]{\frac{h}{f+g}} \qquad (6\text{-}6)$$

式中　L_{min}——起重臂的最小长度；

　　　h——起重臂底铰至构件吊装支座的距离，$h=h_1-E$（E 为起重臂底铰至停机面的距离）；

　　　f——起重钩需跨过已吊装结构的距离；

　　　g——起重臂轴线与已吊装屋架间的水平距离，至少取 1m；

　　　α——起重臂的倾角。

2）图解法

图解法的步骤如下：

① 如图 6-41 所示，按一定比例绘出欲吊装厂房一个节间的纵剖面图，并画出吊装屋面板时，起重钩需伸到的位置的垂线 $y—y$。

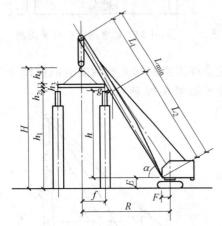
图 6-40　数解法起重半径的计算简图

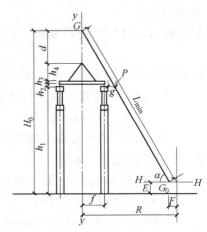
图 6-41　图解法确定起重臂长的示意图

② 按地面实际情况确定停机面，并根据初选的型号，从外形尺寸表中查出起重臂底铰至停机面的距离 E，画出水平线 $H—H$。

③ 自屋架顶面向起重机方向水平量出一距离（$g \geqslant 1m$），可得 P 点。

④ 在垂线 $y—y$ 上写出起重臂上定滑轮中心点 G（G 点到停机面距离为 $H_0=h_1+h_2+h_3+h_4+d$，d 为吊钩至起重臂顶端滑轮中心的最小高度，一般取 2.5~3.5m）。

⑤ 连接 GP，并延长使之与 $H—H$ 相交于 G_0，即为超重臂下铰中心，GG_0 为起重臂的最小长度 L_{min}，α 即为吊装时起重臂的仰角。

⑥ 根据所得 L_{min} 理论值，选择起重臂长度，求得起重半径。

$$R = F + L\cos\alpha \tag{6-7}$$

式中　R——起重半径；

　　　F——起重臂枢轴中心距回转中心距离；

　　　L——起重臂的长度；

　　　α——起重臂的倾角。

【注意事项】　一般按上述方法先确定起重机位于跨中，吊装中间屋面板所需臂长及起重臂仰角，然后再复核吊装最边缘一块屋面板时，能否满足。

（4）起重机台数的确定

起重机台数按下式确定：

$$N = \frac{1}{TCK} \sum \frac{Q_i}{P_i} \quad (6\text{-}8)$$

式中　N——起重机台数；

　　　T——工期（d）；

　　　C——每天工作班数；

　　　K——时间利用系数，一般取 0.8~0.9；

　　　Q_i——每种构件的安装工程量（件或 t）；

　　　P_i——起重机相应的产量定额（件/台班或 t/台班）。

【注意事项】　决定起重机台数时，应考虑构件装卸、拼装和就位的需要。

2. 结构安装方法

单层工业厂房的结构吊装方法，有分件吊装法、综合吊装法和混合吊装法三种。

（1）分件吊装法

分件吊装法是指起重机在车间内每开行一次仅安装一种或两种构件。通常分三次开行吊装完全部构件，如图 6-42 所示。

分件吊装法（视频）

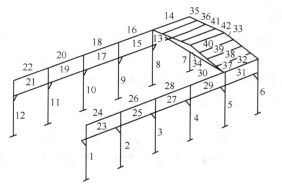

图 6-42　分件吊装法的构件安装顺序

第一次开行：吊装全部柱，并对柱进行校正和最后固定。

第二次开行：吊装吊车梁、连系梁以及柱间支撑等。

第三次开行：分节间吊装屋架、天窗架、屋面板、屋面支撑及抗风柱等。

在第一次开行（柱吊装之后），起重机即进行屋架的扶直排放以及吊车梁、连系梁、屋面板的摆放布置。

采用分件吊装法的优点是每次安装同类构件，索具无须经常更换。操作程序基本相同，所以安装速度快。构件校正、接头焊接、灌缝、混凝土养护时间充分。构件供应、现场平面布置比较简单。缺点是不能为后续工程及早提供工作面，起重机开行路线长，同时也有柱固定工作跟不上吊装速度的问题。一般单层厂房多采用分件吊装法。

（2）综合吊装法

综合吊装法是指起重机在车间内的一次开行中，分节间安装完各种类型的构件。具体做法：先安装 4~6 根柱，并立即加以校正和最后固定，接着吊装连系梁、吊车梁、屋架、天窗架、屋面板等构件。安装完一个节间所有构件后，转入安装下一个节间，如图 6-43 所示。

综合吊装法的优点是停机点少，开行路线短；每一节间安装完毕后，即可为后续工作及早提供工作面，使各工种能进行交叉平行流水作业，有利于加快施工速度。其缺点是一种机械同时吊装多类型构件，现场拥挤，校正困难。

（3）混合吊装法

混合吊装法是将分件吊装和综合吊装相结合的方法。由于分件吊装法与综合吊装法各有优缺点，因此目前有不少工地采用分件吊装法吊装柱，而用综合吊装法来吊装吊车梁、连系梁、屋架和屋面板等各种构件。

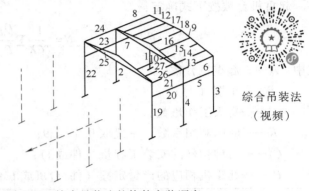

图 6-43 综合吊装法的构件安装顺序

第一次开行将全部（或一个区段）柱吊装完毕并校正固定，杯口二次灌浆混凝土强度达到设计强度的 70% 后，第二次开行吊装柱间支撑、吊车梁、连系梁，第三次开行分节间吊装屋架、天窗架、屋面板等其余构件。

3. 起重机械开行路线

吊装屋架、屋面板等屋面构件时，起重机宜跨中开行；吊装柱时，则视跨度大小、构件尺寸、重量及起重机性能，沿跨中开行或跨边开行。当柱布置在跨外时，起重机一般沿跨外开行，停机位置与跨边开行相似。图 6-44 所示为某单跨厂房的起重机开行路线及停机位置。

单厂吊装开行路线动画演示（动画）

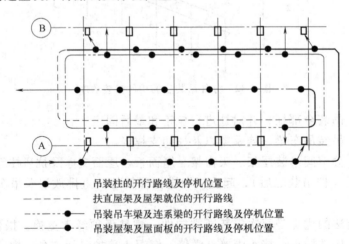

图 6-44 某单跨厂房的起重机开行路线及停机位置

吊装柱时，当起重半径 $R \geq L/2$（L 为厂房跨度）时，起重机沿跨中开行，每个停机位可吊两根柱，如图 6-45a 所示。

当 $R \geq \sqrt{\left(\dfrac{L}{2}\right)^2 + \left(\dfrac{b}{2}\right)^2}$ 时，起重机沿跨中开行，可吊四根柱，如图 6-45b 所示。

当 $R < L/2$ 时，起重机沿跨边开行，每个停机位可吊一根柱，如图 6-45c 所示。

当 $R \geq \sqrt{a^2 + \left(\dfrac{b}{2}\right)^2}$ 时，则可吊两根柱，如图 6-45d 所示。

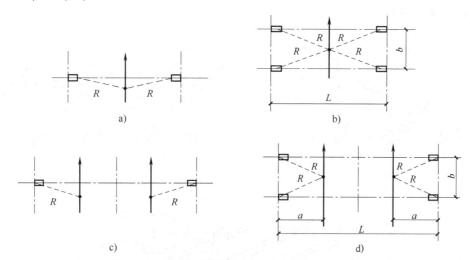

图 6-45　起重机吊装柱时的开行路线及停机位置

4. 构件的平面布置

构件的平面布置与起重机的性能、安装方法和构件的制作方法有关。布置合理可避免构件在场内的二次搬运，充分发挥起重机的效率。在选定起重机型号、确定施工方案后，根据施工现场实际情况加以制定。

（1）构件的平面布置原则

① 每跨构件尽可能布置在本跨内，如确有困难也可布置在跨外便于吊装的地方。

② 构件布置方式应满足吊装工艺要求，尽可能布置在起重机的起重半径内，尽量减少起重机在吊装时的跑车、回转及起重臂的起伏次数。

③ 按"重近轻远"的原则，首先考虑重型构件的布置。

④ 构件的布置应便于支模、扎筋及混凝土的浇筑，若为预应力构件，要考虑有足够的抽管、穿筋和张拉的操作场地等。

⑤ 所有构件均应布置在坚实的地基上，以免构件变形。

⑥ 构件的布置应考虑起重机的开行与回转，保证路线畅通，起重机回转时不与构件相碰。

⑦ 构件的平面布置分为预制阶段构件的平面布置和安装阶段构件的平面布置。布置时两种情况要综合加以考虑，做到相互协调，以有利于吊装。

（2）预制阶段的构件平面布置

1）柱的布置

柱的布置方式与场地大小、安装方法有关，一般有两种，即斜向布置和纵向布置。

① 柱的斜向布置。柱采用旋转法起吊时，可按三点共弧（如图 6-46a 所示杯口 M、柱脚 K、吊点 S 三点共弧）斜向布置。

若由于场地限制或柱身过长，无法做到三点（杯口、柱脚、吊点）共弧，可根据不同情况，布置成两点共弧。两点共弧的布置方法有两种：一是将杯口、柱脚共弧，如图 6-46b

所示 K、M 共弧；另一种方法是将吊点、杯口共弧，如图 6-46c 所示 S、M 共弧，安装时采用滑行法，即起重机在吊点上空升钩，柱脚向前滑行，直到柱呈直立状态，起重杆稍加回转，即可将柱插入杯口。

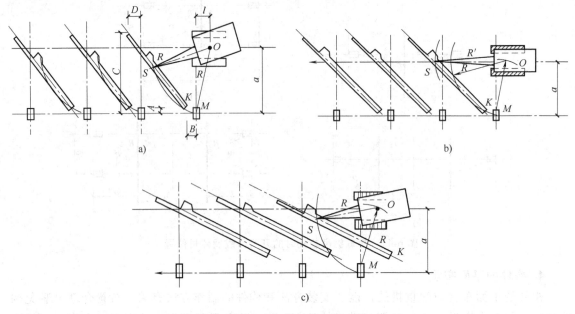

图 6-46 柱斜向布置
a) 柱旋转法吊装的斜向布置（三点共弧） b) 柱旋转法吊装的斜向布置（两点共弧）
c) 柱滑行法吊装的斜向布置（两点共弧）

② 柱的纵向布置。对于一些较轻的柱，起重机能力有富余，考虑到节约场地、方便构件制作，可顺柱列纵向布置。若柱长度大于 12m，柱纵向布置宜排成两行，如图 6-47a 所示；若柱长度小于 12m，则可叠浇排成一行，如图 6-47b 所示。

柱纵向布置时，起重机的停机点应安排在两柱基的中点，使 $OM_1 = OM_2$，这样每一停机点可吊两根柱，如图 6-47 所示。

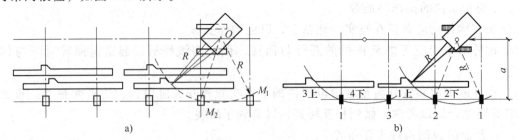

图 6-47 柱纵向布置
a) 双排纵向布置（两点共弧） b) 单排纵向布置（两点共弧）

2) 屋架的布置

屋架一般安排在跨内叠层预制，每叠 3~4 榀。布置的方式有正面斜向、正反斜向和正反纵向布置等，如图 6-48 所示。图 6-49 所示为屋架正面斜向布置实例图。斜向布置便于屋架的扶直就位，宜优先采用，当现场受限时，方可考虑其他两种形式。每两垛屋架之间，要

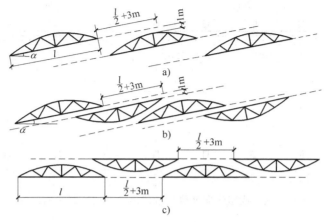

图 6-48 现场预制屋架的平面布置方向示意图
a）正面斜向布置　b）正反斜向布置　c）正反纵向布置

留 1m 左右的空隙，以便支模及浇筑混凝土。布置屋架预制位置时，要考虑屋架的扶直就位要求和扶直的先后次序，先扶直的放在上层。屋架的朝向、预埋件的位置也要注意安放正确。

3）吊车梁的布置

吊车梁安排在现场预制时，可靠近柱基顺纵向轴线或略作倾斜布置，也可插在柱的空当中预制。

（3）安装阶段构件的就位布置及运输堆放

安装阶段的就位布置是指柱已安装完毕，其他构件的就位布置，包括屋架的扶直就位，吊车梁、连系梁、屋面板的运输就位等。

图 6-49 屋架正面斜向布置实例

1）屋架的扶直就位

屋架扶直后立即进行就位。屋架的就位方式有两种：一种是斜向排放，即屋架靠柱边斜向就位，如图 6-50 所示；另一种是成组纵向排放，即屋架靠柱边成组纵向就位，如图 6-51 所示。

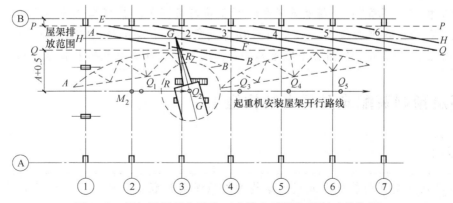

图 6-50 屋架同侧斜向就位（虚线表示屋架预制时的位置）

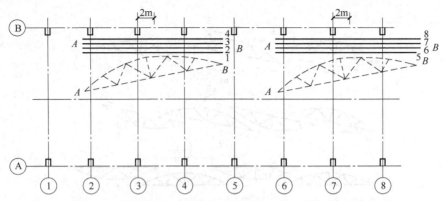

图 6-51 屋架成组纵向就位（虚线表示屋架预制时的位置）

2）吊车梁、连系梁、屋面板的运输就位

单层厂房的吊车梁、连系梁、屋面板一般在预制厂中生产，运至工地安装。构件运至现场后，按平面布置图安排的部位，依编号、安装顺序进行集中堆放。吊车梁、连系梁的就位位置，一般在其安装位置的柱列附近，跨内或跨外均可；有时，也可不用排放，采用随吊随运的办法。屋面板的就位位置，可布置在跨内或跨外，根据起重机安装屋面板时所需的回转半径，排放在适当部位。一般情况下，屋面板在跨内就位时，后退四五个节间开始堆放；跨外就位时，应后退一两个节间，如图 6-52 所示。

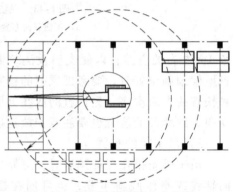

图 6-52 屋面板吊装就位布置图

【注意事项】 构件集中堆放时应注意：场地要平整压实，并有排水措施；构件应按使用时的受力情况放在垫木上。重叠构件之间，也要加垫木，上下层垫木，要在同一垂直线上。构件之间，应留有 20cm 的空隙，以免吊装时互相碰坏。堆垛的高度应按构件强度、垫木强度、地基承载力以及堆垛的稳定性而定，一般梁 2~3 层，屋面板 6~8 层。

【知识拓展】 吊装工程"十不吊"

吊装工程"十不吊"：①超负荷不吊。②歪拉斜吊不吊。③指挥信号不明不吊。④安全装置失灵不吊。⑤重物超过人头不吊。⑥光线阴暗看不清不吊。⑦埋在地下的物件不吊。⑧吊物上站人不吊。⑨捆绑不牢不稳不吊。⑩重物边缘锋利无防护措施不吊。

6.3 多层预制装配式混凝土结构施工

【情景引入】

图 6-53 所示是预制装配式混凝土结构的墙板吊装过程，思考一下预制构件从工厂制作到工地的吊装、安装是如何完成的。

预制装配式混凝土结构是将整栋建筑物的各部分分解成为单个预制构件，如柱、梁、墙、楼板、楼梯和阳台等，和搭积木一样，装配式结构将部分或所有构件在工厂预制完成，然后运到施工现场进行组装。装配式结构与传统现浇结构相比最大的区别是大量的建筑部品由车间生产加工完成，同时由于现场大量的装配作业，比原始现浇作业大大减少。

6.3.1 构件制作与运输

预制混凝土构件生产一般在工厂或符合条件的现场进行。预制构件生产单位应具备相应的生产工艺设备、人员配置，并应有完善的质量管理体系和试验检测能力。

图 6-53 预制装配式混凝土结构的墙板吊装

1. 构件制作准备

（1）技术准备

预制构件制作前，建设单位应组织设计、生产、监理、施工单位对其技术要求和质量标准进行技术交底，并应制定包括生产工艺、模具方案、生产计划、技术质量控制措施、成品保护、堆放及运输方案等内容的生产方案。如预制构件制作详图无法满足制作要求，应进行深化设计和施工验算，完善预制构件制作详图和施工装配详图，避免在构件加工和施工过程中，出现错、漏、碰、缺等问题。对应预留的孔洞及预埋件，应在构件加工前进行认真核对，以免现场剔凿，造成损失。

（2）材料准备

在预制构件制作前，生产单位应按照相关规范、规程要求，根据预制构件的混凝土强度等级、生产工艺等选择制备混凝土的原材料，并进行混凝土配合比设计。预制构件生产前，对钢筋套筒除检验其外观质量、尺寸偏差、出厂提供的材质报告、接头型式检验报告等，还应按要求制作钢筋套筒灌浆连接接头试件进行验证性试验。

预制构件制作前，对带饰面砖或饰面板的构件，应绘制排砖图或排板图；对夹心外墙板，应绘制内外叶墙板的拉结件布置图及保温板排板图，以利工厂根据图纸要求对饰面材料、保温材料等进行裁切、制版等加工处理。

（3）模板准备

预制构件模具一般采用能多次重复使用的工具式模板（图 6-54），要求模板除应满足承载力、刚度和整体稳定性要求外，还应满足预制构件质量、生产工艺、模具组装与拆卸、周转次数等要求；满足预制构件预留孔洞、插筋、预埋件的安装定位要求；预应力构件跨度超过 6m 时，模具应根据设计要求起拱。

（4）模具尺寸的允许偏差

当设计有要求时按设计要求确定；当设计无要求时其允许偏差和检验方法应符合表 6-2 的规定，预埋件加工的允许偏差和检验方法应符合表 6-3 的规定，固定在模具上的预埋件、预留孔洞中心位置的允许偏差和检验方法应符合表 6-4 的规定。

2. 构件制作

构件模具大多采用定型钢模进行生产，要求模具应具有足够的强度、刚度和整体稳定性，并应能满足预制构件预留孔、插筋、预埋吊件及其他预埋件的定位要求；模具设计应满

a)   b)

图 6-54 预制混凝土楼梯梯段及模板

a) 预制混凝土梯段模板 b) 脱模后的预制混凝土梯段

表 6-2 预制构件模具尺寸的允许偏差和检验方法

项次	检查项目及内容		允许偏差/mm	检验方法
1	长度	≤6m	1,-2	用钢直尺量平行构件高度方向,取其中偏差绝对值较大处
2		>6m且≤12m	2,-4	
3		>12m	3,-5	
4	截面尺寸	墙板	1,-2	用钢直尺测量两端或中部,取其中偏差绝对值较大处
5		其他构件	2,-4	
6	对角线差		3	用钢直尺量纵、横两个方向对角线
7	侧向弯曲		$l/1500$,且≤5	拉线,用钢直尺量测侧向弯曲最大处
8	翘曲		$l/1500$	对角拉线测量交点间距离值的2倍
9	底模表面平整度		2	用2m靠尺和塞尺量
10	组装缝隙		1	用塞片或塞尺量
11	端模与侧模高低差		1	用钢直尺量

注:l 为模具与混凝土接触面中最长边的尺寸。

表 6-3 预埋件加工的允许偏差和检验方法

项次	检查项目及内容		允许偏差/mm	检验方法
1	预埋件锚板的边长		0,-5	用钢直尺量
2	预埋件锚板的平整度		1	用直尺或塞尺量
3	钢筋	长度	10,-5	用钢直尺量
		间距偏差	±10	用钢直尺量

表 6-4 模具的预埋件、预留孔洞中心位置的允许偏差和检验方法

项次	检查项目及内容	允许偏差/mm	检验方法
1	预埋件、插筋、吊环、预留孔洞中心线位置	3	用钢直尺量
2	预埋螺栓、螺母中心线位置	2	用钢直尺量
3	灌浆套筒中心线位置	1	用钢直尺量

注:检查中心线位置时,应按纵、横两个方向量测,并取其中的较大值。

足预制构件质量、生产工艺、模具组装与拆卸、周转次数等要求。跨度较大的预制构件的模具应根据设计要求预设反拱。预制构件工厂生产系统如图 6-55 所示。

模块6 结构安装工程施工

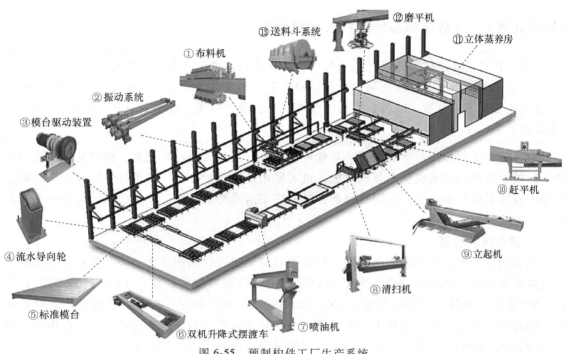

图6-55 预制构件工厂生产系统

【知识拓展】 预制构件的尺寸限制

> 预制构件的尺寸主要受运输条件的限制，也受单个构件的吊装重量的影响。预制构件的尺寸宜按下述规定采用：①预制框架柱的高度尺寸宜按建筑层高确定。②预制梁的长度尺寸宜按轴网尺寸确定。③预制剪力墙板的高度尺寸宜按建筑层高确定，宽度尺寸宜按建筑开间和进深尺寸确定。④预制楼板的长度尺寸宜按轴网或建筑开间、进深尺寸确定，宽度尺寸不宜大于2.7m。

预制构件在混凝土浇筑前应进行隐蔽工程检查，检查内容包括钢筋的牌号、规格、数量、位置、间距等；纵向受力钢筋的连接方式，接头位置、接头质量、接头面积百分率、搭接长度等；箍筋、横向钢筋的牌号、规格、数量、位置、间距，箍筋弯钩的弯折角度及平直段长度；预埋件、吊环、插筋的规格、数量、位置等；灌浆套筒、预留孔洞的规格、数量、位置等；钢筋的混凝土保护层厚度；夹心外墙板的保温层位置、厚度，拉结件的规格、数量、位置等；预埋管线、线盒的规格、数量、位置及固定措施等，以保证预制构件满足结构性能质量控制环节的要求。

【知识拓展】 预制构件生产工艺

带饰面构件反打一次成型生产工艺（图文）	夹心外墙板生产工艺（图文）

247

【知识拓展】 外墙板饰面的反打法衬模种类

> 反打法可以在浇筑外墙混凝土墙体的同时一次将外饰面的各种线型及质感带出来。外墙板反打工艺的特点是外墙面装饰线条一次成型，形成装饰线条的衬模用压条和螺钉固定在模板车面板上。目前，我国应用的衬模有四种：塑料衬模、玻璃钢衬模、橡胶衬模和聚氨酯衬模。

为了保证预制构件与后浇混凝土实现可靠连接，一般采用连接钢筋、键槽及粗糙面等方法。粗糙面可采用拉毛或凿毛处理方法，也可采用处理化学方法。采用化学处理方法时可在模板上或需要露骨料的部位涂刷缓凝剂，脱模后用清水冲洗干净，避免残留物对混凝土及其结合面造成影响。

3. 预制构件检查

预制构件应按设计要求和现行国家标准的有关规定进行结构性能检验；陶瓷类装饰面砖与构件基面的粘结强度应符合《建筑工程饰面砖粘结强度检验标准》（JGJ 110—2008）和《外墙饰面砖工程施工及验收规程》（JGJ 126—2015）等的规定；夹心外墙板的内外叶墙板之间的拉结件类别、数量及使用位置应符合设计要求。预制构件检查合格后，应在构件上设置表面标识，标识内容宜包括构件编号、制作日期、合格状态和生产单位等信息。

4. 构件运输

构件运输时应制定预制构件的运输与堆放方案，其内容包括运输时间、次序、堆放场地、运输线路、固定要求、堆放支垫及成品保护措施等。

预制构件的运输线路应根据道路、桥梁的荷重限值及限高、限宽、转弯半径等条件确定，场内运输宜设置循环线路；运输车辆应满足构件尺寸和载重要求。装卸构件过程中，应采取保证车体平衡、防止车体倾覆的措施；运输过程中，应采取防止构件移动、倾倒、变形等的固定措施；运输细长构件时应根据需要设置水平支架；构件边角部或运输捆绑链索接触处的混凝土，宜采用垫衬加以保护，防止构件损坏。

5. 预制构件堆放

预制构件的堆放场地应平整、坚实，并应采取良好的排水措施。重叠堆放时应保证最下层构件垫实，预埋吊件宜向上，标识宜朝向堆垛间的通道；垫木或垫块在构件下的位置宜与脱模、吊装时的起吊位置一致，每层构件间的垫木或垫块应在同一垂直线上（图6-56a）。堆垛的安全、稳定特别重要。堆垛层数应根据构件与垫木或垫块的承载力及堆垛的稳定性确定，必要时应设置防止构件倾覆的支架；施工现场堆放的构件，宜按安装顺序分类堆放，堆垛宜布置在起重机工作范围内且不受其他工序施工作业影响的区域。

墙板类构件应根据施工要求选择堆放方法，对外形复杂墙板宜采用插放架或靠放架直立堆放；插放架、靠放架应安全可靠，满足强度、刚度及稳定性的要求。当采用靠放架堆放构件时，采用靠放架直立堆放的墙板宜对称靠放、饰面朝外，靠放架与地面倾斜角度宜大于80°（图6-56b）；如受运输路线等因素限制而无法直立运输时，也可平放运输，但需采取保护措施，如在运输车上放置使构件均匀受力的平台等。

6. 预制构件质量的进场验收

预制构件的质量检验是在预制工厂检查合格的基础上进行进场验收，外观质量应全数检

 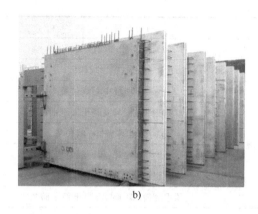

图 6-56 预制构件堆放
a）构件平放　b）插放架立放

查，尺寸偏差为按批抽样检查。其质量应符合国家标准《混凝土结构工程施工质量验收规范》（GB 50204—2015）的有关规定。

① 预制构件的外观质量不应有影响构件的结构性能或安装使用功能的严重缺陷，构件制作时应制定技术质量保证措施。预制构件的外观质量不宜有一般缺陷。对已出现的一般缺陷，应按技术方案进行处理，并应重新检验。

② 预制构件的允许尺寸偏差及检验方法应符合表 6-5 的规定。预制构件有粗糙面时，与粗糙面相关的尺寸允许偏差可适当放松。

表 6-5 预制构件的允许尺寸偏差及检验方法

项　目		允许偏差/mm	检验方法
长度	楼板、梁、柱、桁架 <12m	±5	尺量
	楼板、梁、柱、桁架 ≥12m 且 <18m	±10	
	楼板、梁、柱、桁架 ≥18m	±20	
	墙板	±4	
宽度、高（厚）度	楼板、梁、柱、桁架截面尺寸	±5	尺量一端及中部，取其中偏差绝对值较大处
	墙板	±4	
表面平整度	楼板、梁、柱、墙板内表面	5	2m 靠尺和塞尺量测
	墙板外表面	3	
侧向弯曲	楼板、梁、柱	$l/750$ 且 ≤20	拉线、钢直尺量最大侧向弯曲处
	墙板、桁架	$l/1000$ 且 ≤20	
翘曲	楼板	$l/750$	调平尺在两端量测
	墙板	$l/1000$	
对角线差	楼板	10	尺量两个对角线
	墙板	5	
预留孔	中心线位置	5	尺量
	孔尺寸	±5	

(续)

项目		允许偏差/mm	检验方法
预留洞	中心线位置	10	尺量
	洞口尺寸、深度	±10	
预埋件	预埋板中心线位置	5	尺量
	预埋件锚板与混凝土面平面高差	0,-5	
	预埋螺栓中心线位置	2	
	预埋螺栓外露长度	10,-5	
	预埋套筒、螺母中心线位置	2	
	预埋套筒、螺母与混凝土面平面高差	±5	
预留插筋	中心线位置	3	尺量
	外露长度	10,-5	
键槽	中心线位置	5	尺量
	长度、宽度	±5	
	深度	±10	

注：1. l 为构件最长边的长度（mm）。
2. 检查中心线、螺栓和孔道位置偏差时，应沿纵、横两个方向量测，并取其中偏差较大值。

6.3.2 预制装配式混凝土结构安装施工

1. 安装施工准备

① 制定施工组织设计。装配式结构安装施工前应制定施工组织设计和专项施工方案。施工组织设计的内容应符合《建筑施工组织设计规范》（GB/T 50502—2009）的规定。专项施工方案的内容应包括构件安装及节点施工方案、构件安装的质量管理及安全措施等，并应结合结构深化设计、构件制作、运输和安装全过程进行各工况的验算，对施工吊装与支撑体系的验算等进行策划与制定，以及选择合适的吊装机械、吊具，对尺寸较大或形状复杂的预制构件，宜采用有分配梁或分配桁架的吊具等，充分考虑并反映装配式结构施工的特点和工艺流程的特殊要求。

装配式结构的后浇混凝土部位在浇筑前应进行隐蔽工程验收。

② 构件安装前，应合理规划构件运输通道和临时堆放场地，并应采取成品堆放保护措施。对施工完成结构的混凝土强度、外观质量、尺寸偏差及预制构件的混凝土强度及预制构件和配件的型号、规格、数量进行检查，并对相关资料检查核对。

③ 安装施工前，应进行测量放线并设置构件安装定位标识。预制构件的放线包括构件中心线、水平线、构件安装定位点等。对已施工完成结构，一般根据控制轴线和控制水平线依次放出纵横轴线、柱中心线、墙板两侧边线、节点线、楼板的标高线、楼梯位置及标高线、异型构件位置线及必要的编号，以便于装配施工。

④ 安装施工前，应复核构件装配位置、节点连接构造及临时支撑方案等；还应检查复核吊装设备及吊具处于安全操作状态。

⑤ 装配式结构施工前，宜选择有代表性的单元进行预制构件试安装，并应根据试安装结果及时调整完善施工方案和施工工艺。

2. 构件吊装

预制构件的安装顺序、构件安装后的校准定位及临时固定是装配式结构施工的关键，装配式结构施工应严格按照批准的施工组织设计和专项施工方案进行吊装。

（1）构件的绑扎和吊升

吊装时，绑扎方法及吊升方法应严格按照批准的专项施工方案进行。吊索与构件水平夹角不宜大于60°，且不应小于45°；吊升时应采取保证起重设备的主钩位置、吊具及构件重心在竖直方向上重合的措施；吊运过程应平稳，不应有大幅度摆动，且不应长时间悬停；吊装过程中，应设专人指挥，操作人员应位于安全位置。

（2）预制构件的安装顺序

装配式结构安装时，应按设计文件、专项施工方案要求的顺序进行，应尽可能地组织立体交叉、均衡有效的施工流水作业。

（3）构件安装的校准定位

安放预制构件时，其搁置长度应满足设计要求；构件下部应铺设厚度不大于20mm的水泥砂浆进行坐浆，以保证接触平整，受力均匀；预制构件安装过程中应根据水准点和轴线校正其高程和平面位置；构件安装应水平，其水平度可在预制构件与其支承构件间设置垫片（钢片）进行调整；构件竖向位置和垂直度可通过临时支撑加以调整。

（4）构件定位后的临时固定

安装就位后应及时采取临时固定措施。装配式结构工程施工过程中，当预制构件或整个结构自身不能承受施工荷载时，需要通过设置临时支撑来保证施工定位、施工安全及工程质量。临时支撑包括水平构件下方的临时竖向支撑，在水平构件两端支承构件上设置的临时牛腿，竖向构件的临时斜撑（如可调式钢管支撑或型钢支撑）等。

对于预制墙板，临时斜撑一般安放在其背面，且一般不少于2道；对于宽度比较小的墙板也可仅设置1道斜撑。当墙板底部没有水平约束时，墙板的每道临时支撑包括上部斜撑和下部支撑（图6-57），下部支撑可做成水平支撑或斜向支撑。对于预制柱，由于其底部纵向钢筋可以起到水平约束的作用，故一般仅设置上部斜撑。柱的斜撑也至少要设置2道，且要设置在两个相邻的侧面上，水平投影相互垂直。

临时斜撑与预制构件一般做成铰接，并通过预埋件进行连接。考虑到临时斜撑主要承受

a) b)

图6-57 构件临时固定

a）楼板临时固定 b）墙板临时固定

的是水平荷载，为充分发挥其作用，上部斜撑的支撑点距离板底的距离不宜大于板高的2/3，且不应小于板高的1/2。

预制构件与吊具的分离应在校准定位及临时固定措施安装完成后进行。

临时固定措施可以在不影响结构承载力、刚度及稳定性前提下分阶段拆除，对拆除方法、时间及顺序，可事先通过验算制定方案。

6.3.3 预制装配式混凝土结构构件的连接

钢筋接头连接方法有钢筋套筒灌浆连接、浆锚搭接连接、焊接连接和预焊钢板焊接连接等。

1. 钢筋套筒灌浆连接和浆锚搭接连接构造

（1）钢筋套筒灌浆连接构造

钢筋套筒灌浆连接是用球墨铸铁或钢套筒和高强灌浆料将套筒内的钢筋进行连接，其构造做法如图 6-58 所示。其特点是连接可靠、施工方便，但造价较高。钢筋套筒灌浆连接的应用如图 6-59 所示。

钢筋套筒灌浆施工（动画）

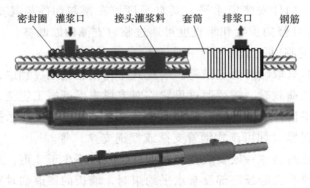

图 6-58 钢筋套筒灌浆连接

（2）浆锚搭接连接构造

浆锚搭接连接是指在预制混凝土构件中采用特殊工艺制成的孔道中插入需搭接的钢筋，并灌注高强灌浆料而实现的钢筋搭接连接方式。浆锚搭接预留孔洞的成型方式如下：

① 埋置螺旋的金属内模，构件达到强度后旋出内模。

② 预埋金属波纹管做内模，完成后不抽出。

采用金属内膜旋出时容易造成孔壁损坏，也比较费工，因此金属波纹管方式更可靠、简单。

钢筋浆锚搭接连接的特点：造价较低，但连接可靠性较差，多用在剪力墙安装时的钢筋连接，如图 6-60 所示。

（3）施工工艺流程

以钢筋混凝土框架结构柱安装为例，其施工工艺流程如下：

弹出构件控制线→确认连接钢筋位置→预埋高度调节螺栓→预制框架柱安装→预制框架柱垂直度调整→预制柱固定→预制柱封仓→制备灌浆料→灌浆连接→封堵出浆口→灌浆后节点保护。

模块6　结构安装工程施工

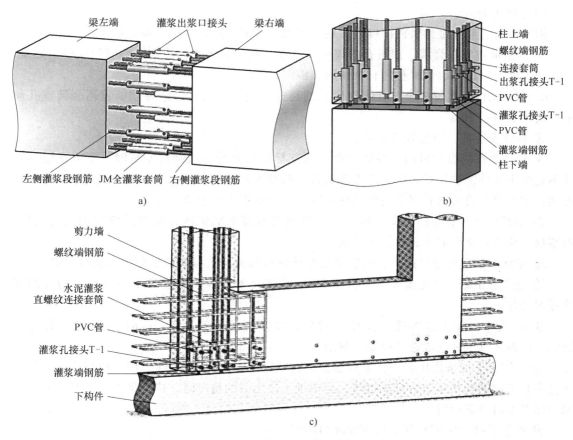

图 6-59　钢筋套筒灌浆连接的应用
a）钢筋套筒灌浆连接在梁中的应用　b）钢筋套筒灌浆连接在柱中的应用　c）钢筋套筒灌浆连接在剪力墙中的应用

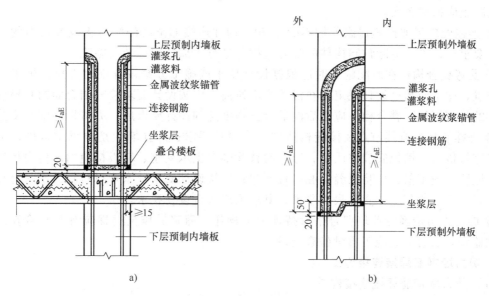

图 6-60　钢筋浆锚搭接连接在墙板中的应用
a）钢筋浆锚搭接连接在内墙板中的应用　b）钢筋浆锚搭接连接在外墙板中的应用

（4）施工要点

钢筋套筒灌浆连接和浆锚搭接连接施工有很多相似之处，其施工要点如下：

① 连接前应检查套筒、预留孔的规格、位置、数量和深度；被连接钢筋的规格、数量、位置和长度；当套筒、预留孔内有杂物时，应清理干净。

② 在预制构件就位前应对有倾斜现象的连接钢筋进行校直。连接钢筋偏离套筒或孔洞中心线不宜超过5mm。

③ 构件安装前，应清理结合面。

④ 构件底部应设置可调整接缝厚度和底部标高的垫片。预制柱安装时，下方配置的垫片不宜少于4处，垫片可采用正方形薄钢板，调整垂直度后，可在柱子四角加塞垫片增加稳定性；多层预制剪力墙底部采用坐浆材料时，其厚度不宜大于20mm。

⑤ 钢筋套筒灌浆连接接头、钢筋浆锚搭接连接接头灌浆前，应对接缝周围进行封堵，封堵措施应符合结合面承载力设计要求。

⑥ 钢筋套筒灌浆连接接头、钢筋浆锚搭接连接接头应按检验批划分要求及时灌浆。

⑦ 灌浆施工时，环境温度不应低于5℃；当连接部位养护温度低于10℃时，应采取加热保温措施。

⑧ 灌浆料配合比应准确，搅拌应均匀，搅拌时间不宜少于3min；搅拌后，宜静置2min，以消除气泡；其流动度应满足规定。

⑨ 灌浆作业应采用压浆法从下口灌注，灌浆压力应达到1.0MPa，待其他套筒的出浆口或注浆口流出圆柱状浆液后对其封堵；当出现无法出浆的情况时，应立即停止灌浆作业，查明原因并及时排除障碍。

⑩ 灌浆料拌合物应在制备后30min内用完。

⑪ 后浇混凝土在施工时预制构件结合面疏松部分的混凝土应剔除并清理干净；模板应保证后浇混凝土的形状、尺寸和位置准确，并应防止漏浆；在浇筑混凝土前应洒水润湿结合面，混凝土应振捣密实。

⑫ 连接处应采取措施保温养护不少于7d；构件连接部位后浇混凝土及灌浆料的强度达到设计要求后，方可拆除预制构件的临时支撑并进行上部结构吊装与施工。

⑬ 受弯叠合构件在装配施工时应根据设计要求或施工方案设置临时支撑；施工荷载宜均匀布置，并不应超过设计规定；在混凝土浇筑前，应按设计要求检查结合面的粗糙度及预制构件的外露钢筋；叠合构件应在后浇混凝土强度达到设计要求后，方可拆除临时支撑。

⑭ 外挂墙板的连接节点及接缝构造应符合设计要求；外挂墙板是自承重构件，不能通过板缝进行传力，墙板安装完成后，应及时移除临时支承支座、墙板接缝内的传力垫块。外墙板接缝防水施工前，应将板缝空腔清理干净；应按设计要求填塞背衬材料；密封材料嵌填应饱满、密实、均匀、顺直、表面平滑，其厚度应符合设计要求。

⑮ 施工人员应经专业培训合格后持证上岗操作，灌浆操作全过程应有专职检验人员负责旁站监督并及时形成施工质量检查记录。

2. 剪力墙钢筋焊接连接施工

（1）剪力墙钢筋焊接连接构造

剪力墙钢筋焊接连接构造如图6-61所示。连接钢筋可在预制剪力墙中通长设置，或在预制剪力墙中可靠锚固。

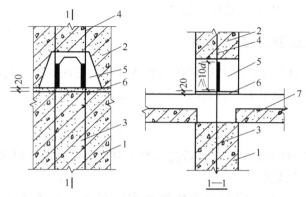

图 6-61 剪力墙钢筋焊接连接构造

1—已安装下部剪力墙 2—待安装上部剪力墙 3—下部连接钢筋 4—上部连接钢筋 5—预留后浇细石混凝土键槽 6—坐浆层 7—楼板

（2）施工要点

① 连接钢筋采用焊接连接时，可在下层预制剪力墙中设置竖向连接钢筋，与上层预制剪力墙底部的预留钢筋焊接连接，焊接长度不应小于 $10d$（d 为连接钢筋直径）。

② 连接部位预留键槽的尺寸，应满足焊接施工的空间要求。

③ 预留键槽应用后浇细石混凝土填实。

3. 剪力墙预焊钢板焊接连接

（1）剪力墙预焊钢板焊接连接构造

剪力墙预焊钢板焊接连接构造如图 6-62 所示。连接钢筋应在预制剪力墙中通长布置，或在预制剪力墙中可靠锚固。

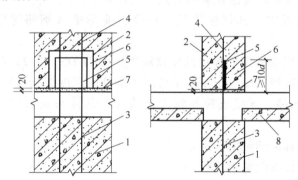

图 6-62 剪力墙预焊钢板焊接连接构造

1—已安装下部剪力墙 2—待安装上部剪力墙 3—下部连接钢筋 4—上部连接钢筋
5—预焊钢板 6—预留后浇细石混凝土键槽 7—坐浆层 8—楼板

（2）施工要点

① 连接钢筋采用预焊钢板焊接连接时，应在下层预制剪力墙中设置竖向连接钢筋，与在上层预制剪力墙中设置的连接钢筋底部预焊的连接用钢板焊接连接，焊接长度不应小于 $10d$（d 为连接钢筋直径）。

② 连接部位预留键槽的尺寸，应满足焊接施工的空间要求。

③ 预留键槽应采用后浇细石混凝土填实。

6.3.4 预制装配式混凝土结构验收

预制装配式混凝土结构工程安装质量按主控项目和一般项目进行验收。验收内容、检验数量及验收方法要符合规范要求；验收的主控项目必须全部合格，一般项目的合格率应满足规范要求。

1. 主控项目

① 装配整体式结构的连接节点部位后浇混凝土强度应符合设计要求。

检查数量：按检验批检验。

检验方法：按国家标准《混凝土强度检验评定标准》（GB/T 50107—2010）的要求进行。

② 钢筋套筒灌浆连接及浆锚搭接连接的灌浆应密实饱满。

检查数量：全数检查。

检验方法：检查灌浆施工质量检查记录。

③ 钢筋套筒灌浆连接及浆锚搭接连接用的灌浆料强度应满足设计要求。

检查数量：按检验批检验，以每层为一检验批；每工作班应制作一组且每层不应少于3组40mm×40mm×160mm的长方体试件，标准养护28d后进行抗压强度试验。

检验方法：检查灌浆料强度试验报告及评定记录。

④ 剪力墙底部接缝坐浆强度应满足设计要求。

检查数量：按检验批检验，以每层为一检验批；每工作班应制作一组且每层不应少于3组边长为70.7mm的立方体试件，标准养护28d后进行抗压强度试验。

检验方法：检查坐浆材料强度试验报告及评定记录。

⑤ 钢筋采用焊接连接时，其焊接质量应符合行业标准《钢筋焊接及验收规程》（JGJ 18—2012）的有关规定。

检查数量：按行业标准《钢筋焊接及验收规程》（JGJ 18—2012）的规定确定。

检验方法：检查钢筋焊接施工记录及平行加工试件的强度试验报告。

⑥ 钢筋采用机械连接、焊接连接和螺栓连接时，其接头质量应符合现行标准的有关规定。

检查数量：按现行标准的规定确定。

检验方法：按现行标准的要求进行。

2. 一般项目

① 装配式结构尺寸允许偏差应符合设计要求，并应符合表6-6中的规定。

检查数量：按楼层、结构缝或施工段划分检验批。在同一检验批内，对梁、柱，应抽查构件数量的10%，且不少于3件；对墙和板，应按有代表性的自然间抽查10%，且不少于3间；对大空间结构，墙可按相邻轴线间高度5m左右划分检查面，板可按纵、横轴线划分检查面，抽查10%，且均不少于3面。

② 外墙板接缝的防水性能应符合设计要求。

检查数量：按检验批检验。每1000m² 外墙面积应划分为一个检验批，不足1000m² 时也应划分为一个检验批；每个检验批每1000m² 应至少抽查一处，每处不得少于10m²。

表 6-6 预制构件尺寸允许偏差及检验方法

项目			允许偏差/mm	检验方法
构件轴线位置	竖向构件(柱、墙、桁架)		10	经纬仪及尺量
	水平构件(梁、楼板)		5	
构件标高	梁、柱、墙板楼板底面或顶面		±5	水准仪或拉线、尺量
构件垂直度	柱、墙	≤6m	5	经纬仪或吊线、尺量
		>6m	10	
构件倾斜度	梁、桁架		5	经纬仪或吊线、尺量
相邻构件平整度	板端面		5	2m靠尺和塞尺量测
	梁、楼板底面	外露	3	
		不外露	5	
	柱、墙板	外露	5	
		不外露	8	
构件搁置长度	梁、板		±10	尺量
支座、支垫中心位置	板、梁、柱、墙板、桁架		10	尺量
墙板接缝宽度			±5	尺量

检验方法：检查现场淋水试验报告。

6.4 钢结构单层工业厂房的制作安装

【情景引入】

图 6-63 所示是钢结构单层工业厂房构件的吊装过程，思考一下钢结构厂房各个构件的吊装工艺有哪些，结构吊装方案又是怎样的。

图 6-63 钢结构单层工业厂房构件的吊装

钢结构单层工业厂房构件的吊装是钢结构单层工业厂房施工的关键问题。吊装作业开工前须制定吊装方案，关键是选用合适的吊点和起重机具。合理布置施工场地，确定机械运行路线和构件堆放地点，铺设道路及机械运行轨道，测定建筑物轴线和标高，安装吊装机械，准备各种索具、吊具和工具。结构吊装方法有很多，合理地选择吊装方法可以节省时间，大大提高劳动效率。

图 6-64 所示为单层工业厂房钢结构安装工艺流程图。

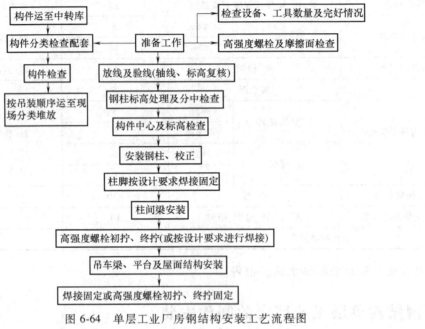

图 6-64　单层工业厂房钢结构安装工艺流程图

6.4.1　施工准备工作

钢结构安装工程施工应做好充分的准备工作，其主要内容有技术准备、机具设备准备、现场作业条件准备和材料准备等。

1. 技术准备

技术准备工作应按工程规模大小及结构类型和特点，分别编制结构安装施工组织设计、施工方案、施工作业指导书和技术交底等施工文件，完成现场作业技术准备。

（1）施工组织设计编制

施工组织设计主要内容包括工程概况及特点；施工总体部署；施工准备工作计划；吊装方法及主要技术措施；施工现场平面布置图；劳动力计划；机具设备计划；材料和构件供应计划；质量保证措施和安全措施；环境保护措施；施工进度计划等。

编制中应结合工程特点和难点，有针对性地提出相应的施工方法和技术措施，特别是复杂结构或有特殊要求的部位及构件。

（2）现场技术准备

1）柱基检查

柱基中的地脚螺栓宜采用后埋式方法施工，以确保位置的准确，如采用钻孔植入或预留孔埋入等方法。图 6-65 所示为钢结构柱脚的地脚螺栓图。

柱基检查主要是轴线和标高的复核，弹好安装对位线，检查地脚螺栓轴线位置、预留尺寸、表观质量等，如有质量问题应按设计要求或相关规定进行处理。

2）构件清理与弹线编号

检查清理进场的钢柱等先行吊装的构件，并按设计进行编号且弹好安装就位线。

3）柱基找平和标高控制

混凝土柱基面标高按设计要求应比钢柱底部低 50~60mm（普通或轻型钢结构可低 20mm）。柱基找平和标高控制一般采用一次浇筑法、二次浇筑法和螺母调整法等。

图 6-65　钢结构柱脚的地脚螺栓图

① 采用一次浇筑法时，先将混凝土浇筑至设计标高下 40~60mm 处，再用细石混凝土精确找平至设计标高。

② 采用二次浇筑法时，第一次浇筑到比设计标高低 40~60mm 处，待混凝土有一定强度后，上面放钢垫板，然后吊装柱，校正完后再浇筑细石混凝土，常用于重型钢柱。

③ 如采用螺母调整法安装柱时，应在预埋螺栓上装上螺母，再用水平仪精准控制螺母上表面将其调整为柱底标高，将其作为支撑柱的支点和标高控制点，同时可利用螺母调整柱子的垂直度。

2. 机具设备准备

针对单层钢结构工程面积大、跨度大等安装施工的特点及道路场地条件，安装机械宜选用履带式起重机、汽车式起重机。另外，还需一些其他施工用机具，如电焊机、卷扬机、千斤顶、手拉葫芦、吊滑车、电动扳手、扭矩扳手、气焊设备、屋架校正调节器和各种索具等。

3. 现场作业条件准备

现场作业条件准备是指吊装前应完成基础验收工作，并按平面布置图要求完成场地清理、道路修筑、障碍物排除或处理等工作。

4. 材料准备

材料准备包括钢构件准备、普通螺栓和高强度螺栓准备、焊接材料准备、吊装辅助材料准备等。

（1）钢构件准备

钢构件堆放场地应按平面布置图设计的要求进行准备，以满足钢构件进场堆放、检查验收、组装及配套供应等需要。钢构件堆放除方便安装外，还应保证安全和构件不变形。钢结构构件安装前应进行检查，包括型号、标记、变形情况、制作误差及缺陷等，发现问题应依程序处理。

（2）普通螺栓准备

普通螺栓（螺栓、螺母、垫圈）应符合设计要求和国家标准的规定，做好防雨、防潮、防油污工作，如遇有螺纹损伤或螺栓、螺母不配套时不得使用。

（3）高强度螺栓准备

高强度螺栓应严格按设计图要求的规格、数量进行采购及检查验收，供货方必须提供合法的质量证明材料，如出厂合格证、扭矩系数、紧固轴力等检验报告。使用前必须按相关规定作紧固轴力或扭矩系数复验，同时也应对钢结构件摩擦面的抗滑移系数进行复验（或由生产加工单位提供复验报告）。

（4）焊接材料准备

在结构安装施工之前应对焊接材料的品种、规格、性能等进行检查，各项指标应符合国家标准和设计要求。焊接材料应有质量合格证明文件、检验报告及中文标志等。对重要的结构件安装所采用的焊接材料，应进行抽样复验。

（5）吊装辅助材料准备

为保证施工正常进行，吊装前应按施工组织设计或施工方案要求，准备好拼装、加固用的杉杆、木板、木方、脚手架及枕木等。

6.4.2 构件的吊装工艺

单层厂房钢结构构件，包括柱、吊车梁、屋架、天窗架、支撑及墙架等。钢结构单层工业厂房构件的吊装与钢筋混凝土排架结构单层工业厂房相似。构件的形式、尺寸、质量、安装标高都不同，应采用不同的起重机械、吊装方法，以达到经济、合理的目的。

1. 钢柱的吊装

单层工业厂房占地面积较大，通常用自行式起重机或塔式起重机吊装钢柱。钢柱的吊升方法与装配式钢筋混凝土柱子相似，分为旋转法和滑行法。对重型钢柱可采用双机抬吊的方法进行吊装，用一台起重机抬柱的上吊点（近牛腿处的吊点），另一台起重机抬下吊点。采用双机并立相对旋转法进行吊装。

钢柱宜采用一点直吊绑扎法起吊，就位时对准地脚螺栓缓慢下落，对位后拧上螺母将柱临时固定，校正其平面位置和垂直度；校正后终拧螺母，用垫板与柱底板焊牢，然后柱底灌浆固定。

钢柱垂直度的偏差用经纬仪检验，如超过允许偏差，用螺旋千斤顶或油压千斤顶进行校正。在校正过程中，随时观察柱底部和标高控制块之间是否脱空，以防校正过程中造成水平标高的误差。

为防止钢柱校正后的轴线位移，应在柱底板四边用10mm厚钢板定位，并用电焊固定。钢柱复校后，再紧固地脚螺栓，并将承重块上下点焊固定，防止走动，如图6-66所示。

2. 钢吊车梁的吊装

钢吊车梁均为简支梁形式，梁端之间留有10mm左右的空隙。梁的搁置处与牛腿面之间

图6-66 钢柱的校正与固定
a）钢柱的吊装 b）钢柱的校正

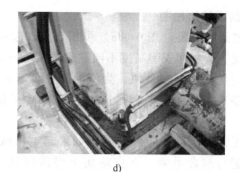

图 6-66　钢柱的校正与固定（续）
c) 终拧地脚螺栓　d) 柱底灌浆固定

留有空隙，设钢垫板。梁与牛腿用螺栓连接，梁与制动梁之间用高强度螺栓连接。

【注意事项】　吊车梁吊装前注意事项：
① 注意钢柱吊装后的位移和垂直度偏差。
② 实测吊车梁搁置处梁高制作的误差。
③ 认真做好临时标高垫块工作。
④ 严格控制定位轴线。

（1）吊车梁采用两点绑扎

吊车梁吊升时用溜绳控制吊升过程构件的空中姿态，方便对位及避免碰撞，如图 6-67a 所示。

（2）吊车梁的吊升

吊装吊车梁可用自行式起重机，也可用塔式起重机、桅杆式起重机等进行吊装。对重量很大的吊车梁，可用双机抬吊，如图 6-67b 所示。

图 6-67　钢吊车梁的绑扎和吊升
a) 吊车梁采用两点绑扎　b) 吊车梁采用双机抬吊

（3）吊车梁的校正与固定

吊车梁的校正主要是标高、垂直度、轴线和跨距的校正。标高的校正可在屋盖吊装前进行，其他项目的校正宜在屋盖吊装完成后进行，因为屋盖的吊装可能引起钢柱变化。

检验吊车梁轴线可用通线法或平移轴线法；跨距的检验用钢卷尺测量，跨度大的车间用弹簧秤拉测（拉力一般为 100~200N），防止钢卷尺下垂。如超过允许偏差，可用撬棍、钢楔、花篮螺栓和千斤顶等纠正。

3. 钢屋架的吊装

钢屋架的吊装（图6-68a）可用自行式起重机、塔式起重机或桅杆式起重机等。由于屋架的跨度、重量和安装高度不同，宜选用不同的起重机械和吊装方法。

钢屋架多用悬空吊装，为使屋架在吊起后不致发生摇摆而和其他构件碰撞，起吊前在屋架两端应绑扎溜绳，随吊随放松，以此保证其正确位置。屋架临时固定用临时螺栓和冲钉。

钢屋架的侧向稳定性较差，如果起重机械的起重量和起重臂长度允许时，最好经扩大拼装后进行组合吊装，即在地面上将两榀屋架及其上的天窗架、檩条、支撑等拼装成整体，一次进行吊装，这样不但提高吊装效率，也有利于保证其吊装稳定性，如图6-68b所示。

a) b)

图6-68 钢屋架和扩大组合拼装单元的吊装
a）钢屋架的吊装 b）扩大组合拼装单元的吊装

钢屋架的校正主要是针对其垂直度和弦杆的正直度。垂直度可用垂球检验，而弦杆的正直度则可用拉紧的测绳进行检验。

钢屋架的最后固定，用电焊或高强度螺栓进行固定。

> 【注意事项】 梁钢柱、钢吊车梁、钢屋架等构件安装的允许偏差，详见相关钢结构工程施工及验收规范。

【知识拓展】 门式刚架的吊装

门式刚架的吊装工艺（图文）

4. 连接与固定

钢结构连接方法通常有三种：焊接、铆接和螺栓连接。钢构件的连接接头应经检查合格后方可紧固或焊接。焊接和高强度螺栓并用的连接，当设计无特殊要求时，应按先栓后焊的顺序施工。

【知识拓展】 关于高强度螺栓的安装与使用

高强螺栓的安装与使用（图文）

6.4.3 结构的吊装方案

单层钢结构工程构件吊装一般宜采用分件安装法，对屋盖系统则按节间采用综合吊装的方法。此方法工效高且安全，特别适用于履带式起重机。对工期有特殊要求的工程也可以采用综合安装法。

在拟定单层钢结构厂房的结构安装方案时，应考虑厂房的平面尺寸、承重结构的跨度与柱距、构件类型及重量、厂房内各种设备基础（特别是重型厂房）等。因此，在拟定结构安装方案时，和钢筋混凝土厂房一致，应着重解决起重机选择、结构安装方法、起重机械开行路线与构件的平面布置等问题，具体安装参考 6.2 节相关内容。

6.5 结构安装工程质量控制及安全措施

【情景引入】

图 6-69 所示是某化工厂厂房钢屋架的吊装。结合专业知识分析图片中有哪些不规范作业，在具体结构安装过程中需要采取哪些安全措施。

图 6-69 某化工厂厂房钢屋架的吊装

结构安装是一个较为复杂的、质量要求较高的过程。产品质量的产生、形成和实现的过程具有普遍性，又具有特殊性，所以应采取有效的管理和控制，使产品质量符合要求。

6.5.1 单、多层混凝土结构安装质量控制

① 当混凝土强度达到设计强度75%以上时,预应力构件孔道灌浆的强度达到15MPa以上时,方可进行构件吊装。

② 安装构件前,应对构件进行弹线和编号,并对结构及预制件进行平面位置、标高、垂直度等校正工作。

③ 构件在吊装就位后,应进行临时固定,保证构件的稳定。

④ 构件的安装,力求准确,保证构件的偏差在允许范围内。

6.5.2 单层钢结构安装质量控制

构件安装时
的允许偏差
(图文)

① 基础验收。钢结构基础施工时,应注意保证基础顶面标高及地脚螺栓位置的准确。其偏差值应在允许偏差范围内。

② 钢结构安装应按施工组织设计进行。安装程序必须保持结构的稳定性且不导致永久性变形。

③ 钢结构安装前,应按构件明细表核对进场的构件,查验产品合格证和设计文件;工厂预拼装过的构件在现场拼装时,应根据预拼装记录进行。

④ 钢结构安装偏差的检测,应在结构形成空间刚度单元并连接固定后进行,其偏差在允许偏差范围内。

单层钢结构柱安装的　　　钢吊车梁安装的　　　钢檩条、墙架次要构件
允许偏差(图文)　　　允许偏差(图文)　　　安装允许偏差(图文)

6.5.3 安全措施

结构安装工程的特点是构件重,操作面小,高处作业多,机械化程度高,工程上下交叉作业多等,如果措施不当,极易发生安全事故。组织施工时,要重视这些特点,采取相应的安全技术措施。

1. 操作人员的安全要求

① 从事安装工作的人员要定期进行体检,患有心脏病或高血压者,不得进行高处作业。

② 进入施工现场的人员,必须戴安全帽、手套;高处作业时还要佩戴好安全带;所带的工具要用绳子扎牢或放入工具包内。

③ 在高处进行电焊焊接时,要系安全带,戴防护罩;在潮湿环境作业时,要穿绝缘胶鞋。

④ 进行结构安装时,要统一使用对讲设备或哨声、红绿旗、手势等指挥;所有作业人员均应熟悉各种信号。

2. 使用机械的安全要求

① 使用的钢丝绳应符合要求。

② 起重机负重开行时，应缓慢行驶，且构件离地不得超过 500mm。起重机在接近满荷时，不得同时进行两种操作动作。

③ 起重机工作时，严禁碰触高压电线。起重机的起重臂、钢丝绳、重物等与架空高压线保持一定的安全距离。

④ 若发现吊钩、卡环出现变形或裂纹时，不得继续使用。

⑤ 起吊构件时，吊钩的升降要平稳，避免紧急制动和冲击。

⑥ 对于新购置或改装、修复的起重机，在使用前必须进行动载荷、静载荷的试运行检查。试运行时，所吊重物为最大起重量的 125%，且离地面 1m，悬空 10min。

⑦ 起重机停止工作时，起动装置要关闭上锁。吊钩升高一定高度，防止摆动伤人，并不得悬挂重物。

3. 施工现场安全措施

① 吊装现场周围应设置临时警戒线，禁止非工作人员入内。

② 高空立体交叉作业时，不得在同一垂直方向上操作，下层作业的位置，必须处于依上层高度确定的可能坠落范围半径之外，否则必须设置专用的防护棚或采取隔离措施。

③ 地面操作人员，应尽量避免在高处作业面的正下方停留或通过，也不得在起重机的起重臂或正在吊装的构件下停留或通过。

④ 高处作业时，尽可能搭设临时操作平台，并设轻便爬梯，供操作人员上下。

⑤ 如需在悬空的屋架上弦行走时，应在其上设置安全栏杆。

⑥ 在雨期或冬期施工时，必须采取防滑措施。

模 块 小 结

结构安装工程是利用起重机具将各种建筑结构的预制构件单件、经过拼装后的组合件或整体的结构等吊起，并安装到设计位置的施工过程，是装配式结构施工中的主导工程。

内容主要包括各种索具设备和起重机类型、性能及其使用特点，钢筋混凝土排架结构单层工业厂房结构吊装、多层预制装配式混凝土结构施工、钢结构单层工业厂房的制作安装，以及结构安装工程质量控制及安全措施等。

结构安装工程施工重点讲解了施工准备、构件的吊装工艺及平面布置、结构吊装方案的拟定，分析了起重机开行路线及构件平面布置的关系，以及影响结构安装方案的因素，熟悉了结构安装工程质量控制及安全措施。

预制装配式混凝土结构施工主要介绍了预制构件的制作工艺和装配式混凝土结构安装施工工艺。预制装配式混凝土结构构件的连接方式中，重点掌握钢筋套筒灌浆连接和浆锚搭接连接方法等。

复习思考题

1. 起重机械的种类有哪些？简述其优缺点及适用范围。

2. 试述履带式起重机三个主要技术参数（起重量 Q、起重高度 H、回转半径 R）之间的关系。

3. 简述旋转法和滑行法吊装的特点及适用范围。

4. 如何对柱进行临时固定和最后固定？

5. 分件吊装法和综合吊装的优缺点是什么？

6. 构件的平面布置应遵循哪些原则？

7. 单层工业厂房结构吊装方法有哪几种？采用履带式起重机进行吊装时，应选用哪一种方法？为什么？

8. 预制装配式混凝土结构构件接头钢筋的连接方法有哪几种？试说明其施工要点。

9. 简述单层钢结构厂房安装前的准备工作有哪些。

10. 试述高强度螺栓的安装方法。

11. 防止高空坠落措施有哪些？

【在线测验】

第二部分　活　页　笔　记

学习过程：

重点、难点记录：

学习体会及收获：

其他补充内容：

《建筑施工技术》活页笔记

模块 7

屋面及防水工程施工

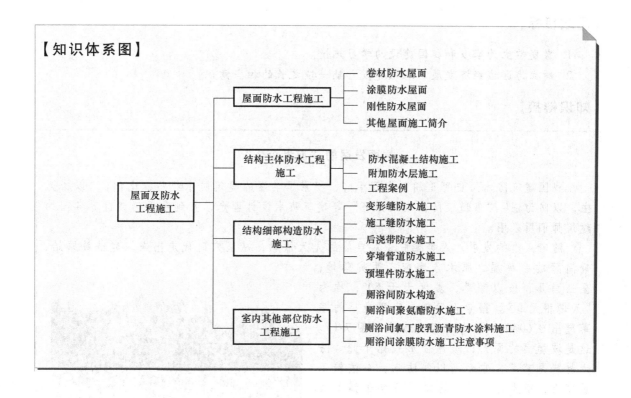

第一部分　知识学习

【知识目标】

1. 熟悉屋面构造及防水材料的特性。
2. 掌握屋面防水工程施工工艺、质量标准及施工要点。
3. 掌握地下防水工程施工工艺、质量标准及施工要点。
4. 掌握室内防水工程施工工艺及质量检查方法。

学习引导
（音频）

5. 掌握防水工程施工质量通病的防治措施。

【能力目标】

1. 能组织和管理防水工程施工。
2. 能进行屋面及防水工程施工质量检查。
3. 会编制简单的防水施工技术方案。

【素质目标】

1. 养成良好的工作习惯，学以致用，创新发展。
2. 培养严谨负责的职业素养，严把质量关。
3. 增强标准、规范、安全、环保意识，树立生态文明和绿色发展理念。

【思政目标】

1. 激发学生为家乡和祖国建设的学习热情。
2. 树立为区域经济发展、基础建设贡献一技之长的担当意识。

【知识链接】

屋面发展的"前世今生"

我国建筑防水历史可追溯到上万年前，积累了丰富的建筑防水经验，比如，"以排为主，以防为辅""多道设防，刚柔并济"等建筑防水设计理念，直到今天仍被世界各国的建筑师们所采用。

随着人类的发展，人类摆脱了对自然的先天依赖，从洞穴时代走出来，建造最原始、最简陋的茅草屋，原木人字架，两脚落地，呈三角形，披以茅草，坡度大于60°，称为"天地根元造"。据考古发现，我国最早的茅草屋出自6000年前的河姆渡遗址（图7-1）。这是坡屋面的原形，坡屋面形式始于此。防水材料是茅草，它之所以能防水，全依赖于坡度大，雨水流速急，再就是依赖于铺草很厚，残存在草上的雨水，不等下渗就已蒸干。但是若阴雨连绵数日不晴，雨水从草缝中渗入，防水效果就不好。这种结构只能在小跨

图7-1 河姆渡遗址

度、大坡度的简陋房上使用，若大跨小坡就无能为力了，另外茅草与基层结合不好。因此，茅草并不是真正的防水材料。

3000年前的西周时期有了瓦片防水（图7-2）。瓦的诞生使屋面发生巨大的变革，建筑跨入新时代。但是，早期的瓦吸水率很高，洇湿严重，于是加强了对瓦质的研究，使其挤密如石，敲击如磐，吸水率降到3%，优于现代的瓷器。与此同时，在瓦上余釉烧结成完全不吸水的琉璃，还研制了铜瓦、铁瓦。防水功能的实现逐渐由构造防水向材料防水转

移。小块的瓦上下左右搭接，若做到滴水不漏、百年不渗是很困难的，单靠一层瓦防水是不够的，必须要有多道防线。在瓦下增加青灰背，类似现在的水泥砂浆，青灰背上铺灰背，灰背厚约10cm，由磨细石灰与细黏土混合拌匀、掺水、拍实，犹如现在的混凝土刚性防水层。这与防水原则的"刚柔结合、多道设防"也很相似。瓦成为屋面防水的主材料。

到了近代，近百年来，人们吸取使用沥青的经验，研制出油毛毡（图7-3）。铺贴油毛毡整体封闭，不留一丝孔隙，雨水滞留在屋面上数日也不会渗入。油毛毡的诞生使屋面构造发生了剧变，从构造防水转到材料防水，为屋面上的多功能利用提供了前提条件。由于油毛毡的耐久性较差，人们又致力于研制比油毛毡更耐久、物理性能更好的卷材，于是高分子卷材、改性沥青卷材等各种防水材料逐渐涌现，配合各种卷材的涂料也纷至沓来，防水设计和施工技术日益提高。

图7-2 西周筒瓦

图7-3 油毛毡

7.1 屋面防水工程施工

【情景引入】

雄伟的北京故宫，经历了600多年的风风雨雨，但是却从未遭受水害，如太和殿，如此大面积的屋面，是如何做到不漏雨水，且没有一处渗水的呢？

据考察，北京故宫的屋顶（图7-4）采用五道以上防水层：首先在木望板上铺薄砖，

图7-4 北京故宫

再铺贴桐油浸渍的油纸，然后拍灰泥层（将石灰加上糯米汤等拌和铺抹一层后，将麻丝均匀地拍入），接着再铺一层铅锡合金的"锡拉背"片材，用焊锡连接成整体，其上再铺一层灰泥加麻丝，最后坐浆铺琉璃瓦勾缝。其用材考究、做工精细、工艺严格，具有非常可靠的防水能力，是我国建筑防水史上辉煌的一页。

建筑防水技术在房屋建筑中发挥功能保障作用。防水工程质量的好坏，不仅关系到建（构）筑物的使用寿命，而且直接影响到人们生产、生活环境和卫生条件。因此，建筑防水工程质量除了考虑设计的合理性、防水材料的正确选择，更要注意其施工工艺及施工质量。

建筑工程防水按其部位可分为屋面防水、地下结构主体防水和厕浴间防水等。按其构造做法又可分为结构构件的刚性自防水和用各种防水卷材、防水涂料作为防水层的柔性防水。

屋面类型有卷材屋面、涂膜屋面、瓦屋面、金属板屋面和玻璃采光顶等。可根据建筑物的性质、使用功能和气候条件等因素进行组合。

屋面工程设计应遵照"保证功能、构造合理、防排结合、优选用材、美观耐用"的原则，屋面工程施工应遵照"按图施工、材料检验、工序检查、过程控制、质量验收"的原则。因此，屋面防水工程根据建筑物的类别、重要程度、使用功能要求确定防水等级，并按相应等级进行防水设防；对防水有特殊要求的建筑屋面，进行专项防水设计。

【知识拓展】 屋面工程基本要求

> 屋面工程应符合下列基本要求：具有良好的排水功能和阻止水侵入建筑物内的作用；冬季保温减少建筑物的热损失和防止结露；夏季隔热降低建筑物对太阳辐射热的吸收；适应主体结构受力变形和温度变形；承受风、雪荷载的作用不产生破坏；具有阻止火势蔓延的性能；满足建筑外形美观和使用的要求。

根据《屋面工程技术规范》（GB 50345—2019），屋面防水工程应根据建筑类别、重要程度和使用功能要求确定防水等级，并按相应等级进行防水设防，具体要求见表7-1。

表7-1 屋面防水等级和设防要求

防水等级	建筑类别	设防要求
Ⅰ级	重要建筑和高层建筑	两道防水设防
Ⅱ级	一般建筑	一道防水设防

> **【基本概念】** 建筑的防水等级应由设计人员在进行防水设计时，根据建筑物的性质、重要程度和使用功能要求等来确定，然后根据防水等级、防水层耐用年限来选用防水材料和进行构造设计。

7.1.1 卷材防水屋面

卷材防水屋面属于柔性防水施工，它重量轻，防水性能较好，尤其是防水层具有良好的柔韧性，能适应一定程度的结构振动和胀缩变形。但它造价高，特别是沥青卷材易老化、起鼓，耐久性差，施工工序多，工效低，维修工作量大，产生渗漏时补漏困难。常用的防水卷材有传统沥青防水卷材、高聚物改性沥青防水卷材和合成高分子防水卷材，其外观质量和品种规格应符合国家现行有关材料标准的规定。常用的 SBS 改性沥青防水卷材就属于高聚物改性沥青防水卷材。

卷材防水屋面构造，如图 7-5 所示。

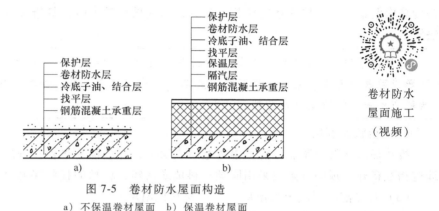

图 7-5 卷材防水屋面构造
a) 不保温卷材屋面 b) 保温卷材屋面

1. 屋面基层（结构层）施工

屋面结构层是其上各层的承重层，其刚度对各层均有影响，特别是对屋面防水层影响极大。

结构层若为整体式现浇钢筋混凝土，则刚度大，变形小，对屋面防水层的影响较小。结构层若为装配式预制钢筋混凝土屋盖时，为了增加屋盖整体刚度，要采用强度等级不小于 C20 的细石混凝土将板缝灌嵌密实。对于开间大、跨度大的结构，可在其上浇筑钢筋混凝土层，借以提高屋盖结构整体刚度。

【注意事项】 基层检查并修整后，应进行基层清理，以保证找坡层、找平层与基层能牢固结合。

2. 隔汽层施工

隔汽层的主要作用：防止水蒸气透过钢筋混凝土找坡层等缝隙，到达防水层，温度升高使防水层局部区域反复膨胀，时间一长，使其提前老化；防止湿气进入保温层而使保温材料受潮降低保温性能。

一般情况下，在室内空气湿度常年大于 75% 的地区，在保温层下应设有隔汽层。

在冬季室内外温差大，室内常有水蒸气；在夏季太阳照射的高温辐射热，使密闭在防水层下面保温层中的水分汽化，体积膨胀，造成卷材防水层起鼓，所以要设置隔汽层。

隔汽层设在平整的结构层上面，如结构层为预制钢筋混凝土时，应按规定先做好找平层，再做隔汽层。根据设计规定，一般采用气密性好的单层卷材或防水涂膜作隔汽层。采用石油沥青基防水卷材或热沥青作隔汽层时，要涂刷基层处理剂。卷材隔汽层宜采用空铺法、点粘法和条粘法。卷材搭接缝应采用满粘法，其搭接宽度不得小于 80mm。

【注意事项】 若隔汽层出现破损现象，将不能起到隔绝室内水蒸气的作用，严重影响保温层的保温效果。

3. 保温层施工

施工前，基层应平整、干燥、干净，保温层可分为纤维材料保温层、板状保温层及整体材料保温层三种。

（1）纤维材料保温层

纤维保温材料在施工时，应避免重压，并应采取防潮措施；纤维保温材料铺设时，平面拼接缝应贴紧，上下层拼接缝应相互错开；屋面坡度较大时，纤维保温材料宜采用机械固定法施工。

【注意事项】 因随意掉落的矿物纤维，对人体健康会造成危害。在铺设时，应重视做好劳动保护工作，施工人员应穿戴头罩、口罩、手套、鞋、帽和工作服等，以防矿物纤维刺伤皮肤和眼睛或吸入肺部。

（2）板状保温层

板状保温材料应紧靠在需保温的基层表面上，并应铺平垫稳；分层铺设的板块上下层接缝应相互错开，板间缝隙应采用同类材料填塞密实；粘贴的板状保温材料应贴严、粘牢。

（3）现浇泡沫混凝土保温层（整体材料保温层）

泡沫混凝土应按设计要求的干密度和抗压强度进行配合比设计，拌制时应计量准确，搅拌均匀；厚度按设计要求，找坡时宜采取挡板辅助措施；浇筑时出料口离基层的高度不宜超过1m，泵送时应采取低压泵送；采用分层浇筑，一次浇筑厚度不宜超过200mm，终凝后采取保湿养护，养护时间不得少于7d。

4. 找平层施工

找平层的作用：保证卷材铺贴平整、牢固，并具有一定强度，以承受上方荷载。

找平层分为水泥砂浆找平层、细石混凝土找平层和沥青砂浆找平层。常用水泥砂浆找平层，施工时宜掺微膨胀剂；沥青砂浆找平层适合冬、雨季以及在用水泥砂浆找平有困难和抢工期时采用；细石混凝土找平层尤其适用于松散保温层，可增强找平层的强度和刚度。

找平层的厚度和技术要求应符合表7-2的规定。

表7-2 找平层的厚度和技术要求

找平层分类	适用的基层	厚度/mm	技术要求
水泥砂浆	整体混凝土	15~20	1:3~1:2.5（水泥:砂,体积比），水泥强度等级不低于32.5
	整体或板状材料保温层	20~25	
	装配式混凝土板、松散材料保温层	20~30	
细石混凝土	松散材料保温层	30~35	混凝土强度等级为C20
沥青砂浆	整体混凝土	15~20	1:8（沥青:砂,质量比）
	装配式混凝土板、整体或板状材料保温层	20~25	

【注意事项】 水泥砂浆中掺加抗裂纤维，可提高找平层的韧性和抗裂能力，有利于提高防水层的整体质量。

5. 结合层施工

结合层的作用：增强防水材料与基层之间的粘结力。

在防水层施工前，预先在基层上涂刷涂料（或称基层处理剂）。选择涂料时，应确保其与所用卷材的材性相容。高聚物改性沥青防水卷材常用氯丁胶沥青乳胶、橡胶改性沥青溶液、沥青溶液（即冷底子油）；合成高分子防水卷材常用聚氨酯煤焦油系的二甲苯溶液、氯丁胶溶液、氯丁胶沥青乳胶等。

基层处理剂采用喷涂或刷涂施工，喷、刷应均匀一致；若喷、刷两遍，第二遍必须在第一遍干燥后进行；待最后一遍干燥后，方可铺贴卷材。喷、刷大面积基层处理剂前，应在屋面周边节点、拐角等处先行喷刷。

6. 防水层施工

（1）防水材料

常用的防水卷材按照材料的组成不同，一般分为沥青防水卷材、高聚物改性沥青防水卷材、合成高分子防水卷材和特种卷材等系列，见表7-3。

表7-3 主要防水卷材分类

类　别		防水卷材名称
沥青防水卷材		纸胎、玻璃胎、玻璃布、黄麻、铝箔沥青卷材
高聚物改性沥青防水卷材		SBS、APP、SBS-APP、丁苯橡胶改性沥青卷材；胶粉改性沥青卷材、再生胶卷材、PVC改性煤焦油沥青卷材等
合成高分子防水卷材	硫化型橡胶或橡胶共混卷材	三元乙丙卷材、氯磺化聚乙烯卷材、丁基橡胶卷材、氯丁橡胶卷材、氯化聚乙烯-橡胶共混卷材等
	非硫化型橡胶或橡塑共混卷材	丁基橡胶卷材、氯丁橡胶卷材、氯化聚乙烯-橡胶共混卷材等
	合成树脂系防水卷材	氯化聚乙烯卷材、PVC卷材等
特种卷材		热熔卷材、冷自粘卷材、带孔卷材、热反射卷材、沥青瓦等

（2）施工工艺流程

卷材防水层施工的一般工艺流程：清理、修补基层（找平层）表面→喷、涂基层处理剂→节点附加层增强处理→定位、弹线、试铺→铺贴卷材→收头处理、节点密封→清理、检查、调整。

（3）基层表面清理

铺设防水层前找平层必须干燥、洁净。

基层干燥程度的简易检验方法：将1m²卷材平坦地干铺在找平层上，静置3~4h后掀开检查，找平层覆盖部位与卷材上未见水印，即可铺设防水层。

（4）喷、涂基层处理剂

基层处理剂（或称冷底子油）的选用应与卷材的材性相容。基层处理剂可采用喷涂、刷涂施工。喷涂应均匀，待第一遍干燥后再进行第二遍喷涂，待最后一遍干燥后，方可铺设卷材，如图7-6所示。

【注意事项】 待基层处理剂干燥后应及时进行卷材防水层和接缝密封防水施工。

（5）节点附加层铺设

檐口、檐沟、天沟、女儿墙、雨水口、变形缝和穿墙管等部位最容易漏水，也是防水施工的薄弱环节，因此需要重点处理，一般要加铺卷材或涂刷

图7-6 涂刷基层处理剂

涂料作为附加增强层。

1）檐口、檐沟和天沟

卷材防水屋面檐口 800mm 范围内的卷材应满粘，卷材收头应采用金属压条钉压，并应用密封材料封严。檐口下端应做鹰嘴和滴水槽，如图 7-7 所示。檐沟和天沟的防水层下应增设附加层，附加层伸入屋面的宽度不应小于 250mm；檐沟防水层和附加层应由沟底翻上到外侧顶部，卷材收头应用金属压条钉压，并应用密封材料封严，如图 7-8 所示。

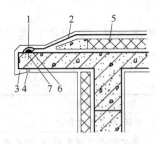

图 7-7 卷材防水屋面檐口
1—密封材料 2—卷材防水层 3—鹰嘴
4—滴水槽 5—保温层 6—金属压条 7—水泥钉

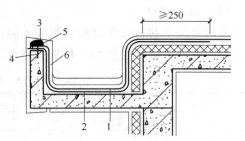

图 7-8 卷材防水屋面檐沟
1—防水层 2—附加层 3—密封材料
4—水泥钉 5—金属压条 6—保护层

2）雨水口

雨水口杯应牢固地固定在承重结构上，雨水口周围直径 500mm 范围内坡度不应小于 5%，防水层下应增设涂膜附加层，防水层和附加层伸入雨水口杯不应小于 50mm，并应粘结牢固，如图 7-9 所示。

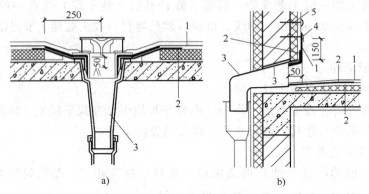

图 7-9 雨水口
a）直式雨水口 b）横式雨水口
1—防水层 2—附加层 3—雨水斗 4—密封材料 5—水泥钉

3）女儿墙

女儿墙泛水处的防水层下应增设附加层，附加层在平面和立面的宽度均不应小于 250mm。卷材收头应用金属压条钉压固定，并应用密封材料封严，如图 7-10 所示。

4）屋面变形缝

变形缝泛水处的防水层下应增设附加层，附加层在平面和立面的宽度不应小于 250mm，防水层应铺贴至泛水墙的顶部；变形缝内应预填不燃保温材料，上部应采用防水卷材封盖，并放置衬垫材料,再在其上干铺一层卷材;等高变形缝顶部宜加扣混凝土盖板或金属盖板,如图 7-11 所示。

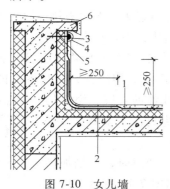

图 7-10　女儿墙
1—防水层　2—附加层　3—密封材料
4—金属压条　5—水泥钉　6—压顶

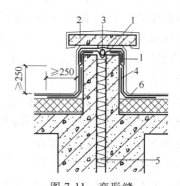

图 7-11　变形缝
1—卷材封盖　2—混凝土盖板　3—衬垫材料
4—附加层　5—阻燃保温材料　6—防水层

【知识拓展】　泛水

泛水,即屋面防水层与凸出结构之间的防水构造,凸出于屋面之上的女儿墙、烟囱、楼梯间、变形缝、检修孔、立管等壁面与屋顶的交接处,将屋面防水层延伸到这些垂直面上,形成立铺的防水层。

(6) 定位、弹线

为了保证卷材搭接宽度和铺贴顺直,铺贴卷材时应按设计要求及卷材铺贴方向、搭接宽度放线定位,并在基层弹上墨线。

卷材防水层铺贴顺序和方向,如图 7-12 所示,先进行细部构造处理,然后由屋面最低标高向上铺贴;卷材宜平行屋脊铺贴,上下层卷材不得相互垂直铺贴;檐沟卷材施工时,宜顺檐沟方向铺贴,搭接缝应顺流水方向;屋面坡度大于 25% 时,卷材应采取满粘和钉压固定的措施。

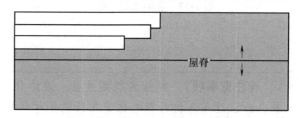

图 7-12　平行于屋脊铺贴示意图

卷材搭接缝要求:平行屋脊的卷材搭接缝应顺流水方向,卷材搭接宽度应符合表 7-4 规定;相邻两幅卷材搭接缝应错开,且不得小于 500mm;上下层卷材长边搭接缝应错开,且不得小于幅宽的 1/3。

表 7-4　卷材搭接宽度　　　　　　　　　　　　　　(单位:mm)

卷材类别		搭接宽度
合成高分子防水卷材	胶黏剂	80
	胶粘带	50
高聚物改性沥青防水卷材	胶黏剂	100
	自粘	80

【注意事项】　为确保卷材防水层的质量,所有卷材均应用搭接法。卷材防水层采用叠层工法时,上下层卷材不得相互垂直铺贴,尽可能避免接缝叠加。

(7) 铺贴卷材

1) 高聚物改性沥青防水卷材施工

依据高聚物改性沥青防水卷材的特性,其施工方法有热熔法、冷粘法和自粘法等。在立面或大坡面铺贴高聚物改性沥青防水卷材时,应采用满粘法,并宜减少短边搭接。

① 热熔法施工。热熔法施工是指利用火焰加热器熔化热熔型防水卷材底层的热熔胶进行粘贴的方法,如图7-13所示。施工时,卷材表面热熔后应立即滚铺,卷材下面的空气应排尽,并应辊压粘贴牢固;卷材接缝部位应溢出热熔的改性沥青胶,溢出的改性沥青胶宽度宜为8mm,并应随即刮封接口;铺贴的卷材应平整顺直,搭接尺寸应准确,不得扭曲、皱折。

火焰加热器加热卷材应均匀,不得过热或烧穿卷材。加热时,火焰加热器的喷嘴与卷材的距离应适当(一般为0.5m左右),如图7-14所示,加热至卷材表面熔融至光亮黑色时方可粘合。

热熔法施工工艺(视频)

图7-13 热熔法施工图

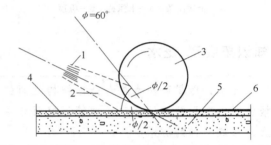

图7-14 熔焊火焰的喷射方向
1—喷嘴 2—火焰 3—改性沥青卷材 4—水泥砂浆找平层 5—混凝土层 6—卷材防水层

【注意事项】 加热温度要适当,若熔化不够,会影响卷材接缝的粘结强度和密封性能,加温过高会使沥青老化变焦且把卷材烧穿。加热温度不应高于200℃,使用温度不宜低于180℃;粘贴卷材的热熔型改性沥青胶结料厚度宜为1.0~1.5mm。厚度小于3mm的高聚物改性沥青防水卷材,严禁采用热熔法施工。

沥青类防水卷材热熔工艺(明火施工),属于限制使用工艺,不得用于地下密闭空间、通风不畅空间、易燃材料附近的防水工程,应用粘粘剂施工工艺(冷粘、热粘、自粘等)代替。

② 冷粘法施工。冷粘法施工是将胶黏剂涂刷在基层或卷材上,然后直接铺贴卷材,使卷材与基层、卷材与卷材粘结的方法,如图7-15所示。

施工时,胶黏剂涂刷应均匀,不露底,不堆积;应控制胶黏剂涂刷与卷材铺贴的间隔时间;卷材下面的空气应排尽,并应辊压粘结牢固;卷材铺贴应平整顺直,搭接尺寸应准确,不得扭曲、皱折;接缝应满涂胶黏剂,辊压粘结牢固,溢出的胶黏剂随即刮平封口;也可采

图7-15 冷粘法施工

用热熔法接缝。接缝口应用密封材料封严，宽度不应小于10mm。

> 【注意事项】 采用冷粘法铺贴卷材时，胶黏剂的涂刷质量对保证卷材防水施工质量关系极大，涂刷不均匀、有堆积或漏涂现象，不但影响卷材的粘结力，还会造成材料浪费。低温施工时宜采用热风机加热，搭接缝口应用材性相容的密封材料封严。

③ 自粘法施工。自粘法施工是指采用带有自粘胶的防水卷材，不加热、不涂胶结材料而进行粘结的方法，如图7-16所示。

铺贴前，基层表面应均匀涂刷基层处理剂，待干燥后及时铺贴卷材。铺贴卷材时，应将自粘胶底面的隔离纸全部撕净；卷材下面的空气应排尽，并应辊压粘贴牢固；铺贴的卷材应平整顺直，搭接尺寸应准确，不得扭曲、皱折；接缝口应用密封材料封严，宽度不应小于10mm；低温施工时，接缝部位宜采用热风机加热，并应随即粘贴牢固。

图7-16 自粘型卷材

> 【注意事项】 采用自粘法工艺，考虑到施工的可靠度、防水层的收缩，以及外力使缝口翘边开缝的可能，要求接缝口用密封材料封严，以提高其密封抗渗的性能。

2) 合成高分子防水卷材施工

合成高分子防水卷材施工工艺流程与高聚物改性沥青防水卷材相同。其施工方法一般有冷粘法、自粘法和热风焊接法三种。

① 冷粘法和自粘法施工。冷粘法和自粘法施工要求与高聚物改性沥青防水卷材基本相同，但冷粘法施工时搭接部位应采用与卷材配套的接缝专用胶黏剂，在搭接缝粘合面上涂刷均匀，并控制涂刷与粘合的间隔时间，排除空气，辊压粘结牢固。

② 热风焊接法施工。热风焊接法是利用热空气焊枪进行防水卷材搭接粘合的方法。

焊接前卷材应铺设平整、顺直，搭接尺寸应准确，不得扭曲、皱折；卷材焊接缝的结合面应干净、干燥，不得有水滴、油污及附着物；焊接时应先焊长边搭接缝，后焊短边搭接缝。

> 【注意事项】 焊接施工时必须严格控制加热温度和时间，焊接缝不得有漏焊、跳焊、焊焦或焊接不牢现象；焊接时不得损害非焊接部位的卷材。

(8) 收头、节点密封

当整个防水层熔贴完毕后，所有搭接缝均应用密封材料涂封严密。

> 【注意事项】 防水卷材可按合成高分子防水卷材和高聚物改性沥青防水卷材选用，其外观质量和品种、规格应符合国家现行有关材料标准的规定，选择耐紫外线、耐老化、耐霉烂的卷材。

7. 隔离层施工

为了防止刚性保护层（块体材料、水泥砂浆、细石混凝土等）胀缩变形时对柔性防水层造成损坏,在保护层与防水层之间应铺设隔离层。

当基层比较平整时,在已完成雨后观察或淋水、蓄水检验合格的防水层上面,可以直接干铺塑料膜、土工布或卷材。当基层不太平整时,宜采用低强度等级黏土砂浆、水泥石灰砂浆或水泥砂浆作为隔离层。

【注意事项】 隔离层所用材料的质量及配合比,应符合设计要求;所用的材料应能经得起保护层的施工荷载,塑料膜的厚度不应小于 0.4mm,土工布应采用聚酯土工布,单位面积质量不应小于 $200g/m^2$,卷材厚度不应小于 2mm;铺设平整,其搭接宽度不应小于 50mm,不得有皱折。低强度等级砂浆表面应压实、平整,不得有起壳、起砂现象。

8. 保护层施工

待卷材铺贴完成或涂料固化成膜,进行雨后观察、淋水或蓄水检验合格后,再进行保护层施工。保护层施工前,防水层的表面应平整、干净。施工时避免损坏防水层。

用块体材料做保护层时,宜设置分格缝,分格缝纵横间距不应大于 10m,分格缝宽度宜为 20mm;用水泥砂浆做保护层时,表面应抹平压光,并应设表面分格缝,分格面积宜为 $1m^2$;用细石混凝土做保护层时,混凝土应振捣密实,表面应抹平压光,分格缝纵横间距不应大于 6m,分格缝的宽度宜为 10~20mm。

【注意事项】 水泥砂浆及细石混凝土保护层铺设前,应在防水层上做隔离层;细石混凝土铺设不宜留施工缝。沥青类的防水卷材也可直接采用卷材上表面覆有的矿物粒料或铝箔作为保护层。

7.1.2 涂膜防水屋面

涂膜防水屋面是在屋面基层上涂刷防水涂料,经固化后形成一层有一定厚度和弹性的整体涂膜,使基层表面与水隔绝,从而达到防水目的的一种防水屋面形式。防水涂料能在屋面上形成无接缝的防水涂层,涂层的整体性好,并能在复杂基层上形成连续的整体防水层。

涂膜防水屋面的典型构造层次如图 7-17 所示。具体施工有哪些层次,根据设计要求确定。

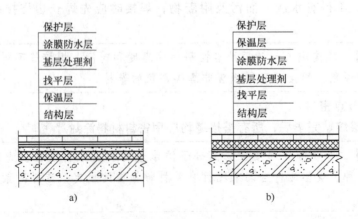

图 7-17 涂膜防水屋面构造层次
a) 正置式涂膜屋面 b) 倒置式涂膜屋面

【注意事项】 屋面工程施工前,应进行图纸会审,掌握施工图中的构造要求、节点做法及有关的技术要求,并编制防水施工方案或技术措施。涂料施工前,确定涂刷的遍数和每遍涂刷的用量,安排合理的施工顺序。对施工班组进行技术交底。

1. 材料要求

根据防水涂料成膜物质的主要成分,适用涂膜防水层的涂料可分为高聚物改性沥青防水涂料和合成高分子防水涂料两类。根据防水涂料形成液态的方式,可分为溶剂型、反应型和乳液型三类(表7-5)。

表7-5 防水涂料的主要品种

类　　别		材　料　名　称
高聚物改性沥青防水涂料	溶剂型	再生橡胶沥青涂料、氯丁橡胶沥青涂料等
	乳液型	丁苯胶乳沥青涂料、氯丁胶乳沥青涂料、PVC煤焦油涂料等
合成高分子防水涂料	乳液型	硅橡胶涂料、丙烯酸酯涂料、AAS隔热涂料等
	反应型	聚氨酯防水涂料、环氧树脂防水涂料等

2. 基层要求

涂膜防水层要求基层坚实、平整、干净,应无孔隙、起砂和裂缝,保证涂膜防水层与基层有较好的粘结强度。基层的干燥程度应根据所选用的防水涂料的特性确定。溶剂型、热熔型和反应固化型防水涂料,基层要求干燥,否则会导致防水层成膜后空鼓、起皮现象的发生。

3. 涂膜防水层施工

(1) 施工工艺流程

涂膜防水层施工工艺流程:基层表面清理、修整→喷涂基层处理剂(底涂料)→特殊部位附加增强处理→涂布防水涂料及铺贴胎体增强材料→清理与检查修整→保护层施工。

涂膜防水层施工
(视频)

(2) 涂刷基层处理剂

在基层上涂刷基层处理剂的作用:一是堵塞基层毛细孔,使基层的湿气不易渗到防水层中,引起防水层空鼓、起皮现象发生;二是增强涂膜防水层与基层粘结强度。因此,涂刷基层处理剂要均匀、覆盖完全。

【注意事项】 基层处理剂应与卷材相容,配合比应准确并搅拌均匀,基层处理剂可选用喷涂或涂刷工艺,喷涂前应对屋面细部进行涂刷,喷涂应均匀一致。

(3) 特殊部位附加增强处理

涂膜防水层施工前,应先对雨水口、天沟、檐沟、泛水、伸出屋面管道根部等节点部位进行增强处理,一般涂刷加铺胎体增强材料进行增强处理。

【知识拓展】 胎体增强材料

使用胎体增强材料是为了增强涂膜防水层的适应变形能力和涂膜防水层的抗裂能力。胎体增强材料主要有聚酯无纺布、化纤无纺布等。

胎体增强材料铺贴时,应边涂刷边铺胎体增强材料,避免两者分离;胎体增强材料不得有外露现象,外露易导致老化而失去增强作用;胎体增强材料与防水涂料粘结不牢固、不平整,涂膜防水层会出现分层现象。

(4) 涂布防水涂料

涂料的涂布顺序为先高跨后低跨，先远后近，先立面后平面。同一屋面上先涂布排水较集中的水落口、天沟、檐口等节点部位，再进行大面积涂布。

防水涂料应多遍均匀涂布，一般为涂布三遍或三遍以上为宜，而且须待先涂的涂料干后再涂后一遍涂料，涂膜总厚度应符合设计要求；涂膜防水层涂布时，要求涂刮厚薄均匀、表面平整，不得有露底、漏涂和堆积现象，否则会影响涂膜层的防水效果和使用年限等；屋面转角及立面的涂膜应薄涂多遍，若一次涂成，极易产生下滑并出现流淌或堆积现象，造成涂膜厚薄不均匀，影响防水质量。

涂膜防水屋面的隔汽层设置原则与卷材防水屋面相同。

> 【注意事项】 涂膜防水层成膜后如出现流淌、起泡和露出胎体等缺陷，会降低防水工程质量而影响使用寿命。各类防水涂料的包装容器必须密封，如密封不好，水分或溶剂挥发后，易使涂料表面结皮。另外，溶剂挥发时易引起火灾。溶剂型涂料的施工环境温度宜在-5~35℃，水乳型涂料宜为5~35℃。

(5) 收头处理

涂膜防水层收头是屋面细部构造施工的关键环节，涂膜防水层收头应用防水材料多遍涂刷或用密封材料封严，以增强密封效果，并形成无接缝的防水涂膜。

涂膜防水屋面应设置保护层。保护层材料可采用水泥砂浆或块材等。采用水泥砂浆或块材时，应在涂膜与保护层之间设置隔离层。

> 【注意事项】 防水是屋面的主要功能之一，若涂膜防水层出现渗漏和积水现象，将是最大弊病。检查屋面有无渗漏和积水、排水系统是否通畅，可在雨后或持续淋水2h以后进行。有可能作蓄水试验的屋面，其蓄水时间不应少于24h。

7.1.3 刚性防水屋面

刚性防水屋面是指利用刚性防水材料（细石混凝土、块体材料或补偿收缩混凝土等）作屋面防水层，依靠混凝土自身的密实性并采取一定的构造措施，以达到防水的目的。

刚性防水屋面所用材料易得，价格低廉，耐久性好，维修方便，但刚性防水层材料的表观密度大，抗拉强度低，极限拉应变小，易受混凝土或砂浆的干湿变形、温度变形和结构变位而产生裂缝。主要适用于Ⅰ、Ⅱ级屋面多道防水设防中的一道防水层或兼作屋面保护层，不适用于设有松散材料保温层以及受较大振动或冲击、坡度大于15%的建筑屋面。

1. 刚性防水屋面构造

刚性（细石混凝土）防水屋面构造如图7-18所示。

2. 刚性防水屋面施工

(1) 隔离层

隔离层施工前，先将钢筋混凝土屋面表面清扫干净，对前期预留的施工洞口及出屋面管道位置进行细石混凝土封堵及油膏嵌缝，然后根据设计要求在结构层与防水层之间平铺一层低强度等级砂浆、卷材、塑料薄膜等隔离材料。隔离层的做法：一般根据设计平

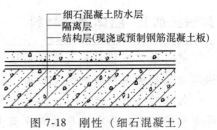

图7-18 刚性（细石混凝土）防水屋面构造

铺相应的隔离材料,具体施工并无技术难度。隔离层的主要作用是防止保护层热胀冷缩的时候拉裂防水层,因为不同材料的伸缩性不同,且材料之间会有一定的粘连。

(2) 防水层

1) 防水材料

防水层的细石混凝土宜用普通硅酸盐水泥或硅酸盐水泥,用矿渣硅酸盐水泥时应采取减少泌水性措施,不得使用火山灰质水泥。水泥强度等级不宜低于32.5。混凝土水灰比不应大于0.55,灰砂比应为1∶2.5~1∶2,并宜掺入外加剂,其他材料应符合设计要求;混凝土强度等级不得低于C20。普通混凝土、补偿收缩混凝土的自由膨胀率应为0.05%~0.1%。

2) 施工工艺流程

刚性防水屋面施工工艺流程:基层清理→找坡、找平层施工→隔离层施工→弹分格线→安装分格缝木条,支边模板→绑扎钢筋网片→浇筑细石混凝土→养护→分格缝、变形缝等细部处理。

刚性防水
屋面施工
(视频)

3) 分格缝的设置

为防止大面积的刚性防水层因温差、混凝土收缩等影响而产生裂缝,应按设计要求设置分格缝。其位置一般应设在结构应力变化较突出的部位,如结构层屋面板的支承端、屋面转折处、防水层与凸出屋面结构的交接处,并应与板缝对齐。分格缝的纵横间距一般不大于6m。

分格缝的一般做法是在施工刚性防水层前,先在隔离层上定好分格缝位置,再安放分格条,然后按分隔板块浇筑混凝土,待混凝土初凝后,将分格条取出即可。分格缝处可采用嵌填密封材料并加贴防水卷材的办法进行处理,以增加防水的可靠性。

4) 防水层施工

① 细石混凝土防水层施工。混凝土浇筑应按先远后近、先高后低的原则进行,一个分格缝内的混凝土必须一次浇筑完毕,不得留施工缝。防水层的厚度不应小于40mm,并应配置双向钢筋网片,间距为100~200mm,但在分格缝处应断开,钢筋网片应放置在混凝土的中上部,其保护层厚度不应小于10mm。混凝土的质量要严格保证,防止产生漏浆和离析现象。浇筑时,先用平板振动器振实,再用滚筒滚压至表面平整、泛浆,然后用铁抹子压实抹平,并确保防水层的设计厚度和排水坡度。抹压时严禁在表面洒水、加水泥浆或撒干水泥。待混凝土收水初凝后,应进行二次表面压光,并在终凝前三次压光成活,以提高其抗渗性。混凝土浇筑12~24h后应进行养护,养护时间不应少于14d。养护初期屋面不得上人,施工气温宜为5~35℃,以保证防水层的施工质量。

② 补偿收缩混凝土防水层施工。补偿收缩混凝土防水层是在细石混凝土中掺入膨胀剂拌制而成的,硬化后的混凝土产生微膨胀,以补偿普通混凝土的收缩,在配筋情况下,由于钢筋限制其膨胀,从而使混凝土产生自应力,起到致密混凝土、提高混凝土抗裂性和抗渗性的作用。其施工要求与普通细石混凝土防水层大致相同。

【知识拓展】 瓦屋面施工

瓦屋面施工(图文)

瓦屋面工程施工(视频)

7.1.4 其他屋面施工简介

1. 植被屋面

在屋面防水层上覆盖种植土,可提高屋顶的隔热、保温性能,还有利于屋面防水、防渗,保护防水层。种植土可栽培花草或农作物,有利于美化环境、净化空气,且有经济效益,但增加了屋顶的荷载。屋面种植用水除利用天然降雨外,还应另补人工水源,如图 7-19 所示。

图 7-19 植被屋面
a) 植被屋面构造示意图 b) 植被屋面实景

种植隔热层与防水层之间宜设置细石混凝土保护层,排水层陶粒粒径不应小于 25mm,大粒径应在下,小粒径应在上;排水层上应铺设过滤层土工布,过滤层土工布应沿种植土周边向上铺设至种植土高度,并应与挡墙或挡板粘牢;种植土表面应低于挡墙高度 100mm。

2. 蓄水屋面

用现浇钢筋混凝土做防水层,并长期储水的屋面称为蓄水屋面。混凝土长期浸在水中可避免炭化、开裂,提高耐久性。蓄水屋面可隔热降温,还可养殖鱼虾而获得经济效益。水池池底和池壁应一次浇成,振捣密实,初凝后立即注水养护。水池的长度与宽度若超过 40m 时,应设置变形缝。水深以 200~600mm 为宜,水源主要利用天然雨水,还应另补人工供水,溢水口应与檐沟及雨水管相接,如图 7-20 所示。

每个蓄水区的防水混凝土应一次浇筑完毕,不得留施工缝。防水混凝土应用机械振捣密实,表面应抹平和压光,初凝后应覆盖养护,终凝后浇水养护不得少于 14d,蓄水后不得断水。

蓄水池的所有孔洞应预留,不得后凿;所设置的给水管、排水管和溢水管等,均应在蓄水池混凝土施工前安装完毕。

3. 倒置式屋面

保温层设置在防水层上面,这种做法又称为倒置式屋面,其构造层次为保护层、保温层、防水层、找平层和结构层。这种屋面对采用的保温材料有特殊的要求,应当使用具有吸湿性低而气候性强的憎水材料作为保温层(如聚苯乙烯泡沫塑料板等),并在保温层上加设钢筋混凝土、卵石、砖等较重的覆盖层,如图 7-21 所示。

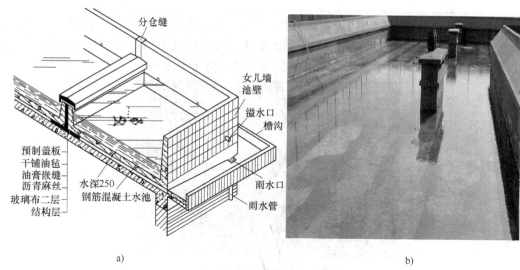

图 7-20 蓄水屋面
a）蓄水屋面构造示意图　b）蓄水屋面实景

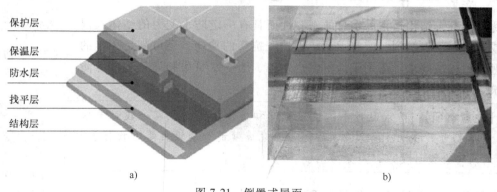

图 7-21 倒置式屋面
a）倒置式屋面构造示意图　b）倒置式屋面构造实景

【知识拓展】　常见屋面渗漏防治方法

常见屋面渗漏防治方法（图文）

7.2　结构主体防水工程施工

【情景引入】

　　混凝土是世界上应用最广泛的建筑材料之一，按照一定标准进行混合搅拌浇筑的混凝土具有很好的强度、使用功能和耐久性。然而，在实际使用过程中，混凝土会暴露在各种条件下，容易出现开裂问题，从而导致混凝土结构出现不同程度的渗漏。如图 7-22 所示，结构防水（即防水混凝土）是如何做到并满足防水要求的？

图 7-22　防水混凝土施工

7.2.1　防水混凝土结构施工

防水混凝土结构是指以本身的密实性而具有一定防水能力的整体式混凝土或钢筋混凝土结构，兼有承载、围护和抗渗的功能，还可满足一定的耐冻融及耐侵蚀要求。适用于地下室、水池、地下水泵房和设备基础等防水建筑。

地下工程防水方案（视频）

【注意事项】　防水混凝土的抗压强度和抗渗压力必须符合设计要求。防水混凝土的变形缝、施工缝、后浇带、穿墙管道和埋设件等的设置和构造，均须符合设计要求，严禁渗漏。

结构自防水混凝土施工（视频）

【知识拓展】　建筑防水与结构防水的区别

建筑防水是指附加在结构外围的外防水层；结构防水是指钢筋混凝土结构的本体防水。

以柔性材料为主的建筑防水，具有较好的弹塑性和变形能力，密封防水好，特别适用于温差变形大的防水部位，如层面和地基不稳的地下工程。其缺点是存在材料老化失效的问题和施工复杂。

结构防水是以水泥混凝土为主，也称为防水混凝土，一般是指抗渗等级大于或等于 P6 级别的混凝土，主要分为普通防水混凝土、膨胀剂防水混凝土和外加剂防水混凝土三类。施工简单，成本低，防水耐久性好；结构防水大多应用于温差较小的地下、海工、水工、地铁、隧道和军事等防水工程。

1. 施工准备

（1）垫层施工

混凝土主体结构施工前，必须做好基础垫层混凝土，使之起到防水辅助防线的作用，同时保证主体结构施工的正常进行。一般做法是在基坑开挖后，铺设 300～400mm 毛石做垫层，上铺粒径 25～49mm 的石子，厚约 50mm，经夯实或碾压，然后浇筑 C15 混凝土厚 100mm 做找平层。

（2）材料要求

水泥强度等级不低于 32.5，水泥用量不得少于 300kg/m³，当采用矿渣水泥时，需提高水泥的研磨细度，或者掺外加剂来减轻泌水现象后才可以使用。砂、石的要求与普通混凝土相同，但清洁度要充分保证，含泥量要严格控制。石子含泥量不大于 1%，砂的含泥量不大于 2%。

2. 防水混凝土施工

防水混凝土所用模板，应该平整、拼缝严密，并应有足够的刚度、强度，吸水性要小，支撑牢固，装拆方便，以钢模、木模为宜，不宜用螺栓或钢丝贯穿混凝土墙固定模板，以避免水沿缝隙渗入。固定模板时，严禁用钢丝穿过防水混凝土结构，以防在混凝土内部形成渗水通道。如必须用对拉螺栓来固定模板，则应在预埋套管或螺栓上至少加焊（必须满焊）一个直径为 80~100mm 的止水环。一般可采用工具式螺栓、螺栓加堵头、螺栓加焊止水环和预埋套管加焊止水环等方法。

（1）工具式螺栓

用工具式螺栓将防水螺栓固定并拉紧，以压紧固定模板。拆模时，将工具式螺栓取下，再以嵌缝材料及聚合物水泥砂浆将螺栓凹槽封堵严密（图 7-23）。

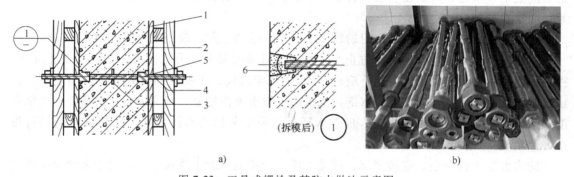

图 7-23 工具式螺栓及其防水做法示意图

a）工具式螺栓防水做法示意图 b）工具式螺栓

1—模板 2—结构混凝土 3—止水环 4—工具式螺栓 5—固定模板用螺栓 6—嵌缝材料

（2）螺栓加堵头

结构两边螺栓周围做凹槽，拆模后将螺栓沿平凹底割去，再用膨胀水泥砂浆封堵凹槽（图 7-24）。

（3）螺栓加焊止水环

在对拉螺栓上部加焊止水环，止水环与螺栓必须满焊严密。拆模后应沿混凝土结构边缘将螺栓割断，如图 7-25 所示。

（4）预埋套管加焊止水环

套管采用钢管，其长度等于墙厚（或其长加上两端垫木的厚度之和等于墙厚），兼具撑头作用，以保持模板间的设计尺寸。止水环在套管上满焊严密，支模时在预埋套管中穿入对拉螺栓拉紧固定模板。拆模后将螺栓抽出，套管内以膨胀水泥砂浆封堵密实。套管两端有垫木的，拆模时连同垫木一并拆除，除密实封堵套管外，还应将两端垫木留下的凹坑用同样方法封实。此法可用于抗渗要求一般的结构，如图 7-26 所示。

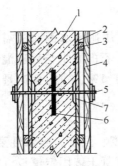
图 7-24 螺栓加堵头
1—围护结构 2—模板 3—小龙骨
4—大龙骨 5—螺栓
6—止水环 7—堵头

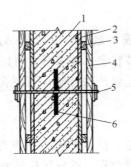
图 7-25 螺栓加焊止水环
1—围护结构 2—模板
3—小龙骨 4—大龙骨
5—螺栓 6—止水环

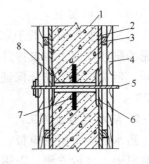
图 7-26 预埋套管加焊止水环
1—防水结构 2—模板 3—小龙骨
4—大龙骨 5—螺栓 6—垫木
7—止水环 8—预埋套管

钢筋绑扎牢固，以防浇捣时因碰撞、振动使绑扣松散，钢筋移位，造成露筋。钢筋保护层厚度应符合设计要求，不得有负误差。一般为迎水面防水混凝土的钢筋保护层厚度不得小于 35mm；当直接处于侵蚀性介质中时，不应小于 50mm。留设保护层，应以相同配合比的细石混凝土或水泥砂浆制成垫块，将钢筋垫起，严禁以钢筋垫钢筋，或将钢筋用钢钉、铅丝直接固定在模板上。

防水混凝土搅拌应严格按选定的施工配合比，准确计量，按照规范要求搅拌。

防水混凝土运输过程中，应防止产生离析及坍落度和含气量的损失，同时要防止漏浆。拌好的混凝土要及时浇筑，常温下应在 0.5h 内运至现场，于初凝前浇筑完毕。运送距离远或气温较高时，可掺入缓凝型减水剂。浇筑前若发现离析现象，必须进行二次搅拌；当坍落度损失后，不能满足施工要求时，应加入适量的原水灰比的水泥浆或二次掺减水剂进行搅拌，严禁直接加水。

防水混凝土应分层、连续浇筑，尽量不留或少留施工缝。浇筑时，混凝土入模自由高度一般不超过 1.5m。若超过 1.5m 时，必须用串筒、溜槽或溜管等辅助工具将混凝土送入，以防离析和造成石子滚落堆积，影响质量。

防水混凝土应采用机械振捣密实，振捣时间宜为 10~30s，以混凝土开始泛浆和不冒气泡为止，并避免漏振、欠振和超振。混凝土振捣后，须用铁锹拍实，等混凝土初凝后用铁抹子压光，以增加表面致密性。

防水混凝土终凝后（一般浇后 4~6h），即应开始覆盖浇水养护，养护时间应在 14d 以上，冬期施工混凝土入模温度不应低于 5℃，宜采用综合蓄热法、暖棚法等养护方法，并应保持混凝土表面湿润，防止混凝土早期脱水。不宜采用蒸汽养护和电热养护，地下构筑物应及时回填分层夯实，以避免由于干缩和温差产生裂缝。防水混凝土结构须在混凝土强度达到设计强度 40% 以上时方可在其上面继续施工，达到设计强度 70% 以上时方可拆模。拆模时，混凝土表面温度与环境温度之差，不得超过 15℃，以防混凝土表面出现裂缝。拆模后应及时回填，回填土应分层夯实，并严格按照施工规范的要求操作。

7.2.2 附加防水层施工

附加防水层有水泥砂浆防水层、卷材防水层、涂料防水层和金属防水层等，适用于需增强其防水能力、受侵蚀性介质作用或受振动作用的地下工程。下面主要介绍水泥砂浆防水层和卷材防水层的施工。

1. 水泥砂浆防水层施工

水泥砂浆防水层是一种刚性防水层，它主要依靠砂浆本身的憎水性和砂浆的密实性来达到防水目的。根据防水砂浆材料成分不同，通常可分为普通防水砂浆（也称刚性多层抹面防水砂浆）、外加剂防水砂浆和聚合物防水砂浆 3 种。

防水砂浆刚性防水层施工（视频）

（1）施工要求

当需要在地下水位以下施工时，地下水位应降至工程施工部位以下，并保持到施工完毕。施工时温度应控制在 5℃ 以上、40℃ 以下，否则要采取保温、降温措施。抹面层出现漏水现象，应找准渗漏水部位，做好堵漏工作后，再进行抹面交叉施工。

（2）基层处理

基层处理一般包括清理（将基层油污、残渣清除干净，光滑表面凿毛）、浇水（基层浇水湿润）和补平（将基层凹处补平）等工序，使基层表面达到清洁、平整、坚实、粗糙，保持湿润，以保证砂浆防水层与基层结合牢固，不产生空鼓和透水现象。

（3）防水砂浆施工

刚性多层抹面防水层通常采用四层或五层抹面做法。一般在防水工程的迎水面采用五层抹面做法（图 7-27）。防水层的施工顺序，一般是先顶板，再墙面，后地面。当工程量较大需分段施工时，应由里向外按上述顺序进行。第一层（素灰层，厚 2mm，水灰比为 0.3~0.4）先将混凝土基层浇水湿润后，抹一层 1mm 厚素灰，用铁抹子往返抹压 5~6 遍，使素灰填实混凝土基层表面的空隙，以增加防水层与基层的粘结力，再抹 1mm 厚找平。第二层（砂浆层，厚 4~5mm，灰砂比 1∶2.5，水灰比 0.6~0.65）在初凝的素灰层上轻轻抹压，使砂浆压入素灰层 0.5mm，并扫出横向条纹。待其终凝并具有一定强度后（一般隔一夜）做第三层。第三层（素灰层，厚 2mm）操作方法与第一层相同。第四层，同第二层做法，抹后在表面用铁抹子分次抹压 5~6 遍，以

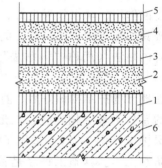

图 7-27　刚性多层抹面防水层做法
1、3—素灰层 2mm　2、4—砂浆层 4~5mm
5—水泥砂浆层 1mm　6—结构层

增加密实性，最后再压光。第五层（水泥砂浆层，厚 1mm，水灰比为 0.55~0.6）当防水层在迎水面时，则需在第四层水泥砂浆抹压两遍后，用毛刷均匀涂刷水泥浆一遍，随第四层一并压光。水泥砂浆铺抹时，采用砂浆收水后二次抹光，使表面坚固密实。防水层的厚度应满足设计要求，一般为 18~20mm，聚合物水泥砂浆防水层厚度要视施工层数而定。

【注意事项】 水泥砂浆防水层各层之间必须结合牢固，无空鼓现象。

2. 卷材防水层施工

卷材防水层是用沥青胶结材料粘结卷材而成的一种防水层，属于柔性防水层。其特点是防水性能较好，具有一定的韧性和延伸性，能适应结构的振动和微小变形，并能耐酸、碱、盐溶液的侵蚀，是地下防水工程常用的施工方法。但卷材防水层耐久性差，吸水率大，机械

强度低，施工工序多，发生渗漏后修补困难。

> 【注意事项】 卷材防水层应采用高聚物改性沥青防水卷材和合成高分子防水卷材。所选用的基层处理剂、胶黏剂、密封材料等配套材料，均应与铺贴的卷材材性相容。
> 铺贴防水卷材前，应将找平层清扫干净，在基面上涂刷基层处理剂；当基面较潮湿时，应涂刷湿固化型胶黏剂或潮湿界面隔离剂。

（1）施工要求

为便于施工并保证施工质量，施工期间地下水位应降低到垫层以下不少于300mm处。卷材防水层铺贴前，所有穿过防水层的管道、预埋件均应施工完毕，并做好防水处理。防水层铺贴后，严禁在防水层上打眼开洞，以免引起水的渗漏，铺贴卷材的温度应不低于5℃，最好在10~25℃时进行。

（2）基层处理

基层必须牢固，无松动现象。基层表面应平整，其平整度为用2m长直尺检查，基层与直尺间的最大空隙不应超过5mm。基层表面应清洁干净，基层表面的阴阳角处，均应做成圆弧形或钝角。对沥青类卷材圆弧半径应大于150mm。

卷材柔性
防水层施工
（视频）

（3）施工方法

将卷材防水层设置在建筑结构的外侧（迎水面）称为外防水。这种铺贴方法可以借助土压力将卷材防水层压紧，并与结构一起抵抗有压地下水的渗透和侵蚀作用，防水效果良好，采用比较广泛。外防水的卷材防水层铺贴方法，按其与地下围护结构施工的先后顺序分为外防外贴法（简称"外贴法"）与外防内贴法（简称"内贴法"）两种。

1）外防外贴法

在地下围护结构做好后，直接把卷材防水层铺贴在围护结构墙面外侧，并与混凝土底板下面的卷材防水层相连接，以形成整体封闭的防水层，然后砌筑保护墙（图7-28）。适用于防水结构层高大于3m的地下结构防水工程。其施工程序是首先浇筑需防水结构的底层混凝土垫层，并在垫层上砌筑永久性保护墙，墙下干铺油毡一层，墙高不小于结构底板厚度，另加200~500mm；在永久性保护墙上用石灰砂浆砌临时保护墙，墙高为150mm×(卷材层数+1)；在垫层和永久性保护墙上抹1∶3水泥砂浆找平层，临时保护墙上用石灰砂浆找平；待找平层基本干燥后，即在其上满涂冷底子油，然后分层铺贴立面和平面卷材防水层，并将顶部临时固定。在铺贴好的卷材表面做好保护层后，再进行需防水结构的底板和墙体施工。防水结构施工完成后，将临时固定的接槎部位的各层卷材揭开并清理干净，在此区段的外墙表面上补抹水泥砂浆找平层，找平层上满涂冷底子油，将卷材分层错槎搭接向上铺贴在结构墙上。卷材接槎的搭接长度，高聚物改性沥青卷材为150mm，合成高分子卷材为100mm，当使用两层卷材时，卷材应错槎接缝，上层卷材应盖过下层卷材，并应及时做好防水层的保护结构。

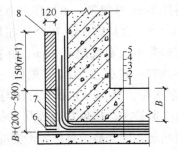

图7-28 外防外贴法
1—垫层 2—找平层 3—卷材防水层 4—保护层 5—构筑物
6—防潮层 7—永久性保护墙
8—临时性保护墙

2）外防内贴法

在地下围护结构施工前，先砌筑永久性保护墙（也称为模板墙），再将卷材防水层铺贴在保护墙上，并与垫层混凝土上的防水层相连接，以形成整体封闭的防水层，然后浇筑底板和围护结构（图7-29）。适用于防水结构层高小于3m的地下结构防水层。其施工程序是先在垫层上砌筑永久保护墙，然后在垫层及保护墙上抹1∶3水泥砂浆找平层，待其基本干燥后满涂冷底子油，沿保护墙与垫层铺贴防水层。卷材防水层铺贴完成后，在立面防水层上涂刷最后一层沥青胶时，趁热粘上干净的热砂或散麻丝，待冷却后，随即抹一层10~20mm厚1∶3水泥砂浆保护层。在平面上可铺设一层30~50mm厚1∶3水泥砂浆或细石混凝土保护层，最后进行需防水结构的施工。

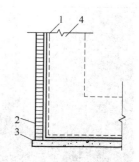

图7-29 外防内贴法
1—卷材防水层 2—永久性保护墙 3—垫层
4—尚未施工的构筑物

【知识拓展】 地下防水工程渗漏及防治方法

地下防水工程渗漏及防治方法（图文）

7.2.3 工程案例

某工程地下室主体结构防水施工。

某工程地下室主体结构防水施工案例（图文）

7.3 结构细部构造防水施工

【情景引入】

某小区由多栋住宅楼（结构主体为现浇钢筋混凝土）组成，地下两层为停车库，地上部分为居民住宅楼。目前，该小区地下车库出现了严重的渗漏水现象，渗漏水主要集中在主楼与车库的交接部位及沉降缝部位、地下车库的立墙及穿墙管道周边、地下车库立墙周边的根部等。导致该住宅地下室出现如此严重渗漏现象（图7-30）的原因有哪些，该如何进行防治呢？

图 7-30 某小区住宅地下室渗漏现象
a)沉降缝处渗漏 b)施工缝处渗漏

对防水工程施工来说,材料是最关键的一环,工程上对止水材料的基本要求是适应变形能力强、防水性能好、耐久性高、与混凝土粘结牢固等。防水混凝土结构的变形缝、施工缝、后浇带等细部构造,应采用止水带、遇水膨胀橡胶腻子止水条等高分子防水材料和接缝密封材料。目前常见的止水带形式如图 7-31 所示。

【注意事项】 防水混凝土结构细部构造的施工质量检验应按全数检查。

橡胶止水带　　　遇水膨胀止水带　　　中埋式橡胶止水带　　　背贴式橡胶止水带

外贴式橡胶止水带　　　钢板止水带　　　钢边橡胶止水带　　　塑料止水带

图 7-31 止水带形式

7.3.1 变形缝防水施工

结构细部防水构造处理(视频)

【知识拓展】 变形缝

变形缝是伸缩缝、沉降缝和防震缝的总称。建筑物在外界因素作用下常会产生变形,导致开裂甚至破坏。变形缝是针对这种情况而预留的构造缝。

地下结构物的变形缝是防水工程的薄弱环节，防水处理比较复杂，如处理不当会引起渗漏现象，从而直接影响地下工程的正常使用和寿命。

1. 变形缝防水构造

止水带的构造形式通常有埋入式、可卸式和粘贴式等，目前采用较多的是埋入式。根据防水设计要求，有时在同一变形缝处，可采用数层、数种止水带的构造形式。如图 7-32～图 7-35 所示。

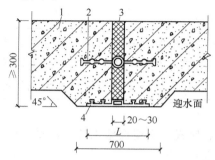

图 7-32 中埋式止水带与外贴防水层变形缝构造
注：外贴式止水带 $L \geqslant 300$；外贴防水卷材 $L \geqslant 400$；外涂防水涂层 $L \geqslant 400$。
1—混凝土结构 2—中埋式止水带
3—填缝材料 4—外贴止水带

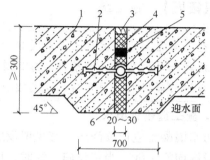

图 7-33 中埋式止水带与遇水膨胀橡胶条和嵌缝材料变形缝构造
1—混凝土结构 2—中埋式止水带（$\geqslant 300mm$）
3—嵌缝材料 4—背衬材料
5—遇水膨胀橡胶条 6—填缝材料

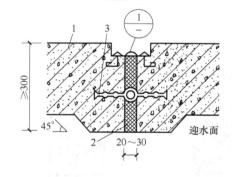

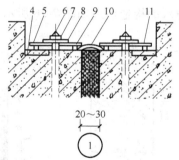

图 7-34 中埋式止水带与可卸式止水带变形缝构造
1—混凝土结构 2—填缝材料 3—中埋式止水带 4—预埋钢板 5—紧固件压板
6—预埋螺栓 7—螺母 8—垫圈 9—紧固件压块 10—橡胶止水带 11—紧固件圆钢

2. 变形缝施工要点

① 止水带宽度和材质的物理性能均应符合设计要求，其无裂缝和气泡；接头应采用热接，不得叠接，接缝平整、牢固，不得有裂口和脱胶现象。

② 中埋式止水带中心线应和变形缝中心重合，止水带不得穿孔或用铁钉固定。

③ 变形缝设置中埋式止水带时，混凝土浇筑前应校正止水带的位置，表面清理干净，止水带损坏处应修补；顶、底板止水带的下侧混

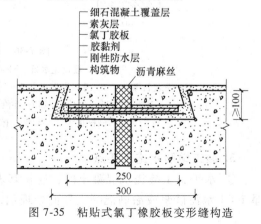

图 7-35 粘贴式氯丁橡胶板变形缝构造

凝土应振捣密实，边墙止水带内外侧混凝土应均匀，保持止水带位置正确、平直，无卷曲现象。

④ 变形缝处增设的卷材或涂料防水层，应按设计要求施工。

7.3.2 施工缝防水施工

【知识拓展】 施工缝

> 施工缝指的是在混凝土浇筑过程中，因设计要求或施工需要分段浇筑，而在先、后浇筑的混凝土之间所形成的接缝。施工缝并不是一种真实存在的"缝"，它只是因先浇筑混凝土超过初凝时间，而与后浇筑的混凝土之间存在一个结合面，该结合面就称为施工缝。

1. 施工缝留置要求

防水混凝土应连续浇筑，宜少留设施工缝。顶板、底板不宜留设施工缝，顶拱、底拱不宜留设纵向施工缝。当留设施工缝时，应遵守下列规定：

① 墙体水平施工缝不宜留在剪力与弯矩最大处或底板与侧墙的交接处，应留在高出底板表面不小于 300mm 的墙体上。拱（板）墙结合的水平施工缝，宜留在拱（板）墙接缝线以下 150~300mm 处。墙体有预留孔洞时，施工缝距离孔洞边缘不宜小于 300mm。

② 竖直施工缝应避开地下水和裂隙水较多的地段，并宜与变形缝相结合。

2. 施工缝防水构造

施工缝防水的构造形式如图 7-36 所示。

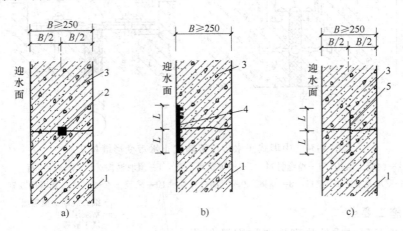

图 7-36 施工缝防水构造
a) 埋设止水条 b) 外贴止水带 c) 中埋止水带
1—先浇混凝土 2—遇水膨胀止水条 3—后浇混凝土 4—外贴防水层 5—中埋止水带
注：1. 外贴止水带 $L \geq 150$；外涂防水涂料 $L = 200$；外抹防水砂浆 $L = 200$。
　　2. 钢板止水带 $L \geq 100$；橡胶止水带 $L \geq 125$；钢边橡胶止水带 $L \geq 120$。

3. 施工缝防水施工要点

① 水平施工缝浇筑混凝土前，应将其表面浮浆和杂物清除，先铺净浆，再铺 30~50mm 厚 1:1 水泥砂浆或涂刷混凝土界面处理剂，同时要及时浇筑混凝土。

② 竖直施工缝浇筑混凝土前，应将其表面清理干净，涂刷水泥净浆或混凝土界面处理剂，并及时浇筑混凝土。

③ 选用的遇水膨胀止水条应具有缓胀性能，其 7d 的膨胀率不应大于最终膨胀率的 60%。

④ 遇水膨胀止水条应牢固地安装在缝表面或预留槽内。

⑤ 施工缝采用中埋式止水带时，应确保止水带位置准确、固定牢靠。

7.3.3 后浇带防水施工

【知识拓展】 后浇带

> 后浇带是在建筑施工中为防止现浇钢筋混凝土结构由于自身收缩不均或沉降不均可能产生的有害裂缝，按照设计或施工规范要求，在基础底板、墙、梁相应位置留设的混凝土带。

1. 后浇带防水构造

后浇带应设在受力和变形较小的部位，其间距和位置应按结构设计要求确定，宽度宜为 700~1000mm。后浇带两侧可做成平直缝或阶梯缝，宜采用的后浇带防水构造形式如图 7-37 所示。

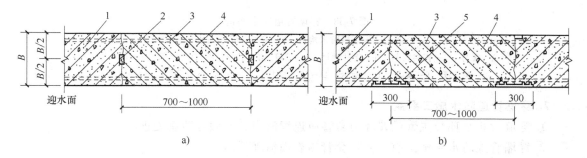

图 7-37 后浇带防水构造
1—先浇混凝土 2—遇水膨胀止水条 3—结构主筋 4—后浇补偿收缩混凝土 5—外贴式止水带

2. 后浇带防水施工要点

① 后浇带应在其两侧混凝土龄期达到 42d 后再施工，高层建筑的后浇带施工应按规定时间进行。

② 采用掺膨胀剂的补偿收缩混凝土，水中养护 14d 后的限制膨胀率不应小于 0.015%，膨胀剂掺量不宜大于 12%。

③ 后浇带混凝土施工前，后浇带部位和外贴式止水带应防止落入杂物和损伤外贴止水带。

④ 后浇带两侧的接缝在浇筑混凝土前，应将其表面浮浆和杂物清除，然后铺设净浆或涂刷混凝土界面处理剂、水泥基渗透结晶型防水涂料等材料，再铺 30~50mm 厚 1:1 水泥砂浆，并应及时浇筑混凝土。

⑤ 后浇带混凝土应一次浇筑，不得留设施工缝；混凝土浇筑后应及时养护，养护时间

不得少于28d。

7.3.4 穿墙管道防水施工

1. 穿墙管道防水构造

在穿墙管道外加套管并加焊止水环进行防水处理。穿墙管道应预先固定，周围混凝土应仔细浇捣密实，保证质量。穿墙管道防水构造如图7-38所示。

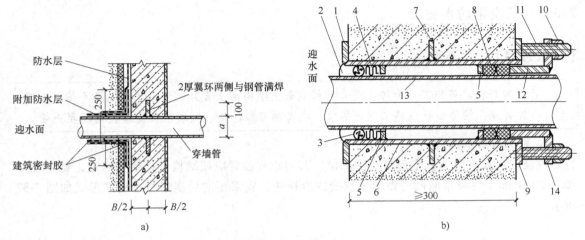

图 7-38 穿墙管道防水构造
a）固定式穿墙管防水构造 b）套管式穿墙管防水构造
1—翼环 2—密封材料 3—背衬材料 4—填缝材料 5—挡圈 6—套管 7—止水环
8—橡胶圈 9—翼盘 10—螺母 11—双头螺栓 12—短管 13—主管 14—法兰

2. 穿墙管道防水施工要点

① 穿墙管止水环与主管或翼环与套管应连续满焊，并做好防腐处理。

② 穿墙管处防水层施工前，应将套管内表面清理干净。

③ 套管内的管道安装完毕后，应在两管间嵌入内衬填料，端部用密封材料填缝。柔性穿墙时，穿墙内侧应用法兰压紧。

④ 穿墙管外侧防水层应铺设严密，不留接槎；铺设附加层时，应按设计要求施工。

7.3.5 预埋件防水施工

1. 预埋件防水构造

在预埋件的端部应加焊止水钢板。预埋件应预先固定，周围混凝土应仔细浇捣密实，保证质量。预埋件防水构造如图7-39所示。

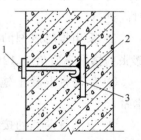

图 7-39 预埋件防水构造
1—预埋螺栓 2—止水钢板 3—焊缝

2. 预埋件防水施工要点

① 预埋件应位置准确，固定牢靠；预埋件应进行防腐处理。

② 预埋件端部或预留孔、槽底部的混凝土厚度不得小于250mm；当混凝土厚度小于250mm时，应局部加厚或采取其他防水措施。

③ 结构迎水面的预埋件周围应预留凹槽，凹槽内应用密封材料填实。

④ 用于固定模板的螺栓必须穿过混凝土结构时，可采用工具式螺栓或螺栓加堵头，螺栓上应加焊止水环。拆模后留下的凹槽应用密封材料封堵密实，并用聚合物水泥砂浆抹平。

⑤ 预留孔、槽内的防水层应与主体防水层保持连续。

⑥ 密封材料嵌填应密实、连续、饱满，粘结牢固。

7.4 室内其他部位防水工程施工

【情景引入】

厕浴间是供居住者进行便溺、洗浴、盥洗等活动的空间，是人类生活的必需空间，也是社会文明程度的一面镜子。

然而，在生活中经常会见到如图7-40所示的情景，不免对人们的生活产生一定的影响。那造成此种情景的原因是什么，在具体建造过程中该如何进行防治呢？

图7-40 厕浴间渗漏实景
a) 渗漏影响正常使用　b) 渗漏外溢至顶棚

厨房与厕浴间是建筑物中不可忽视的防水工程部位，其施工面积小，穿墙管道多，设备多，阴、阳转角复杂，房间长期处于潮湿受水状态等不利条件。传统的卷材防水做法已不适应厕浴间施工的特殊性。大量的试验和实践证明，以涂膜防水代替各种卷材防水，尤其是选用高弹性的聚氨酯涂膜防水或选用弹塑性的氯丁胶乳沥青涂料防水等新材料和新工艺，可以使厕浴间的地面和墙面形成一个没有接缝、封闭严密的整体防水层，从而提高其防水工程质量。下面以厕浴间为例，介绍其防水做法。

7.4.1 厕浴间防水构造

厕浴间防水构造如图7-41所示。

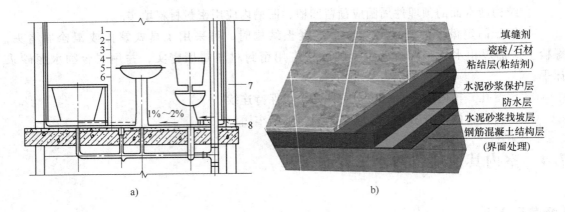

图 7-41 厕浴间防水构造
a）厕浴间防水构造 b）厕浴间地面构造
1—饰面地面 2—水泥砂浆保护层 3—防水层 4—水泥砂浆找平层
5—找坡层 6—钢筋混凝土楼板 7—轻质隔墙 8—混凝土防水台

7.4.2 厕浴间聚氨酯防水施工

聚氨酯涂膜防水材料是双组分化学反应固化型的高弹性防水涂料，多以甲、乙双组分形式使用。其主要材料有聚氨酯涂膜防水材料甲组分、聚氨酯涂膜防水材料乙组分和无机铝盐防水剂等。施工用辅助材料应备有二甲苯、醋酸乙酯、磷酸等。

1. 基层处理

厕浴间的防水基层必须用 1∶3 的水泥砂浆找平，要求抹平压光无空鼓，表面要坚实，不应有起砂、掉灰现象。抹找平层时，在管道根部的周围，应使其略高于地面，在地漏的周围，应做成略低于地面的洼坑。找平层的坡度以 1%~2% 为宜，坡向地漏。凡遇到阴、阳角处，要抹成半径不小于 10mm 的小圆弧。与找平层相连接的管件、卫生洁具、排水口等，必须安装牢固，收头圆滑，按设计要求用密封膏嵌固。基层必须基本干燥，一般在基层表面均匀泛白无明显水印时，才能进行涂膜防水层施工。施工前，要把基层表面的尘土杂物彻底清扫干净，如图 7-42 所示。

图 7-42 涂刷基层处理剂

【注意事项】 基层处理剂为低黏度聚氨酯，可以起到隔离基层潮气、提高涂膜与基层粘结强度的作用。涂刷基层处理剂前，基层表面应保持干燥。

2. 施工工艺

① 清理基层。需做防水处理的基层表面，必须彻底清扫干净。

② 涂布底胶。将聚氨酯甲、乙两组分和二甲苯按 1∶1.5∶2 的比例（质量比，以产品说明为准）配合，搅拌均匀，再用小滚刷或油漆刷均匀涂布在基层表面。涂刷量为 0.15~

0.2kg/m², 涂刷后应干燥固化 4h 以上, 才能进行下道工序的施工。

③ 配置聚氨酯涂膜防水涂料。将聚氨酯甲、乙两组分和二甲苯按 1∶1.5∶0.3 的比例配合, 用电动搅拌器强力搅拌均匀备用。应随配随用, 一般在 2h 以内用完。

④ 涂膜防水层施工。用小滚刷或油漆刷将已配好的防水涂料均匀涂布在底胶已干固的基层表面。涂完第一遍涂膜后, 一般需固化 5h 以上, 在基本不粘手时, 再按上述方法涂布第二至四遍涂膜, 并使后一遍与前一遍的涂布方向垂直。对管子根部、地漏周围以及墙转角部位, 必须认真涂刷, 涂刷厚度不小于 2mm。在涂刷最后一遍涂膜固化前及时稀撒少许干净的粒径为 2~3mm 的小豆石, 使其与涂膜防水层粘结牢固, 作为与水泥砂浆保护层粘结的过渡层。

⑤ 做好保护层。当聚氨酯涂膜防水层完全固化和通过蓄水试验合格后, 即可铺设一层厚度为 15~25mm 的水泥砂浆保护层, 然后按设计要求铺设饰面层。

3. 质量要求

聚氨酯涂膜防水材料的技术性能应符合设计要求或材料标准的规定, 并应附有质量证明文件。聚氨酯的甲、乙料必须密封存放, 甲料开盖后, 吸收空气中的水分会起反应而固化, 如在施工中混有水分, 则聚氨酯固化后内部会有水泡, 影响防水能力。涂膜厚度应均匀一致, 总厚度不应小于 1.5mm。涂膜防水层必须均匀固化, 不应有明显的凹坑、气泡和渗漏水现象。

7.4.3 厕浴间氯丁胶乳沥青防水涂料施工

氯丁胶乳沥青防水涂料是以氯丁橡胶和沥青为基料, 经加工合成的一种水乳型防水涂料。它兼有橡胶和沥青的双重优点, 即防水、抗渗、耐老化、不易燃、无毒、抗基层变形能力强等, 其为冷作业施工, 操作方便。

1. 基层处理

与聚氨酯涂膜防水施工要求相同。

2. 施工工艺及要点

二布六油防水层的工艺流程: 基层找平处理→满刮一遍氯丁胶乳沥青水泥腻子→满刮第一遍涂料→做细部构造加强层→铺贴玻璃布, 同时刷第二遍涂料→刷第三遍涂料→铺贴玻纤网格布, 同时刷第四遍涂料→涂刷第五遍涂料→涂刷第六遍涂料并及时撒砂粒→蓄水试验→按设计要求做保护层和面层→防水层二次试水→验收。

在清理干净的基层上满刮一遍氯丁胶乳沥青水泥腻子, 在管根和转角处要厚刮并抹平整, 腻子的配制方法是将氯丁胶乳沥青防水涂料倒入水泥中, 边倒边搅拌至稠浆状即可刮涂于基层, 腻子厚度为 2~3mm, 待腻子干燥后, 满刷一遍防水涂料, 但涂刷不能过厚, 不得刷漏, 表面均匀不流淌, 不堆积, 立面刷至设计标高。在细部构造部位, 如阴阳角、管道根部、地漏、蹲式大便器等分别附加一布二涂附加层。附加层干燥后, 大面铺贴玻纤网格布同时涂刷第二遍防水材料, 使防水涂料浸透布纹渗入下层, 玻纤网格布搭接宽度不小于 100mm, 立面贴到设计高度, 顺水接槎, 收口处贴牢。

上述涂层实干后 (约 24h), 满刷第三遍涂料, 表干后 (约 4h) 铺贴第二层玻纤网格布同时满刷第四遍防水材料。第二层玻纤网格布与第一层玻纤网格布接槎要错开, 涂防水涂料时应均匀, 将玻纤网格布展平无折皱。上述涂层实干后, 满刷第五、六遍防水涂料, 整个防水层实干后,可进行第一次蓄水试验,蓄水时间不少于 24h,无渗漏才合格,然后做保护层和饰面层。工程交付使用前应进行第二次蓄水试验。

3. 质量要求

水泥砂浆找平层做完后,应对其平整度、强度、坡度和干燥度进行预验收。防水涂料应有产品质量证明书以及现场取样的复检报告。施工完成的氯丁胶乳沥青涂膜防水层,不得有起鼓、裂纹、孔洞缺陷。末端收头部位应粘贴牢固,封闭严密,成为一个整体的防水层。做完防水层的厕浴间,经 24h 以上的蓄水检验,无渗漏水现象方为合格。应提供检查验收记录,连同材料质量证明文件等技术资料一并归档备查。

7.4.4 厕浴间涂膜防水施工注意事项

① 厕浴间施工一定要严格按规范操作,因为一旦发生漏水,维修会很困难。

② 施工用材料多属易燃、有毒性,存放、配料及施工现场必须严禁烟火、通风良好,现场配备足够的消防器材。

③ 施工过程中,严禁上人踩踏未完全固化的涂膜防水层。操作人员应穿软底鞋,以免损伤涂膜防水层。

④ 已完工的涂膜防水层,必须经蓄水试验无渗漏现象后,方可进行刚性保护层的施工。进行刚性保护层施工时,切勿损坏防水层,以免留下渗漏隐患。

⑤ 防水层施工完毕,应及时进行验收,及时进行保护层的施工,以减少不必要的损坏返修。

⑥ 在对穿楼板管道和地漏管道进行施工时,应用棉纱或纸团暂时封口,防止杂物落入堵塞管道,留下排水不畅或泛水的后患。

⑦ 厕浴间大面积防水层也可采用 JS 复合防水涂料、防水剂等刚性防水材料,其施工方法必须严格按照生产厂家的说明书及施工指南进行施工。

模块小结

屋面工程是房屋建筑工程的主要组成部分,建筑防水技术对建筑物的功能、使用、寿命等都有较大的影响,因此必须做好建筑防水工程施工,并保证其质量。

按照建筑工程防水部位的不同,主要分屋面防水工程施工、结构主体防水工程施工、结构细部构造防水施工及室内其他部位防水工程施工等。

建筑屋面防水工程按照防水材料和施工方法的不同,分为卷材防水屋面工程、涂膜防水屋面工程和刚性防水屋面工程。卷材防水屋面和涂膜防水屋面是用各种防水卷材和防水涂料,经施工将其铺贴或涂布在防水工程的迎水面,以达到防水目的。刚性防水是采用防水混凝土或防水砂浆,依靠其自身的密实性并配合一定的构造措施,达到防水的目的。

地下结构主体防水一般采用防水混凝土、防水砂浆、防水卷材等进行防水施工。结构细部构造防水主要有变形缝、施工缝、后浇带、穿墙管道和预埋件等结构细部的防水施工。最后,以厕浴间为例,学习室内其他部位防水施工方法。

复习思考题

1. 卷材防水屋面构造层次有哪些？各构造层次都有什么作用？
2. 简述卷材防水层施工的一般工艺流程。
3. 卷材铺贴的方法有哪几种？
4. 什么是涂膜防水屋面？它具有什么特点？
5. 防水混凝土施工应注意哪些问题？
6. 地下工程附加防水层有哪几种类型？
7. 地下工程卷材防水的施工方法有哪两种？简述其施工要点。
8. 简述地下结构物的变形缝施工要点。
9. 地下结构物施工缝留置要求有哪些？简述施工缝防水施工要点。
10. 厕浴间防水有哪些特点？
11. 简述聚氨酯涂膜防水施工工艺。
12. 厕浴间涂膜防水施工应注意哪些事项？

【在线测验】

第二部分 活页笔记

学习过程：

重点、难点记录：

学习体会及收获：

其他补充内容：

《建筑施工技术》活页笔记

模块 8

装饰装修工程施工

【知识体系图】

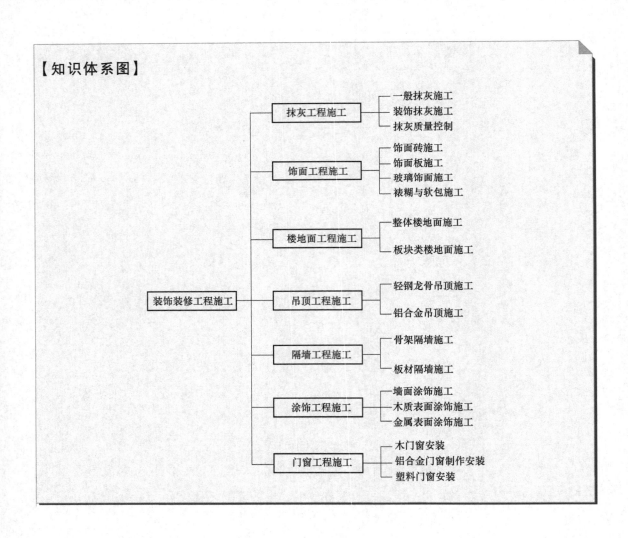

第一部分 知识学习

学习引导
（音频）

【知识目标】

1. 理解一般抹灰、装饰抹灰的质量要求。
2. 掌握一般抹灰、装饰抹灰的施工工艺及要点。
3. 理解饰面工程、楼地面工程、吊顶工程、隔墙工程的质量要求。
4. 掌握饰面工程、楼地面工程、吊顶工程、隔墙工程的施工工艺及要点。
5. 理解涂饰工程、门窗工程的质量要求。
6. 掌握涂饰工程、门窗工程的施工工艺及要点。

【能力目标】

1. 能编制一般装饰装修工程施工专项方案。
2. 能进行一般装饰装修工程施工技术交底。
3. 能进行一般装饰装修工程施工质量检查。

【素质目标】

1. 养成踏实严谨的工作作风和勤奋负责的工作态度。
2. 增强法制意识、规范标准意识、生态文明意识，具有安全意识、质量意识、节能意识、创新意识。
3. 养成良好的团队协作精神，培养规范认真的职业习惯。

【思政目标】

1. 培养学生热爱科学、精益求精、创新进取的工匠精神。
2. 引导学生树立正确的人生观、世界观、价值观。

【知识链接】

装修（小木作）

我国古建筑具有悠久的历史传统和光辉的成就，传统建筑木装修无论在工艺技术和艺术各方面都有极高的成就，以木结构为主体的我国古建筑中装修占着非常重要的地位，例如走廊的栏杆、檐下的挂落和对外的门窗以及各种隔断、罩、天花、藻井等，既分隔了空间又进行了装饰，如图8-1所示。

我国古建筑（图8-2）从西周时就运用色彩作为"明贵贱、辨等级"之用。春秋时不仅官殿建筑柱头护栏、梁上、墙上有彩绘，并已使用朱红、青、淡绿、黄灰、白、黑等色。秦代继承战国时礼仪，更重视黑色；汉代，发展了周代阴阳五行理论，五色代表方位更加具体：青绿色象征青龙，代表东方；朱色象征朱雀，指南方；白象征白虎，代表西方；黑象征玄武，表北方；黄象征龙，表示中央，这种思想一直延续到清末。天花一般为

图 8-1 故宫里的各式门窗
a）养心殿轱辘钱样式隔扇门　b）乾清门正方格样式门窗

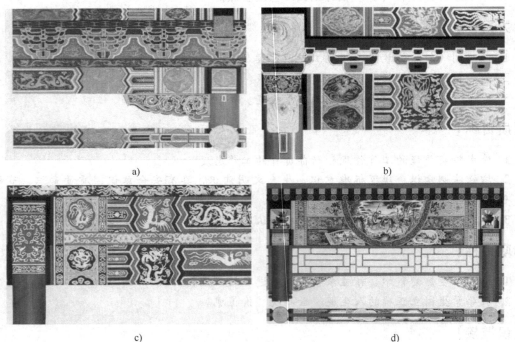

图 8-2 我国古建筑
a）龙和玺　b）凤和玺　c）龙凤和玺　d）苏式彩画

青绿色调，栋梁为黄、红、金、蓝色调，柱、墙为红色或大红色，这是我国古建筑的又一大特色。

木装饰装修被极大应用到新中式风格中，通过中式元素与现代材质的巧妙兼柔，通过家具、窗棂、布艺床品相互辉映，经典地再现了移步变景的精妙，给传统家居文化注入了新的气息。

建筑装饰是以美学原理为依据，以各种建筑及建筑材料为基础，对建筑外表及内部空间环境进行设计、加工的行为与过程的总称。装饰装修工程施工是利用色彩、质感、陈设、家具装饰手段，引入声、光、热等要素，采用装饰材料和施工工艺，创造完美空间。

建筑装饰装修是采用恰当的材料和做法，完善建筑物和主体结构的使用功能，对内外表面进行装饰美化,满足人们视觉需求和功能需求。其主要作用是保护建筑结构系统,提高建筑物的耐久性;改善和提高建筑物的围护功能,满足建筑物的使用要求;美化建筑物的内外环境,提高建筑艺术效果。

根据《建筑装饰装修工程质量验收标准》(GB 50210—2018),将建筑装饰装修工程大致分成抹灰工程、吊顶工程、轻质隔墙工程、饰面工程、楼地面工程、涂饰工程、裱糊与软包工程、门窗工程、细部工程和幕墙工程等。

在装饰装修施工中,施工单位应具有相应的资质,建立质量管理体系。施工单位应编制施工组织设计并应经过审查批准,按有关的施工工艺标准或经审定的施工技术方案施工,并对全过程进行质量控制,施工人员应具有相应的岗位资格证书,遵守有关环境保护的法律法规,遵守有关施工安全、劳动保护、防火和防毒的法律法规。

装饰装修工程的施工质量,应符合设计要求和规范规定,要符合建筑的安全性,不能因为装饰而破坏主体结构;要符合操作的规范性,一切工艺操作和工艺处理,均应遵照国家颁发的有关施工和验收规范;要符合态度的严谨性,不得有偷工减料、减少工序等行为;要符合管理的复杂性,以施工组织设计为指导,实行科学管理;要符合使用功能与造价的同步性,要反映时代特色和科学技术发展,保证低碳节能环保,符合生态文明建设要求。

8.1 抹灰工程施工

【情景引入】

粉墙黛瓦马头墙(图 8-3),诉说着家的幸福、和谐、美好。房子是家的代名词,用抹灰来美化家由来已久,可以墙、地、顶棚等部位抹灰来保护美化空间,江南民居马头墙上多用"月白灰"饰面。那古今的"抹灰"到底有什么异同呢?

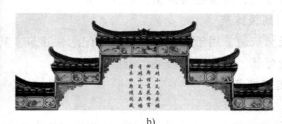

a)　　　　　　　　　　　　b)

图 8-3 粉墙黛瓦马头墙

抹灰工程按使用材料和装饰效果分为一般抹灰和装饰抹灰。一般抹灰适用于石灰砂浆、水泥砂浆、混合砂浆、聚合物水泥砂浆、膨胀珍珠岩水泥砂浆、麻刀灰、纸筋灰和石膏灰等抹灰工程。装饰抹灰的底层和中层与一般抹灰做法基本相同,其面层主要有水刷石、水磨石、斩假石、干粘石、假面砖和彩色抹灰等。

8.1.1 一般抹灰施工

1. 组成

抹灰施工应分层进行,即底层、中层和面层,如图 8-4 所示。

底层主要起与基层粘结作用；中层起找平作用；面层起装饰作用。

各层砂浆的强度要求：底层>中层。

抹灰层的平均总厚度，不得大于下列规定：

（1）顶棚

板条、空心砖、现浇混凝土：15mm；预制混凝土：18mm；金属网：20mm。

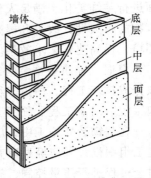

图8-4 一般抹灰

（2）内墙

普通抹灰：18~20mm；高级抹灰：25mm。

（3）外墙

外墙抹灰：20mm；勒脚及凸出墙面部分：25mm。

（4）石墙

石墙抹灰 35mm。

（5）抹灰总厚度

抹灰总厚度≥35mm时应采取加强措施。

涂抹水泥砂浆每遍厚度宜为5~7mm，涂抹石灰砂浆和水泥混合砂浆每遍厚度宜为7~9mm。

2. 质量要求

一般抹灰工程按质量标准分为以下三个级别：

（1）普通抹灰

普通抹灰通常用于简易住宅、地下室等。其要求为一底一面，也可一遍成活，分层赶实修整，表面压光。

（2）中级抹灰

中级抹灰通常用于一般住宅、公用或工业建筑。其要求为一底一中一面，做到阳角找方，设置标筋，分层赶实修整，表面压光。

（3）高级抹灰

高级抹灰通常用于大型公共建筑、纪念性建筑。其要求为一底数中一面，做到阴阳角找方，设置标筋，分层赶实修整，表面压光。

3. 施工准备

（1）材料准备

① 预拌砂浆。由专业生产厂家生产用于建设工程中的各种砂浆拌合物。

预拌砂浆的分类：按性能分为普通预拌砂浆（砌筑砂浆、抹灰砂浆、地面砂浆）和特种砂浆（保温砂浆、装饰砂浆、自流平砂浆、防水砂浆等）。按生产方式又分为湿拌砂浆和干混砂浆两大类。

【知识拓展】 预拌砂浆的优点

> 计量精确、专业厂家生产、生产质量有保证；根据特定设计配合比添加多种外加剂进行改性，具有优良的施工性能和品质，可满足保温、抗渗、灌浆、修补、装饰等多种功能性要求；在工地加水搅拌均匀即可使用，具有高质环保的社会效益。

② 现场拌制砂浆。水泥使用前，应按规范要求取样进行凝结时间和安定性复检，复检合格方能使用；生石灰使用前必须充分熟化，防止产生爆灰现象，抹灰用的石灰膏熟化时间不少于15d，罩面用的磨细生石灰粉的熟化时间不少于3d。

抹灰用的砂子应过筛，不得含有杂物。抹灰用砂一般用中砂，也可采用粗砂与中砂混合掺用；有抗渗性要求的砂浆，要求以颗粒坚硬洁净的细砂为好，砂含泥量应低于3%。

抹灰用纸筋麻刀应坚韧、干燥、不含杂质。

目前部分大中城市已限期禁止现场搅拌砂浆，由预拌砂浆代替。

（2）作业条件

主体工程已经检查验收，并达到了相应的质量标准；屋面防水工程或上层楼面面层已经完工，确实无渗漏问题；门窗框安装位置正确，与墙连接牢固并检查合格。门口高低符合室内水平线标高；外墙上所有预埋件、嵌入墙体内的各种管道安装完毕并检查验收合格。

（3）基层处理

砖石、混凝土等基体的表面，应将灰尘、污垢和油渍等清除干净，并洒水湿润。

平整光滑的混凝土表面，如果设计中无要求时，可不进行抹灰，用刮腻子的方法处理。如果设计要求抹灰时，必须凿毛处理后，才能进行抹灰施工。

木结构与砖结构或混凝土结构相接处的抹灰基层，应铺设金属网，搭接宽度从缝边起每边应不小于100mm，然后再进行抹灰。

预制钢筋混凝土楼板顶棚，抹灰前应剔除灌缝混凝土凸出部分及杂物，然后用刷子蘸水把表面残渣和浮灰清理干净，刷掺水10%的108胶水泥浆一道，再用1：0.3：3的水泥混合砂浆勾缝。

墙上的脚手眼、管道穿越的墙洞和楼板洞应填嵌密实，散热器和密集管道等背后的墙面抹灰，宜在散热器和管道安装前进行。

门窗框与墙连接处缝隙应填嵌密实，可采用1：3的水泥砂浆或1：1：6的水泥混合砂浆分层嵌塞。

（4）浇水湿润

浇水的目的是使砂浆与基体表面粘结牢固，方法是将水管对着砖墙上部缓慢左右移动。因为基体太干吸收水分快，易使抹灰砂浆脱水急干，出现空鼓、裂缝、脱落等质量问题。为了使抹灰与基体粘结牢固，也可以将基层粗糙化处理。

墙面抹灰
施工工艺
（视频）

4. 施工工艺及要点

（1）内墙抹灰

① 交验。上一道工序进行检查、验收、交接，检验主体结构表面垂直度、平整度、厚度、尺寸等。

② 找规矩。将房间找方或找正。找方后将线弹在地面上，根据墙面的垂直度、平整度和抹灰总厚度规定，与找方线进行比较，决定抹灰的厚度。

③ 做标志块（图8-5）。用托线板全面检查墙体的垂直平整程度，并结合抹灰的种类确定墙面抹灰的厚度。

距顶棚、墙阴角约20cm处，用底层抹灰砂浆（1：3水泥砂浆）各做一个标志块。

图8-5 做标志块

以此标志块为依据，再用托线板靠、吊垂直确定墙下部对应的两个标志块的厚度，其位置在踢脚板上口，使上下两个标志块在一条垂直线上。

标准标志块做好后，再在标志块附近墙面钉钉子，拉水平通线，按间距 1.2~1.5m 加做若干标志块。

需要注意的是，窗口、垛角处必须做标志块。

④ 做标筋（图 8-6）。即在两个标志块之间抹出一条长梯形灰埂，宽度 10cm，厚度与标志块相平。做标志块的目的是为抹底层灰填平提供标准，其做法是在上下两个标志块中间先抹一层，再抹第二遍凸出 1cm 左右，然后用木杠左上右下来回搓，直至把标筋搓得与标志块一样平为止。同时将标筋的两边用刮尺修成斜面，使其与抹灰层接槎顺平。标筋用砂浆与抹灰层砂浆相同。

需要注意的是，木杠不可受潮变形，否则易引起标筋不平。

⑤ 做护角（图 8-7）。做护角的目的是保护阳角线条的清晰、挺直，防止碰坏。其做法是根据灰饼厚度抹灰，然后粘好八字靠尺，并找方吊直，用 1：2 水泥砂浆分层抹平，护角高度不低于 2m，每侧宽度不小于 50mm。待砂浆稍干后，再用水泥浆捋出小圆角。

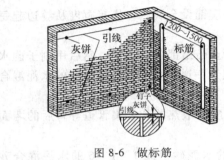

图 8-6 做标筋

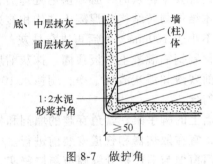

图 8-7 做护角

⑥ 抹底层灰和中层灰（图 8-8）。方法是将砂浆抹于墙面两标筋之间，底层低于标筋，等收水后再进行中层抹灰，其厚度以垫平标筋为准，并略高于标筋。

中层砂浆抹完后，用中、短木杠按标筋刮平。局部凹陷处补平，直到普遍平直为止；再用木抹子搓磨一遍，使表面平整密实。

墙的阴角，先用方尺上下核对方正，然后用阴角器中下抽动扯平（图 8-9），使室内四角方正。

图 8-8 抹底层灰和中层灰

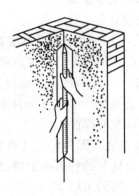

图 8-9 阴角扯平

⑦ 抹面层灰。内墙面层抹灰常用石灰砂浆、水泥砂浆和大白腻子等罩面。

内墙面的面层可以不抹罩面灰，而采用刮大白腻子。一般应在中层砂浆干透，表面坚硬呈灰白色，没有水迹及潮湿痕迹，用铲刀刻划显白印时进行。面层刮大白腻子一般不得少于两遍，总厚度在1mm左右。头遍腻子刮后，在基层已修补过的部位应进行复补找平，待腻子干透后，用0号砂纸磨平，扫净浮灰。头遍腻子干燥后，再刮第二遍。

（2）顶棚抹灰

① 交验。上一道工序进行检查、验收、交接，检验主体结构表面平整度、厚度、尺寸等。

② 基层处理。目前现浇或预制的混凝土楼板，多采用钢模板或胶合模板浇筑，因此表面比较光滑。在抹灰之前需将混凝土表面的油污等清理干净，凹凸处填平或凿去，用茅草帚刷水后刮一遍水灰比为0.40~0.50的水泥浆进行处理。

③ 找规矩。通常不做标志块和标筋，用目测法。在顶棚和墙的交接处弹出水平线，作为抹灰的水平标准。

④ 抹底层灰和中层灰。为了使抹灰层与基体粘结牢固，底层抹灰是关键。

底层灰一般用配合比为水泥∶石灰膏∶砂=1∶0.5∶1的水泥混合砂浆，抹灰厚度为2mm；然后抹中层砂浆，其配合比一般采用水泥∶石灰膏∶砂=1∶3∶9的水泥混合砂浆，抹灰厚度为6mm左右。

抹后用软刮尺刮平赶匀，随刮随用长毛刷子将抹痕顺平，再用木抹子搓平。抹灰的顺序一般是由前往后退，注意其方向必须同混凝土板缝成垂直方向。这样，容易使砂浆挤入缝隙与基底牢固结合。

顶棚与墙面的交接处，一般是在墙面抹灰层完成后再补做，也可在抹顶棚灰时，先将距顶棚200~300mm的墙面抹灰同时完成，用铁抹子在墙面与顶棚交角处填上砂浆，然后用木阴角器扯平压直即可。

⑤ 抹面层灰。铁抹子抹压方向宜平行于光线方向，面层灰应抹得平整、光滑，不见抹痕。

（3）外墙抹灰

① 交验。（略）

② 基层处理。（略）

③ 找规矩。保证做到横平竖直。

④ 做标志块。在四角先挂好自上而下的垂直通线，然后根据抹灰的厚度弹上控制线，再拉水平通线，并弹上水平线做标志块，然后做标筋。

⑤ 粘分格条（图8-10）。目的是避免罩面砂浆收缩而产生裂缝，或大面积膨胀而空鼓脱落，也为了增加墙面的美观。水平分格条宜粘贴在水平线下口，垂直分格条宜粘贴在垂线的左侧。

⑥ 抹底层灰和中层灰。外墙抹灰层要求有一定的耐久性，材料可采用水泥混合砂浆（水泥∶石灰膏∶砂=1∶1∶6）或水泥砂浆（水泥∶砂=1∶3）。底层砂

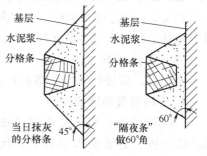

图8-10 粘分格条

浆具有一定强度后,再抹中层砂浆,抹时要用木杠、木抹子刮平压实,并扫毛、浇水养护。

⑦ 抹面层灰。在抹面层灰时,先用 1:2.5 的水泥砂浆薄薄刮一遍;第二遍再与分格条抹齐平,然后按分格条厚度刮平、搓实、压光,再用刷子蘸水按同一方向轻刷一遍,以达到颜色一致,并清刷分格条上的砂浆,以免起条时损坏抹面。起出分格条后,随即用水泥砂浆把缝勾齐。常温情况下,抹灰完成 24h 后,开始淋水养护,养护时间以 7d 为宜。

8.1.2 装饰抹灰施工

装饰抹灰的底层和中层的做法与一般抹灰基本相同,下面介绍几种常见装饰面层抹灰施工工艺及要点。

1. 水刷石装饰面层抹灰

水刷石(图 8-11)装饰面层抹灰是一项传统的施工工艺,它能使墙面具有天然质感,而且色泽庄重美观,饰面坚固耐久,不褪色,也比较耐污染。制作过程是用水泥、石屑、小石子或颜料等加水拌和,抹在建筑物的表面,半凝固后,用硬毛刷蘸水刷去表面的水泥浆而使石屑或小石子半露。因施工过程浪费水资源,并对环境有污染,如今墙面已经很少采用这种传统的装饰。

(1)抹水泥石子浆

水泥石子浆大面积施工时,须在中层砂浆六七成干时,按设计要求弹线、分格;用以固定分格条的两侧水泥浆,应抹成 45°角。水刷

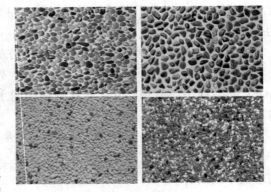

图 8-11 水刷石

石面层施工前,应满刮水灰比为 0.37~0.4 的水泥浆一遍,随即抹水泥石子浆面层。

面层厚度视石子粒径而定,通常为石子粒经的 2.5 倍。水泥石子浆的稠度以 50~70mm 为宜,用铁抹子一次抹平、压实。每一块分格内抹灰顺序应自下而上,同一平面的面层要求一次完成。

(2)修整

水刷石罩面应分遍拍平压实,石子应分布均匀、紧密。

(3)喷刷、冲洗

罩面灰浆初凝后即可开始喷刷。喷刷时应由上向下喷水,喷射要均匀,喷头至罩面距离 100~200mm。以石渣露出灰浆表面 1~2mm,或至粒径的 1/2,使之清晰可见,均匀密布为宜。然后用清水从上往下全部冲洗干净。

(4)起分格条

喷刷后,即轻轻取出分格条并进行修饰。

2. 干粘石装饰面层抹灰

干粘石(图 8-12)装饰面层抹灰是墙面抹灰做法的一种,是墙面水刷石的替代产品,因其操作简单、施工方便、造价低廉、表面美观,曾一

图 8-12 干粘石

度颇受建设者青睐。但由于施工管理不当、操作方法及配合比掌握不好，也会出现一些如表面花感、颜色混浊、石渣掉粒等质量通病，直接影响使用寿命及外观的美观。

（1）抹粘结层

中层水泥砂浆干至七成左右，洒水湿润，粘分格条，待分格条粘牢后，在墙面刷水泥浆一遍，随后按格抹砂浆粘结层。

（2）甩石子

干粘石所选石子的粒径比水刷石要小些，一般为4～6mm。粘结砂浆抹平后，应立即甩石子，先甩四周易干部位，然后甩中间，要做到大面均匀，边角和分格条两侧不漏粘，由上而下快速进行。

（3）压石子

在粘结砂浆表面均匀地粘上一层石子后，用抹子或辊子轻轻压平，使石子嵌入砂浆的深度不小于1/2的石子粒径。

（4）起分格条与修整

干粘石墙面甩到表面平整、石子饱满后即可将分格条取出，取分格条应注意不要掉石子。分格条取出后即进行修饰。

【注意事项】 干粘石的底子灰应抹平整，不允许有坑洼现象；面层粘石灰层不应过厚，其厚度应控制在8～10mm为宜，且粘石灰的稠度要适宜，颜色要均匀一致；粘石时应轻扔石渣，不可硬砸、硬甩，以免将灰层砸成坑；甩完石渣后，待灰浆内的水分浮到石渣表面后，用抹子轻轻地将石渣压入灰层，不可用力抹压。如灰层不平，即会出现局部返浆，形成色差。

【知识拓展】 斩假石和假面砖施工工艺及要点

斩假石施工工艺及要点（图文）

假面砖施工工艺及要点（图文）

8.1.3 抹灰质量控制

室内每个检验批应至少抽查10%，并不得少于3间；不足3间时应全数检查。室外每个检验批每100m²应至少抽查一处，每处不得少于10m²。

1. 一般抹灰

一般抹灰工程质量的允许偏差和检验方法应符合表8-1的规定。

表8-1 一般抹灰质量的允许偏差和检验方法

项次	项 目	允许偏差/mm		检验方法
		普通抹灰	高级抹灰	
1	立面垂直度	4	3	用2m垂直检测尺检查

（续）

项次	项目	允许偏差/mm		检验方法
		普通抹灰	高级抹灰	
2	表面平整度	4	3	用2m靠尺和塞尺检查
3	阴、阳角方正	4	3	用直角检测尺检查
4	分格条（缝）直线度	4	3	拉5m线，不足5m拉通线，用钢直尺检查
5	墙裙、勒脚上口直线度	4	3	

注：1. 普通抹灰，本表第3项阴角方正可不检查。
　　2. 顶棚抹灰，本表第2项表面平整度可不检查，但应顺平。

2. 装饰抹灰

装饰抹灰工程质量的允许偏差和检验方法应符合表8-2的规定。

表8-2　装饰抹灰工程质量的允许偏差和检验方法

项次	项目	允许偏差/mm			检验方法
		水刷石	干黏石	斩假石	
1	立面垂直度	4	5	4	用2m垂直检测尺检查
2	表面平整度	4	5	3	用2m靠尺和塞尺检查
3	阴、阳角方正	4	4	3	用直角检测尺检查
4	分格条（缝）直线度	4	3	3	拉5m线，不足5m拉通线，用钢直尺检查
5	墙裙、勒脚上口直线度	4	—	3	

8.2　饰面工程施工

【情景引入】

华裔建筑师贝聿铭的经典作品"华盛顿国家美术馆东馆"（图8-13a），为了同西馆风格统一，贝聿铭将设计精细到极致，东馆内外所用的大理石的色彩、产地以至墙面分格和分缝宽度都与西馆相同，该作品获得美国建筑师协会金质奖章。中央电视台总部大楼地处北京商务中心区，大楼外立面倾斜造型备受瞩目，玻璃幕墙规格尺寸千般变化，大楼的外

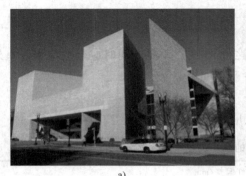

a)　　　　　　　　　　　　　　　　b)

图8-13　饰面工程
a) 华盛顿国家美术馆东馆　b) 中央电视台总部大楼

立面设计达到了造型与功能完美统一，也将人类的视觉带到新的平衡领域（图8-13b）。这些经典建筑的外饰面是如何施工的呢？

饰面工程就是将人造的、天然的块料镶贴于基层表面形成装饰层。饰面材料品种多样，装饰效果丰富，具有坚固耐用、色泽稳定、易清洗、耐腐和防水等优势。块料的种类很多，有饰面砖、饰面板和玻璃幕墙等，常见的材料有釉面砖、外墙面砖、陶瓷锦砖、玻璃锦砖、大理石板、花岗石板、金属饰面板和木质饰面板等。

8.2.1 饰面砖施工

1. 施工准备

（1）材料要求

① 已到场的饰面材料应进行数量清点核对。

② 按设计要求进行外观检查。检查内容主要包括进料与选定样品的图案、花色、颜色是否相符，有无色差；各种饰面材料的规格是否符合质量标准规定的尺寸和公差要求；各种饰面材料是否有表面缺陷或破损现象。

③ 检测饰面材料所含污染物是否符合规定。

（2）作业条件

① 主体结构已进行中间验收并确认合格，同时饰面施工的上层楼板或屋面应已完工不漏水，全部饰面材料按计划数量验收入库。

② 找平层拉线贴灰饼和冲筋已做完，大面积底糙完成，基层经自检、互检、交验，墙面平整度和垂直度合格。

③ 凸出墙面的钢筋头、钢筋混凝土垫块、梁头已剔平，脚手洞眼已封堵完毕。

④ 水暖管道经检查无漏水，试压合格，电管埋设完毕，壁上灯具支架已做完。

⑤ 门窗框及其他木制、钢制、铝合金预埋件按正确位置预埋完毕，标高符合设计要求。配电箱等嵌入件已嵌入指定位置，周边用水泥砂浆嵌固完毕，扶手栏杆已装好。

2. 内墙釉面砖施工工艺及要点

（1）交验

与抹灰交验基本相同。

（2）基层处理

饰面砖基层处理和找平层砂浆的涂抹方法与装饰抹灰基本相同。

当基层为光滑的混凝土时，应先剔凿基层使其表面粗糙，然后用钢丝刷清理一遍，并用清水冲洗干净。

饰面砖镶贴施工工艺（视频）

在不同材料的交接处或表面有孔洞处，用1∶2或1∶3的水泥砂浆找平。

当基层为砖时，应先剔除墙面多余灰浆，然后用钢丝刷清理浮土，并浇水润湿墙体。

（3）做找平层

先浇水湿润，再涂抹底层灰和中层灰，用1∶3水泥砂浆在已充分润湿的基层上涂抹，总厚度应控制在15mm左右，分层施工，同时注意控制砂浆的稠度且基层不得干燥，找平层表面要求平整、垂直、方正。

（4）弹水平线

根据设计要求，定好面砖所贴部位的高度，可用"水柱法"找出上口的水平点，并弹出各面墙的上口水平线，现在多用激光水平仪。

依据面砖的实际尺寸，加上砖之间的缝隙，在地面上进行预排、放样，量出整砖部位，最上皮砖的上口至最下皮砖下口尺寸，再在墙面上从上口水平线量出预排砖的尺寸，做出标记，并以此标记弹出各面墙所贴面砖的下口水平线。

（5）弹分格线

在找平层上用墨线弹出饰面砖分格线。弹线前应根据镶贴墙面长、宽尺寸，将纵、横面砖的皮数画出皮数杆，定出水平标准。

弹水平线是指对要求面砖贴到顶的墙面，应先弹出顶棚底或龙骨下标高线，按饰面砖上口伸入吊顶线内 25mm 计算，确定面砖铺贴上口线，然后从上往下按整块饰面砖的尺寸分画到最下面的饰面砖。

弹竖向线最好从墙内一侧端部开始，以便不足模数的面砖贴于阴角处。

（6）选面砖

选面砖是保证饰面砖镶贴质量的关键工序。为保证镶贴质量，在镶贴前应对面砖进行选择。要求挑选的面砖规格一致，形状平整方正，不缺棱掉角，不开裂脱釉，无凹凸扭曲，颜色均匀。

（7）预排砖

为确保装饰效果和节省面砖用量，在同一墙面只能有一行与一列非整块饰面砖，并且应排在紧靠地面或不显眼的阴角处。内墙面砖镶贴排列方法，主要有对缝镶贴和错缝镶贴（俗称"骑马缝"）两种（图 8-14）。

凡有管线、卫生设备、灯具支撑等或其他大型设备时，面砖应裁成 U 形口套入，严禁用零砖拼凑。

在预排砖中遵循平面压立面、大面压小面、正面压侧面原则（图 8-15），阳角和墙最顶一皮砖都应是整砖，非整砖留在最下一皮，阳角处正立面砖盖住侧面砖（图 8-16）。除柱面外，其他阳角不得对角粘贴。

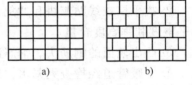

图 8-14 预排砖
a）对缝 b）错缝

图 8-15 正面压侧面

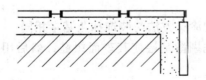

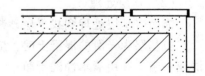

图 8-16 阳角排砖

（8）浸砖

已经分选好的面砖镶贴前应清扫干净，然后置于清水中浸泡不少于 2h，取出阴干至表面无水膜，通常 6h 左右。这一做法防止用干砖铺贴上墙后，吸收砂浆（灰浆）中的水分，致使砂浆中水泥不能完全水化，造成粘结不牢或面砖浮滑。

（9）做标志块

铺贴面砖时，应先贴若干块废面砖作为标志块，上下用托线板挂直，作为粘贴厚度的依据。横向每隔 1.5m 左右做一个标志块（图 8-17），用拉线或靠尺校正平整度。

在门洞口或阳角处，如有镶边时，则应将其尺寸留出先铺贴一侧的墙面瓷砖，并用托线板校正靠直。如无镶边，在做标志块时，除正面外，阳角的侧面也相应有灰饼，即所谓的双面挂直（图 8-18）。

（10）垫托木

按地面水平线嵌上一根八字尺或直靠尺，用水平尺校正，作为第一行面砖水平方向的依据（图 8-19）。

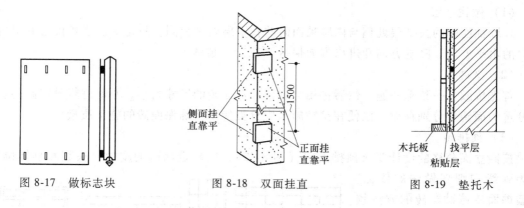

图 8-17 做标志块　　　图 8-18 双面挂直　　　图 8-19 垫托木

铺贴时，面砖的下口坐在八字尺或直靠尺上，防止面砖因自重而向下滑移，并在托木上标出砖的缝隙距离。

（11）镶贴面砖

砂浆可以是水泥砂浆或水泥混合砂浆，厚度应大于 5mm，但不宜大于 8mm。

每一施工层宜从阳角或门边开始，由下往上逐步镶贴。

将面砖背面水平朝上，右手握灰铲，在灰桶里掏出粘贴砂浆，涂刮在面砖的背面，用灰铲将灰平压向四边展开，厚薄适宜，四边余灰用灰铲收刮，使其形状为"台形"（图 8-20）。

将面砖坐在托木上，少许用力挤压，用靠尺板横、竖向靠平直，偏差处用灰铲轻轻敲击，使其与底层粘结密实（图 8-21）。

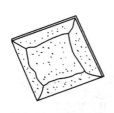
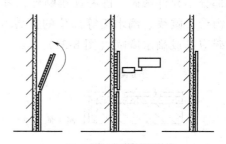

图 8-20 满刮灰浆　　　图 8-21 面砖镶贴

在镶贴施工过程中，应随粘贴随敲击，并将挤出的砂浆刮净，同时随用靠尺检查表面平整度和垂直度。如地面有踢脚板，靠尺条上口应为踢脚板上沿位置，以保证面砖与踢脚板接缝美观。

（12）勾缝

饰面砖镶贴施工完毕，应进行全面检查，合格后用棉纱将饰面砖表面上的灰浆拭净，同时用与饰面砖颜色相同的水泥嵌缝。

（13）养护及清理

镶贴后的面砖应防冻、防烈日暴晒，以免砂浆酥松。完工 24h 后，墙面应洒水湿润，以防早期脱水。施工现场、地面的残留水泥浆应及时铲除干净，多余面砖应集中堆放。

3. 外墙釉面砖施工工艺及要点

外墙釉面砖镶贴原理与内墙类似，下面重点介绍不同之处。

（1）做找平层

外墙釉面砖的找平层处理与内墙釉面砖的找平层处理相同。只是应注意各楼层的阳台和窗口的水平方向、竖直方向和进出方向保持"三向"成线。

（2）选砖

首先按颜色一致选一遍，然后再用自制模具对面砖的尺寸大小、厚薄进行分选归类。经过分选的面砖要分别存放，以便在镶贴施工中分类使用，确保面砖的施工质量。

（3）预排砖

按照立面分格的设计要求预排面砖（图 8-22），以确定面砖的皮数、块数和具体位置，作为弹线和细部做法的依据。外墙釉面砖镶贴排砖的方法较多，常用的有矩形长边水平排列和竖直排列两种。按砖缝的宽度，又可分为密缝排列和疏缝排列。

外墙釉面砖的预排中应遵循的原则：阳角部位应当是整砖，且阳角处正立面整砖应盖住侧立面整砖。对大面积墙面砖的镶贴，除不规则部分外，其他部分不允许裁砖。除柱面镶贴外，其余阳角不得对角粘贴（图 8-23）。

窗台、腰线、滴水槽等部位的排砖，面砖必须做出 3% 坡度，水平面砖应盖住立面砖，底面砖应贴成滴水鹰嘴（图 8-24）。

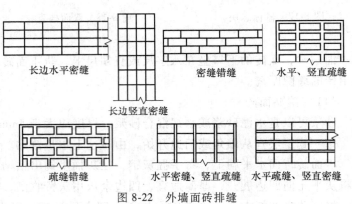

图 8-22　外墙面砖排缝

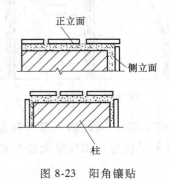

图 8-23　阳角镶贴

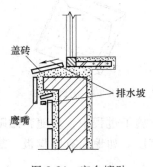

图 8-24　窗台镶贴

(4) 弹分格线

应根据预排结果画出大样图，按照缝的宽窄大小（主要是指水平缝）做好分格条，作为镶贴面砖的辅助基准线。

在外墙阳角处用线锤吊垂线并用经纬仪进行校核，然后用花篮螺栓将线锤吊正的钢丝固定绷紧上下端，作为垂线的基准线。

以阳角基线为准，每隔 1.5~2m 做标志块，定出阳角方正，抹灰找平。

在找平层上，按照预排大样图先弹出顶面水平线。在墙面的每一部分，根据外墙水平方向的面砖数，每隔约 1m 弹一垂线。

在层高范围内，按照预排面砖实际尺寸和对称效果，弹出水平分缝、分层皮数。

(5) 镶贴面砖

镶贴面砖前应将墙面清扫干净，清除妨碍贴面砖的障碍物，检查平整度和垂直度。

铺贴的砂浆一般为水泥砂浆或水泥混合砂浆，其稠度要一致，厚度一般为 6~10mm。

镶贴顺序应自上而下分层、分段进行，每层内镶贴顺序应是自下而上进行的，而且要先贴柱面、后贴墙面、再贴窗间墙。

竖缝的宽度与垂直度，应当完全与排砖时一致；门窗套、窗台及腰线镶贴面砖时，要先将基体分层抹平，并随手划毛，待七八成干时，再洒水抹 2~3mm 厚的水泥浆，随即镶贴面砖。

(6) 勾缝及清理

在完成一个层段的墙面铺贴并经检查合格后，即可进行勾缝。

勾缝所用的水泥浆可分两次进行嵌实：第一次用一般水泥砂浆，第二次按设计要求用彩色水泥浆或普通水泥浆勾缝。

【注意事项】 饰面砖水泥砂浆粘贴工艺，禁止用于现场水泥拌合砂浆外墙饰面施工，应采用水泥基粘结材料粘贴工艺等代替。

4. 饰面砖的质量控制

室内每个检验批应至少抽查 10%，并不得少于 3 间；不足 3 间的应全数检查。室外每个检验批每 100m² 应至少抽查一处，每处不得小于 10m²。

饰面砖工程质量的允许偏差和检验方法应符合表 8-3 的规定。

表 8-3 饰面砖工程质量的允许偏差和检验方法

项次	项 目	允许偏差/mm		检验方法
		外墙面砖	内墙面砖	
1	表面平整度	4	3	用 2m 靠尺和楔形塞尺检查
2	立面垂直度	3	2	用 2m 垂直检测尺检查
3	阴阳角方正度	3	3	用直角检测尺检查
4	接缝平直度	3	2	拉 5m 线检查，不足 5m 拉通线和尺量检查
5	接缝高低差	1	0.5	用直尺和楔形塞尺检查
6	接缝宽度差	1	1	用钢直尺检查

【知识拓展】 马赛克施工工艺及要点

马赛克施工工艺及要点（图文）

8.2.2 饰面板施工

1. 木饰面板

（1）施工准备

木饰面板多用于室内护墙板饰面，施工应在墙面隐蔽工程、抹灰工程及吊顶工程完成并经过验收合格后进行。

检查结构墙面质量，其强度、稳定性及表面的平整度、垂直度应符合装饰面的要求。有防潮要求的墙面，应按设计要求进行防潮处理。

（2）施工工艺及要点

① 基层检查与处理。木龙骨安装前，应认真检查和处理结构主体及其表面，墙面要求平整、垂直、阴阳角方正，符合安装工程的要求。

② 固定木龙骨。墙体有预埋防腐木砖的，可将木龙骨钉固于木砖部位，要钉平钉牢。

③ 铺装木质面板。铺装前先选配板材，使其颜色、木纹自然协调且基本一致；有木纹拼花要求的罩面应按设计规定的图案分块试排，按照预排编号铺装。

2. 石材饰面板

（1）施工准备

材料花色及石子均匀、颜色一致、无旋纹、气孔。

排布、放施工大样。首先检查墙面基体的垂直度、平整度，偏差较大的应剔凿或修补，超出允许偏差的，则应在保证墙面整体与饰面板表面距离不小于50mm的前提下，重新排列分块；柱面应先量测出柱的实际高度和柱子的中心线，以及柱与柱之间上、中、下部水平通线，确定出柱饰面板的位置线，然后决定饰面板分块规格尺寸。

选板及试拼。选板主要是对照施工大样图检查复核所需板材的几何尺寸，并按误差大小进行归类；检查板材磨光面的缺陷，并按纹理和色泽进行归类。

基层处理。饰面板安装前，应对墙、柱等认真处理，要求其表面平整而粗糙，光滑的基体表面还应进行凿毛处理，凿毛深度一般为0.5~1.5mm，间距不大于30mm。

（2）施工工艺及要点

石材饰面板墙面安装可采用胶粘法、安装法和镶贴法三大类施工方法。小规格的饰面板（边长<400mm）一般采用镶贴法施工；大规格的天然石或人造石（边长>400mm）一般采用安装法施工，安装法又分为湿贴法、干挂法和GPC工艺。

1）湿贴法（图8-25）

湿贴法是传统安装方法，适用于板材厚为20~30mm的大理石板、花岗石板或预制水磨石板，墙体为砖墙或混凝土墙。

施工时按设计要求在基层表面绑扎好钢筋网，钢筋网应与预埋铁环（或冲击电钻打孔预埋短钢筋）绑扎或焊接；用台钻在板的上、下两个面打眼，孔位距板宽两端1/4处，孔径φ5mm、深18mm，并用錾子把孔壁轻剔一道槽，将20cm左右的铜丝一端用木楔粘环氧树脂楔进孔内固定，另一端顺孔槽卧入槽内。

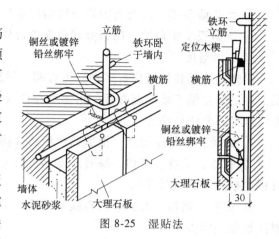

图 8-25 湿贴法

安装一般从中间或一端开始，用铜丝把板材与钢筋骨架绑扎固定，板材与基层间的缝隙一般为20~50mm，四角用石膏临时固定，接缝为干接且四角平整，靠直、靠平，方尺阴阳角找正；用1:2水泥砂浆调成粥状分层灌浆，第一次灌15cm左右，间隔1~2h，待砂浆初凝后再灌第二层，厚为20~30cm，待初凝后再灌第三层，第三层灌浆应低于板材上口5cm；全部石板安装完后，清除所有石膏和余浆痕迹，按石板颜色调制色浆嵌缝，边嵌边擦干净，然后打蜡出光。

2）干挂法（图 8-26）

干挂法是直接在板材上打孔，然后用不锈钢连接器与埋在混凝土墙体内的膨胀螺栓相连，板与墙体间形成80~90mm空气层。该工艺多用于30m以下的钢筋混凝土结构，造价较高，不适用于砖墙或加气混凝土基层。

3）GPC 工艺

GPC 工艺是干挂工艺的发展，它以钢筋混凝土作为衬板，用不锈钢连接环与饰面板连接后浇筑成整体的复合板，再通过连接器

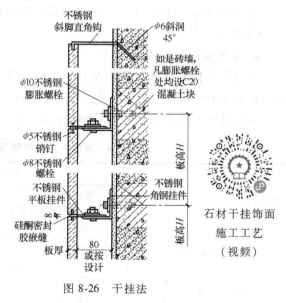

图 8-26 干挂法

悬挂到钢筋混凝土结构或钢结构上，可用于超高层建筑，并满足抗震要求。

3. 金属饰面板

金属饰面板工程一般采用铝合金、彩色压型钢板和不锈钢板做饰面板，由型钢或铝型材做骨架。金属饰面板的形式可以是平板，也可以制成凹凸型花纹，以增加板的刚度并方便施工。

（1）彩色压型钢板复合板

① 彩色压型钢板复合板的安装，是用吊挂件把板材挂在墙身檩条上，再把吊挂件与檩条焊牢。

② 板与板之间连接，水平缝为搭接缝，竖缝为企口缝。

③ 所有接缝处，除用超细玻璃棉塞缝外，还需用自攻螺钉钉牢，钉距为200mm。

④ 门窗洞口、管道穿墙及墙面端头处，墙板均为异型复合墙板，用压型钢板与保温材料按设计规定尺寸进行裁割，然后按照标准板的做法进行组装。

⑤ 女儿墙顶部、门窗周围均设防雨泛水板,泛水板与墙板的接缝处,用防水油膏嵌缝。

⑥ 压型板墙转角处,用槽型转角板进行外包角和内包角,转角板用螺栓固定。

(2) 铝塑板

铝塑板墙面装修做法有多种,不管哪种做法,均不允许将高级铝塑板直接贴于抹灰找平层上,最好是贴于纸面石膏板、耐燃型胶合板等比较平整的基层上或铝合金扁管做成的框架上。这里只介绍粘贴方法。

① 弹线。按具体设计,根据铝塑板的分格尺寸在基层板上弹出分格线。

② 翻样、试拼、裁切、编号。根据设计要求及弹线,对铝塑板进行翻样、试拼,然后将铝塑板裁切、编号备用。

③ 安装、粘贴。有胶黏剂直接粘贴法、双面胶带及胶黏剂并用粘贴法及发泡双面胶带直接粘贴法等。

④ 修整表面。整个铝塑板安装完毕后,应严格检查装修质量,发现不牢、不平、空心、鼓肚及平整度、垂直度、方正度偏差不符合质量要求的,应彻底修整。

⑤ 板缝处理。板缝大小、宽窄以及造型处理,均按具体工程的设计要求。

⑥ 封边、收口。

4. 饰面板的质量控制

室内每个检验批应至少抽查10%,并不得少于3间;不足3间的应全数检查。室外每个检验批每100m²应至少抽查一处,每处不得小于10m²。

装饰抹灰工程质量的允许偏差和检验方法应符合表8-4的规定。

表 8-4 装饰抹灰工程质量的允许偏差和检验方法

项次	项目		允许偏差/mm							检验方法
			天然石			人造石				
			光面	粗磨面	天然面	大理石	剁斧石	水刷石	木板材	金属板材	
1	表面平整度		1	3	—	1	3	4	1.5	2	用2m靠尺和楔形塞尺检查
2	立面垂直度	室内	2	3	—	2	3	4	1	3	用2m垂直检测尺检查
		室外	3	6	—	3	4	4	1	3	
3	阴阳角方正度		2	4	—	2	4	4	1.5	3	用直角检测尺检查
4	接缝平直度		2	4	5	2	4	4	1	1	拉5m线检查,不足5m拉通线和尺量检查
5	墙裙上口平直度		2	4	3	2	3	3	2	1	
6	接缝高低差		0.3	3	—	0.3	3	3	0.5	1	用直尺和楔形塞尺检查
7	接缝宽度差		0.5	1	2	0.5	2	2	1	1	用钢直尺检查

8.2.3 玻璃饰面施工

饰面玻璃有各种平板玻璃,如磨砂玻璃、彩色玻璃、镜面玻璃、微晶玻璃和镭射玻璃等。镭射玻璃是激光技术与现代材料技术相结合的科技产品,当镭射玻璃与视线水平或低于视线时,其光栅效果最佳。而微晶玻璃、彩色玻璃与镭射玻璃的做法类似。

1. 镭射玻璃

镭射玻璃的安装方法主要有龙骨做法、直接贴墙做法和离墙吊挂做法几种。

镭射玻璃规格限制如下：

① 各种花形产品宽度不超过 500mm，长度不超过 1500mm。

② 各种产品图案宽度不超过 1100mm，长度不超过 1500mm。

③ 圆柱形产品三块拼接，每块弧长不超过 1500mm，长度标准统一为 1500mm。

（1）龙骨贴墙做法

龙骨贴墙做法施工简便、快捷，造价也比较低，是将轻钢或铝合金龙骨固定于建筑墙体上，再将镭射玻璃装饰板与龙骨固定（图 8-27）。

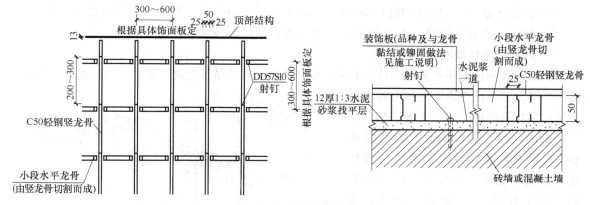

图 8-27 龙骨贴墙做法

工艺流程：基层处理→抹找平层→安装龙骨→试拼和编号→上胶处打磨→调胶→涂胶→玻璃装饰板就位和固定→加胶补贴→嵌缝。

施工要点如下：

① 墙体表面处理。将墙体表面上的灰尘、污垢、油渍等清除干净，并洒水湿润。

② 找平层施工。在砖墙表面抹一层 12mm 厚 1∶3 的水泥砂浆找平层，这是整个工程施工质量好坏的关键，必须保证十分平整。

③ 安装龙骨。墙体在钉龙骨之前，必须涂 5~10mm 厚的防潮层一道，至少三遍成活，均匀找平。

④ 试拼和编号。镭射玻璃装饰板采用的品种如玻璃基片种类、厚度、层数以及玻璃装饰板的花色、规格、透明度等均需在具体施工图内注明。

⑤ 调胶。随调随用，超过施工时效时间的胶，不得继续使用。

⑥ 涂胶。在镭射玻璃装饰板背面沿竖向及水平龙骨位置，点涂胶，胶点厚 3~4mm，各胶点面积总和按每 50kg 玻璃板为 120cm² 确定。

⑦ 镭射玻璃装饰板就位和固定。按镭射玻璃装饰板试拼的编号，顺序上墙就位，进行固定。

⑧ 加胶补贴。若使用粘贴法，则在粘贴后要对粘合点详细检查，必要时需要加胶补强。

⑨ 清理嵌缝。镭射玻璃装饰板全部固定完毕，应迅速将板面清理干净，板间是否留缝及留缝宽度应按具体设计处理。

（2）直接贴墙做法

镭射玻璃装饰板直接贴墙做法不需要龙骨，而是将装饰板直接粘贴于墙表面上

（图8-28）。

工艺流程：墙体表面处理→刷一道素水泥浆→找平层→涂封闭底漆→板编号、试拼→上胶处打磨净、磨糙→调胶→点胶→板就位、粘贴→加胶补强→清理、嵌缝。

施工要点如下：

① 刷素水泥浆。为了粘结牢固，必须掺胶。

② 找平层。底层用12mm厚1:3的水泥砂浆打底并扫毛，如有不平之处必须垫平的，可用快干型大力胶加细砂调匀补平，必须铲平的可用铲刀铲平，然后再抹6mm厚1:2.5水泥砂浆罩面。

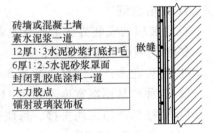

图8-28 直接贴墙做法

③ 涂封闭底漆。罩面灰养护10d后，当含水率小于10%时，刷或涂封闭乳胶漆一道。

④ 粘贴。直接在墙体上粘贴镭射玻璃装饰板，其背面必须有铝箔。

（3）离墙吊挂做法

离墙吊挂做法适用于具体设计中必须将玻璃装饰板离墙吊挂之处，如墙面凸出部分、凸出的腰线部分、凸出的造型面部分及墙内必须加温材料的部位等（图8-29）。

工艺流程：墙体表面处理→墙体钻孔打洞装膨胀螺栓→装饰板与胶合板基层粘贴复合→板试拼与编号→安装不锈钢挂件→上胶处打磨净、磨糙→调胶与点胶→板就位粘贴→清理嵌缝。

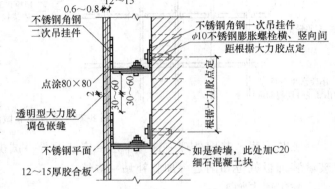

施工要点如下：

① 镭射玻璃装饰板与胶合板基层的粘贴。在镭射玻璃装饰板上墙安装以前，必须先与12~15mm厚的胶合板基层粘贴。

图8-29 离墙吊挂做法

② 在粘贴之前，胶合板满涂防火涂料三遍，防腐涂料一遍，且必须用背面带有铝箔的镭射玻璃装饰板。

③ 安装不锈钢挂件。将不锈钢一次吊挂件及二次吊挂件安装就绪，调节调整孔将一次吊挂件调垂直，上下、左右的位置调准。

④ 按墙板高低、前后要求，调正二次吊挂件位置。

【知识拓展】 镜面玻璃安装施工工艺及要点、建筑玻璃的选择与安装

镜面玻璃安装施工工艺及要点
（图文）

建筑玻璃的选择与安装
（图文）

8.2.4 裱糊与软包施工

裱糊饰面施工是目前国内外使用广泛的施工方法，可用在墙柱面和棚面，具有色彩丰富、质感性强的特点；软包饰面更具有柔软、消声等特性，表面装饰效果好。

1. 裱糊

（1）作业条件

为保证裱糊质量，各种墙纸、墙布的质量应符合设计要求和相应的国家标准，胶黏剂、嵌缝腻子、玻璃网格布等，应根据设计和基层的实际需要提前备齐。

混凝土和墙面抹灰已完成，含水率不高于8%；木材制品不得大于12%，油漆已成后，将面层清扫干净。

（2）施工准备

对施工人员进行技术交底时，应强调技术措施和质量要求，大面积施工前应先做样板间，经质检部门鉴定合格后，方可组织班组施工。

裱糊饰面施工工艺（视频）

在裱糊施工过程中及裱糊饰面干燥之前，应避免气温突然变化或穿堂风吹。施工环境温度一般应大于15℃，空气相对湿度一般应小于85%。

（3）施工工艺及要点

裱糊的基本顺序，原则上是先竖直面后水平面。竖直面先上后下，先长墙面后短墙面；水平面是先高后低，先细部后大面，先保证垂直后对花拼缝。

① 基层处理。要求基层平整、洁净、有足够强度并适宜与墙纸牢固粘贴。对局部麻点、凹坑须先用腻子找平，再满刮腻子，砂纸磨平。然后在表面满刷一遍底胶或底油。

② 弹分格线。底胶干燥后，在墙面基层上弹水平线、竖直线，作为操作时的标准。

③ 裁纸。根据墙纸规格及墙面尺寸统筹规划裁纸，墙面上下要预留裁制尺寸，一般两端应多留30~40mm。

④ 润纸。先将墙纸在水槽中浸泡几分钟，或在墙纸背后刷清水一道，或墙纸刷胶后叠起静置10min，使墙纸湿润，然后再裱糊。

⑤ 刷胶。墙面和墙纸各刷粘结剂一遍，阴阳角处应增刷1~2遍，刷胶应满而匀，不得漏刷。

⑥ 裱糊。首先要垂直，后对花纹拼缝，再用刮板用力抹压平整，阳角处不得拼缝，墙纸应与挂镜线、门窗贴脸板和踢脚板等紧接，不得有缝隙，若发现空鼓、气泡时，可用针刺放气，再注射挤进粘结剂。

⑦ 成品保护。墙纸裱糊完的房间应及时清理干净，边缝要切割整齐，胶痕及时清擦干净，严禁在已裱糊好墙纸的顶、墙上剔眼打洞，防止污染、碰撞与损坏。

2. 软包

软包施工常见有固定式做法和活动式做法等。固定式做法是以木龙骨为骨架，铺钉胶合板衬板，覆面材料内填充矿棉等；活动式做法是在墙面固定压条，软包饰面卡装于压条之间。

软包面料、内衬材料及边框的材质、颜色、图案、燃烧性能等级应符合设计要求及国家现行标准的有关规定，具有防火检测报告，不同部位采用不同的胶黏剂。

软包施工前墙面找平层已完成，水电及设备预埋件已完成，吊顶、地面基本完成，符合设计要求，对施工人员进行技术交底时，应强调技术措施和质量要求，调整基层并进行检查，要求基层平整、牢固，垂直度、平整度均符合制作验收规范。

固定式做法工艺流程：基层或底板处理→吊直、套方、找规矩、弹线→计算用料、截面料→粘贴面料→安装贴脸或装饰边线、刷镶边油漆→修整软包墙面。

软包（图 8-30）要求基层牢固，构造合理，一般基层做抹灰和防潮处理，然后用小木方做龙骨，龙骨间距一般为 400~600mm，按设计要求分格，固定好之后再铺钉胶合板做基层板。软包面料多数是皮革和绒布，芯料为矿棉、泡沫塑料、玻璃棉等填充材料，常见有成卷铺装和分块固定两种方法，此外还有压条法、平铺泡钉压角法等，由设计而定。

图 8-30　软包饰面

目前，市场流行软包砖和软包墙纸两种产品，常用于卧室床头靠背、客厅沙发背景墙、走廊和洗手间墙壁的装饰点缀，外观和手感都跟真正的软包颇为相似。

8.3　楼地面工程施工

【情景引入】

> 大家都知道，故宫的一砖一瓦背后有着很多用意。太和殿广场地面一次维修，竟意外发现横七层竖八层交叉铺设了 15 层地砖，其目的竟然是避免有刺客通过挖地道的形式进行刺杀活动。

建筑提供了空间，建筑空间营造了生活，古今中外人们活动在室外室内，坐立行于其中，下面一起来了解现今的楼地面。

楼地面（图 8-31）是房屋建筑底层地坪与楼层地坪的总称。由面层、垫层和基层构成，可增设填充层、隔离层、找平层和结合层等其他构造层。

图 8-31　楼地面

楼地面按面层结构可分为整体类楼地面、块材类楼地面和木竹类楼地面。本节重点介绍几类常用、有代表性的楼地面施工方法。

8.3.1　整体楼地面施工

1. 基层施工

① 抄平弹线，统一标高。

② 楼面的基层是楼板，应做好楼板板缝灌浆、堵塞工作和板面清理工作。

③ 地面下的填土应采用素土分层夯实。回填土的含水率应按照最佳含水率进行控制。

④ 地面下的基土，经夯实后的表面应平整，用 2m 靠尺检查，要求其土表面凹凸不大于 15mm，标高应符合设计要求，其偏差应控制在 -50~0mm。

2. 垫层施工

垫层分为刚性垫层和柔性垫层。刚性垫层是指用水泥混凝土、水泥碎砖混凝土、水泥炉渣混凝土和水泥石灰炉渣混凝土等各种低强度等级混凝土做的垫层。柔性垫层是指用土、砂、石、炉渣等散状材料经压实的垫层。

（1）混凝土垫层

① 清理基层，检测弹线。

② 浇筑混凝土垫层前，基层应洒水湿润。

③ 浇筑大面积混凝土垫层时，应纵横每 6~10m 设中间水平桩，以控制厚度。

④ 大面积浇筑宜采用分仓浇筑的方法，分仓距离一般为 3~4m。

（2）砂垫层

① 砂垫层厚度不小于 60mm，适当浇水用平板振动器振实。

② 砂垫层的厚度不小于 100mm，要求粗细颗粒混合摊铺均匀，浇水使砂石表面湿润，碾压或夯实不少于三遍至不松动为止。

③ 根据需要在垫层上做水泥砂浆、混凝土、沥青砂浆或沥青混凝土找平层。

3. 面层施工

（1）水泥砂浆面层

① 面层施工前，先按设计要求测定地坪面层标高，校正门框，将垫层清扫干净并洒水湿润，表面比较光滑的基层，应进行凿毛，并用清水冲洗干净。

② 铺抹砂浆前，在四周墙上弹出一道水平基准线，作为确定水泥砂浆面层标高的依据。

③ 面层铺抹前，先刷一遍含 4%~5% 的建筑用胶水泥浆，随即铺抹水泥砂浆，用刮尺赶平，并用木抹子压实，在砂浆初凝后终凝前，用钢抹子反复压光三遍。

④ 砂浆终凝后铺盖草袋、锯末等浇水养护。

⑤ 施工大面积水泥砂浆面层时，应按设计要求留分格缝，防止砂浆面层产生不规则裂缝。

（2）细石混凝土面层

① 铺细石混凝土时，应由里向门口方向铺设，按标志筋厚度刮平拍实后，稍待收水，即用钢抹子预压一遍，待进一步收水，即用铁滚筒交叉滚压 3~5 遍或用表面振动器振捣密实，直到表面泛浆为止，然后进行抹平压光。

② 细石混凝土面层应在水泥初凝前完成抹平工作，终凝前完成压光工作，要求其表面色泽一致、光滑无抹子印迹。

③ 钢筋混凝土现浇楼板或强度等级不低于 C15 的混凝土垫层兼面层时，可用随捣随抹的方法施工，在混凝土楼地面浇捣完毕、表面略有吸水之后即进行抹平压光。

④ 混凝土面层的压光和养护时间、方法与水泥砂浆面层相同。

（3）现浇水磨石面层

工艺流程：基层清理→浇水冲洗湿润→设置标筋→铺水泥砂浆找平层→养护→嵌分格条→铺抹水泥石子浆→养护→研磨→打蜡抛光。现就重要工艺流程进行介绍。

① 嵌分格条。在找平层上按设计要求的图案弹出墨线，按墨线固定分格条（图 8-32）。

水磨石地面施工工艺（视频）

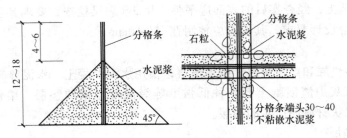

图 8-32　分格条镶嵌

② 铺水泥石子浆。分格条粘嵌养护 3~5d 后，将找平层表面清理干净，刷水泥浆一道，随刷随铺面层水泥石子浆。

如在同一平面上有几种颜色的水磨石，应先做深色后做浅色；先做大面后做镶边。待前一种色浆凝固后，再抹后一种色浆。

③ 养护研磨。水磨石的开磨时间与水泥强度和气温高低有关，应先试磨，在石子不松动时方可开磨，一般开磨时间见表 8-5。

表 8-5　水磨石面层开磨时间

平均温度/℃	开磨时间/d	
	机磨	人工磨
20~30	2~3	1~2
10~20	3~4	1.5~2.5
5~10	5~6	2~3

④ 打蜡抛光。在水磨石面层施工工序完成后，将地面冲洗干净、晾干后，在水磨石面层上满涂一层蜡，稍干后再用磨光机研磨，或用钉有细帆布的木块代替油石，装在磨石机上研磨出光亮后，再涂蜡研磨一遍，直到光滑洁亮为止。

4. 整体面层的允许偏差和检验方法

整体面层的允许偏差和检验方法见表 8-6。

表 8-6　整体面层的允许偏差和检验方法

项次	项目	允许偏差/mm				检验方法
		水泥混凝土面层	水泥砂浆面层	普通水磨石面层	高级水磨石面层	
1	表面平整度	5	4	3	2	用 2m 靠尺和塞尺检查
2	踢脚上口平直度	4	4	3	3	拉 2m 线和用钢直尺检查
3	缝格平直度	3	3	3	2	

8.3.2　板块类楼地面施工

板块类楼地面主要是指用陶瓷地砖、大理石板和花岗石板等铺设的地面。此类地面属于刚性地面，只能铺在整体性和刚性均好的基层上，其花色种类多样，能满足多种装饰要求，应用广泛。

1. 陶瓷地砖楼地面

陶瓷地砖是以优质陶土为原料，经半干压成型，再在1100℃左右高温焙烧而成的，具有耐磨、耐用、易清洗、不渗水、耐酸碱、强度高且装饰效果丰富等优点。

铺贴前应先将地砖浸水湿润后阴干备用。

（1）工艺流程

基层处理→弹线、定位→打灰饼做冲筋→抹结合层→挂控制线→铺贴地砖→敲击至平整→勾缝、擦缝→养护。

地砖铺贴施工工艺（视频）

（2）施工要点

① 弹线、定位。在弹好标高50cm水平控制线和各开间中心（十字线）及拼花分隔线后，进行地砖定位。定位常有对角定位和直角定位，施工时应距墙边留出200～300mm作为调整尺度。若房间内外铺贴不同地砖，其交接处应在门扇下中间位置，且门口不宜出现非整砖，非整砖应放在房间墙边不显眼处。

② 抹结合层。根据标高基准水平线，打灰饼及用压尺做好冲筋。先浇水湿润基层，再刷水灰比为0.5的素水泥浆，根据冲筋厚度，用1∶3或1∶4的干硬性水泥砂浆（以手握成团不沁水为准）抹铺结合层，并用压尺及木抹子压平打实，结合层抹好后，以人站在上面只有轻微脚印而无凹陷为准。

对照中心线（十字线）在结合层面上弹陶瓷地砖控制线，靠墙一行陶瓷地砖与墙边距离应保持一致，一般纵横每5块设置一条控制线。

③ 铺贴地砖。铺贴前对地砖的规格、尺寸、色泽、外观质量等应进行预选，并浸水润泡2～3h后取出阴干至表面无水膜，根据控制线先铺贴好左右靠边基准行的地砖，以后根据基准行由内向外挂线逐行铺贴，用约3mm厚的水泥浆满涂地砖背面，对准挂线及缝隙，将地砖铺贴上，用锤适度用力敲击至平正，并且一边铺贴一边用水平尺检查校正。

砖缝宽度，密缝铺贴时不大于1mm，虚缝（也称为离缝或留缝）铺贴时一般为3～10mm，或按设计要求，挤出的水泥浆应及时清理干净，缝隙以凹1mm为宜。

④ 勾缝、擦缝。地砖铺贴24h后应进行勾缝、擦缝的工作，并应采用同一品种、同一强度等级、同一颜色的水泥或用专门的嵌缝材料。

勾缝，用1∶1水泥砂浆，缝内深度宜为砖厚的1/3，随勾随将剩余水泥砂浆清走、擦净。

擦缝，如设计要求缝隙很小时，则要求接缝平直，在铺实修好的面层上往缝内浇水泥浆，然后用干水泥撒在缝上，再用棉纱团擦揉，将缝隙擦满，最后将面层上的水泥浆擦干净。

⑤ 养护。铺完砖24h后洒水养护，养护时间不应少于7d。

2. 大理石板与花岗石板楼地面

大理石板与花岗石板从天然岩体中开采出来经过加工成为块材或板材，再经过粗磨、细磨、抛光、打蜡等工序，加工成各种不同质感的高级装饰材料。

大理石结构致密、强度较高、吸水率低，但硬度较低、不耐磨、耐蚀性较差，不宜用于室外地面；花岗石结构致密，性质坚硬，耐酸、耐腐、耐磨、吸水性小，抗压强度高，耐冻性强，耐久性好，适用范围广。

(1) 工艺流程

基层清理→弹线→试拼、预排→板块浸水→扫浆→铺水泥砂浆结合层→铺贴面板→灌缝、擦缝→打蜡、养护。

(2) 施工要点

大理石板、花岗石板与陶瓷地砖基本相同，只是涉及楼地面整体图案时，要求试拼、预排，且在养护前需打蜡处理。

① 试拼。板材在正式铺设前，应按设计要求的排列顺序，每间按设计要求的图案、颜色、纹理进行试拼，尽可能使楼地面整体图案与色调和谐统一。试拼后按要求进行预排编号，随后按编号堆放整齐。

② 预排。在房间两个垂直方向，根据施工大样图把石板排好，以便检查板块之间的缝隙，核对板块与墙面、柱面的相对位置。

③ 铺贴面板。从里向外逐行挂线铺贴。缝隙宽度如设计无要求时不应大于1mm。

④ 灌缝、擦缝。铺贴完成24h，经检查石板表面无断裂、空鼓后，用稀水泥（颜色与石板配合）刷浆填缝饱满，并随即用干布擦净，2d内禁止踩踏和堆放物品。

⑤ 打蜡。当板块接头有明显高低差时，待砂浆强度达到70%以上，分遍浇水磨光，最后用草酸清洗面层，再打蜡。

3. 大理石板与花岗石板踢脚板

踢脚板是楼地面与墙面相交处的构造处理，高度一般为100～150mm，一般在地面铺贴完工后施工。

施工要点：

① 将基层浇水湿透，根据50cm水平控制线，测出踢脚板上口水平线，弹在墙上，再用线坠吊线。确定出踢脚板的出墙厚度，一般为8～10mm。拉踢脚板上口水平线，在墙两端各安装一块踢脚板，其上口高度在同一水平线内，出墙厚度要一致，然后用1∶2水泥砂浆逐块依次镶贴踢脚板，随时检查踢脚板的水平度和垂直度。

② 镶贴前先将石板刷水湿润，阳角接口板按设计要求处理或割成45°。

③ 对于大理石（花岗石）踢脚板，在墙面抹灰时，要空出一定高度不抹，一般以楼地面层向上量150mm为宜，以便控制踢脚线的出墙厚度。

④ 镶贴踢脚板时，板缝宜与地面的大理石（花岗石）板缝构成骑马缝。注意在阳角处需磨角，留出4mm不磨，保证阳角有一等边直角的缺口。阴角应使大面踢脚板压小面踢脚板。

⑤ 用棉丝蘸与踢脚板同颜色的稀水泥浆擦缝，踢脚板的面层打蜡同地面一起进行。

【知识拓展】 陶瓷锦砖楼地面施工工艺及要点

陶瓷锦砖楼地面施工工艺及要点（图文）

【知识拓展】 竹木类楼地面施工工艺及要点

竹木类楼地面施工工艺及要点（图文）

【知识拓展】 地毯楼地面施工工艺及要点

地毯楼地面施工工艺及要点（图文）

8.4 吊顶工程施工

【情景引入】

人民大会堂万人大礼堂位于大会堂中心区域，平面呈扇面形，大跨度结构，三层座椅层层梯升，礼堂顶棚呈穹隆形与墙壁圆曲相接，体现出"水天一色"的设计思想，顶部中央是红宝石般的巨大红色五角星灯，周围有镏金的 70 道光芒线和 40 个葵花瓣，三环水波式暗灯槽，一环大于一环，与顶棚 500 盏满天星灯交相辉映。如此震撼人心的吊顶是如何建成的呢？

吊顶是室内装饰的重要部分之一，吊顶具有保温、隔热、隔声和吸声的作用，也是电气、通风空调、通信和防火、报警管线设备等工程的隐蔽层。

8.4.1 轻钢龙骨吊顶施工

1. 构件组成

轻钢龙骨的分类方法较多，按型材断面形状可分为 C 形、U 形、T 形和 L 形等形式；按其用途及安装部位可分为承载龙骨、覆面龙骨和边龙骨等。

轻钢龙骨吊顶由轻钢组装成的龙骨骨架和石膏板等面板构成。

将吊顶轻钢龙骨骨架进行装配组合，可以归纳为 U 形（图 8-33）、T 形（图 8-34）、H 形（图 8-35）和 V 形（图 8-36）四种类型。

U 形龙骨和 C 形龙骨都属于承重型龙骨，可做隔断龙骨。U 形作为主龙骨支撑，C 形作为横撑龙骨卡接。T 形龙骨和 L 形龙骨一般用于不上人吊顶，T 形龙骨用于主龙骨和横撑龙骨，L 形为边龙骨。

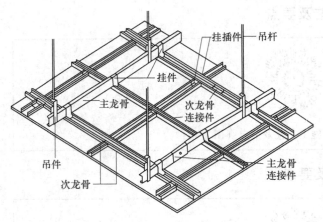

图 8-33　U 形龙骨吊顶示意图

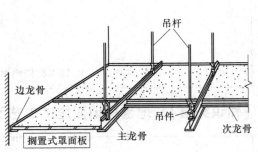

图 8-34　T 形龙骨吊顶示意图

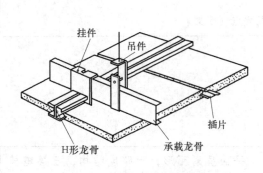

图 8-35　H 形龙骨吊顶示意图

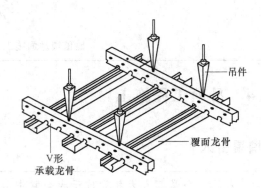

图 8-36　V 形龙骨吊顶示意图

2. 工艺流程

交验→弹线定位→吊筋制作安装→安装龙骨骨架→骨架安装好质量检查→安装纸面石膏板→质量检查→缝隙处理。

3. 施工要点

（1）龙骨安装

施工时先按龙骨标高在房间四周的墙上弹出水平线，再按龙骨间距弹出龙骨中心线，找出吊点中心，将吊杆固定在埋件上。

主龙骨的吊顶挂件连在吊杆上调平调正后，拧紧固定螺母，然后根据设计和饰面板尺寸要求确定的间距，用吊挂件将次龙骨固定在主龙骨上，调平调正后安装饰面板。

（2）饰面板安装

① 搁置法。将饰面板直接放在 T 形龙骨组成的格框内。

② 嵌入法。将饰面板事先加工成企口暗缝，安装时将 T 形龙骨两肢插入企口缝内。

③ 粘贴法。将饰面板用胶黏剂直接粘贴在龙骨上。

④ 钉固法。将饰面板用钉、螺钉、自攻螺钉等固定在龙骨上。

⑤ 卡固法。多用于铝合金吊顶，板材与龙骨直接卡接固定。

轻钢龙骨吊顶施工工艺（视频）

8.4.2 铝合金吊顶施工

1. 铝合金龙骨吊顶施工

（1）构件组成

铝合金龙骨强度高，重量较轻，个性化性能强，装饰性能好，易加工，安装便捷。常用于活动式装配吊顶的有主龙骨（大龙骨）、次龙骨（包括中龙骨和小龙骨）、边龙骨（也称为封口角铝）及连接件、固定材料、吊杆和罩面板等。

铝合金龙骨吊顶是由铝合金龙骨组成的龙骨骨架和各类装饰面板构成的。

铝合金龙骨吊顶按罩面板的要求不同分为明龙骨和暗龙骨；按龙骨结构形式不同分为T形龙骨和TL形龙骨。TL形龙骨属于明龙骨的一种（图8-37和图8-38）。

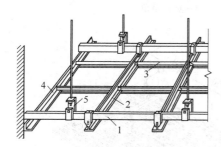

图8-37　TL形铝合金吊顶
1—大龙骨　2—大形龙骨　3—小形龙骨
4—角条　5—大吊挂件

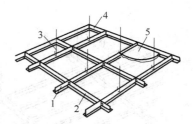

图8-38　TL形铝合金不上人吊顶
1—大形龙骨　2—小形龙骨　3—吊件
4—角条　5—饰面板

（2）工艺流程

弹线定位→固定悬吊体系→安装铝合金龙骨骨架并调平→安装饰面板。

（3）施工要点

铝合金龙骨吊顶与轻钢龙骨吊顶饰面板安装方法基本相同。

石膏饰面板的安装可采用钉固法、粘贴法和暗式企口胶接法。

2. 金属装饰板吊顶

（1）构件组成

金属装饰板吊顶是由轻钢龙骨（U形、C形）或T形铝合金龙骨与吊杆组成的吊顶骨架和各类金属装饰面板构成的。金属板材有不锈钢板、钛金板和铝合金板等多种，表面有抛光、浮雕或喷砂等多种形式。

方形金属板吊顶分为上人（承重）吊顶与不上人（非承重）吊顶（图8-39），条形金属板吊顶分为封闭型金属板吊顶和开敞型金属板吊顶（图8-40）。

（2）工艺流程

基层处理→弹线定位→固定吊杆→龙骨安装→安装金属面板。

（3）施工要点

① 基层处理。安装前应对屋（楼）面进行全面质量检查，同时检查顶棚上设备布置情况、线路走向等，发现问题及时解决，以免影响顶棚安装。

② 弹线定位。将顶棚标高线弹到墙面上，将吊点的位置线及龙骨的走向线弹到屋（楼）面底板上。

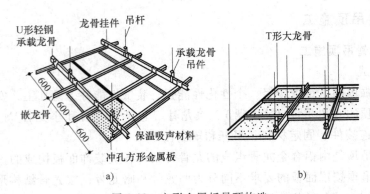

图 8-39 方形金属板吊顶构造
a) 上人（承重）吊顶　b) 不上人（非承重）吊顶

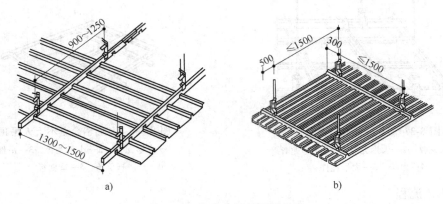

图 8-40 条形金属板吊顶构造
a) 封闭型金属板吊顶　b) 开敞型金属板吊顶

③ 固定吊杆。用膨胀螺栓或射钉将简易吊杆固定在屋（楼）面底板上。

④ 龙骨安装。主龙骨仍采用 U 形承载轻钢龙骨，固定金属板的纵横龙骨（采用专用嵌龙骨，呈纵横十字平面交叉布置）固定于主龙骨之下，其悬吊固定方法与轻钢龙骨基本相同。

⑤ 安装金属面板。

a. 方形金属面板的安装。

A. 搁置式安装。与活动式顶棚罩面安装方法相同。

B. 卡入式安装。只需将方形板向上的褶边（卷边）卡入嵌龙骨的钳口，调平调直即可，金属面板的安装顺序可任意选择。

b. 长条形金属面板的安装。

A. 卡边式长条金属板。只需直接利用板的弹性将板按顺序卡入特制的带夹齿状的龙骨卡口内，调平调直即可，不需要任何连接件。

B. 扣边式长条金属板。可与卡边型金属板一样安装在带夹齿状龙骨卡口内，利用板自身的弹性相互卡紧。

C. 方形金属板或条形金属板。与墙、柱连接处可以离缝平接，也可以采用 L 形边龙骨或半嵌龙骨。

【知识拓展】 木龙骨吊顶施工工艺及要点

木龙骨吊顶施工工艺及要点（图文）

8.5 隔墙工程施工

【情景引入】

建筑材料和建筑技术的发展日新月异，建筑空间功能可持续性的设计更多依赖于隔墙实现，包括办公、会议、影音、展览、休闲和居住（图8-41）等空间，隔墙样式多样，重量轻，布置灵活，施工方便，下面来看看这些空间是用什么材料又是怎么建造的。

图8-41 隔墙分隔空间

隔墙是分隔建筑物内部空间的墙。隔墙不承重，一般要求轻、薄，有良好的隔声性能。对于不同功能房间的隔墙有不同的要求，如厨房的隔墙应具有耐火性能；盥洗室的隔墙应具有防潮能力。

8.5.1 骨架隔墙施工

1. 木龙骨隔墙

（1）构件组成

木龙骨隔墙的木龙骨由上槛、下槛、立柱（墙筋）和斜撑组成。

按立面构造，木龙骨隔墙分为全封隔墙、有门窗隔墙和半高隔墙三种类型。

木龙骨骨架按龙骨尺寸分为大木方单层结构骨架（图8-42）和小木方双层结构骨架（图8-43）两种。

（2）工艺流程

弹线打孔→固定木龙骨→木龙骨与顶棚的连接→面板固定→门窗框细部处理→饰面。

（3）施工要点

① 弹线打孔。根据设计图的要求，在楼地面和墙面上弹出隔墙的位置线和隔墙厚度线。

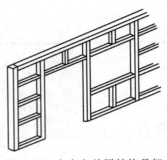

图 8-42 大木方单层结构骨架

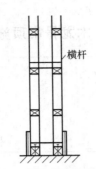

图 8-43 小木方双层结构骨架

同时按规定的深度和间距打孔、埋螺栓或打入木楔。

② 固定木龙骨。固定木龙骨的方法有多种。为了保证装饰工程的结构安全，在室内装饰工程中，通常遵循不破坏原建筑结构的原则进行龙骨固定。一般采用膨胀螺栓（图 8-44）或木楔圆钉（图 8-45）等做法固定。

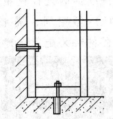

图 8-44 膨胀螺栓固定

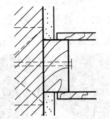

图 8-45 木楔圆钉固定

③ 木龙骨与顶棚的固定。一般情况下，用膨胀螺栓或木楔圆钉做法固定。

若隔墙上部与顶棚接触，其连接方法根据顶棚类型确定。无门窗的隔墙，钉接隔墙沿顶龙骨和吊顶木龙骨。有开启门窗的隔墙，一般使竖向龙骨穿过顶棚与楼板底面固定以保证牢固稳定，采用斜角支撑，固定可用膨胀螺栓或木楔圆钉（图 8-46）。

④ 面板固定。明缝固定一般缝宽为 8~10mm，拼缝固定板材要做倒角，再勾缝；钉入木夹板的钉头要先打扁，再钉入木夹板；后期用尖头冲子逐个将钉头冲入木夹板内。

⑤ 门窗框细部处理。木隔断中的窗框是在制作木隔断时预留出的，然后用木夹板和木线条进行压边或定位；木隔墙的门框是以洞口两侧的竖向木龙骨为基体，配以挡位框、饰边板或饰边线组合而成的。木骨架隔墙门框的固定如图 8-47 所示。

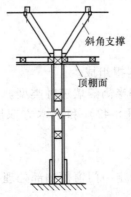

图 8-46 木龙骨与顶棚的固定

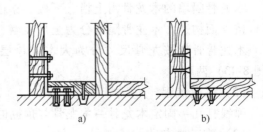

图 8-47 木骨架隔墙门框的固定
a) 膨胀螺栓固定 b) 螺钉固定

固定木龙骨的方法多采用膨胀螺栓或木楔圆钉。

2. 轻钢龙骨隔墙

（1）构件组成

用于隔墙的轻钢龙骨（图 8-48）由沿顶龙骨、沿地龙骨、竖龙骨、加强龙骨和横撑龙骨以及配件组成，饰面板常用纸面石膏板。

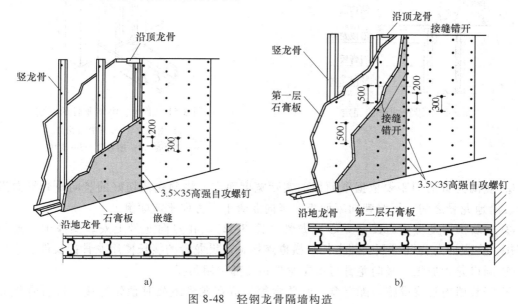

图 8-48 轻钢龙骨隔墙构造

a）单排龙骨单层石膏板隔墙　b）双排龙骨双层石膏板隔墙

（2）材料要求

龙骨外形要平整，无弯曲、变形、劈裂，棱角清晰，切口不应有影响使用的毛刺和变形。龙骨主件、配件等表面均应镀锌防锈，镀锌量应符合有关现行国家标准和行业标准，镀锌层不允许有起皮、起瘤、脱落等缺陷，要保证使用 3 年内无严重锈蚀。

对饰面基层板的要求：罩面板表面应平整、洁净，无污染、麻点、锤印，颜色一致。人造板的甲醛含量应符合国家有关规范的规定，进场后应做复试，必须有相关的检测报告。

（3）工艺流程

墙位放线→安装沿顶、沿地龙骨→安装竖向龙骨→安装横撑龙骨和通贯龙骨→洞口龙骨加强→安装墙内管线设施→板材固定。

（4）施工要点

① 安装沿顶、沿地、沿墙龙骨（图 8-49~图 8-51）。在楼地面上和顶棚下分别按放线位置摆好边框龙骨，再按规定的间距用射钉或电钻打孔塞入膨胀螺栓，将龙骨固定，注意在龙骨与基体表面接触处应铺填橡胶条或沥青泡沫塑

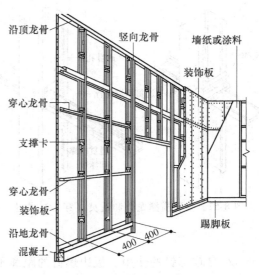

图 8-49 龙骨的固定

料条，注意射钉或电钻打孔的间距和深度。

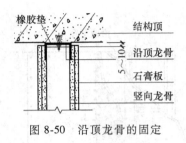

图 8-50　沿顶龙骨的固定

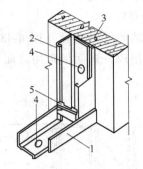

图 8-51　沿地、沿墙龙骨的固定
1—沿地龙骨　2—沿墙龙骨
3—结构墙　4—预钻孔　5—支撑卡

② 竖向龙骨的间距要依据罩面板的实际宽度而定。将预先裁切好的竖向龙骨推向沿顶龙骨、沿地龙骨之间，翼缘朝向罩面板。竖向龙骨上下方向不能颠倒。

③ 安装横撑龙骨和通贯（穿心）龙骨（图 8-52）。在竖向龙骨上安装支撑卡与通贯龙骨相接，在竖向龙骨开口面安装卡托与横撑连接，通贯龙骨的接长使用龙骨接长件。

④ 洞口龙骨加强。竖向龙骨与横向龙骨相交部位用角托。

⑤ 安装墙内管线设施。配电盒、开关盒等均应在龙骨组装时预先连接，待石膏板安装完成后在板面做明显标志。

⑥ 门窗框做法。门窗框与竖龙骨的连接，根据龙骨类型有多种做法。

（5）质量要点

① 门框处的处理（图 8-53）。石膏板隔墙在门框处是最容易开裂的，在门框处要做加强处理。

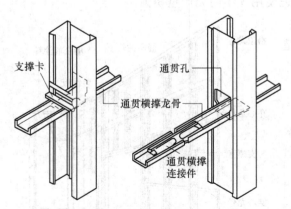

图 8-52　安装横撑龙骨和通贯（穿心）龙骨

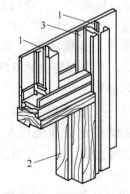

图 8-53　门框加强龙骨
1—竖龙骨　2—木门框　3—加强龙骨

② 自攻螺钉的使用。板边螺钉的距离不超过 200mm，板中不超过 300mm。在石膏板板边打螺钉的时候，螺钉距离板边保持 15mm，否则会打裂板边。自攻螺钉不可打破纸面（因

为纸面石膏板的强度70%以上来自于纸面），自攻螺钉沉入板面0.5~1mm。切记不可打破纸面。

③ 墙体隔声的处理。安装边龙骨的时候，需要在四周龙骨和结构层接触的地方涂密封胶（不能是硅胶或玻璃胶，这种胶呈酸性，会腐蚀龙骨，需要使用丙烯酸单组分密封胶），以防止声音通过龙骨与周边结构层之间的细小缝隙传到隔壁（万分之一的缝隙就会导致十几个分贝的隔声损失）。安装板的时候，两侧的石膏板一定要错缝安装。板和四周结构层之间的缝隙也要用密封胶密封。

④ 成品保护。轻钢龙骨隔墙施工中，工种间应保证已装项目不受损坏，墙内管线及设备不得碰动错位及损伤；轻钢骨架及纸面石膏板入场，存放使用过程中应妥善保管，保证不变形、不受潮、不污染、无损坏；施工部位已安装的门窗、地面、墙面、窗台等应注意保护、防止损坏；已安装完的墙体不得碰撞，保持墙面不受损坏和污染。

8.5.2　板材隔墙施工

板材隔墙是指不用骨架，而用比较厚、高度等于室内净高的条形板材拼装成的隔墙。

常用的条板材料有石膏条板、石膏复合条板、石棉水泥板面层复合板、压型金属板面层复合板、泰柏墙板及各种面层的蜂窝板等。下面重点介绍石膏条板隔墙施工。

石膏条板是以建筑石膏为主要原料，掺加适量的粉煤灰、水泥和增强纤维制浆拌和、浇注成型、抽芯、干燥等工艺制成的轻质板材，具有重量轻、强度高、隔热、隔声、防火等性能，可钉、锯、刨、钻等，施工简便。

墙板的固定一般常用下楔法，先在板顶和板侧浇水，满足其吸水性的要求，再在其上涂抹胶黏剂，使条板的顶面与顶棚顶紧，底面用木楔从板底两侧打入，调整条板的位置达到设计要求后，用细石混凝土灌缝。

上部的固定方法有两种：一种为软连接，另一种是直接顶在楼板或梁下。后者因其施工简便目前常用。

（1）工艺流程

墙位放线→墙板竖立→底缝填塞→板缝勾嵌。

（2）施工要点

石膏条板隔墙的施工节点包括板间连接、板与地面连接、板与门洞口连接、板与柱连接以及板与顶棚连接等（图8-54）。

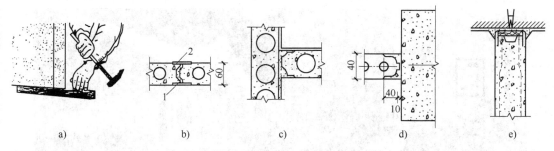

图8-54　石膏条板隔墙施工要点

a）墙板下部打入木楔　b）墙板与墙板的连接　c）墙板与地面的连接　d）墙板与柱子的连接　e）墙板与顶板的连接

1—108胶水泥砂浆粘结　2—石膏腻子嵌缝

① 安装墙板时，应按照放线的位置，从门口通天框旁开始，最好使用定位木架。

② 底缝处采用细石混凝土进行嵌填密实。为防止安装时石膏条板底端吸水，应先涂刷甲基硅醇钠溶液做防潮处理。

③ 板缝一般采用不留明缝的做法，刮胶黏剂（主要原料为醋酸乙烯，与石膏粉调成胶泥），再贴 50~60mm 宽玻纤网格带，阴阳角处粘贴每边各 100mm 宽的玻纤布一层，压实、粘牢表面再用石膏胶黏剂刮平。

【知识拓展】 泰柏墙板隔墙施工工艺及要点

泰柏墙板隔墙施工工艺及要点（图文）

【知识拓展】 玻璃隔墙施工工艺及要点

玻璃隔墙施工工艺及要点（图文）

8.6 涂饰工程施工

【情景引入】

大自然绚丽多彩，用彩色装扮房子不只给人们带来美的视觉，也因为涂抹材料的属性提高了房屋使用功能，无论室外室内，无论大江南北，涂饰工程让人们的生活更加丰富充实，随着新材料、新技术的不断出现，涂饰材料、涂饰工艺也在传承中变化着，如图 8-55 所示。

图 8-55 涂饰墙面

涂饰工程按采用的建筑涂料主要成膜物质的化学成分不同，可分为水性涂料涂饰工程、溶剂型涂料涂饰工程和美术涂饰工程。

其中，水性涂料涂饰工程包括乳液型涂料、无机涂料、水溶性涂料等涂饰工程；溶剂型涂料涂饰工程包括丙烯酸酯涂料、聚氨酯丙烯酸涂料、有机硅丙烯酸涂料等涂饰工程；美术涂饰工程包括室内外套色涂饰、滚花涂饰、仿花纹涂饰等涂饰工程。

8.6.1 墙面涂饰施工

涂饰工程施工操作方法有刷涂、滚涂、喷涂、刮涂、弹涂、抹涂等。下面重点介绍前三种方法。

① 刷涂。刷涂工具宜用羊毛刷，刷出来的漆面光滑。刷涂应两至三遍，每一遍刷子的走向应一致，或上下或左右，应待第一遍漆膜干透后再刷第二遍。刷涂是墙面漆损耗最小的一种施工方法。但刷涂会有少量刷痕，深色墙面漆不适宜用刷涂的方法。

② 滚涂。大面积墙面用滚筒涂刷，墙角等处用排笔卡边，涂饰工具的不同会造成饰面效果的差异。滚筒按照毛的长短、质地和花纹不同也分很多种，可得到不同的漆膜（质感）效果。采用短毛（羊绒）滚筒做出来的效果接近喷涂效果，比较平滑；采用中毛或长毛滚筒在墙面漆不加水的情况下可做出立体效果，花纹较大。

③ 喷涂。分为有气喷涂和无气喷涂。有气喷涂是采用空气压缩机带喷枪，施工效率较低，墙面漆需过度稀释，只适宜在木器漆喷涂中使用。

高压无气喷涂是近年迅速发展起来的一种墙面漆涂漆工艺。它利用压缩空气驱动高压泵，使涂料增压至10~25MPa，通过喷嘴小孔（直径0.2~1mm）喷出。当受高压的涂料离开喷嘴到达空气时，便雾化成极细的小漆粒附到被喷涂的墙面上，一次喷涂就能渗入缝隙或凹陷处，边角处也能形成均匀的漆膜，光泽度好，附着力高，一次喷涂厚度为0.1~0.3mm。

涂料涂饰是建筑物内外墙最简便、经济且易于维修更新的一种装饰方法。

> 【注意事项】 涂料工程应待抹灰、吊顶、地面等装饰工程和水电工程完工后方可进行；施工现场的温度不宜低于10℃，相对湿度不宜大于60%；涂料工程的基体或基层的含水率应满足以下要求：混凝土和抹灰面施涂溶剂型涂料时，含水率不大于8%；施涂水性和乳液涂料时，含水率不大于10%；木材制品含水率不大于12%。

1. 乳胶漆墙面涂饰

墙面涂料一般为丙烯酸乳胶漆，按建筑部位分为内墙乳胶漆和外墙乳胶漆，按施工层次分为底漆和面漆。

按施工质量要求，施涂乳胶漆可分为普通施涂、中级施涂和高级施涂三个级别。

普通施涂即"1底2面"，中级施涂即"2底2面或2底3面"，高级施涂即"3底3面或3底4面"。"底"表示腻子层，"面"表示乳胶漆层，等级越高，其施涂工序就越复杂，要求也越精细。

墙面漆涂饰
施工工艺
（视频）

（1）工艺流程

基层处理→磨平→第1遍满刮腻子（横刮）→磨平→第2遍满刮腻子（竖刮）→磨平→弹线、分格、粘条（外墙）→封闭底漆→第1遍涂料→补腻子→磨平（光）→第2遍涂料→磨平（光）→第3遍涂料。

（2）施工要点

① 基层处理。这是墙面漆质量的关键，保证墙体清洁、平整、干燥是墙面漆施工的基本条件，外墙漆施工须待天气晴朗 10d 以上。

② 刮腻子。墙面至少应满刮两遍腻子，先横刮后竖刮，用砂纸打磨凹凸及粗糙表面，使墙面平整，并清除表面浮尘。卫生间等潮湿处应使用耐水腻子。

③ 封闭底漆。腻子层完全干燥后，用封闭底漆涂刮墙体 2 遍，间隔时间为 6~8h，底漆在干透后应完全遮盖墙体，无发花现象。墙体碱性过大时，应使用抗碱封闭底漆。

④ 涂料的稀释及搅拌。涂料的施工黏度控制着涂刷厚度。外墙漆一般不需稀释，当黏度过大时可适量稀释，但稀释用水量不能超过 20%，过量稀释会导致墙面出现粉化、流挂现象；内墙漆稀释兑水量宜为 20%~30%，过量稀释会影响漆膜的质感、耐擦洗性能和遮盖力。使用前应将涂料搅拌均匀。一个包装用量使用不完时，应将所需要用量倒出在其他容器中，再加水稀释，不要直接在涂料包装桶内加水稀释。

⑤ 控制色差。外墙漆应使用同一厂家的同一批号涂料，不得与其他牌号的涂料混用。

⑥ 喷涂施工。喷枪与墙面距离以控制在 350~600mm 为宜，且喷嘴必须垂直墙面距离一致，运行线与墙面平行。涂层接槎必须留在分格处，以防出现"虚喷""花脸"现象。

⑦ 施工环境。外墙漆不得在大风、雨天或尘土飞扬等恶劣天气施工，环境温度外墙不宜低于 10℃，空气湿度不大于 85%；内墙漆施工室内不能有大量灰尘，温度不宜低于 5℃，应保持周围环境清洁。

2. 真石漆墙面涂饰

真石漆（图 8-56）又称液态石，是以天然花岗岩等天然碎石、石粉为主要材料，以合成树脂乳液为主要粘结剂，并辅以多种助剂配制而成，主要应用于外墙装饰，在室内装饰中的应用还并不广泛。

真石漆具有防火、防水、耐酸碱、耐污染、无毒、无味、粘结力强、永不褪色等特点，能有效地阻止外界恶劣环境对建筑物侵蚀，延长建

图 8-56 真石漆

筑物的寿命，由于真石漆具备良好的附着力和耐冻融性能，因此适合在寒冷地区使用。

（1）工艺流程

墙面基层处理→刮涂防潮腻子两遍→滚涂抗碱底漆→分格缝弹线、涂刷分格缝漆→分格缝二次弹线、贴分格缝美纹纸→喷涂真石漆→真石漆打磨→撕揭分格美纹纸→分格缝处理→滚涂防尘罩面漆→分格缝处理→滚涂罩面漆。

（2）施工要点

① 墙面基层处理。查看基层，对表面浮粒、残渣进行铲除，确保表面清洁，无疏松物，无潮湿；对表面细微裂缝、砂眼、阳角碰坏细小处进行全方位修复处理；修复处用粗砂纸打磨，确保修补后纹理和大面积一致，并清理浮灰，以确保饰面层与基层的结合牢固，要求表面牢固、无疏松物、无裂缝、洁净、干燥、无潮湿、无砂眼、无空鼓、无砂浆疙瘩、无明显的凹凸部分等现象，无油污、浮灰等其他污染物。

② 刮涂防潮腻子两遍。采用防水腻子在抗裂层砂浆上批刮进行找平，腻子必须和抗裂砂浆相互兼容，最好采用同一厂家的产品，腻子应现场调配，搅拌均匀，呈牙膏状，调配后应一次用完，施工后至少 12h 内必须防止雨淋、阳光暴晒及霜冻。

③ 滚涂抗碱底漆。封闭底漆施工前，按规定比例稀释，搅拌均匀，腻子干透后方可涂刷底漆，涂刷底漆 4~6h 后进入下道工序，要求喷涂均匀、不漏涂、不漏底、不流挂。

④ 分格缝弹线、涂刷分格缝漆。从单体四周由上而下同时分格，以保证四周相应的灰缝在同一水平线上，所有竖向灰缝相互平行、铅垂，做到灰缝横平竖直，要求线条横平竖直、双平行线宽窄一致、清晰明了。

⑤ 分格缝二次弹线、贴分格缝美纹纸。二次弹线只需弹出分格缝一边线，美纹纸粘贴时此线对齐，要求美纹纸粘贴牢固、严密、平直，撕揭不损坏分格线、不粘坏缝漆。

⑥ 喷涂真石漆。按规定比例稀释真石漆并搅拌均匀，喷涂时从上到下按顺序施工，施工中涂料应接在分格线或窗套等处，避免结合处出现色差，不同真石漆施工时，应先待一种完成并表干后进行另一种施工，同时做好保护防止污染。采用喷涂法施工，必须进行试喷，以确保施涂质量和效果。

⑦ 真石漆打磨。真石漆打磨在喷涂防水保护膜之前，需用普通 400~600 目砂纸磨掉已干透涂层表面的浮砂及砂粒的锐角，增加天然真石漆表面的美感，同时保证防护膜的完全覆盖，要求用力不可太猛，否则会破坏漆膜，引起底部松动，严重时会造成真石漆脱落。

⑧ 撕揭分格美纹纸。用裁纸刀将胶带在纵横交接处，沿平行于水平胶带的方向，将竖向胶带切断，揭纸时间应控制越短越好，尽量缩短时间，以免真石漆表面结皮揭坏，揭纸方向近 180°开线。

⑨ 分格缝处理。胶带撕揭后，对灰缝进行整理和整修，以保证灰缝顺直且宽窄一致，修理时应避免二次污染。

⑩ 滚涂防尘罩面漆。一般干燥 24h 后进行罩面漆喷涂施工，罩面漆稀释搅拌均匀，滚涂施工应从上到下，施工中涂料应接在分格线或窗套等处，避免结合处出现色差，也可用喷涂、滚涂法施工，要求面漆均匀，色泽一致，不漏涂、不流挂、不漏底，阴角处无积料。

【知识拓展】 液体壁纸

液体壁纸（图 8-57），一种全新概念的墙面材料，填补了墙面涂料、墙面漆和乳胶漆色彩单一无花形图案的缺陷，也克服了普通墙纸容易变色、翘边、起泡、有接缝、不易擦洗、寿命短等缺点，具有优良的遮盖力和附着力，具有良好的透气性，适用于更高要求、更高品位的内墙。

图 8-57 液体壁纸

8.6.2 木质表面涂饰施工

1. 施工准备

（1）作业条件

施工温度始终保持均衡，且通风良好、湿作业已完工并具备一定的强度。一般环境施工温度不宜低于10℃，相对湿度不宜大于60%。

在室外或室内高于3.6m处作业时，应事先搭设好脚手架，并以不妨碍操作为准。

大面积施工前应事先做样板间，经检查鉴定合格后，方可组织班组进行施工。

操作前应认真进行交接检查工作，并对遗留问题进行妥善处理。

木基层表面含水率一般不大于12%。

（2）材料准备

① 涂料。材料准备包括光油、清油。脂胶清漆、酚醛清漆、铅油、调合漆、漆片等。

② 填充料。材料准备包括石膏、地板黄、红土子、黑烟子、大白粉等。

③ 稀释剂。材料准备包括汽油、煤油、醇酸稀料、松香水、酒精等。

④ 催干剂。材料准备包括"液体钴干剂"等。

2. 施工工艺及要点

（1）工艺流程

基层处理→润色油粉→满刮油腻子→刷油色→刷第一遍清漆（刷清漆→修补腻子→修色→磨砂纸）→刷第二遍清漆→刷第三遍清漆。

（2）施工要点

① 基层处理。要求基层平整光滑、节疤少、棱角整齐、木纹颜色一致、无灰尘、无油污等，用砂纸打磨，表面缝隙用腻子刮平打光，毛刺可用火燎法和湿润法处理，油脂可用肥皂水、碱水清洗等。

② 润色油粉。用大白粉、松香水、熟桐油等混合搅拌成润色粉，用棉丝蘸油粉反复涂抹木料表面，油粉干后用细砂纸轻轻顺木纹打磨擦净。

③ 满刮油腻子。用石膏粉、熟桐油、水加颜料调成油腻子，用开刀或牛角板在木板表面刮油腻子，干透后用细砂纸轻轻顺木纹打磨擦净。

④ 刷油色。将铅油（或调和漆）、汽油、光油、清油等搅拌混合过筛，顺木纹刷油色，动作敏捷、横平竖直，不要反复刷，不要出刷纹。

⑤ 刷第一遍清漆。刷清漆方法同刷油色，最好用旧刷子，注意不流坠，干透后用细砂纸或水砂纸打磨一遍，用抹布擦净；一般要求刷油色后不补腻子，若需要则用油性略大的带色石膏腻子修补残缺之处，要收刮干净、光滑、无疤；对颜色不均处要修色、拼色并绘出木纹，之后用细砂纸轻轻往返打磨擦净。

⑥ 刷第二遍清漆。刷油动作同前，要求动作敏捷，清漆涂刷饱满一致，光亮不流坠，且保证周围环境整洁。

⑦ 刷第三遍清漆。待第二遍清漆干燥后，打磨擦净涂刷第三遍清漆。

【知识拓展】 生漆

生漆（图8-58），俗称"土漆"，又称"国漆"或"大漆"，是从漆树上采割的一种乳白色纯天然液体涂料，接触空气后逐步转为褐色，4h左右表面干涸硬化而生成漆膜。

图 8-58　生漆

在我国传统家具中，大漆的使用，源远流长。《山海经》中说："虢山，其木多漆棕。英靼之山，上多漆木。"，楠杆生漆"明清时期"作为皇家贡品，素有"贡漆"之称，有诗赞曰："生漆净如油，宝光照人头；摇起虎斑色，提起钓鱼钩；入木三分厚，光泽永长留"。

生漆工艺包括打底子（也称"做底子"）、刮面漆、磨砂皮，最后进行打磨，操作的师傅再连续多次地擦漆。家具每上一次漆，晾干后就要用砂纸打磨一次，然后再上漆，再打磨，这样的工序需要反复十几次。在此过程中，家具要多次被送入荫房。因在一定的湿度和温度下，漆膜方能干透，一套家具需要一个月左右的时间才能完成全套的工序。

8.6.3　金属表面涂饰施工

1. 施工准备

（1）作业条件

施工环境应通风良好，湿作业已完成并具备一定的强度，环境比较干燥。

应事先做样板间，经有关质量部门检查鉴定合格后，方可组织班组进行大面积施工。

施工前应对钢门窗和金属面外形进行检查，有变形不合格者，应拆换。

操作前应认真进行交接检查工作，并对遗留问题进行妥善处理。

刷末道油漆涂料前，必须将玻璃全部安装好。

（2）材料准备

同木质表面涂饰。

2. 施工工艺及要点

（1）工艺流程

① 钢门窗和金属表面施涂混色油漆中级做法的工艺流程：

基层处理→刮腻子→刷第一遍油漆（即刷铅油→抹腻子→打磨→装玻璃）→刷第二遍油漆（刷铅油→擦玻璃→打磨）→刷最后一遍调合漆。

② 钢门窗和金属表面施涂混色油漆高级做法的工艺流程：

基层处理→刮腻子→刷第一遍油漆（刷铅油→抹腻子→打磨→装玻璃）→刷第二遍油漆（刷铅油→抹腻子→擦玻璃→打磨）→刷第三遍油漆→水砂纸磨光、湿布擦净→刷第四遍油漆。

(2) 施工要点

① 基层处理。清理浮尘、灰浆、锈斑并打磨干净,刷一道防锈漆,干透后用腻子刮抹,要求表面平整、无灰尘、无油污、无锈斑、无焊渣、无毛刺等。

② 刮腻子。用开刀或刮板满刮一遍石膏腻子,干透后用细砂纸打磨,要求表面光滑、线条平直、整齐一致。

③ 刷第一遍油漆。先刷铅油,从上到下、从左到右,要求厚薄一致,刷纹通顺,待铅油干透后,用石膏腻子补抹一次,干透后用细砂纸打磨擦净。

④ 刷第二遍油漆。刷铅油同前,将玻璃内外擦干净,打磨不要露底。

⑤ 刷最后一遍调合漆。刷法同前,待油灰达到一定强度后再刷调和漆,要求动作敏捷,油灰表面光滑。

8.7 门窗工程施工

【情景引入】

门与窗,是房子与外界自然环境沟通的通道,某种意义上透过门窗也能大概了解一座房子,让我们一起走进门窗的世界(图8-59)。

图 8-59 各种门窗

门窗按材质大致可以分为木门窗、钢门窗、塑料门窗、铝合金门窗、玻璃钢门窗、隔热断桥铝门窗和铝木复合门窗等。无论哪种门窗都要求坚固耐久,开启灵活,关闭严密,便于维修、清洁,规格类型符合建筑工业化的需求。

现场一般以安装门窗框及门扇为主要施工内容。

8.7.1 木门窗安装

1. 构件组成

木门(图8-60)由门框和门扇两部分组成,木窗(图8-61)主要由窗框和窗扇组成,当门的高度超过2.1m时,门的上部需增加亮子。各种类型木门窗的门框构造基本一样,但门窗扇的式样和构造做法不尽相同。

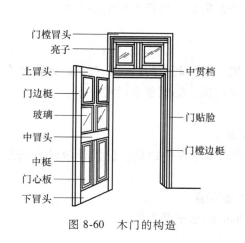

图 8-60 木门的构造

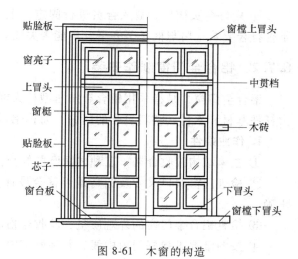

图 8-61 木窗的构造

2. 施工工艺及要点

(1) 作业条件

① 门窗框和门窗扇进场后,应及时组织油工将框靠墙靠地的一面涂刷防腐涂料,其他各面均应刷清油一道;然后分类水平堆放,底层应搁置在垫木上,垫木离地面高度不小于 200mm。每层间也垫木板,使其能自然通风。注意不能日晒雨淋。

② 预先安装的门窗框,应在楼、地面基层标高或墙砌到窗台标高时安装。后装的门窗框,应在主体结构验收合格、门窗洞口防腐木砖埋设齐备后进行。

③ 门窗扇的安装应在饰面完成后进行。

④ 安装前应检查门窗框和门窗扇型号、尺寸是否符合要求,有无翘扭、弯曲、劈裂、窜角、榫槽间结合处松散等情况。

装饰木门窗是先安装门窗框,后安装门窗扇。

(2) 安装门窗框

安装门窗框有先立口和后塞口两种方法。

① 先立口。在砌墙前把门窗框按图纸位置立直找正后固定好。因其存在很多的弊端,所以现在很少采用这种安装方法。

② 后塞口。在墙体施工时,门窗洞口预先按图纸上的位置和尺寸留出,洞口比门口每边大 15~20mm。砌墙时,洞口两侧按规定砌入木砖,每边 2~3 块,间距不应大于 1.2m。安装门窗框时,先把门窗框塞进洞口,用木楔临时固定,用线坠和水平尺校正。校正后,用钉子把门窗框钉牢在木砖上,每个木砖上最少应钉两颗钉子,钉帽打扁冲入梃内。

(3) 安装门窗扇

① 安装门窗扇前,要检查门窗框上、中、下三部分风缝是否一样宽,如果相差超过 2mm,就必须修整。另外要核对门窗扇的开启方向,并做记号。

② 先量出门窗框口的净尺寸,考虑风缝的大小,再确定扇的宽度和高度,并进行修刨,应将门扇立于门窗框中,检查门窗扇与门窗框配合的松紧度。

③ 一般门扇对口处竖缝留 1.5~2.5mm,窗扇竖缝留 2mm,并按此尺寸进行修刨。

④ 门窗扇安装时,合页安装位置距上、下边的距离宜为门窗扇高度的 1/10。

⑤ 剔好合页槽后，放入合页进行固定。上下合页先各拧一颗螺钉把扇挂上，检查缝隙是否符合要求，扇与框是否齐平，扇能否关住。检查合格后，再把螺钉全部上齐。

8.7.2 铝合金门窗制作安装

铝合金门窗，是指采用铝合金挤压型材为框、梃、扇料制作的门窗，包括以铝合金作受力杆件基材和木材、塑料复合的门窗，简称铝木复合门窗、铝塑复合门窗。

1. 作业条件

① 主体结构验收合格，工种之间已办好交接手续。

② 检查门窗洞口尺寸及标高是否符合设计要求，预埋件的数量、位置及埋设方法是否正确。

③ 检查铝合金门窗的外观质量，验收合格后才能安装。

④ 按图纸要求弹好门窗中线，并弹好室内500mm的水平基准线。

2. 施工工艺及要点

（1）工艺流程

安装门窗框→填塞缝隙→安装门窗扇→安装玻璃→打胶清理。

（2）安装门窗框

① 复核门窗洞口尺寸。门窗框上连接件间距一般应小于600mm，设在转角处的连接件位置应距转角边缘150mm。连接件多为1.5mm厚的镀锌钢板，长度根据现场需要进行加工；门窗洞口墙体厚度方向的预埋件中心线若无设计规定，距内墙面38～60系列为100mm，90～100系列为150mm；有窗台时，安装位置要以同一房间内的窗台板外露尺寸一致为准。窗台板伸入铝合金窗下以5mm为宜；按设计尺寸在门窗洞口墙体上画出水平标高线和门窗位置中心线，同一房间内的窗水平高度应一致，误差不应超过5mm。

② 门窗框就位。门窗框就位在洞口安装线上，调整框四周间隙均匀，同时注意框中心线与洞口中心线吻合，并调整门窗框的垂直度、水平度及对角线在允许偏差范围内；用木楔将框四角处固定，但须防止门窗框被挤压变形；组合门窗框应先进行预拼装，然后先安装通长拼接料，后安装分段拼接料，最后安装基本门窗框；铝合金门窗框的两侧应涂刷防腐涂料，也可粘贴塑料薄膜进行保护，所用铁件也应进行防腐处理，以免直接接触水泥砂浆产生电化学反应而腐蚀。

③ 门窗框固定。沿门窗框外墙打孔，用膨胀螺栓或者射钉枪将框和墙体固定，也可焊接固定（图8-62）。

（3）填塞缝隙

门窗框固定好后，进一步复查平整度和垂直度，用矿棉或者玻璃棉毡等软质材料分层填塞缝隙，外表留5～8mm深槽口填嵌嵌缝膏。

（4）安装门窗扇

一般在内外墙装饰完成验收合格后进行，要求密封良好，开启灵活。

（5）安装玻璃

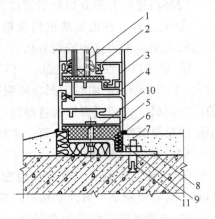

图8-62 门窗安装节点
1—玻璃 2—橡胶压条 3—压条 4—内扇
5—外框 6—密封膏 7—砂浆 8—地脚
9—软填料 10—塑料垫 11—膨胀螺栓

门窗扇固定好之后安装玻璃,先调整好框和扇的缝隙,再安玻璃并调整好位置,最后镶嵌密封条和密封胶,如有设计也可先将玻璃与扇料安装后整体安装。

(6) 打胶清理

用玻璃胶筒打入玻璃胶,干抹布擦净交付。

8.7.3 塑料门窗安装

塑料门窗是采用 U-PVC 塑料型材制作而成的门窗,具有抗风、防水、保温等良好特性。塑料门窗安装作业条件同铝合金门窗。

塑料门窗主型材的壁厚可视面不小于 2.5mm,不可视面不小于 2.0mm,钢衬厚度不得小于 1.5mm,且表面应进行防锈处理,对于有防潮、防腐要求的塑料门窗,应采用镀锌、喷塑、工程塑料等材料制作的五金配件。

1. 工艺流程

安装固定连接件→安装门窗框→安装门窗扇。

2. 施工要点

(1) 安装固定连接件

连接件采用厚度大于或等于 1.5mm、宽度大于或等于 15mm 的镀锌钢板,连接件的位置应距窗角、中竖框、中横框至少 150~200mm,连接件之间的距离不得大于 600mm。

(2) 安装门窗框(图 8-63)

将已装好固定铁件的门窗框送入洞口,注意固定铁件对应好预埋件位置,在门窗框的上下框、中横框及四角的对称位置用木楔塞住,做临时固定。

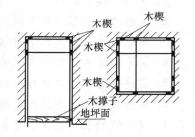

图 8-63 门窗框固定

先固定上框,后固定边框,按设计要求用膨胀螺栓或自攻螺钉固定,也可焊接固定,禁止固定在砖缝处,窗下框与墙体固定时,应将固定铁件长柄端弯折入预留孔内,然后浇筑 C20 细石混凝土。

框与墙体缝隙用防寒毡条或闭孔泡沫塑料等弹性材料填塞,填充厚度不超过框料,严禁用麻刀灰或者砂浆直接填实,门窗框校正后,内外墙面与框间缝隙采用水泥砂浆填充抹平,72h 内防止碰撞振动。

(3) 安装门窗扇

在内墙粉刷贴面后安装门窗扇,安装五金件要钻孔并用自攻螺钉固定,严禁直接锤击钉入,要求开关灵活、关闭严密、间隙均匀。

模 块 小 结

抹灰工程分为一般抹灰和装饰抹灰。一般抹灰适用于石灰砂浆、水泥砂浆、混合砂浆、聚合物水泥砂浆、麻刀灰、纸筋灰等抹灰工程;装饰抹灰的面层主要有水刷石、水磨石、斩假石、干粘石等。

饰面工程常用材料有釉面砖、外墙面砖、陶瓷锦砖、玻璃锦砖、大理石板、花岗石板、金属饰面板、木质饰面板等；裱糊与软包工程常用材料有皮革和绒布，具有色彩丰富、质感性强、装饰效果好等特性。

楼地面由面层、垫层和基层组成，可根据功能要求增设功能层；按面层结构分为整体类楼地面、块材类楼地面、木竹类楼地面等，要求面层与基层结合牢固、无空鼓。

吊顶主要有木龙骨石膏板吊顶、轻钢龙骨石膏板吊顶、矿棉板吊顶、铝合金吊顶、彩绘玻璃吊顶、铝蜂窝穿孔吸声板吊顶、开敞式吊顶等。

隔墙是分隔建筑物内部空间的墙，隔墙不承重，一般要求轻、薄，有良好的隔声性能。隔墙主要有骨架隔墙、板材隔墙、玻璃隔墙、砌块隔墙等。

涂饰工程可分为水性涂料涂饰工程、溶剂型涂料涂饰工程、美术涂饰工程，适用于墙面、木质表面、金属表面，操作方法有刷涂、滚涂、喷涂、刮涂、弹涂、抹涂等。

门窗分为木门窗、钢门窗、塑料门窗、铝合金门窗、铝木复合门窗等，门窗要求坚固耐久，开启灵活，关闭严密，便于维修、清洁，常用安装方法有先立口和后塞口两种。

复习思考题

1. 什么是建筑装饰？其作用有哪些？
2. 一般抹灰分哪几个层次？各层次起何作用？
3. 简述内墙抹灰的工艺流程。
4. 简述内墙釉面砖的工艺流程。
5. 简述钢筋钩挂贴法施工的工艺流程。
6. 简述镜面玻璃的工艺流程。
7. 简述裱糊工程的施工要点。
8. 简述现浇水磨石整体地面的工艺流程。
9. 简述大理石板楼地面的工艺流程。
10. 试述轻钢龙骨吊顶的工艺流程及施工要点。
11. 试述轻钢龙骨隔墙的工艺流程及施工要点。
12. 试述墙面乳胶漆中级施涂的工艺流程及施工要点。
13. 试述木质表面涂饰施工的工艺流程及施工要点。
14. 简述木门窗的安装方法及施工工艺流程。
15. 试述铝合金门窗安装的工艺流程及施工要点。

【在线测验】

第二部分 活 页 笔 记

学习过程:

重点、难点记录:

学习体会及收获:

其他补充内容:

《建筑施工技术》活页笔记

模块 9

冬雨期施工技术

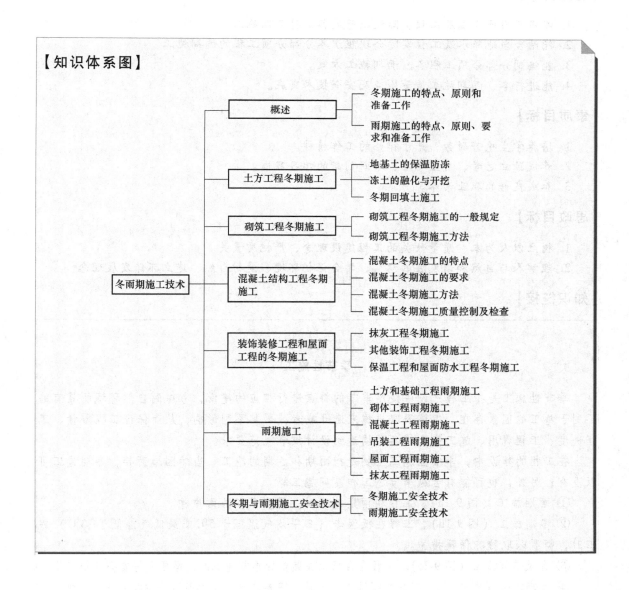

【知识体系图】

- 冬雨期施工技术
  - 概述
    - 冬期施工的特点、原则和准备工作
    - 雨期施工的特点、原则、要求和准备工作
  - 土方工程冬期施工
    - 地基土的保温防冻
    - 冻土的融化与开挖
    - 冬期回填土施工
  - 砌筑工程冬期施工
    - 砌筑工程冬期施工的一般规定
    - 砌筑工程冬期施工方法
  - 混凝土结构工程冬期施工
    - 混凝土冬期施工的特点
    - 混凝土冬期施工的要求
    - 混凝土冬期施工方法
    - 混凝土冬期施工质量控制及检查
  - 装饰装修工程和屋面工程的冬期施工
    - 抹灰工程冬期施工
    - 其他装饰工程冬期施工
    - 保温工程和屋面防水工程冬期施工
  - 雨期施工
    - 土方和基础工程雨期施工
    - 砌体工程雨期施工
    - 混凝土工程雨期施工
    - 吊装工程雨期施工
    - 屋面工程雨期施工
    - 抹灰工程雨期施工
  - 冬期与雨期施工安全技术
    - 冬期施工安全技术
    - 雨期施工安全技术

第一部分　知识学习

【知识目标】

1. 了解冬、雨期的施工特点、原则、施工要求及施工准备内容。
2. 理解冬、雨期各工种工程施工的方法及适用范围。
3. 掌握冬、雨期施工的质量控制及检查方法。
4. 掌握冬、雨期施工的安全技术要求。

学习引导
（音频）

【能力目标】

1. 能根据当地气温及工程实际组织开展各工种冬期施工。
2. 能结合当地降水及工程实际合理组织各分部分项工程的雨期施工。
3. 能编制分部分项工程冬、雨期施工方案。
4. 能进行冬、雨期施工质量检查及安全技术交底。

【素质目标】

1. 培养学生吃苦耐劳，严于律己的工作精神。
2. 养成独立思考、自主学习、不断创新的学习习惯。
3. 养成良好的职业素养。

【思政目标】

1. 树立以人为本、质量攸关的工程建设理念，严把质量关。
2. 理解人与自然和谐发展的意义，学会保护环境、爱护自然，建立环保发展理念。

【知识链接】

季节性施工

季节性施工是指工程建设中按照季节的特点进行相应的建设，考虑到自然环境所具有的不利于施工的因素存在，应该采取措施来避开或者减弱其不利影响，从而保证工程质量、工程进度、工程费用、施工安全等各项均达到设计或者规范要求。

在工程的建设中，季节性施工主要是指雨期和冬期的施工。当然因地而异，冬期施工可以没有；另外，也可能有台风季节施工和夏期施工等。

① 雨期施工（图9-1a）。工程在雨期施工时，需要采取防雨措施。
② 冬期施工（图9-1b）。工程在低温季（日平均气温低于5℃或最低气温低于-3℃）施工时，需要采取防冻保暖措施。
③ 台风季节施工（图9-1c）。工程在台风比较频繁的季节施工时，需要做好安全防护工作。
④ 夏期施工（图9-1d）。工程在高温季施工时，需要采取一定的温控措施以保证施工质量。

模块9　冬雨期施工技术

图 9-1　季节性施工
a）雨期施工　b）冬期施工　c）台风季节施工　d）夏期施工

9.1　概述

【知识链接】

造成南北方气候差异的原因

纬度、季风、地形、湿度等因素是造成我国冬季南北温差大的主要原因。

① 纬度。下半年太阳直射地球的位置在南半球，北半球纬度越高，太阳入射角度越小，辐射越弱。我国的南北直线距离很大，纬度差异大（相差约30°），太阳辐射地表的角度有较大差异，地表接收太阳能辐射的差异使南北方地表吸收的热量不均匀，南方太阳辐射强度和时间都强于或长于北方。

② 季风。我国沿海地带较长，受季风影响的面积大。由于陆地沙土比热容较小，形成的冷高压与海洋暖高压促使了季风的形成，为西伯利亚冷空气带来剧烈降温创造了条件，而降温总是从我国的北方开始。

③ 地形。我国的地形基本上是东西走向和西南走向，高大的山脉削减了冷空气的威力，冷空气到达南方需越过秦岭山脉，因此冷空气对南方的影响较弱，加剧了温差的形成。

④ 降雨（湿度）。我国隶属于东亚季风气候，发生南涝北旱的概率较大，年降水量从东南沿海到西北内陆逐渐递减，虽然近年来的南水北调有一定的调节作用，但不能彻底改变这种状况。南方雨季长，夏秋降水又集中，华北、西北降水相对较少，雨季较短，如生态环境遭到破坏，更加影响降水量和空气湿度。

我国地域辽阔，气候变化大，冬季的低温和雨季的降水，常使土木工程施工无法正常进行，从而影响工程的进展。若能掌握冬期与雨期施工特点，进行充分的施工准备，选择合理的施工技术进行冬期与雨期施工，对缩短工期、确保工程质量、降低工程费用都具有重要意义。

9.1.1 冬期施工的特点、原则和准备工作

冬期施工概念（视频）

冬期施工所采取的技术措施，是以气温作为依据，当室外平均气温连续5天低于5℃或最低气温降至0℃及0℃以下，须采取特殊措施进行施工方能满足质量要求时，即认为进入了冬期施工阶段。

1. 冬期施工的特点

① 冬季是工程事故多发季节。在冬期施工中，长时间的持续低温，较大的温差、强风、降雪和反复的冰冻，经常造成工程质量事故。据资料分析，有2/3的工程质量事故发生在冬季，尤以混凝土和基础工程居多。

② 冬季质量事故具有隐蔽性和滞后性。一些工程质量事故当时不易觉察，到春天解冻后，一系列质量问题才暴露出来，这给事故处理带来很大的难度，并影响工程使用寿命。

③ 冬期施工的计划性和时间性强。冬期施工时，由于准备工作时间短、技术要求复杂，仓促施工极易发生工程质量事故。

2. 冬期施工的原则

为了保证冬期施工的质量，在选择分项工程具体的施工方法和拟定施工措施时，必须遵循下列原则：确保工程质量，节约材料、能源，降低工程费用，经济合理，保证施工工期，做好安全生产等。

3. 冬期施工的准备工作

收集当地有关气象资料，作为选择冬期施工技术措施的依据。

进入冬期施工前一定要编制好冬期施工技术文件，其包括以下几方面内容：

（1）冬期施工方案

① 冬期施工生产任务安排及部署。根据冬期施工项目、部位，明确冬期施工中前期、中期、后期的重点及进度计划安排。

② 根据冬期施工项目、部位列出可考虑的冬期施工方法及执行的国家有关技术标准文件。

③ 热源、设备计划及供应部署。

④ 施工材料（保温材料、外加剂等）计划进场数量及供应部署。

⑤ 劳动力计划。

⑥ 冬期施工人员的技术培训计划。

⑦ 工程质量控制要点。

⑧ 冬期施工安全生产及消防要点。

（2）施工组织设计或技术措施

① 工程任务概况及预期达到的生产指标。

② 工程项目的实物量和工作量、施工程序、进度安排。
③ 分项工程在冬期各施工阶段的施工方法及施工技术措施。
④ 施工现场准备方案及施工进度计划。
⑤ 主要材料、设备、机具和仪表等需用量计划。
⑥ 工程质量控制要点及检查项目、方法。
⑦ 冬期安全生产和防火措施。
⑧ 各项经济技术控制指标及节能、环保等措施。

凡进行冬期施工的工程项目，必须会同设计单位复核施工图，核对其是否能适应冬期施工要求。如有问题应及时提出并修改设计，将不适宜冬期施工的分项工程安排在冬季前后完成。

根据冬期施工工程量提前准备好施工的临时设施、设备、机具、保温材料等及劳动防护用品。

冬期施工前，对配制外加剂的人员、测温保温人员、锅炉工等，应专门组织技术培训，学习冬期施工相关规范，冬期施工理论，操作技能，防火、防冻、防寒、防一氧化碳中毒、防滑、防止锅炉爆炸等知识和技能，经考试合格后方准上岗。

9.1.2 雨期施工的特点、原则、要求和准备工作

雨季是指降雨量超过年降雨量50%以上的降雨集中季节。特点是降雨量大，降雨日数多，降雨强度强，经常出现暴雨或雷击。降雨会引起工程停工、塌方、基坑浸泡。

雨期施工以防雨、防台风、防汛为对象，做好各项准备工作。

1. 雨期施工特点

① 雨期施工具有突然性。由于暴雨、雨水倒灌、边坡坍塌等事故及山洪、泥石流等灾害往往不期而至，就需要及早进行雨期施工的准备并采取防范措施。

② 雨期施工具有突发性。突发降雨对土木建筑结构和地基持力层的冲刷和浸泡具有严重的破坏性，必须迅速、及时地予以防护，才能避免发生工程质量事故，给工程造成损失。

③ 具有持续性。雨季往往持续时间很长，阻碍了工程（主要包括土方工程、屋面工程等）的顺利进行，拖延工期。对这一点应事先有充分估计并做好合理安排。

2. 雨期施工的原则

（1）预防为主的原则

做好临时排水系统的总体规划，提前准备并做好雨期施工所需材料、设备，编制有针对性的雨期施工措施。

（2）统筹规划的原则

根据"晴外、雨内"的原则，组织合理的工序穿插，对不适宜雨期施工的工程要提前或暂不安排，土方工程、基础工程、地下构筑物工程等雨期不能间断施工的，要调集人力组织快速施工，尽量缩短雨期施工时间。

（3）掌握气象变化情况

重大吊装、高处作业、大体积混凝土浇筑等要事先了解天气预报情况，确保作业安全，保证混凝土质量。

（4）安全的原则

现场临时用电线路要绝缘良好，电源开关箱、配电箱、电缆线接头、电焊机等须有防雨措施。

3. 雨期施工的要求

① 编制施工组织计划时，要根据雨期施工的特点，将不宜在雨期施工的分项工程提前或延后安排。对必须在雨期施工的工程应制定行之有效的措施，进行突击施工。

② 合理进行施工安排，做到晴天抓紧室外工作，雨天安排室内工作，尽量缩小雨天室外作业时间和工作面。

③ 密切关注气象预报，做好抗台防汛等准备工作，必要时应及时加固在建的工程。

④ 做好建筑材料的防雨防潮工作。

4. 雨期施工的准备工作

① 现场排水。施工现场的道路、设施必须做到排水畅通，尽量做到雨停水干。要防止地面水排入地下室、基础、地沟内。要做好对危石的处理，防止滑坡和塌方。

② 应做好原材料、成品、半成品的防雨工作。水泥应按"先收先用""后收后用"的原则，避免久存受潮而影响水泥的性能。木门窗等易受潮变形的半成品应在室内堆放，其他材料也应注意防雨及做好材料堆放场地的四周排水工作等。

③ 在雨季前应做好施工现场房屋、设备的排水防雨措施。

④ 备足排水需用的水泵及有关器材，准备适量的塑料布、油毡等防雨材料。

9.2 土方工程冬期施工

【情景引入】

在北方冬季天气相对比较寒冷，地面易冻结，为确保工程施工能够安全、顺利开展，应做好相应防护措施后才能开始施工。思考一下土方工程在冬期施工（图9-2）时的注意事项有哪些。

图 9-2 土方工程冬期施工

在结冻时土的机械强度大大提高，使土方工程冬期施工造价增高，工效降低，寒冷地区土方工程施工一般宜在入冬前完成。若必须在冬期施工时，其施工方法应根据本地区气候、土质和冻结情况并结合施工条件进行技术经济比较后确定。施工前应周密计划，做好准备，做到连续施工。

当温度低于0℃，含有水分而冻结的各类土称为冻土。把冬季土层冻结的厚度称为冻结深度。土在冻结后，体积比冻前增大的现象称为冻胀。

按季节性冻土地基冻胀量的大小及其对建筑物的危害程度，将地基土的冻胀性分为以下四类：

① Ⅰ类。不冻胀，冻胀率 $K_d \leqslant 1\%$，对敏感的浅基础均无危害。

② Ⅱ类。弱冻胀，冻胀率 K_d 在 $1\% \sim 3.5\%$，对浅埋基础的建筑物也无危害，在最不利条件下，可能产生细小的裂缝，但不影响建筑物的安全。

③ Ⅲ类。冻胀，冻胀率 K_d 在 $3.5\% \sim 6\%$，地面松散或隆起，道路翻浆，浅埋基础的建筑物将产生裂缝。

④ Ⅳ类。强冻胀，冻胀率 $K_d > 6\%$，道路翻浆严重，浅埋基础的建筑物将产生严重破坏，即使基础埋深超过冻深，也会因切向冻胀力而使建筑物破坏。

【知识拓展】　建筑工程冬期施工相关规程

建筑工程冬期施工相关规程（图文）

9.2.1　地基土的保温防冻

地基土的保温防冻是在冬季来临时土层未冻结之前，采取一定的措施使基础土层免遭冻结或减少冻结的一种方法。

1. 保温材料覆盖法

面积较小的基槽（坑）的防冻，可直接用保温材料覆盖，表面加盖一层塑料布。常用保温材料有炉渣、锯末、膨胀珍珠岩、草袋、树叶等，如图9-3所示。在已开挖的基槽（坑）中，靠近基槽（坑）壁处覆盖的保温材料需加厚，以使土壤不致受冻或轻微冻结（图9-4）。对未开挖的基坑，保温材料铺设宽度为两倍的土层冻结深度与基槽（坑）底宽度之和，如图9-5所示。

图9-3　路基保温

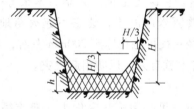

图9-4　已挖基坑保温法

注：h为覆盖材料厚度；H为最大冻结深度。

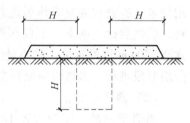

图9-5　未挖基坑

注：H为最大冻结深度。

2. 暖棚保温法

挖好较小的基槽（坑）的保温与防冻可采用暖棚保温法（图9-6）。在已挖好的基槽（坑）上，宜搭好骨架铺上基层，覆盖保温材料。也可搭塑料大棚，在棚内采取供暖措施。

a)   b)

图9-6　暖棚保温法
a）搭设暖棚砌筑施工　b）搭设暖棚浇筑混凝土

9.2.2　冻土的融化与开挖

冻土的融化方法应视其工程量的大小、冻结深度和现场施工条件等因素确定，可选择烟火烘烤、蒸汽融化等方法，并应确定施工顺序。

冻土的挖掘根据冻土层厚度可采用人工、机械和爆破方法。

1. 冻土的融化

为了有利于冻土挖掘，可利用热源将冻土融化。

融化冻土的施工方法应根据工程量大小、冻结深度和现场条件综合选用。融化时应按开挖顺序分段进行，每段大小应适应当天挖土的工程量，冻土融化后，挖土工作应昼夜连续进行，以免因间歇而使地基土重新冻结。

> **【注意事项】**　开挖基槽（坑）或管沟时，必须防止基础下的基土遭受冻结。如基槽（坑）开挖完毕至地基与基础施工或埋设管道之间有间歇时间，应在基坑底标高以上预留适当厚度的松土或用其他保温材料覆盖，厚度可通过计算求得。冬期开挖土方时，如可能引起邻近建筑物的地基或其他地下设施产生冻结破坏时，应采取防冻措施。

（1）烟火烘烤法

烟火烘烤法适用于面积较小、冻土不深，且燃料便宜的地区。常用锯末、谷壳和刨花等作为燃料。在冻土上铺上杂草、木柴等引火材料，燃烧后撒上锯末，上面压数厘米厚的土，让它不起火苗地燃烧，这样250mm厚的锯末，其热量经一夜可融化冻土300mm左右，开挖时分层分段进行。烘烤时应做到有火就有人，以防引起火灾。

（2）蒸汽融化法

当热源充足、工程量较小时，可采用蒸汽融化法（蒸汽循环针）（图9-7）。把带有喷气孔的钢管插入预先钻好的冻土孔中，通蒸汽融化。冻土孔径应大于喷气管直径1cm，其间距不宜大于1m，深度应

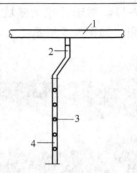

图9-7　蒸汽循环针
1—主管　2—连接胶管
3—蒸汽孔　4—支管

超过基底30cm。当喷气管直径 D 为 2.0~2.5cm 时，应在钢管上钻成梅花状喷气孔，下端封死，融化后就及时挖掘并防止基底受冻。

2. 冻土的开挖

（1）人工法开挖

人工开挖冻土适用开挖面积较小和场地狭窄，不具备用其他方法进行土方破碎、开挖的情况。开挖时一般用大铁锤和铁楔子（图9-8）劈冻土。施工中一人掌楔，2~3人轮流打大锤，一个组常用几个铁楔，当一个铁楔打入土中而冻土尚未脱离时，再把第二个铁楔在旁边的裂缝上加进去，直至冻土剥离为止。为防止振手或误伤，铁楔宜用粗钢丝作为把手。

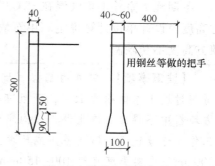

图 9-8　松冻土的铁锲子

【注意事项】　施工时掌铁楔的人与掌锤的人不能脸对着脸，必须互成90°。同时要随时注意去掉楔头打出的飞刺，以免飞出伤人。

（2）机械法开挖

当冻土层厚度在0.5m以内时，可用铲运机或挖掘机开挖。

当冻土层厚度为0.5~1m时，可用松土机（图9-9）破碎冻土层后再由挖掘机开挖。

当冻土层厚度>1m时，可用重锤或重球破碎土体。

（3）爆破法开挖

爆破法适用于冻土层较厚、面积较大的土方工程，这种方法是将炸药放入直立爆破孔中或水平爆破孔中进行爆破，冻土破碎后用挖掘机挖出，或借爆破的力量向四周崩出，做成需要的沟槽。

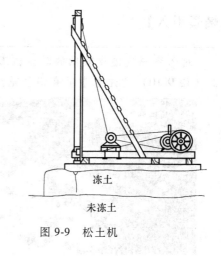

图 9-9　松土机

【注意事项】　冻土爆破必须由具有专业施工资质的施工队伍进行施工，严格遵守雷管、炸药的管理规定和爆破操作规程。距爆破点50m以内应无建筑物，200m以内应无高压线。当爆破现场附近有居民或精密仪表等设备怕振动时，应提前做好疏散及保护工作。

9.2.3　冬期回填土施工

由于土冻结后即成为坚硬的土块，在回填过程中不易压实，土解冻后就会造成大量的下沉。冻胀土壤的沉降量更大，为了确保冬期冻土回填的施工质量，必须按施工及验收规范中对冻土回填的规定组织施工。

冬期回填土应尽量选用未受冻的、不冻胀的土壤进行回填施工。填土前，应清除基础上的冰雪和保温材料；填方边坡表层1m以内，不得用冻土填筑；填方上层应用未冻的、不冻胀的或透水性好的土料填筑。冬期填方每层铺土厚度应比常温施工时减少20%~25%，预留沉降量应比常温施工时适当增加。对大面积回填土和有路面的路基及其人行道范围的平整场地填方，用含有冻土块的土料作为回填土时，冻土块粒径不得大于150mm，其含量不大于30%；铺填时冻土块应均匀分布、逐层压实。

冬期施工室外平均气温在-5℃以上时，填方高度不受限制；平均气温在-5℃以下时填方高度由设计单位计算确定。用石块和不含冰块的砂土（不包括粉砂）、碎石类土填筑时，填方高度不受限制。

> 【注意事项】 室外的基槽（坑）或管沟可用含有冻土块的土回填，但冻土块体积不得超过填土总体积的15%，而且冻土块的粒径应小于150mm；室内地面垫层下回填的土方填料中不得含有冻土块，管沟底至管顶0.5m范围内不得用含有冻土块的土回填；回填工作应连续进行，防止基土或已填土层受冻。当采用人工夯实时，每层铺土厚度不得超过200mm，夯实厚度宜为100~150mm。

9.3 砌筑工程冬期施工

【情景引入】

进入冬季气温比较低的时候施工，该如何保证砌筑工程的施工质量？砌筑工程冬期施工（图9-10）的注意事项有哪些呢？

a)　　　　　　　　　　　　　　b)

图9-10　砌筑工程冬期施工

a）砌筑用材料　b）砌筑施工

根据《建筑工程冬期施工规程》（JGJ/T 104—2011）的规定，经当地多年气象资料统计，当室外日平均气温连续5d稳定低于5℃时，砌体工程应采取冬期施工措施。冬期施工期限以外，当日最低气温低于0℃时，也应采取冬期施工措施。当室外日平均气温连续5d高于5℃时，解除冬期施工。气温可根据当地气象预报或历年气象资料估计。

9.3.1 砌筑工程冬期施工的一般规定

冬期施工所用材料应符合下列规定：砖、砌块在砌筑前，应清除表面污物、冰雪等，不得使用遭水浸和受冻后表面结冰、污染的砖或砌块；砌筑砂浆宜采用普通硅酸盐水泥配制，不得使用无水泥拌制的砂浆；现场拌制砂浆所用砂中不得含有直径大于10mm的冻结块或冰块；石灰膏、电石渣膏等材料应有保温措施，遭冻结时应经融化后方可使用；砂浆拌合水温不宜超过 80℃，砂加热温度不宜超过 40℃，且水泥不得与 80℃ 以上的热水直接接触；砂浆稠度宜较常温适当增大，且不得二次加水调整砂浆和易性。

砌筑间歇期间，宜及时在砌体表面进行保护性覆盖，砌体面层不得留有砂浆。继续砌筑前，应将砌体表面清理干净。砌筑工程宜选用外加剂法施工，对绝缘、装饰等有特殊要求的工程，应采用其他方法。施工日记中应记录大气温度、暖棚内温度、砌筑时砂浆温度、外加剂掺量等有关资料。对于砂浆试块的留置，除应按常温情况下的规定留置外，还应增设一组与砌体同条件养护的试件，用于检验转入常温 28d 的强度。如有特殊需要，可另外增加相应龄期的同条件试件。

【知识拓展】

> 砌筑工程的冬期施工最突出的一个问题就是砂浆遭受冻结。砂浆遭受冻结后会产生以下现象：
> ① 使砂浆的硬化暂时停止，并且不产生强度，失去了胶结作用。
> ② 砂浆塑性降低，使水平或垂直灰缝的紧密度减弱。
> ③ 解冻的砂浆，在上层砌体的重压下，可能引起不均匀沉降。
> 因此，在冬期砌筑时，为了保证墙体的质量，必须采取有效措施，控制雨、雪、霜对墙体材料（砖、砂、石灰等）的侵袭，对各种材料集中堆放，并采取保温措施。冬期砌筑时主要就是防止砂浆遭受冻结或者是使砂浆强度在负温下也能增长，满足冬期砌筑施工要求。

9.3.2 砌筑工程冬期施工方法

砌筑工程冬期施工方法有外加剂法、冻结法和暖棚法等，应以外加剂法为主。对保温、绝缘、装饰等方面有特殊要求的工程，可采用其他施工方法。

1. 外加剂法

冬期砌筑采用外加剂法时，可使用氯盐或亚硝酸钠等盐类外加剂拌制砂浆。掺入盐类外加剂拌制的水泥砂浆、水泥混合砂浆等称为掺盐砂浆。采用这种砂浆砌筑的方法称为外加剂法。

外加剂法的原理是在砌筑砂浆内掺入一定数量的抗冻剂，来降低水的冰点，以保证砂浆中有液态水存在，使水泥水化反应能在一定负温下进行，砂浆强度在负温下能够继续缓慢增长。同时，由于降低了砂浆中水的冰点，砌体的表面不会立即结冰而形成冰膜，故砂浆和砌体能较好粘结。

掺盐砂浆中的抗冻剂，氯盐应以氯化钠为主。当气温低于 -15℃ 时，也可与氯化钙复合使用。其他还有亚硝酸盐，如亚硝酸钠、碳酸钾和硝酸钙等。氯盐外加剂掺量可按表 9-1 选用。

表 9-1 氯盐外加剂掺量

氯盐及砌体材料种类			日最低气温/℃			
			≥ -10	-15~-11	-20~-16	-25~-21
单掺氯化钠(%)		砖、砌块	3	5	7	—
		石材	4	7	10	—
复掺(%)	氯化钠	砖、砌块	—	—	5	7
	氯化钙		—	—	2	3

注：氯盐以无水盐计，掺量为占拌合水量百分比。

【注意事项】 砌筑施工时，砂浆温度不应低于5℃。当设计无要求，且最低气温小于或等于-15℃时，砌体砂浆强度等级应较常温施工提高一级。氯盐砂浆中复掺引气型外加剂时，应在氯盐砂浆搅拌的后期掺入。采用氯盐砂浆时，应对砌体中配置的钢筋及钢预埋件进行防腐处理。砌体采用氯盐砂浆施工，每日砌筑高度不宜超过1.2m，墙体留置的洞口，距离交接墙处不应小于500mm。

外加剂法具有施工方便、费用低等特点，在砌体工程冬期施工中普遍使用掺盐砂浆法施工。但是，由于氯盐砂浆吸湿性大，使结构保温性能和绝缘性能下降，并有析盐现象等。对下列有特殊要求的工程不允许采用掺盐砂浆法施工：

① 对装饰工程有特殊要求的建筑物。
② 使用环境湿度大于80%的建筑物。
③ 配筋、钢预埋件无可靠的防腐处理措施的砌体。
④ 接近高压电线的建筑物（如变电所、发电站等）。
⑤ 经常处于地下水位变化范围内，以及在地下未设防水层的结构。

对于这一类不能使用掺有氯盐砂浆的砌体，可选择亚硝酸钠、碳酸钾等盐类作为砌体冬期施工的抗冻剂。

2. 冻结法

冻结法是指采用不掺化学外加剂的普通水泥砂浆或水泥混合砂浆进行砌筑的一种冬期施工方法。

冻结法的原理是砂浆内不掺任何化学抗冻剂，允许砂浆在铺砌完毕后就受冻。受冻的砂浆可获得较大的冻结强度，而且冻结的强度随气温的降低而增高。但当气温升高而砌体解冻时，砂浆强度仍然等于冻结前的强度。当气温转入正温后，水泥水化作用又重新进行，砂浆强度可继续增长。此法适用于对保温、绝缘、装饰等有特殊要求的工程和受力配筋砌体，以及不受地震区条件限制的其他工程。

冻结法施工的砂浆，经冻结、融化和硬化三个阶段后，砂浆强度、砂浆与砖石砌体间的粘结力都有不同程度的降低。砌体在融化阶段，由于砂浆强度接近于零，将会增加砌体的变形和沉降。

【知识拓展】 暖棚法施工

暖棚法施工（图文）

9.4 混凝土结构工程冬期施工

【情景引入】

混凝土在湿度合适的条件下，温度高，硬化快、强度高；温度低，硬化慢、强度低。

在0℃时水化作用基本停止,在-3℃时混凝土中的水开始结冰。因此,当室外平均气温连续5d低于5℃时,应采取冬期施工措施。思考一下混凝土结构工程冬期施工(图9-11)有哪些要求,具体的施工方法有哪些。

图9-11 混凝土结构工程冬期施工
a) 现场融雪化冰 b) 浇筑混凝土

9.4.1 混凝土冬期施工的特点

根据当地多年气温资料,室外日平均气温连续5d稳定低于5℃时,混凝土结构工程应按冬期施工要求组织施工。冬期施工时,气温低,水泥水化作用减弱,新浇混凝土强度增长明显地延缓,当温度降至0℃以下时,水泥水化作用基本停止,混凝土强度也停止增长。特别是温度降至混凝土冰点温度以下时,混凝土中的游离水开始结冻,结冰后的水体积膨胀约9%。在混凝土内部产生冰胀应力,使强度尚低的混凝土结构内部产生微裂隙,同时降低了水泥与砂石和钢筋的粘结力,导致结构强度降低。受冻的混凝土在解冻后,其强度虽能继续增长,但已不能达到原设计的强度等级。试验证明,混凝土的早期冻害是由于内部的水结冰所致。混凝土在浇筑后立即受冻,抗压强度约损失50%,抗拉强度约损失40%。受冻前混凝土养护时间越长,所达到的强度越高,水化物生成越多,能结冰的游离水就越少,强度损失就越低。试验还证明,混凝土遭受冻结带来的危害与遭冻的时间早晚、水胶比、水泥强度等级、养护温度等有关。

冬期浇筑的混凝土在受冻以前必须达到的最低强度称为混凝土受冻临界强度。我国现行规范规定:采用蓄热法、暖棚法、加热法等施工的普通混凝土,采用硅酸盐水泥、普通硅酸盐水泥配制时,其受冻临界强度不应小于设计混凝土强度标准值的30%;采用矿渣硅酸盐水泥、粉煤灰硅酸盐水泥、火山灰质硅酸盐水泥、复合硅酸盐水泥时,配制的混凝土不应小于设计混凝土强度标准值的40%。

9.4.2 混凝土冬期施工的要求

一般情况下,混凝土冬期施工要求在正温下浇筑,正温下养护,使混凝土强度在冰冻前达到受冻临界强度,在冬期施工时对原材料和施工过程均要求有必要的措施,来保证混凝土的施工质量。

1. 冬期施工对材料的要求

① 水泥。冬期施工时,应优先选用活性高、水化热大的硅酸盐水泥和普通硅酸盐水泥。

最小水泥用量不宜少于280kg/m³，水胶比不应大于0.55。使用矿渣硅酸盐水泥时，宜采用蒸汽养护，使用其他品种水泥，应注意其中掺合材料对混凝土抗冻抗渗等性能的影响。非加热养护法混凝土施工，所选用的外加剂应含有引气组分或掺入引气剂，含气量宜控制在3%～5%。掺用防冻剂的混凝土，严禁使用高铝水泥。

② 混凝土所用骨料必须清洁，不得含有冰雪等冰结物及易冻裂的矿物质。冬期骨料所用贮备场地应选择地势较高、不积水的地方。

③ 冬期施工对组成混凝土材料的加热，应优先考虑加热水，因为水的热容量大，加热方便，但加热温度不得超过规定的数值。当水、骨料达到规定温度仍不能满足热工计算要求时，可提高水温到100℃，但水泥不得与80℃以上的水直接接触以免产生"假凝"现象。水泥不得直接加热，使用前宜运入暖棚存放。

冬期施工拌制混凝土的砂、石温度要符合热工计算需要温度。骨料加热的方法有将骨料放在底下加温的钢板上面直接加热；或者通过蒸汽管、电热线加热等。但不得用火焰直接加热骨料，并应控制加热温度（表9-2）。加热的方法可因地制宜，但以蒸汽加热法为好。其优点是加热温度均匀、热效率高；缺点是骨料中的含水量增加。

表9-2 拌合水及骨料的最高温度

项目	水泥品种及强度等级	拌合水/℃	骨料/℃
1	强度等级小于42.5的普通硅酸盐水泥、矿渣硅酸盐水泥	80	60
2	强度等级等于和大于42.5的普通硅酸盐水泥、硅酸盐水泥	60	40

④ 钢筋调直冷拉温度不宜低于-20℃。预应力钢筋张拉温度不宜低于-15℃。钢筋的焊接宜在室内进行。如必须在室外焊接，其最低气温不低于-20℃，且应有防雪和防风措施。刚焊接的接头严禁立即碰到冰雪，避免造成冷脆现象。

⑤ 当环境气温低于-20℃时，不得对HRB335、HRB400钢筋机械冷弯加工。

2. 混凝土的运输和浇筑

（1）混凝土的运输

目前，工程项目混凝土施工均采用预拌混凝土。混凝土的运输过程是热损失的关键阶段，应采取必要的措施减少混凝土的热损失，同时应保证混凝土的和易性。常用的主要措施有减少运输时间和距离；使用大容积的运输工具并采取必要的保温措施；保证混凝土入模温度不低于5℃。

（2）混凝土的浇筑

混凝土在浇筑前，应清除模板和钢筋上的冰雪和污垢，尽量加快混凝土的浇筑速度，防止热量散失过多。当采用加热养护时，混凝土养护前的温度不得低于2℃。

冬期施工混凝土振捣应用机械振捣，振捣时间应比常温时有所增加。

【注意事项】 冬期不得在强冻胀性地基土上浇筑混凝土，当在弱冻胀性地基土上浇筑混凝土时，地基土应进行保温，以免遭冻。对加热养护的现浇混凝土结构，混凝土的浇筑程序和施工缝的位置，应能防止在加热养护时产生较大的温度应力。当分层浇筑厚大的整体结构时，已浇筑层的混凝土温度，在被上一层混凝土覆盖前，不得低于按热工计算的温度，且不得低于2℃。

9.4.3 混凝土冬期施工方法

混凝土冬期施工方法的选择应根据当地历年气象资料和气象预报、建筑结构特点、原材料和能源情况以及进度要求、施工现场条件等情况，综合分析、比较后再行确定。混凝土冬期施工常用的方法有蓄热法、综合蓄热法、蒸汽加热法、电热法、暖棚法、掺外加剂法等。但无论采用什么方法，均应保证混凝土在冻结之前，至少应达到冬期施工临界强度。

1. 混凝土冬期施工养护方法的分类与选择

根据热源条件和使用的材料，混凝土冬期施工的养护方法有以下两类：

① 混凝土养护期不加热方法。若外界环境气温不是很低，厚大的结构工程施工时，可提高混凝土的初始浇筑温度，同时在模板的外面用保温材料加强对混凝土的保温，不需要在养护期间对混凝土额外加热，就可使水泥的水化热较早、较快地释放。在短时间内，或混凝土内温度降低到0℃以前，混凝土已可达到临界强度，如蓄热法、综合蓄热法、掺外加剂法等。

② 混凝土养护期加热方法。天气严寒、气温较低时，对于不太厚大的结构构件，需要利用外部热源对新浇筑的混凝土进行加热养护。加热的方式可采用直接对混凝土加热，也可加热混凝土周围的空气，使混凝土处于正温养护条件，如蒸汽加热法、电热法、暖棚法等。

对于工期不紧和无特殊限制的工程，在保证混凝土尽快达到冬期施工临界强度、避免遭受冻害的前提下，应本着节约能源和降低冬期施工费用的原则优先选用养护期间不加热的施工方法或综合养护法。一个好的施工方案，首先应在避免混凝土早期受冻的前提下，用最低的施工费用、最短的工期，获得优良的施工质量。

2. 混凝土冬期施工养护方法

混凝土冬期施工应根据自然气温条件、结构类型、工期要求，拟定混凝土在硬化过程中防止早期受冻的各种措施，确定混凝土冬期施工养护方法。

下面介绍几种常用的混凝土冬期施工的养护方法。

（1）蓄热法和综合蓄热法

蓄热法养护是在混凝土浇筑后，利用混凝土原材料加热及水泥水化热的热量，通过适当保温（表面用草帘、锯末、炉渣等保温材料加以覆盖）延缓混凝土冷却，使混凝土冷却到0℃之前达到抗冻临界强度或预期要求强度的施工方法。该方法具有经济、简便、节能等优点，但也有强度增长缓慢的缺点。

当室外最低温度不低于-15℃时，地面以下的工程或表面系数不大于$5m^{-1}$（结构冷却的表面积与其全部体积的比值）的结构，宜采用蓄热法养护。对结构易受冻的部位，应加强保温措施。当室外最低气温不低于-15℃时，对于表面系数为$5\sim15m^{-1}$的结构，宜采用综合蓄热法养护，围护层散热系数宜控制在$50\sim200kJ/(m^3\cdot h\cdot K)$；综合蓄热法施工的混凝土中应掺入早强剂或早强型复合外加剂，并应具有减水、引气作用。

蓄热法养护和综合蓄热法养护施工时，在混凝土浇筑后应采用塑料布等防水材料对裸露表面覆盖并保温，对边、棱角部位的保温层厚度应增大到平面部位的2~3倍。混凝土在养护期间应防风、防失水。

（2）蒸汽加热法

蒸汽加热法养护（图9-12）是用低压饱和蒸汽养护新浇筑的混凝土，使混凝土保持在

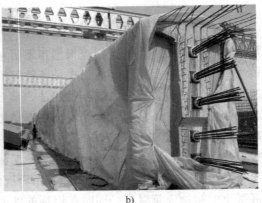

图 9-12 蒸汽加热法养护
a）蒸汽养护 b）T 梁蒸汽养护

一定的温度和湿度环境内，以加速混凝土硬化的方法。

蒸汽加热法养护工艺有两种：一种是让蒸汽与混凝土直接接触，利用蒸汽的温热作用来养护混凝土，主要有蒸汽室法、蒸汽套法和内部通气法等养护手段；另一种是将蒸汽作为热载体，通过某种形式的散热器，将热量传导给混凝土，使其升温，主要有毛管法和热模法等养护手段。

蒸汽加热法养护的主要优点是蒸汽含热量高，湿度大，成本较低；其缺点是温度、湿度难以保持均匀稳定，热能利用率低，现场管道多，容易发生冷凝和冰冻。养护混凝土的蒸汽需用量与采用的养护方法、被养护混凝土构件的形状和体积，以及养护的环境气温等有关。蒸汽养护法的适用性比较广泛，如蒸汽室法适用于加热地槽中的混凝土结构及地面上的小型预制构件；蒸汽套法适用于现浇柱、梁及肋形楼板等整体结构的加热；内部通气法适用于柱、梁等现浇构件的加热；毛管法是在混凝土模板的内表面做成许多凹槽，凹槽上盖以铁皮，形成毛细管模板，往凹槽内通蒸汽，使混凝土均匀加热，其适用于垂直结构的墙、柱等工程；热模法适用于空腔式模板或排管式模板等特制钢模板的混凝土工程，其主要是对混凝土进行间接加热。

(3) 电热法

电热法养护施工是利用低压电流通过混凝土产生的热量，加热养护混凝土。电热法养护施工设备简单，操作方便，但耗电量大、费用高，应慎重选用并注意施工安全。

【知识拓展】 电热养护方法

电热养护方法（图文）

(4) 暖棚法

暖棚法（图 9-13）是在浇筑和养护混凝土时，在建筑物或构件周围搭设暖棚并设置热源，以维持棚内的正温环境，使混凝土在正温环境下养护至抗冻临界强度或预期要求强度。用暖棚法养护混凝土时，要求暖棚内的温度不得低于5℃，并应保持混凝土表面湿润。

暖棚法适用于地下结构工程和建筑面积不大而混凝土构件又比较集中的工程。其优点是施工操作与常温无异，方便可靠；其缺点是暖棚搭设需消耗较多材料和劳动力，需要大量热源，施工费用较高。

图 9-13　暖棚法

（5）掺外加剂法

在混凝土制备过程中，掺入适量的单一或复合型的外加剂（如防冻剂、早强剂、减水剂、阻锈剂），使混凝土短期内在正温或负温下养护，硬化达到满足混凝土受冻临界强度或设计要求强度。外加剂的作用是使混凝土产生早强、减水防冻的效果，在负温下加速凝结硬化。掺外加剂法可使混凝土冬期施工工艺简化，节约能源，降低冬期施工费用，还可改善混凝土的性能，是冬期施工方法中较有发展前途的施工方法。

掺外加剂法养护适用于不易加热保温，且对强度增长要求不高的一般混凝土结构工程；掺外加剂法养护施工的混凝土，应以浇筑后5d内的预计日最低气温来选用防冻剂，起始养护温度不应低于5℃。混凝土浇筑后，裸露表面应采取保湿措施；同时，应根据需要采取必要的保温覆盖措施。掺外加剂法养护施工应加强测温，在达到受冻临界强度之前应每隔2h测量一次；在混凝土达到受冻临界强度后，可停止测温。当室外最低气温不低于-15℃时，采用掺外加剂法养护施工的混凝土受冻临界强度不应小于4.0MPa；当室外最低气温不低于-30℃时，采用掺外加剂法养护施工的混凝土受冻临界强度不应小于5.0MPa。

混凝土冬期施工中外加剂的配用，应满足抗冻、早强的需要；对结构钢筋无锈蚀作用；对混凝土后期强度和其他物理力学性能无不良影响；同时应适应结构工作环境的需要。单一的外加剂常不能完全满足混凝土冬期施工的要求，一般宜采用复合配方。

【知识拓展】　混凝土冬期施工中常用外加剂

混凝土冬期施工中常用外加剂（图文）	混凝土冬期施工中常用复合外加剂（图文）

【注意事项】　混凝土冬期掺外加剂法施工时，混凝土的搅拌、浇筑及外加剂的配制必须设专人负责，其掺量和使用方法严格按产品说明执行。搅拌时间应较常温条件适当延长，按外加剂的种类及要求严格控制混凝土的出机温度，混凝土的搅拌、运输、浇筑、振捣、覆盖保温应连续作业，减少施工过程中的热量损失。

9.4.4 混凝土冬期施工质量控制及检查

（1）混凝土的温度测量

根据施工方案确定的参数检查水、集料、外加剂溶液和混凝土出机、浇筑、起始养护时的温度；检查混凝土从入模到拆除保温层或保温模板期间的温度；采用预拌混凝土时，原材料、搅拌、运输过程中的温度检查及混凝土质量检查应由预拌混凝土生产企业进行，并应将记录资料提供给施工单位。施工期间的测温项目与频次应符合表9-3的规定。

表9-3 施工期间的测温项目与频次

序号	测温项目	频次
1	室外气温	测量最高、最低气温
2	环境温度	每昼夜不少于4次
3	搅拌机棚温度	每一工作班不少于4次
4	水、水泥、矿物掺合料、砂、石及外加剂溶液温度	每一工作班不少于4次
5	混凝土出机、浇筑、入模温度	每一工作班不少于4次

混凝土养护期间的温度应进行定点、定时测量：蓄热法或综合蓄热法养护从混凝土入模开始至混凝土达到受冻临界强度，或混凝土温度降到0℃或设计温度以前，应每隔4~6h测量一次；采用负温养护法时，在达到受冻临界强度之前应每隔2h测量一次，达到受冻临界强度以后每隔6h测量一次；采用加热法养护时，在升温和降温阶段应每隔1h测量一次，在恒温阶段每隔2h测量一次；混凝土在达到受冻临界强度后，可停止测温；大体积混凝土养护期间的温度测量还应符合《大体积混凝土施工标准》（GB 50496—2018）的相关规定。

养护温度的测量方法：应对测温孔编号，并绘制测温孔布置图，应在现场设置明显标识；测温时，应对测温元件采取措施使其与外界气温隔离，测温元件测量位置应处于结构表面下20mm处，留置在测温孔内的时间不应少于3min。

混凝土模板和保温层在混凝土达到要求强度并冷却到5℃后方可拆除。拆模时混凝土表面与环境的温差大于20℃时，混凝土表面应及时覆盖，使其缓慢冷却。

（2）混凝土的质量检查

冬期施工时，混凝土的质量检查除应符合国家标准《混凝土结构工程施工质量验收规范》（GB 50204—2015）以及其他有关标准外，还应符合下列规定：应检查混凝土表面是否受冻、粘连、收缩裂缝，边角是否脱落，施工缝处有无受冻痕迹；检查同条件养护试件的养护条件是否与结构实体相一致；采用电加热养护时，应检查供电变压器二次电压和二次电流强度，每一工作班不应少于两次；应检查外加剂质量及掺量，外加剂进入施工现场后应进行抽样检验，合格后方准使用。

混凝土试块留置应较常规施工增加不少于两组与结构同条件养护的试件，分别用于检验受冻前的混凝土强度和转入常温养护28d的混凝土强度。与结构构件同条件养护的受冻混凝土试件解冻后方可试压。

【注意事项】 所有各项测量及检验结果，均应填写"混凝土工程施工记录"和"混凝土冬期施工日报"。

9.5 装饰装修工程和屋面工程的冬期施工

【情景引入】

冬期施工对抹灰、饰面、油漆、刷浆、裱糊等装饰装修工程及屋面防水工程均有不同程度的影响，冬期气温低，装饰装修材料、防水材料等与基层粘结效果不佳，影响其质量。因此，施工前应采取相应措施，以便保证在气温较低的情况下，满足工程相应施工质量要求。在冬期施工中，一般抹灰施工（图9-14a）及屋面防水卷材铺贴施工（图9-14b）时应采取哪些措施才能保证其施工质量呢？

图 9-14 装饰装修工程和屋面工程的冬期施工
a) 一般抹灰施工 b) 屋面防水卷材铺贴施工

装饰工程应尽量在冬季来临之前完成，或推迟到第二年春天解冻后进行。若必须要在冬期施工的工程，应按冬期施工的有关规定组织施工。

室内抹灰、块料装饰、裱糊工程施工与养护期间的温度不应低于5℃。

9.5.1 抹灰工程冬期施工

一般抹灰冬期常用施工方法有热作法和冷作法两种。

1. 热作法施工

热作法施工是利用房屋的永久热源或临时热源来提高和保持操作环境的温度，人为创造一个正温环境，使装饰工程在正常的温度条件下进行。热作法一般用于室内抹灰。常用的热源有火炉、蒸汽、远红外加热器等。

室内抹灰应在屋面已做好的情况下进行。抹灰前应将门、窗封闭，脚手眼堵好，对抹灰砌体提前进行加热，使墙面温度保持在5℃以上，以便湿润墙面不致结冰，使砂浆与墙面粘结牢固。冻结砌体应提前进行人工解冻，待解冻、下沉完毕，砌体强度达到设计强度的20%后方可抹灰。抹灰砂浆应在正温的室内或暖棚内制作，用热水搅拌，抹灰时砂浆的上墙温度不低于10℃。抹灰结束后，至少7d内保持5℃的室温进行养护。在此期间，应随时检查抹灰层的湿度，当干燥过快时，应洒水湿润，以防产生裂纹、脱落，影响与基层的粘结效果。

2. 冷作法施工

冷作法施工是低温条件下在砂浆中掺入一定量的防冻剂（氯化钠、氯化钙、亚硝酸钠等），在不采取采暖保温措施的情况下进行抹灰作业。冷作法适用于房屋装饰要求不高、小面积的外饰面工程。

冷作法抹灰前应对抹灰墙面进行清扫，墙面应保持干净，不得有浮土和冰霜，表面不洒水湿润；抗冻剂宜优先选用单掺氯化钠的方法，其次可用同时掺氯化钠和氯化钙的复盐方法或掺亚硝酸钠，其掺入量与室外气温有关，单盐掺入量可按规范选用，也可由试验确定。

掺氯盐的抹灰严禁用于高压电源的部位，做涂料墙面的抹灰砂浆中，不得掺入氯盐防冻剂。氯盐砂浆应在正温下拌制使用，拌制时，先将水泥和砂干拌均匀，然后加入氯盐水溶液拌合，水泥可用硅酸盐水泥或矿渣硅酸盐水泥，严禁使用高铝水泥。砂浆应随拌随用，不允许停放。

当气温低于-25℃时，不得用冷作法进行抹灰施工。

> 【注意事项】 防冻剂应由专人配制和使用，配制时可先配制20%浓度的标准溶液，然后根据气温再配制成使用溶液。

9.5.2 其他装饰工程冬期施工

冬期进行油漆、刷浆、裱糊、饰面工程，应采用热作法施工，应尽量利用永久性的采暖设施。室内温度应在5℃以上，并保持均衡，不得突然变化，否则不能保证工程质量。

室外刷浆应保持施工均衡，粉浆类料宜采用热水配制，随用随配，料浆使用温度宜保持在15℃左右。冬季气温低，油漆会发黏，不易涂刷，涂刷后漆膜不易干燥。为了便于施工，可在油漆中加一定量的催干剂，保证在24h内干燥。

裱糊工程施工时，混凝土或抹灰基层含水率不应大于8%。在施工中，当室内温度高于20℃，且相对湿度大于80%时，应开窗换气，防止壁纸皱折起泡。玻璃工程冬期施工时，应将玻璃、镶嵌用合成橡胶等材料运到有采暖设备的室内，操作地点环境温度不应低于5℃。

外墙铝合金、塑料框、大扇玻璃不宜在冬期安装。

室内外装饰工程的施工环境温度，除满足上述要求外，对新材料应按所用材料的产品说明要求的温度进行施工。

9.5.3 保温工程和屋面防水工程冬期施工

保温工程、屋面防水工程冬期施工应选择晴朗天气进行，不得在雨、雪天和五级风及其以上或基层潮湿、结冰、霜冻条件下进行。保温及屋面工程应依据材料性能确定施工气温界限，最低施工环境气温宜符合表9-4的规定。

表9-4 保温工程及屋面工程施工环境气温要求

防水与保温材料	施工环境气温
粘结保温板	有机胶黏剂不低于-10℃；无机胶黏剂不低于5℃
现喷硬泡聚氨酯	15~30℃
高聚物改性沥青防水卷材	热熔法不低于-10℃

(续)

防水与保温材料	施工环境气温
合成高分子防水卷材	冷粘法不低于5℃,焊接法不低于-10℃
高聚物改性沥青防水涂料	溶剂型不低于5℃,热熔型不低于-10℃
合成高分子防水涂料	溶剂型不低于-5℃
防水混凝土、防水砂浆	符合相关规定
改性石油沥青密封材料	不低于0℃
合成高分子密封材料	溶剂型不低于0℃

保温与防水材料进场后,应存放于通风、干燥的暖棚内,并严禁接近火源和热源。棚内温度不宜低于0℃,且不得低于施工环境规定的温度。

屋面防水施工时,应先做好排水比较集中的部位,凡节点部位均应加铺一层附加层。施工时,应合理安排隔汽层、保温层、找平层、防水层的各项工序,连续操作,已完成部位应及时覆盖,防止受潮与受冻。穿过屋面防水层的管道、设备或预埋件,应在防水施工前安装完毕并做好防水处理。

【注意事项】 保温工程、屋面防水工程冬期施工时,应严格按照相关冬期施工操作规程进行施工作业。

9.6 雨期施工

【情景引入】

雨期施工主要以防雨、防台风、防汛为对象,应提前做好雨期施工专项施工方案和应急预案,以及各项准备工作等。那建筑工程在雨期施工(图9-15)时的注意事项及要求都有哪些呢?

图9-15 雨期施工

雨期施工时施工现场重点应解决好截水和排水问题。截水是在施工现场的上游设截水沟,阻止场外水流入施工现场。排水是在施工现场内合理规划排水系统,并修建排水沟,使雨水按要求排至场外。排水沟的横断面和纵向坡度应按照施工期最大流量确定。一般排水沟的横断面不小于0.5m×0.5m,纵向坡度一般不小于0.3%,平坦地区不小于0.2%。

各工种施工根据施工特点不同，要求也不一样。

9.6.1 土方和基础工程雨期施工

雨期施工要遵循先整治、后开挖的施工程序，不得在滑坡地段进行施工。大量的土方开挖和回填工程应在雨季来临前完成。如必须在雨期施工的土方开挖工程，其工作面不宜过大，应逐级逐片地分期完成。开挖场地应设一定的排水坡度，场地内不能有积水。

基坑（槽）或管沟开挖时，应注意边坡稳定。必要时可适当放缓边坡坡度或设置支撑。施工时要加强对边坡和支撑的检查。对可能被雨水冲塌的边坡，为防止边坡被雨水冲塌，可在边坡上挂钢丝网片，外抹 50mm 厚的细石混凝土；为了防止雨水对基坑的浸泡，开挖时要在坑内设排水沟和集水井；当挖到基底标高后，应及时组织验收并浇筑混凝土垫层。

填方工程施工时，取土、运土、铺填、压实等各道工序应连续进行，雨前应及时压实完已填土层，将表面压光并做成一定的排水坡度。

> 【知识拓展】 对处于地下的工程，要防止水对建筑的浮力大于建筑物自重时造成地下建筑上浮。基础施工完毕，应抓紧基坑四周的回填工作。停止人工降水时，应验算箱形基础抗浮稳定性和地下水对基础的浮力。抗浮稳定系数不宜小于 1.2，以防止出现基础上浮或者倾斜的重大事故。如抗浮稳定系数不能满足要求时，应继续抽水，直到施工上部结构荷载加上后能满足抗浮稳定系数要求为止。当遇到大雨，水泵不能及时有效地降低积水高度时，应迅速将积水灌回箱形基础之内，以增加基础的抗浮能力。

9.6.2 砌体工程雨期施工

① 砖在雨季必须集中堆放，不宜浇水。砌墙时要求干湿砖块合理搭配。砖湿度较大时不可上墙。砌筑高度不宜超过 1.2m。

② 雨期遇大雨必须停工。砌体停工时应在砖墙顶盖一层干砖，避免大雨冲刷灰浆。大雨过后受雨冲刷过的新砌墙体应翻砌最上面两皮砖。

③ 稳定性较差的窗间墙、独立砖柱，应加设临时支撑或及时浇筑圈梁，以增加墙体稳定性。

④ 砌体施工时，内外墙要尽量同时砌筑，并注意转角及丁字墙间的搭接。遇台风时，应在与风向相反的方向加临时支撑，以保持墙体的稳定。

⑤ 雨后继续施工，须复测已完工砌体的垂直度和标高。

9.6.3 混凝土工程雨期施工

① 雨期施工时，应加强对混凝土粗细骨料含水量的测定，及时调整混凝土的施工配合比。

② 模板隔离层在涂刷前要及时掌握天气预报，以防隔离层被雨水冲掉。

③ 模板支撑下部回填土要夯实，并加好垫板，雨后及时检查有无下沉。

④ 重要结构和大面积的混凝土浇筑前，要了解 2~3d 的天气预报，尽量避开大雨。混凝土浇筑现场要预备大量防雨材料，以备浇筑时突然遇雨进行覆盖。

⑤ 小雨时，混凝土运输和浇筑均要采取防雨措施，边浇筑、边振捣、边覆盖。

⑥ 遇到大雨时，应提前停止浇筑混凝土，已浇筑部位应加以覆盖。浇筑混凝土时应根据结构情况和可能，多考虑几道施工缝的留设位置。

9.6.4 吊装工程雨期施工

① 构件堆放地点要平整坚实，周围要做好排水工作，严禁构件堆放区积水、浸泡，防止泥土粘到预埋件上。
② 塔式起重机路基，必须高出自然地面15cm，严禁雨水浸泡路基。
③ 雨后吊装时，要先做试吊，将构件吊至1m左右，往返上下数次稳定后再进行吊装工作。

9.6.5 屋面工程雨期施工

① 卷材屋面应尽量在雨期前施工，并同时安装屋面的雨水管。
② 雨天严禁进行卷材屋面施工，卷材、保温材料不准淋雨。
③ 雨天屋面工程宜采用"湿铺法"施工工艺。"湿铺法"就是在"潮湿"基层上铺贴卷材，先喷刷1~2道冷底子油，喷刷工作宜在水泥砂浆凝结初期进行操作，以防基层浸水。如基层浸水，应在基层表面干燥后方可铺贴卷材。如基层潮湿且干燥有困难时，可采用排汽屋面。

9.6.6 抹灰工程雨期施工

① 雨天不准进行室外抹灰，至少应能预计1~2d的天气变化情况。
② 对已经施工的墙面，应注意防止雨水污染。
③ 室内抹灰尽量在做完屋面后进行，至少做完屋面找平层，并铺一层油毡。
④ 雨天不宜作罩面油漆。

9.7 冬期与雨期施工安全技术

【情景引入】

2019年7月30日19时许，南宁市某施工工地3名工人在强降雨中仍施工，发生塌方事故（图9-16），导致1名工人被淤泥埋压。据现场了解，当天为暴雨天气，其3人在当天下午大雨转小雨后，开始继续市政管道工程的施工作业。结果在施工过程中，脚下土层突然发生塌陷，堆积在头部上方的废土瞬间滑下，将被困工人整个人埋压在泥土中。事发后，2名工友一边紧急呼救并刨土施救，一边拨打报警电话求助。万幸的是被困工人获救及时，并无严重损伤。此类事故在工程施工过程中时有

图9-16 事故现场

发生，因此，在特殊天气及环境下施工必须做好相应的安全措施，并按照相应的要求开展施工，切记不能蛮干，应避免类似的事故发生。

冬季的风雪冰冻，雨季的风雨潮汛，给建筑施工带来了一定的困难，影响和阻碍了正常的施工活动。为此必须采取切实可行的防范措施，以确保施工安全。

9.7.1 冬期施工安全技术

冬期施工主要应做好防火、防寒、防毒、防滑、防爆等工作。
① 冬期施工前各类脚手架要加固，要加设防滑设施，及时清除积雪。
② 易燃材料必须经常清理，必须保证消防水源的供应，保证消防道路的畅通。
③ 严寒时节，施工现场应根据实际需要和规定配设挡风设备。
④ 要防止一氧化碳中毒，防止锅炉爆炸。

9.7.2 雨期施工安全技术

雨期施工主要应做好防雨、防风、防雷、防电、防汛等工作。
① 基础工程应开设排水沟、基槽、基坑、管沟，若雨后积水应设置防护栏或警告标志，超过1m的基槽、井坑应设支撑。
② 一切机械设备应设置在地势较高、防潮避雨的地方，要搭设防雨棚。机械设备的电源线路绝缘要良好，要有完善的保护接零装置。
③ 脚手架要经常检查，发现问题要及时处理或更换加固。
④ 所有机械棚要搭设牢固，防止倒塌漏雨。机电设备采取防雨、防淹措施，并安装接地安全装置。机械电闸箱要有可靠的剩余电流保护装置。
⑤ 雨季为防止雷电袭击造成事故，在施工现场高出建筑物的塔式起重机、人货电梯、钢脚手架等必须装设防雷装置。
⑥ 防雷装置的避雷针、接地线和接地体必须焊接（双面焊），焊缝长度应为圆钢直径的6倍或扁钢厚度的2倍以上，电阻不宜超过10Ω。

【知识拓展】 施工现场的避雷装置

施工现场的避雷装置（图文）

模块小结

为减少受气温和降水的影响，使建筑工程施工能够正常进行，需要很好地了解冬期和雨期的施工特点、原则，进行充分的施工准备，选择合理的施工技术方案进行冬期和雨期施工。

冬期施工主要内容包括土方工程的冬期施工、砌筑工程冬期施工、混凝土结构工程冬期施工、装饰装修工程和屋面工程的冬期施工等。

雨期施工主要内容包括土方和基础工程雨期施工、砌体工程雨期施工、混凝土工程雨期施工、吊装工程雨期施工、屋面工程雨期施工、抹灰工程雨期施工等。

此外，还应掌握冬、雨期施工安全技术。

本模块内容主要以现行工程规范为基准，建议学生在学习之余，能细读熟记规范中的相关条文，为今后工作做以铺垫。

复习思考题

1. 冬期施工有哪些特点？为保证施工质量，冬期施工应遵循哪些原则？
2. 雨期施工有哪些特点？雨期施工的原则有哪些？
3. 试述地基土保温防冻的方法。
4. 砌筑工程冬期施工方法有哪些？
5. 混凝土冬期施工常用的方法有哪些？应如何选择？
6. 一般抹灰冬期常用施工方法有哪几种？
7. 土方工程雨期施工应注意哪些问题？
8. 混凝土工程雨期施工应注意哪些问题？
9. 冬、雨期施工安全技术要注意哪几个方面？

【在线测验】

建筑施工技术

第二部分 活 页 笔 记

学习过程：

重点、难点记录：

学习体会及收获：

其他补充内容：

《建筑施工技术》活页笔记

参 考 文 献

[1] 中华人民共和国住房和城乡建设部，中华人民共和国国家质量监督检验检疫总局. 混凝土结构工程施工规范：GB 50666—2011 [S]. 北京：中国建筑工业出版社，2012.

[2] 中华人民共和国住房和城乡建设部，中华人民共和国国家质量监督检验检疫总局. 混凝土结构工程施工质量验收规范：GB 50204—2015 [S]. 北京：中国建筑工业出版社，2015.

[3] 中华人民共和国住房和城乡建设部，中华人民共和国国家质量监督检验检疫总局. 建筑工程施工质量验收统一标准：GB 50300—2013 [S]. 北京：中国计划出版社，2013.

[4] 住房和城乡建设部住宅产业化促进中心. 装配整体式混凝土结构技术指导 [M]. 北京：中国建筑工业出版社，2015.

[5] 褚振文，方传斌. 简明建筑工程施工手册 [M]. 北京：机械工业出版社，2015.

[6] 钟振宇. 建筑施工技术 [M]. 杭州：浙江大学出版社，2016.

[7] 姚谨英. 建筑施工技术 [M]. 6版. 北京：中国建筑工业出版社，2017.

[8] 刘彦青，等. 建筑施工技术 [M]. 3版. 北京：北京理工大学出版社，2017.

[9] 钟振宇. 建筑施工工艺实训 [M]. 2版. 北京：科学出版社，2015.